软物质前沿科学丛书编委会

国家出版基金项目
NATIONAL PUBLICATION FOUNDATION

"十三五"国家重点出版物出版规划项目

软物质前沿科学丛书

固体聚合物的力学行为

（原书第三版）

Mechanical Properties of Solid Polymers
（Third Edition）

〔英〕I. M. 沃德　〔英〕J. 斯威尼　编著

颜　悦　张晓雯　译

科学出版社

龙门书局

北京

图字：01-2021-4360

内 容 简 介

聚合物的力学行为特征不同于金属材料，与作用时间、温度等因素关系很大。本书的目的：一是对人们一直关心的聚合物特征力学行为给出足够的宏观描述；二是试图在分子级别上对聚合物表现出来的特殊性能进行解释。本书第 1 章对聚合物化学组成和物理结构进行综述，阐明了聚合物的不同结构分类，为后续章节在宏观或现象学描述的微观解释上起到支撑作用。第 2 章概述了聚合物的力学性能特点，阐述了聚合物不同类型的力学行为及特点，提出了基本应力-应变概念，对后续章节起着提纲挈领的作用。本书主体各章节主要分为以下几个部分讨论：① 橡胶态聚合物的力学行为（第 3、4 章）；② 线性黏弹性行为及其测试，对频率、时间的依赖性（第 5～7 章）；③ 各向异性力学行为（第 8 章）；④ 聚合物基复合材料（第 9 章）；⑤ 松弛转变（第 10 章）；⑥ 非线性黏弹性行为（第 11 章）；⑦ 屈服与失稳行为（第 12 章）；⑧ 断裂现象（第 13 章）。

本书可作为从事聚合物材料科学、工程与应用研究的工程师、学生、教师以及自学者的教科书或培训教材，也可供高分子/聚合物相关专业人士进一步了解和掌握聚合物材料力学行为特点，深入地理解聚合物材料在实际应用中的力学响应、断裂等宏微观机理。

图书在版编目（CIP）数据

固体聚合物的力学行为：原书第三版/（英）I. M. 沃德（Ian M. Ward），（英）J. 斯威尼（John Sweeney）编著；颜悦，张晓雯译.—北京：龙门书局，2021.6
（软物质前沿科学丛书）
书名原文：Mechanical Properties of Solid Polymers（Third Edition）
"十三五"国家重点出版物出版规划项目 国家出版基金项目
ISBN 978-7-5088-6022-0

Ⅰ.①固… Ⅱ.①I… ②J… ③颜… ④张… Ⅲ.①聚合物－复合材料－力学－研究 Ⅳ.①TB33

中国版本图书馆 CIP 数据核字（2021）第 107800 号

责任编辑：钱 俊 陈艳峰／责任校对：彭珍珍
责任印制：徐晓晨／封面设计：无极书装

科 学 出 版 社 出版
龙 门 书 局
北京东黄城根北街 16 号
邮政编码：100717
http://www.sciencep.com

北京虎彩文化传播有限公司印刷
科学出版发行 各地新华书店经销
＊
2021 年 6 月第 一 版 开本：720×1000 B5
2021 年 6 月第一次印刷 印张：28 1/4
字数：540 000
定价：198.00 元
（如有印装质量问题，我社负责调换）

丛 书 序

社会文明的进步、历史的断代，通常以人类掌握的技术工具材料来刻画，如远古的石器时代、商周的青铜器时代、在冶炼青铜的基础上逐渐掌握了冶炼铁的技术之后的铁器时代，这些时代的名称反映了人类最初学会使用的主要是硬物质。同样，20 世纪的物理学家一开始也是致力于研究硬物质，像金属、半导体以及陶瓷，掌握这些材料使大规模集成电路技术成为可能，并开创了信息时代。进入 21 世纪，人们自然要问，什么材料代表当今时代的特征？什么是物理学最有发展前途的新研究领域？

1991 年，诺贝尔物理学奖得主德热纳最先给出回答：这个领域就是其得奖演讲的题目——"软物质"。按《欧洲物理杂志》B 分册的划分，它也被称为软凝聚态物质，所辖学科依次为液晶、聚合物、双亲分子、生物膜、胶体、黏胶及颗粒物质等。

2004 年，以 1977 年诺贝尔物理学奖得主、固体物理学家 P.W. 安德森为首的 80 余位著名物理学家曾以 "关联物质新领域" 为题召开研讨会，将凝聚态物理分为硬物质物理与软物质物理，认为软物质 (包括生物体系) 面临新的问题和挑战，需要发展新的物理学。

2005 年，*Science* 提出了 125 个世界性科学前沿问题，其中 13 个直接与软物质交叉学科有关。"自组织的发展程度" 更是被列为前 25 个最重要的世界性课题中的第 18 位，"玻璃化转变和玻璃的本质" 也被认为是最具有挑战性的基础物理问题以及当今凝聚态物理的一个重大研究前沿。

进入新世纪，软物质在国际上受到高度重视，如 2015 年，爱丁堡大学软物质领域学者 Michael Cates 教授被选为剑桥大学卢卡斯讲座教授。大家知道，这个讲座是时代研究热门领域的方向标，牛顿、霍金都任过卢卡斯讲座教授这一最为著名的讲座教授职位。发达国家多数大学的物理系和研究机构已纷纷建立软物质物理的研究方向。

虽然在软物质研究的早期历史上，享誉世界的大科学家如诺贝尔奖获得者爱因斯坦、朗缪尔、弗洛里等都做出过开创性贡献。但软物质物理学发展更为迅猛还是自德热纳 1991 年正式命名 "软物质" 以来，软物质物理学不仅大大拓展了物理学的研究对象，还对物理学基础研究尤其是与非平衡现象 (如生命现象) 密切相关的物理学提出了重大挑战。软物质泛指处于固体和理想流体之间的复杂的凝聚态物质，主要共同点是其基本单元之间的相互作用比较弱 (约为室温热能量级)，因而易受温度影响，熵效应显著，且易形成有序结构。因此具有显著热波动、多个亚稳状态、介观尺度自组装结构、熵驱动的有序无序相变、宏观的灵活性等特征。简单地说，这些体系都体现了 "小刺激，大反应" 和强非线性的特性。这些特性并非仅仅由纳观组织或原子、分子水平的结构决定，更多是由介观多级自组装结构决定。处于这种状态的常见物质体系包括胶体、液晶、高分子及超分子、泡沫、乳液、凝胶、颗粒物质、玻璃、生物体系等。软物质不仅广泛存在于自然界，而且由于其丰富、奇特的物理学性质，在人类的生活和生产活动中也得到广泛应用，常见的有液晶、柔性电子、塑料、橡胶、颜料、墨水、牙膏、清洁剂、护肤品、食品添加剂等。由于其巨大的实用性以及迷人的物理性质，软物质自 19 世纪中后期进入科学家视野以来，就不断吸引着来自物理、化学、力学、生物学、材料科学、医学、数学等不同学科领域的大批研究者。近二十年来更是快速发展成为一个高度交叉的庞大的研究方向，在基础科学和实际应用方面都有重大意义。

为了推动我国软物质研究，为国民经济作出应有贡献，在国家自然科学基金委员会–中国科学院学科发展战略研究合作项目 "软凝聚态物理学的若干前沿问题" (2013.7—2015.6) 资助下，本丛书主编组织了我国高校与研究院所上百位分布在数学、物理、化学、生命科学、力学等领域的长期从事软物质研究的科技工作者，参与本项目的研究工作。在充分调研的基础上，通过多次召开软物质科研论坛与研讨会，完成了一份 80 万字的研究报告，全面系统地展现了软凝聚态物理学的发展历史、国内外研究现状，凝练出该交叉学科的重要研究方向，为我国科技管理部门部署软物质物理研究提供了一份既翔实又具前瞻性的路线图。

作为战略报告的推广成果，参加该项目的部分专家在《物理学报》出版了软凝聚态物理学术专辑，共计 30 篇综述。同时，该项目还受到科学出版社关注，双方达成了 "软物质前沿科学丛书" 的出版计划。这将是国内第一套系统总结该领域理论、实验和方法的专业丛书，对从事相关领域研究的人员将起到重要参考作用。因此，我们与科学出版社商讨了合作事项，成立了丛书编委会，并对丛书做了初步规划。编委会邀请了 30 多位不同背景的软物质领域的国内外专家共同完成这一系列专著。这套丛书将为读者提供软物质研究从基础到前沿的各个领域的最新进展，涵盖软物质研究的主要方面，包括理论建模、先进的探测和加工技术等。

由于我们对于软物质这一发展中的交叉科学的了解不很全面，不可能做到计划的 "一劳永逸"，而且缺乏组织出版一个进行时学科的丛书的实践经验，为此，我们要特别感谢科学出版社钱俊编辑，他跟踪了我们咨询项目启动到完成的全过程，并参与本丛书的策划。

我们欢迎更多相关同行撰写著作加入本丛书，为推动软物质科学在国内的发展做出贡献。

主　编　　欧阳钟灿

执行主编　　刘向阳

2017 年 8 月

译 者 序

由英国利兹大学物理与天文学学院（School of Physics and Astronomy, Leeds University）I. M. 沃德（I. M. Ward）教授和布拉德福德大学工程、设计与技术学院（School of Engineering, Design and Technology, University of Bradford）J. 斯威尼（J. Sweeney）教授共同以英文撰写的《固体聚合物的力学行为》（*Mechanical Properties of Solid Polymers*）一书第二版于 1983 年出版，第三版由 John Wiley & Sons 公司于 2013 年出版。该书从聚合物基本概念、分子结构，以及不同力学行为理论等方面对固体聚合物的力学行为做了系统深入的阐述，总结了聚合物力学行为的主要研究成果，被广泛用于各类教学和培训课程。

很荣幸成为这部作品中文版的译者，事实上，在从事航空透明结构材料应用研究工作中，我们对聚合物材料在不同温度和加载速率下表现出的不同力学性能深有体会。在英国伦敦帝国理工学院访学期间阅读了《固体聚合物的力学行为》（*Mechanical Properties of Solid Polymers*）英文原著第三版，为了更好地学习和理解，译者对其进行了初步翻译。对其中的理论与方法有了更加深入的认识，受益颇深。考虑到该书的理论价值和实用性，而国内在该领域的研究和资料不甚全面，译者决心将该书第三版翻译出版，介绍给国内读者。

本书由中国航发北京航空材料研究院颜悦和张晓雯翻译和初校。其中译者序、原版序、第 1 章至第 6 章由颜悦完成翻译，第 7 章至第 13 章由张晓雯完成翻译。全文译文由吴学仁教授校改，译者在此向他致以衷心感谢。北京航空材料研究院的领导和同事们在各方面给予了大力支持，科学出版社与 John Wiley & Sons 公司在版权转让和出版方面给予了许多帮助，钱俊编辑为保证出版质量付出了辛勤劳动，特向他们深表感谢。

由于译者水平有限，译文不当之处在所难免，敬请读者批评指正。

译 者
中国航发北京航空材料研究院
2021 年 5 月

原 书 序 言

本书是《固体聚合物的力学行为》的第三版，沿用了前两版按独立知识单元设章的架构。因此，每一章皆可视为对聚合物力学行为不同方面的自成体系的介绍和进展综述。

自从 1983 年本书第二版出版后，聚合物力学行为研究在多个方面取得了很大的进展，尤其是在非线性黏弹性、屈服和断裂方面。我们对部分章节只做了很小的调整，尤其是那些与黏弹性行为，以及力学各向异性行为和橡胶弹性的早期研究等相关的章节，只是加了部分段落来介绍最新的研究进展。

另一方面，有必要对非线性黏弹性、屈服和断裂行为相关章节进行大幅改动，并在某些情况下纳入《聚合物的力学行为概论》（第二版）中的相关材料。此外，增加了一章来单独介绍聚合物复合材料。

总体来说，本书沿用了前面版本的撰写方法。这样可以用固体力学的数学方法对聚合力学行为进行形式描述，并尝试在分子结构和形态学方面寻求解释。

最后，我们希望感谢 Margaret Ward 对本新版书最初的文本做的大量的录入工作，并感谢 Glenys Bowles 提供了文秘工作方面的支持。

I. M. 沃德（I. M. Ward）
J. 斯威尼（J. Sweeney）

目　　录

第 1 章　聚合物结构

本书阐述的主题是讨论聚合物材料的力学行为，实际上，一方面是源于聚合物材料的化学组成；另一方面是基于分子与超分子水平上的结构。因此，首先对这两方面的几个基本概念进行简单介绍。

1.1　化 学 组 成

1.1.1　聚合

线型聚合物包含由很多共价键原子组成的长分子链，每条链都是由很多更小的重复化学单元构成的。一种最简单的聚合物材料是聚乙烯（PE），是通过乙烯单体（$CH_2=CH_2$）进行加成聚合而成的一种加聚产物。分子结构式如下所示：

$$+CH_2-CH_2+_n$$

从图 1.1 中可以看出，聚合过程中双键消失了。人们熟知的乙烯基聚合物就是通过下列形式的化合物单体聚合得到的

$$\overset{X}{\underset{|}{H_2C=CH}}$$

其中，X 代表化学基团，以下为几种典型实例。

聚丙烯（PP）：

$$+CH_2-\overset{CH_3}{\underset{|}{CH}}+_n$$

聚苯乙烯（PS）：

$$+CH_2-\overset{C_6H_5}{\underset{|}{CH}}+_n$$

聚氯乙烯（PVC）：

$$+CH_2-\overset{Cl}{\underset{|}{CH}}+_n$$

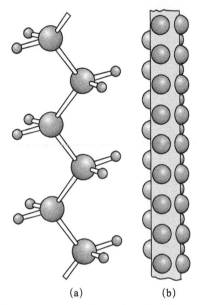

(a)　　　(b)

图 1.1　（a）聚乙烯链（CH₂）ₙ 的示意图（大球代表碳原子，小球代表氢原子）；
（b）聚乙烯链的分子模型图

天然橡胶，聚异戊二烯，是一种聚二烯烃，重复单元是

$$\left[CH_2-CH=\overset{\overset{\displaystyle CH_3}{|}}{C}-CH_2\right]_n$$

重复单元包含一个不饱和双键。

　　缩合反应是通过失去或者不失去小分子（如水分子）而将两个或者多个小分子单体结合形成大分子的过程。这里可以以聚对苯二甲酸乙二醇酯（PET）的聚合过程为例进行解释，PET 是一种广泛应用于涤纶（Terylene）与达可纶（Dacron）纤维以及透明薄膜或瓶子的聚酯聚合物，是由乙二醇与对苯二甲酸进行缩合反应而成的。

$$n\left(HO-CH_2-CH_2-OH\right) + n\left(HOOC-\bigcirc-COOH\right)$$

$$\Rightarrow H\left[O-CH_2-CH_2-O-\overset{O}{\underset{O}{||}}C-\bigcirc-C\overset{O}{\underset{||}{}}\right]_n OH + nH_2O$$

另一个缩合反应的典型例子是尼龙-66

$$\left[\text{NH}\left(\text{CH}_2\right)_6\text{NH}-\overset{\overset{\displaystyle O}{\|}}{\text{C}}-\left(\text{CH}_2\right)_4\overset{\overset{\displaystyle O}{\|}}{\text{C}}\right]_n$$

1.1.2 交联与支化

线型聚合物可以通过在长度方向上用其他分子链进行连接引入交联点而形成交联结构（图1.2）。化学交联能够形成热固性聚合物，之所以这样定义主要是因为交联成分通常是通过热引发的，且交联后的聚合物重新受热时不会软化或者熔融，如酚醛树脂和环氧树脂。天然橡胶需要引入少量的硫键形成交联点以便赋予橡胶大幅度拉伸能够快速回复的性能特点。

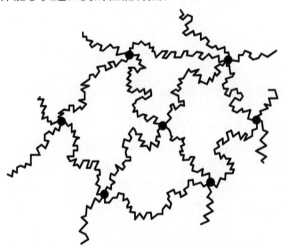

图 1.2　交联聚合物结构示意图

线型聚合物中很长的分子链能够产生缠结形成暂时的物理交联点，在后续章节我们将看到固体聚合物的很多典型特征可以用聚合物变形网络行为的形式进行解释。

另外一种不是十分复杂的情况是聚合物链支化，是从主链上某个点衍生出来的次级支链的结构形式，如图1.3为聚乙烯上的支链结构示意图。低密度聚乙烯与图1.1所示的高密度线型聚乙烯结构有显著差异，其平均每条分子链在结构上都有一条较长的支链，另外还有很多较小的支链，主要有乙基（—CH_2—CH_3）和丁基（—$(CH_2)_3 CH_3$）侧基。这些支化点的出现导致其力学行为与线型聚乙烯有很大的差异。

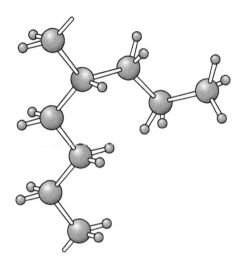

图 1.3 聚乙烯上的支链结构

1.1.3 平均分子量与分子量分布

每种聚合物都包含有长度不同的分子链,也就是分子量不同(图 1.4)。分子量(或分子链长度)分布对于聚合物性能起着决定性作用,但是在凝胶渗透色谱(GPC)[1,2]出现之前,聚合物分子量分布只能通过反复的成分分离来确定。因此很多研究都定义了不同形式的平均分子量,最为常见的是数均分子量($\overline{M}_n$)与重均分子量($\overline{M}_w$),分别定义为

$$\overline{M}_n = \frac{\sum N_i M_i}{\sum N_i}, \quad \overline{M}_w = \frac{\sum (N_i M_i) M_i}{\sum N_i M_i}$$

这里,N_i 是分子量为 M_i 的分子链数目;$\sum$ 是指这 i 条分子链的分子量总和。

由于前者受到为数不多的分子链很长、分子量很大的分子影响很大,聚合物的重均分子量总是高于数均分子量。重均分子量与数均分子量的比值被定义为分子量分布。

平均分子量的基本测试必须在很稀的溶液中进行,这样分子之间的相互作用就可以忽略或者被抵消。最常用的技术是用渗透压法测试数均分子量而用光散射法来测试重均分子量。这两种方法都十分繁琐,实际上平均分子量通常通过测量聚合物稀溶液(与 M_n 相关)或聚合物熔体(与 M_w 相关)的黏度进行推算。两种方法会得到不同的平均值,不同的研究人员会得出不同的结果,很难进行相互关联。

分子量分布对于聚合物的流动性能起着决定性作用,因此可能会通过影响聚合物最终的物理状态间接影响固体聚合物的力学性能。人们也已经获得了聚合物

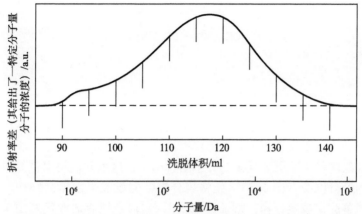

图 1.4 凝胶渗透色谱曲线能够直接反映出聚合物的分子量分布情况（译者注：1Da＝ 1.66×10⁻²⁷ kg）（由 T. Williams 博士在 Marlex 6009 中得到的测试结果）

分子量与黏弹性行为以及抗脆断强度之间的直接关系。

1.1.4 化学与空间异构以及立构规整性

聚合物更复杂的化学结构在于其可能在其同一个重复单元或一系列重复单元之间存在不同形式的化学异构。天然橡胶和马来树胶化学结构都是聚异戊二烯，但是前者是顺式（*cis*）结构而后者是反式（*trans*）结构（图 1.5）。橡胶的性能特点正是橡胶分子的疏松堆积结构（具有较大的自由体积）造成的。

乙烯基单体单元

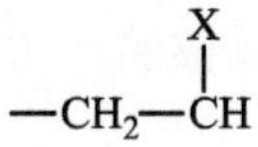

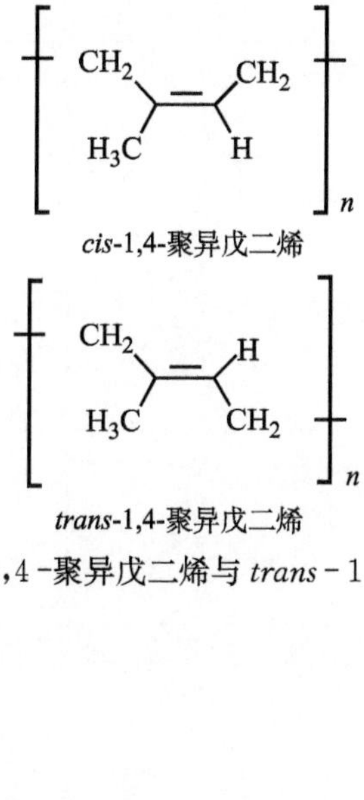

$$-CH_2-\underset{X}{CH}-$$

cis-1,4-聚异戊二烯

trans-1,4-聚异戊二烯

图 1.5 *cis*-1,4-聚异戊二烯与 *trans*-1,4-聚异戊二烯

可以头尾相接生成长链：

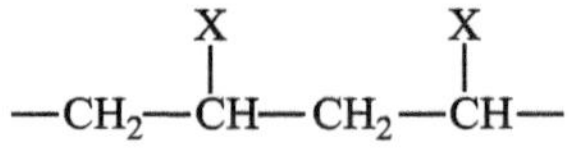

$$-CH_2-\overset{X}{\underset{|}{C}H}-CH_2-\overset{X}{\underset{|}{C}H}-$$

或者头头相接：

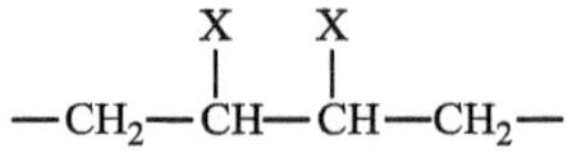

$$-CH_2-\overset{X}{\underset{|}{C}H}-\overset{X}{\underset{|}{C}H}-CH_2-$$

　　头尾取代是较为常见的结构形式，即使较低含量的头头相接结构也会造成拉伸强度的下降，由于其破坏了分子链规整性。

　　立构规整性带来了更加复杂的分子结构形式，这里我们将以最简单的乙烯基聚合物为例进行说明（图1.6），先将聚合物链假设成平面锯齿结构。可以建立两种十分简单的常规聚合物。第一种（图1.6（a））所有的取代基团都以同一形态出现形成全同立构聚合物。第二种（图1.6（b））规则结构为每两个相同形态的取代基团之间出现一个相反结构形态的取代基团，因此形成间同立构聚合物，这时取代基团在分子链的两个相反方向上是交替出现的。取代基团排列的规整性被称为立构规整度，立构规整的聚合物是结晶聚合物，具有较高的熔融温度。由于较低的软化温度限制了后者的广泛应用，立构规整的聚合物相对于无定形无规立构聚合物具有更宽的应用范围。最后一种可能的结构如图1.6（c）所示，连续出现的取代基团在主链上分布的方向是随意的，因此形成一种无规立构聚合物，这样结构的聚合物不能够结晶。聚丙烯$\left[CH_2CHCH_3\right]_n$在其出现后的很多年都是以无规立构聚合物形式存在的，直到立体定向（立体调节）催化剂出现后得到了间同立构形式的聚丙烯产品，聚丙烯才得到了大规模应用。即使如此，也会出现一些不理想取代导致一些无规立构链的存在，不过这些分子链可以通过溶剂萃取法与其他聚合物分子链进行分离。

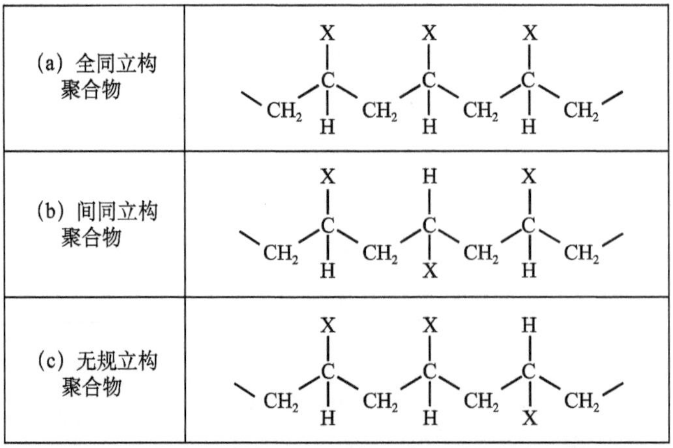

(a) 全同立构聚合物	
(b) 间同立构聚合物	
(c) 无规立构聚合物	

图1.6　取代 α-聚烯烃可以形成三种不同的立构取代形式

1.1.5 液晶聚合物

液晶（有时候被称为塑料晶体）是在一个方向上材料分子排列有序而非三维结晶有序的材料。在过去的 20 年里，人们认为只要聚合物链足够直足够硬，以致形成分子取向几乎一致的具有明显边界的微小区域（晶区），液晶聚合物就产生了。当这些结晶区域存在于聚合物溶液中时，这样的液晶聚合物被定义为溶致型液晶聚合物。当这些结晶区域出现在聚合物的熔体中时，这样的液晶聚合物被称为热致型液晶聚合物。

一类典型的溶致型液晶聚合物是芳纶聚酰胺，如聚对苯甲酰胺

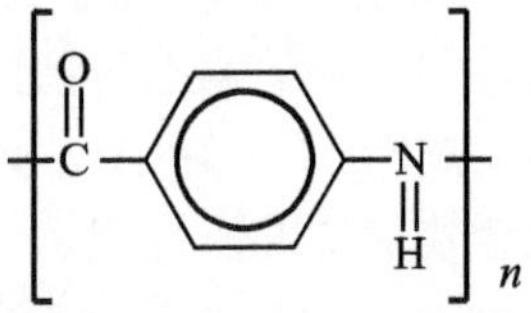

和聚对苯二甲酰对苯二胺（PPTA）

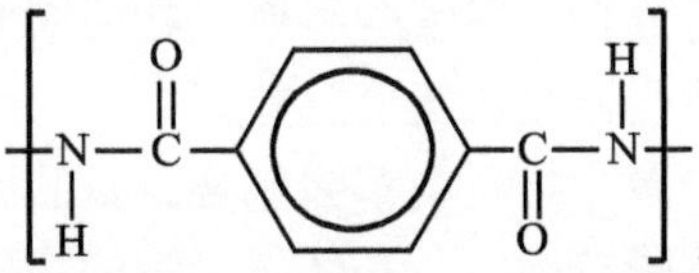

由 PPTA 制成的纤维有更为人熟知的名称——凯芙拉（Kevlar）或芳纶，是已经被商业化的高硬度、高强度纤维。值得强调的是，虽然芳纶是通过将溶致型液晶相纺织而成的，但是最终的纤维表现出显著的三维有序结构。

热致型液晶聚合物的典型例子是羟基苯甲酸（HBA）与 2,6 -羟基萘甲酸（HNA）缩聚形成的共聚多酯聚合物。HBA 结构如下：

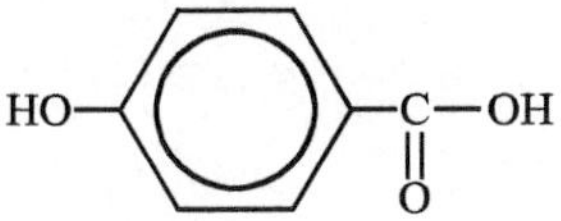

HNA 结构如下：

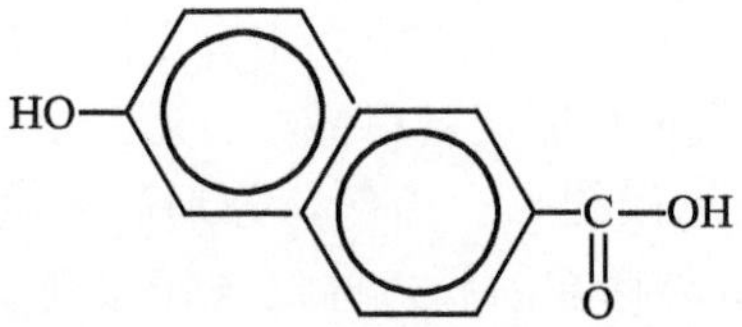

通常情况下 HBA 与 HNA 的比例控制在 73:27。

除了这些主链型液晶聚合物以外，还有一些侧链型液晶聚合物，这些聚合物

的液晶特性是由于存在硬直的侧基（又叫介晶），这些侧基通过化学键直接连接在聚合物骨架上或者通过柔性间隔基团连接在聚合物骨架上。

Noël 和 Navard[3] 在其综述文章中深入地介绍了液晶聚合物，包括液晶聚合物的制备方法。

1.1.6　共混、接枝与共聚物

共混是将两种或者多种聚合物进行物理混合得到的。接枝是将第二种聚合物的长侧链通过化学的方法接枝到基体聚合物上形成的。共聚物是两种或多种聚合物主链通过化学键连接而成，如 [A]$_n$、[B]$_n$ 等。两种主要的共聚物包括嵌段共聚物（[AAAA…][BBB…]）与无规共聚物，后者不含连续的长的 A 或 B 均聚物嵌段。

这些方法通常用来提高脆性均聚物的柔性与韧性，或者提高橡胶态聚合物的硬度。一个共混的典型例子是丙烯腈-丁二烯-苯乙烯（ABS）的共聚物，其中单独存在的橡胶相大大提高了聚合物的抗冲击性能。

聚合物的基本性能能够通过物理或者化学的方法进行改进。一个典型的例子是利用炭黑微小颗粒作为填料增强橡胶化合物的过程。聚合物可能用硬的长丝，如玻璃纤维或者碳纤维进行混合形成复合材料。在后续章节我们还将介绍半结晶聚合物，在分子量级上可能会被当成复合材料。

众所周知，所有有用的聚合物材料都会包含少量的添加剂，一方面有助于加工，另一方面有助于提高抗降解能力。基体聚合物的物理性能可能会受到添加剂的影响而发生改变。

1.2　物　理　结　构

一种给定化学组分的聚合物的物理性能取决于分子链的两种截然不同的空间排布形式。

（1）单条分子链的排布，不考虑邻近分子链的影响：旋转异构。

（2）所有分子链的排布，考虑链之间的相互作用：取向与结晶。

1.2.1　旋转异构

旋转异构的产生是由于单个分子在空间中有不同的构象，这些不同的构象产生于结构中很多单个分子键的位阻旋转可能性。用于小分子测量的光谱技术[4]已经扩展到聚合物领域，这里以图 1.7 为例，分别展示出聚对苯二甲酸乙二醇酯（PET）中的乙二醇部分可能存在的反式构象与邻位交叉构象[5]：前者为结晶构象，而后者以无定形状态出现。

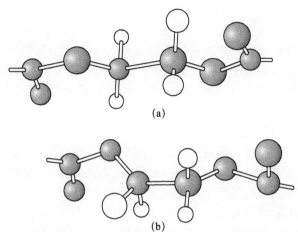

图 1.7　PET 分子结构模型。(a) 结晶反式构象；(b) 无定形区出现的邻位交叉构象
(Adapted from Grime, D. and Ward, I. M. (1958) The assignment of infra-red absorp-
tions and rotational isomerism in polyethylene terephthalate and related compounds.
Trans. Faraday Soc., 54, 959. Copyright (1958) Royal Society of Chemistry)

　　聚合物的结构要从一种旋转异构形式变成另一种旋转异构形式需要克服一定
的能垒，如图 1.8，因此分子链能否改变其构象还要看能垒相对于热能以及施加
应力的扰动效应之间的大小关系。因此，提出建立分子柔度与变形理论之间关系
的可能性将是我们在很多情况下要讨论的主题。

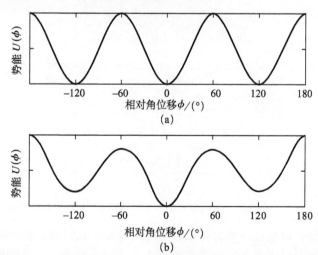

图 1.8　旋转势能：(a) 以乙烷中的 C—C 键为轴旋转；(b) 以正丁烷中的中心 C—C 键
为轴旋转 (Adapted from McCrum, N. G., Read, B. E., Williams, G. (1991) Anelastic
and Dielectric Effects in Polymeric Solids, Dover Publications, New York. Copyright (1991)
Dover Publications)

1.2.2　取向与结晶

当我们考虑分子链相互之间的排布结构时，又会产生两种截然不同的情况，就是分子取向和结晶。对于半结晶聚合物，这种差别有时候可能是不存在的。

当聚合物从熔体进行冷却时，很多聚合物形成的无序结构被称为无定形态。很多这样的聚合物，如聚甲基丙烯酸甲酯（PMMA）、聚苯乙烯（PS）以及快速冷却（熔融淬火）PET 在室温下具有相对较高的模量。但是其他的，如天然橡胶和无规聚丙烯，在室温下模量很低。这两种聚合物常被称为玻璃态聚合物和橡胶态聚合物。我们能够意识到聚合物表现出来的结构形式依赖于与玻璃化转变温度（T_g）有关的温度，玻璃化转变温度又与材料本身以及测试方法有关。虽然无定形聚合物常被模拟成任意缠结分子链（图 1.9（a）），但是无定形聚合物相对较高的密度表明分子链的堆积并不是完全随意的[6]。X 射线衍射（XRD）技术表明无定形聚合物中不存在明显的有序结构特征，在某种程度上，很宽的漫射峰（无定形光晕）表明分子链之间存在最佳间隔距离。

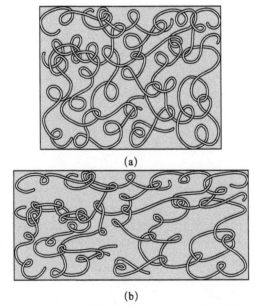

(a)

(b)

图 1.9　（a）非取向无定形聚合物与（b）取向无定形聚合物的示意图

当无定形聚合物被拉伸的时候，分子链可能优先在拉伸方向上排列取向。对于 PMMA 及 PS，这种分子取向可以用光学方法进行检测，通过测试拉伸方向以及垂直拉伸方向上折射率的微小差异来获得。X 射线衍射方法测试松弛的无定形聚合物还是没有发现三维有序结构的存在，因此，这种结构或许可以被看成带有取向的缠结线团（图 1.9（b）），也就是倾向于无定形态而非结晶态。

　　然而对于 PET，拉伸不仅会产生分子取向而且会产生小区域的三维有序结构，被称为微晶，这是由于取向过程使很多分子形成足够的并列区域以便于三维有序结构的形成。

　　很多聚合物，包括 PET，如果将其熔体慢速冷却也可以产生结晶。在这种情况下，可以认为它们是晶态的但未取向。虽然这样的样品在宏观理念上是未取向的，也就是说它们拥有各向同性的材料力学性能，但是在微观概念下它们不是各向同性的，通常在偏光显微镜下能够观察到球粒状结构。

　　总之，可以得到这样的结论：能够结晶的聚合物分子必须包含规则结构，温度必须低于晶体熔融温度，且需要有足够长的时间使固态下的长分子链进行有序排列。

　　聚合物结晶区域的结构可以通过高度拉伸样品的广角 X 射线衍射图形进行推测。在单轴拉伸情况下，得到的图形与全部取向单晶结构所获得的图形相关性很好。聚乙烯的晶体结构已于 1939 年在 Bunn 等[7] 的研究成果中得到了证实（图 1.10）。

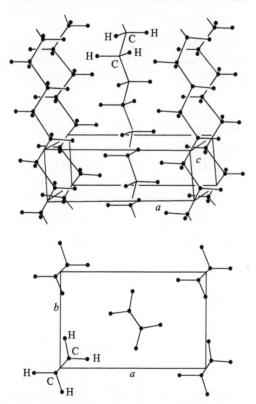

图 1.10　聚乙烯微晶结构中的分子排布（Reprinted with permission from Hill, R. (ed.) (1953) Fibres from Synthetic Polymers, Elsevier, Amsterdam. Copyright (1953) Elsevier Ltd）

　　聚合物中除了微晶导致的离散反射外，非晶区的存在也导致漫散射图形出现。这类聚合物被称为半结晶聚合物，晶体组分含量受限于分子规整度的大小。通过比较 X 射线的晶体结构散射和无定形结构散射的相对含量的大小，聚合物结晶度大小可以在线型聚乙烯高于 90% 到取向 PET 大约 30% 之间变化。

第一个用来描述半结晶聚合物结构的模型被称为缨状微束模型（图 1.11），是从无定形聚合物的假想状态自然发展而来的。聚合物分子链在有序区域（结晶区）与无序区域（无定形区）之间交替存在。

图 1.11　结晶聚合物的缨状微束模型示意图（Reprinted with permission from Hill，R. (ed.) (1953) Fibres from Synthetic Polymers，Elsevier，Amsterdam. Copyright (1953) Elsevier Ltd)

缨状微束模型被质疑是从人们发现溶液中可以析出聚合物单晶开始的[8]。例如，线型聚乙烯可以形成横向尺寸 10～20μm，厚度 10nm 的单晶薄片。电子衍射发现分子链的取向基本与层状表面呈垂直关系。由于分子链长度大约在 1μm，因此可以推测在晶体结构中分子链是以前后折叠形式存在的。最简单的几何排布是折叠点是尖的且规整统一，因此产生邻近折叠再进入模型，如图 1.12 (a) 所示。这个模型也引发了争议，于是另一个模型——电话交换机模型出现了，如图 1.12 (b) 所示[9]。

事实证明，熔体中聚合物的结晶理论存在更大的争议，由于单一一条分子链在没有邻近分子链相互作用的情况下不太可能被放置在结晶基底上，而且一般认为聚合物熔体中分子链这种高度缠结的拓扑结构在结晶状态下会被充分保留下来。中子散射测试技术在解决这一问题时起了很大作用，尤其是 Fischer[10,11] 以及其他一些研究者的研究成果[12]。中子散射测试结果表明：聚乙烯熔体的回转半径与经熔体淬冷得到的半结晶状态的回旋半径基本是一样的，同样，对于熔体缓慢冷却得到的结晶聚环氧乙烷（PEO）以及恒温结晶获得的等规聚丙烯，其回旋半径与熔体的测试结果也基本一致。基于这些测试结果，Fischer 提出了凝固

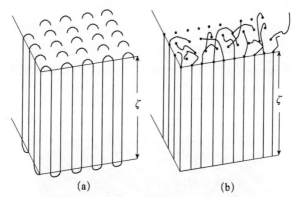

图 1.12　厚度为 ζ 在 c 轴方向上的折叠片晶形成的微晶结构示意图。
(a) 分子链规整统一折叠；(b) 分子链无规折叠

模型，如图 1.13 所示，初始熔体中存在的直的序列在不发生长程扩散运行的情况下可以形成不断长大的片晶。

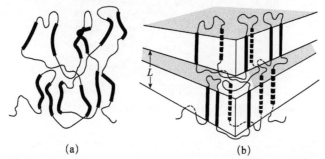

图 1.13　链构象示意图：(a) 聚合物熔体；(b) 根据凝固模型形成的聚合物晶体
(Adapted from Stamm, M. , Fischer, E. W. , Dettenmaier, M. and Convert, P. (1979)
Chain conformation in the crystalline state by means of neutron scattering methods.
Discuss. Chem. Soc. (London), 68, 263. Copyright (1979) RSC)

　　虽然人们已经承认动力学参数决定着聚合物结晶的生长速度和形态，但在该领域仍然存在很多争议。由 Lauritzen 和 Hoffman[13] 提出的理论一直引领着该领域的发展，预测了聚合物结晶的生长速度与过冷度之前的函数关系以及结晶温度与熔融点之间的温度差异。该理论假设结晶成核过程的自由能垒本来是很活跃的。对于聚合物晶体提出的另一个折叠链模型是由 Sadler 与 Gilmer[14] 提出的，他们假设成核过程的能垒主要是熵的变化。如果读者想深入了解这些理论和相关问题，请参考文献 [15] 与 [16]。

　　当然，很多证据能够支持结晶聚合物中存在片晶形态的理论。尤其是直径为 1~10μm 的球晶形成并不断向外生长与邻近的球晶发生碰撞（图 1.14）。球粒结构由以晶核为中心形成的占主导地位的片晶沿着纤丝协同扭曲并在各个方向上生长而成。中间空隙被次片晶填满，可能是由于低分子量分子的存在。示意图如图 1.15 所示，为了便于理解，这里只画出了规律性的折叠链。关于聚合物形态的全面综述，请见 Bassett 的文章[17]，还有 Bassett 的很多新近的研究成果。

图 1.14　偏光显微镜观察到的典型的球晶结构照片

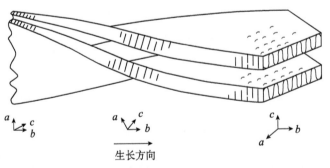

图 1.15　聚乙烯球晶中片晶排列的模型图。图中 a，b，c 三个坐标形成的小坐标代表在不同点的晶胞单元取向（Adapted from Takayanagi, M. (1963) Viscoelastic properties of crystalline polymers. Memoirs of the Faculty of Engineering Kyushu Univ., 23, 1. Copyright (1963) Kyushu University）

　　通过塑性变形（拉伸）产生的取向会破坏球晶结构。剩余的球晶在很大程度上可以通过结晶度来确定。力学性能测试将在后续章节中进行介绍，也帮助建立了几个模型。在极端情况下，一些高度取向、高结晶度的线型聚乙烯样品表现出晶体材料的链段或片晶的性能，通过结合分子或晶体桥连接在一起，中间通过无定形组分分开。这样的材料在某种程度上可以被看作是微观下的复合材料。另一种极端的例子如 PET 材料，其中结晶组分与无定形组分相互良好掺杂，这种情况下单相模型似乎更加合理。

目前的研究成果表明对于典型的聚合物材料，折叠链与分子穿过结晶区域的现象是同时存在的。

为了更加直观地说明这种现象以及其他无规状态，图 1.16 做了有益的尝试。

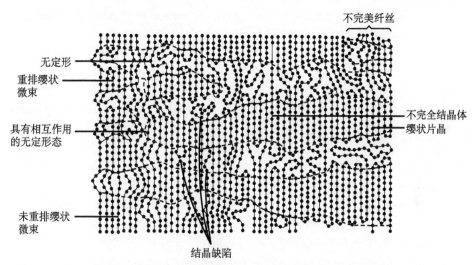

图 1.16　取向聚合物中不同类型的有序和无序分子链的共存状态示意图 (Reproduced from Hosemann, R. (1962) Crystallinity in high polymers, especially fibres. Polymer, 3, 393. Copyright (1962) Elsevier Ltd)

参 考 文 献

[1] Vaughan, M. F. (1960) Fractionation of polystyrene by gel filtration. Nature, 188, 55.

[2] Moore, J. C. (1964) Gel permeation chromatography. I. A new method for molecular weight distribution of high polymers. J. Polym. Sci. A, 2, 835.

[3] Noël, C. and Navard, P. (1991) Liquid crystal polymers. Prog. Polym. Sci., 16, 55.

[4] Mizushima, S. I. (1954) Structure of Molecules and Internal Rotation, Academic Press, New York.

[5] Grime, D. and Ward, I. M. (1958) The assignment of infra-red absorptions and rotational isomerism in polyethylene terephthalate and related compounds. Trans. Faraday Soc., 54, 959.

[6] Robertson, R. E. (1965) Polymer order and polymer density. J. Phys. Chem., 69, 1575.

[7] Bunn, C. W. (1939). The crystal structure of long-chain normal paraffin hydrocarbons: the "shape" of the $>CH2$ group. Trans. Faraday Soc., 35, 482.

[8] Fischer, E. W. (1957) Stufen-und spiralförmiges Kristallwachstum bei Hochpolymeren, aturforschung, 12a, 753; Keller, A. (1957) A note on single crystals in polymers: evidence for a folded chain configuration. Philos. Mag., 2, 1171; Till, P. H. (1957) The growth of single crystals of linear polyethylene. J. Polym. Sci., 24, 301.

[9] Flory, P. J. (1962) On the morphology of the crystalline state in polymers. J. Amer. Chem. Soc., 84, 2857.

[10] Fischer, E. W. (1978) Studies of structure and dynamics of solid polymers by elastic and inelastic neutron scattering. Pure and Appl. Chem., 50, 1319.

[11] Stamm, M., Fischer, E. W., Dettenmaier, M. and Convert, P. (1979) Chain conformation in the crystalline state by means of neutron scattering methods. Discuss. Chem. Soc. (London), 68, 263.

[12] Stamm, M., Schelten, J. and Ballard, D. G. H. (1981) Determination of the chain conformation of polypropylene in the crystalline state by neutron scattering. Coll. Pol. Sci., 259, 286.

[13] Lauritzen, J. I. and Hoffman, J. D. (1960) Theory of formation of polymer crystals with folded chains in dilute solution. J. Res. Nat. Bur. Std., 64A, 73.

[14] Sadler, D. M. and Gilmer, G. H. (1984) A model for chain folding in polymer crystals: rough growth faces are consistent with the observed growth rates. Polymer, 25, 1446.

[15] Gedde, U. W. (1995) Polymer Physics, Chapman and Hall, London.

[16] Strobl, G. (1997) The Physics of Polymers, 2nd edn, Springer, Berlin.

[17] Bassett, D. C. (1981) Principles of Polymer Morphology, Cambridge University Press, Cambridge.

[18] McCrum, N. G., Read, B. E., Williams, G. (1991) Anelastic and Dielectric Effects in Polymeric Solids, Dover Publications, New York.

[19] Hill, R. (ed.) (1953) Fibres from Synthetic Polymers, Elsevier, Amsterdam.

[20] Takayanagi, M. (1963) Viscoelastic properties of crystalline polymers. Mem. Fac. Eng. Kyushu Univ., 23, 1.

[21] Hosemann, R. (1962) Crystallinity in high polymers, especially fibres. Polymer, 3, 393.

其他参考资料

Billmeyer, F. W. (1984) Textbook of Polymer Science, 3rd edn, John Wiley & Sons, New York.

Bower, D. I. (2002) An Introduction to Polymer Physics, Cambridge University Press, Cambridge.

Cowie, J. M. G. and Arrighi, V. (2008) Polymers: Chemistry and Physics of Modern Materials, 3rd edn, Taylor & Francis Group, Boca Raton, Florida.

Hamley, I. W. (1998) The Physics of Block Copolymers, Oxford University Press, Oxford.

Mark, J. , Ngai, K. , Graessley, W. et al. (2004) Physical Properties of Polymers, 3rd edn, Cambridge University Press, Cambridge.

Odian, G. G. (2004) Principles of Polymerization, 4th edn, Wiley-Interscience, Hoboken, New Jersey.

Painter, P. C. and Coleman, M. M. (2008) Essentials of Polymer Science and Engineering, DEStech Publications, Lancaster Pennsylvania.

Rubinstein, M. and Colby, R. H. (2003) Polymer Physics, Oxford University Press, Oxford.

Sperling, L. (2006) Introduction to Physical Polymer Science, 4th edn, John Wiley & Sons, New York.

Tadokoro, H. (1979) Structure of Crystalline Polymers, John Wiley & Sons, Ltd, New York.

van Krevelen, D. W. and te Nijenhuis, K. (2009) Properties of Polymers, 4th edn, Elsevier, Oxford.

Wunderlich, B. Macromolecular Physics, Vols 1 1973 Vol 2 1976, Vol 3 1980, Academic Press, New York.

Young, R. J. and Lovell, P. A. (2011) Introduction to Polymers, 3rd edn, CRC Press/Taylor & Francis Group, Boca Raton, Florida.

第 2 章　聚合物的力学性能：概述

2.1　目　标

对固体聚合物的力学性能的讨论一般包含相互关联的两方面。其一是对人们一直关心的聚合物特殊行为给出足够的宏观描述。其二是试图在分子级别上对聚合物表现出来的特殊性能进行解释，这可能包括化学组成与物理结构的详细信息。本书将尽可能将这两个目标分开介绍，特别地，在讨论分子（微观）解释之前，尽量建立令人满意的宏观或现象学的描述。

这里要说明的是现在人们正在应用的理论只是单纯的描述性的，无需涉及结构术语的解释。这对于聚合物的工程应用已经足够了，因为人们大都只需要结合材料加工方法的经验信息对材料实际应用环境下的力学性能进行描述和解释。

2.2　力学行为的不同类型

众所周知，很难将聚合物划归某个特定的材料类别——玻璃态固体或者黏性液体，因为它们的力学性能很大程度上依赖于测试条件，如所加载荷的变化速率、温度以及应变量等。

根据测试温度以及测试持续时间，一种聚合物可以表现出玻璃态、脆性固体以及弹性橡胶或黏性液体等所有不同形态的特征。聚合物通常被描述成黏弹性材料，是用于强调其处于黏性液体与弹性固体中间状态的通用术语。在低温或高频测试情况下，聚合物可能表现出像玻璃一样的性能，杨氏模量在 $1\sim10\text{GPa}$，在应变量大于 5％时会产生断裂或者流动；在高温或低频测试条件下，同一种聚合物可能表现出橡胶的性能，模量只有 $1\sim10\text{MPa}$，能承受很大的伸长量（$\sim100\%$）且不会产生永久变形。在更高的温度以及外加载荷作用下会产生永久变形，这时聚合物表现出高黏度液体的行为。

在中间温度和频率下测试，通常称为玻璃化转变区域，聚合物行为既不像玻璃也不像橡胶。弹性模量处于中间值，聚合物表现出黏弹性行为，在受外界拉伸的情况下可以分散很大的能量。玻璃化转变表现为好几种形式，例如，体积膨胀系数的改变，体积膨胀系数可以用来定义玻璃化转变温度 T_g。玻璃化转变对于聚合物的力学性能研究十分重要，主要有两个原因：一是很多研究都尝试将黏弹性行为的时温等效现象与玻璃化转变温度 T_g 相关联；二是玻璃化转变可以用很多测试技术在分子水平上进行研究，如核磁共振和介电松弛。这样就有可能在分子级别上理解聚合物黏弹性本质。

聚合物不同的性能特征，如蠕变与回复、脆性断裂、颈缩以及冷拉，一般都是通过对不同聚合物进行对比研究分开考虑的。例如，通常情况下会比较聚甲基丙烯酸甲酯（PMMA）、聚苯乙烯（PS）以及其他聚合物的脆性断裂行为，这些聚合物在室温下表现出类似的力学行为。另外，针对聚乙烯（PE），聚丙烯以及其他聚烯烃类聚合物的蠕变与回复行为也进行过类似的比较研究。这种比较的方法往往掩饰了重要的一点，就是实际上所有这些聚合物表现出来的不同行为都可以通过改变温度用同一种聚合物去实现。图 2.1 展示了某聚合物在四个不同温度下的载荷-伸长率曲线。当温度远低于玻璃化转变温度时（曲线 A）会出现脆性断裂，载荷随着伸长率线性增加直到断裂点，断裂出现在低应变区（~10%）；在高温下（曲线 D），聚合物表现出橡胶态行为，载荷与伸长率呈 S 形曲线关系直到断裂点，且在很高的应变率下（约 30%~1000%）才出现断裂。

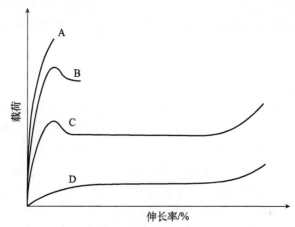

图 2.1 某聚合物在不同温度下的载荷-伸长率曲线。曲线 A，脆性断裂；曲线 B，韧性断裂；曲线 C，冷拉；曲线 D，橡胶态行为

在低于玻璃化转变温度的中间温度（曲线 B）情况下，载荷-伸长率的关系类似于韧性金属材料，存在最大载荷值，如在断裂前存在屈服点。当温度稍微高于曲线 B（曲线 C），但仍低于玻璃化转变温度时，就能够明显看到颈缩与冷拉现象。这里，传统的载荷-伸长率曲线仍存在屈服点，随后应力会减小。然而，随着施加应变继续增大，载荷减小到一恒定值直到变形量达到 300%~1000% 量级时为止。在这个过程中，也会形成颈缩现象，样品的应变也不是均匀变化的。（这一点将在第 12 章中进行详细讨论）。最后，载荷还会继续增加直到最后断裂。

通常情况下会分别讨论聚合物不同温度范围内的力学性能，因为人们会针对不同的力学行为特点采用不同的方法和数学表达式。本章将采用这种传统的处理方法，虽然这种传统处理方法通常被认为在一定程度上对聚合物力学性能主观武断地割裂为若干特定方面。

2.3　弹性固体与聚合物的力学行为

力学行为，顾名思义就是在外加载荷作用下产生的变形行为。在任何非特殊情况下，变形依赖于很多细节，诸如样品的几何形状，以及载荷的加载方式。这些是塑料工程师需要考虑的问题，塑料工程师要在特定使用环境下对聚合物进行使用性能预测。这里讨论的聚合物的力学性能将不考虑这些与应用过程相关的实际问题，只讨论普适方程，也称为本构关系，对于某类特定材料建立应力与应变之间的关系。首先有必要找到能描述力学行为的本构关系；其次，在有可能的情况下，作者将通过建立分子模型获得这种力学行为的分子学解释，以此来预测本构关系。

一种最简单的本构关系就是胡克定律，胡克定律定义了理想弹性各向同性固体在单轴拉伸情况下的应力（σ）-应变（e）关系，即

$$\sigma = Ee$$

这里 E 是杨氏模量。

聚合物的力学性能不同于理想的弹性固体（遵循胡克定律），主要体现在五个重要的方面。第一，对于弹性固体，载荷产生的变形不依赖于载荷加载历史和速度，而对于聚合物材料，变形可能与这些因素有很大的关系。这就意味着聚合物最简单的本构关系中除了要包含应力和应变以外，一般还要有时间或者频率作为变量。第二，对于弹性固体，几乎所有情况下应力应变都是可逆的，因此，如果施加一个应力，会产生一定的变形，当撤掉应力，这种变形会很快消失。而对于聚合物往往不总是这样的。第三，对于遵循胡克定律的弹性固体，从本质上讲是遵循小应变弹性理论，外界施加载荷与弹性固体产生的响应呈线性关系。这也是胡克定律的精髓，应力与应变严格呈线性关系。聚合物一般不符合这一规律，但大多时候对于很小的应变情况，基本可以近似使用。通常情况下，聚合物力学行为的本构关系是非线性的。值得强调的是非线性与可回复性能无关。与金属材料相反，聚合物即使超过一定的应变范围也能够实现应变回复而不产生永久变形。第四，胡克定律定义的应力应变只对小变形量有效。如果希望考虑更大的变形量，必须建立新的理论来更加普适地定义应力和应变。

最后，在很多实际应用中（如薄膜和合成纤维），聚合物处于取向或者各向异性的形式，需要使胡克定律更加一般化。

为了方便，这里将分别对这些问题进行讨论：①大应变下的力学行为，第 3 章和第 4 章（分别是有限弹性和橡胶态行为）；②时间依赖性力学行为，第 5~7 章以及第 10 章（黏弹性行为）；③取向聚合物的力学行为，第 8 章及第 9 章（力学各向异性）；④非线性行为，第 11 章（非线性黏弹性行为）；⑤不可回复行为，第 12 章（塑性与屈服）；⑥断裂，第 13 章（断裂现象）。但是，这里需要说明作者无法做到章节之间界限分明，因此会存在部分章节内容重叠的现象，并且这些内容可以通过物理机理联系在一起，这是进行现象学描述的基础。

2.4 应力与应变

在这部分对应力应变的基本概念进行简要概述是十分必要的。如果想进行更深入的讨论和介绍，可以参考有关弹性理论的标准教科书 [1-6]。

2.4.1 应力状态

在一个实体上施加的应力分量可以通过考虑施加在一个无限小的正方体体积元上的力进行定义，正方体体积元的边缘平行于坐标轴 1，2，3，如图 2.2。处于平衡状态，施加在正方体各个面单位面积上的力为

23 面上为 P_x；

31 面上为 P_y；

12 面上为 P_z。

这三个力可以被分解为在 1，2，3 三个方向上的九个分量，如下：

P_x：σ_{11}，σ_{12}，σ_{13}；

P_y：σ_{21}，σ_{22}，σ_{23}；

P_z：σ_{31}，σ_{32}，σ_{33}。

下标第一个数字代表应力作用平面的垂直方向，第二个数字代表应力方向。当不存在体扭矩时，作用在正方体上的总扭矩也要是零，这就意味着存在三组等量：

$$\sigma_{12} = \sigma_{21}, \qquad \sigma_{13} = \sigma_{31}, \qquad \sigma_{23} = \sigma_{32}$$

因此，应力分量是由六个相互独立的分量定义的——法向应力：σ_{11}，σ_{22}，σ_{33}；剪切应力：σ_{12}，σ_{23}，σ_{13}。

这样就形成了应力张量 Σ 或者 σ_{ij} 的六个独立分量：

$$\Sigma = \sigma_{ij} = \begin{bmatrix} \sigma_{11} & \sigma_{12} & \sigma_{13} \\ \sigma_{12} & \sigma_{22} & \sigma_{23} \\ \sigma_{13} & \sigma_{23} & \sigma_{33} \end{bmatrix}$$

如果能够指定作用在物体某平面上的某个点上任何方向的应力的垂直分量和

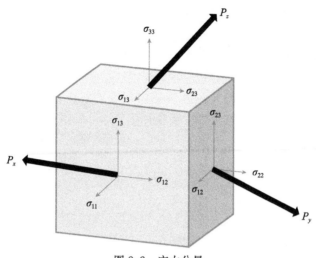

图 2.2   应力分量

剪切分量，那么物体上该点上的应力状态就是确定的。如果知道在给定点的这六个应力分量，那么就能计算出通过这个点作用在任何平面上的应力（文献 [1]，Section 67 和文献 [2]，Section 47）。

2.4.2   应变状态-工程分量

物体中任何点 X 的位移（图 2.3）皆可以被分解为平行于 1，2，3 坐标系（未变形状态下的直角坐标轴）的三个分量 u_1，u_2 与 u_3，因此在未变形状态下的坐标点坐标 (X_1, X_2, X_3) 发生变形后将变成 $(X_1+u_1, X_2+u_2, X_3+u_3)$。在定义应变时，人们关心的不是位移或者旋转而是变形。后者是一个点相对于邻近点的位移变化。考虑十分接近 X 点的一点，无位移状态下的坐标为 $(X_1+dX_1, X_2+dX_2, X_3+dX_3)$，如果使其产生一定的位移，位移分量定义为 $(u_1+du_1, u_2+du_2, u_3+du_3)$，这样所需的位移量为 du_1，du_2，du_3，这是相对位移。

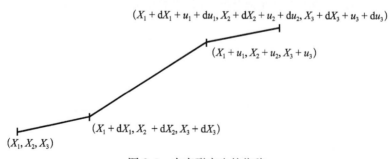

图 2.3   由变形产生的位移

如果 dX_1，dX_2，dX_3 足够小，假设为无限小：

$$du_1 = \frac{\partial u_1}{\partial X_1} dX_1 + \frac{\partial u_1}{\partial X_2} dX_2 + \frac{\partial u_1}{\partial X_3} dX_3$$

$$du_2 = \frac{\partial u_2}{\partial X_1} dX_1 + \frac{\partial u_2}{\partial X_2} dX_2 + \frac{\partial u_2}{\partial X_3} dX_3$$

$$du_3 = \frac{\partial u_3}{\partial X_1} dX_1 + \frac{\partial u_3}{\partial X_2} dX_2 + \frac{\partial u_3}{\partial X_3} dX_3$$

因此需要定义九个量：

$$\frac{\partial u_1}{\partial X_1}, \quad \frac{\partial u_1}{\partial X_2}, \quad \cdots$$

为了方便起见，这九个量被重新分组，并按下述方式命名：

$$e_{11} = \frac{\partial u_1}{\partial X_1}, \quad e_{22} = \frac{\partial u_2}{\partial X_2}, \quad e_{33} = \frac{\partial u_3}{\partial X_3}$$

$$e_{23} = \frac{\partial u_3}{\partial X_2} + \frac{\partial u_2}{\partial X_3}, \quad e_{31} = \frac{\partial u_1}{\partial X_3} + \frac{\partial u_3}{\partial X_1}, \quad e_{12} = \frac{\partial u_2}{\partial X_1} + \frac{\partial u_1}{\partial X_2}$$

$$2\bar{\omega}_1 = \frac{\partial u_3}{\partial X_2} - \frac{\partial u_2}{\partial X_3}, \quad 2\bar{\omega}_2 = \frac{\partial u_1}{\partial X_3} - \frac{\partial u_3}{\partial X_1}, \quad 2\bar{\omega}_3 = \frac{\partial u_2}{\partial X_1} - \frac{\partial u_1}{\partial X_2}$$

前三个量 e_{11}，e_{22} 以及 e_{33} 分别是 X 点处的无限小元素沿着 1，2，3 三个轴方向产生的极小量的膨胀或者收缩量，也就是法向应变。第二组的三个量 e_{23}，e_{31} 以及 e_{12} 分别对应 23，31，12 三个面上剪切应变分量。最后三个量 $\bar{\omega}_1$，$\bar{\omega}_2$，$\bar{\omega}_3$ 与 X 点处元素的变形无关，而是其作为刚体的旋转分量。

剪切应变的概念可以简单地用示意图 2.4 表示，显示了在 23 平面内的二维剪切情形。$ABCD$ 是一个无限小的正方形，产生位移和变形后变成菱形 $A'B'C'D'$，θ_1，θ_2 分别为边 $A'D'$ 以及 $A'B'$ 与 2，3 轴之间的夹角。

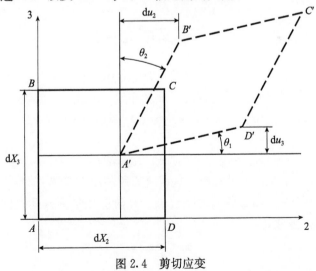

图 2.4 剪切应变

这里，

$$\tan\theta_1 \approx \theta_1 = \frac{\mathrm{d}u_3}{\mathrm{d}X_2} \rightarrow \frac{\partial u_3}{\partial X_2}$$

$$\tan\theta_2 \approx \theta_2 = \frac{\mathrm{d}u_2}{\mathrm{d}X_3} \rightarrow \frac{\partial u_2}{\partial X_3}$$

在 23 平面内的剪切应变由下述公式给出：

$$e_{23} = \frac{\partial u_3}{\partial X_2} + \frac{\partial u_2}{\partial X_3} = \theta_1 + \theta_2$$

$2\bar{\omega}_1 = \theta_1 - \theta_2$ 与 $ABCD$ 的变形没有对应关系，但是是 AC 边转动角度的两倍。

因此，变形是通过前六个量进行定义的，即 e_{11}，e_{22}，e_{33}，e_{23}，e_{31} 以及 e_{12}，这些量称为应变分量。很重要的作用是这样就定义了工程应变。在第 3 章 3.1.5 节用了更通俗的方法并定义了多个与应变相关的张量。本章的主要目标是小应变，定义应变张量 ε_{ij} 为

$$\varepsilon_{ij} = \frac{1}{2}\left(\frac{\partial u_i}{\partial X_j} + \frac{\partial u_j}{\partial X_i}\right)$$

这里，i，j 取值为 1，2，3，对所有可能的取值进行求和，则

$$\varepsilon_{ij} = \begin{bmatrix} e_{11} & \frac{1}{2}e_{12} & \frac{1}{2}e_{13} \\ \frac{1}{2}e_{12} & e_{22} & \frac{1}{2}e_{23} \\ \frac{1}{2}e_{13} & \frac{1}{2}e_{23} & e_{33} \end{bmatrix}$$

用这种形式来表示应变的工程分量。

2.5　广义胡克定律

最通用的应力、应变之间的线性关系是通过假设应力的每一个张量分量与应变的所有张量分量呈线性关系得到的，反之亦然。因此，

$$\sigma_{11} = a\varepsilon_{11} + b\varepsilon_{22} + c\varepsilon_{33} + d\varepsilon_{13} + \cdots$$

且

$$\varepsilon_{11} = a'\sigma_{11} + b'\sigma_{22} + c'\sigma_{33} + d'\sigma_{13} + \cdots$$

这里 a，b，$\cdots$，a'，b'，$\cdots$ 是常数。这就是通用的胡克定律。

在张量标记法中，将二阶应力张量 σ_{ij} 与二阶应变张量 ε_{ij} 通过四阶张量 c_{ijkl} 与 s_{ijkl} 联系在一起。因此，

$$\sigma_{ij} = c_{ijkl}\varepsilon_{kl}$$

或者同样地，

$$\varepsilon_{ij} = s_{ijkl}\sigma_{kl}$$

这里，$\sigma_{ij} = \sigma_{11}$，$\sigma_{22}$，…；$\varepsilon_{ij} = \varepsilon_{11}$，$\varepsilon_{22}$，…。

四阶张量 c_{ijkl} 与 s_{ijkl} 分别包含柔度常数与刚度常数，i，j，k，l 取值 1，2 或 3。

人们一般习惯采用缩略的命名法，这样利用胡克定律将六个独立的应力分量与六个独立的工程应变分量联系在一起。可以得到

$$\sigma_p = c_{pq}e_q，\qquad \varepsilon_p = s_{pq}\sigma_q$$

这里，σ_p 代表 σ_{11}，σ_{22}，σ_{33}，σ_{13}，σ_{23} 或者 σ_{12}；ε_p 代表 e_{11}，e_{22}，e_{33}，e_{13}，e_{23} 或者 e_{12}。于是形成矩阵 c_{pq} 以及 s_{pq}，且 p 和 q 取值为 1，2，…，6。至于刚度常数，通过用 1 代替 11，2 代替 22，3 代替 33，4 代替 23，5 代替 13，以及 6 代替 12，用 i，j，k，l 的形式来表示 p 和 q 值，对于柔度常数，要用到更加复杂的规则，因为剪切应变张量分量定义与工程剪切应变定义存在系数 2（2 倍）的差别，所以，当 p，q 取值 1，2 或 3 时，

$$s_{ijkl} = s_{pq}$$

当 p 或者 q 取值 4，5 或 6 时，

$$2s_{ijkl} = s_{pq}$$

当 p 和 q 二者均取值 4，5 或 6 时，

$$4s_{ijkl} = s_{pq}$$

应力应变之间的典型关系现在可以写为

$$\sigma_1 = c_{11}e_1 + c_{12}e_2 + c_{13}e_3 + c_{14}e_4 + c_{15}e_5 + c_{16}e_6$$

应变能的存在（见参考文献［2］149 页，参考文献［3］267 页）给出了以下关系：

$$c_{pq} = c_{qp}，\qquad s_{pq} = s_{qp}$$

这样能够将这些独立常数的数量从 36 个减少到 21 个。可以得到

$$c_{pq} = \begin{bmatrix} c_{11} & c_{12} & c_{13} & c_{14} & c_{15} & c_{16} \\ c_{21} & c_{22} & c_{23} & c_{24} & c_{25} & c_{26} \\ c_{31} & c_{32} & c_{33} & c_{34} & c_{35} & c_{36} \\ c_{41} & c_{42} & c_{43} & c_{44} & c_{45} & c_{46} \\ c_{51} & c_{52} & c_{53} & c_{54} & c_{55} & c_{56} \\ c_{61} & c_{62} & c_{63} & c_{64} & c_{65} & c_{66} \end{bmatrix}$$

同样

$$s_{pq} = \begin{bmatrix} s_{11} & s_{12} & s_{13} & s_{14} & s_{15} & s_{16} \\ s_{21} & s_{22} & s_{23} & s_{24} & s_{25} & s_{26} \\ s_{31} & s_{32} & s_{33} & s_{34} & s_{35} & s_{36} \\ s_{41} & s_{42} & s_{43} & s_{44} & s_{45} & s_{46} \\ s_{51} & s_{52} & s_{53} & s_{54} & s_{55} & s_{56} \\ s_{61} & s_{62} & s_{63} & s_{64} & s_{65} & s_{66} \end{bmatrix}$$

这些矩阵定义了一般弹性固体中应力与应变之间的关系，其性能随着方向改变而改变，属于各向异性弹性固体。本书中大部分章节关注的是各向同性聚合物，各向异性的力学性能将放到第 8 章进行集中讨论。

因此最直接的方法是使用柔度常数矩阵，这里要提出的是测试得到的力学参数如杨氏模量 E，泊松比 ν 以及扭转或剪切模量 G，都与柔度常数直接相关。

对于各向同性固体，矩阵 s_{pq} 被简化为

$$s_{pq} = \begin{bmatrix} s_{11} & s_{12} & s_{12} & 0 & 0 & 0 \\ s_{12} & s_{11} & s_{12} & 0 & 0 & 0 \\ s_{12} & s_{12} & s_{11} & 0 & 0 & 0 \\ 0 & 0 & 0 & 2(s_{11}-s_{12}) & 0 & 0 \\ 0 & 0 & 0 & 0 & 2(s_{11}-s_{12}) & 0 \\ 0 & 0 & 0 & 0 & 0 & 2(s_{11}-s_{12}) \end{bmatrix}$$

可以看出杨氏模量可以通过公式 $E = 1/s_{11}$ 进行计算；泊松比通过 $\nu = -s_{12}/s_{11}$ 计算；扭转模量通过 $G = 1/2\,(s_{11}-s_{12})$ 计算。

因此，得到下列应力-应变关系，它们在很多介绍弹性的基础教材中都是学习的起点（见参考文献 [1]，7～9 页）：

$$e_{11} = \frac{1}{E}\,(\sigma_{11} - \nu\,(\sigma_{22} + \sigma_{33}))$$

$$e_{22} = \frac{1}{E}\,(\sigma_{22} - \nu\,(\sigma_{11} + \sigma_{33}))$$

$$e_{33} = \frac{1}{E}\,(\sigma_{33} - \nu\,(\sigma_{11} + \sigma_{22}))$$

$$e_{13} = \frac{1}{G}\sigma_{13}$$

$$e_{23} = \frac{1}{G}\sigma_{23}$$

$$e_{12} = \frac{1}{G}\sigma_{12}$$

这里 $G = \dfrac{E}{2(1+\nu)}$。

另一个基本量是体积模量 K，它决定着膨胀系数 $\Delta = e_{11} + e_{22} + e_{33}$，$K$ 描述的是材料对均匀静水压力的响应。利用上述应力-应变关系，通过公式 $e_{11} = e_{22} = e_{33} = (s_{11} + 2s_{12})$ p 可以得出由均匀静水压力 p 产生的应变。

于是有

$$K = \frac{p}{\Delta} = \frac{1}{3(s_{11} + 2s_{12})} = \frac{E}{3(1 - 2\nu)}$$

本章介绍小应变下的线弹性行为。第 3 章将会扩展到大的应变，如有限弹性行为。

参 考 文 献

[1] Timoshenko, S. and Goodier, J. N. (2008) Theory of Elasticity, 3rd edn, McGraw-Hill Higher Education, International Editions, New York.

[2] Love, A. E. H. (1944) A Treatise on the Mathematical Theory of Elasticity, 4th edn, Macmillan, New York.

[3] Solecki, R. and Conant, R. J. (2003) Advanced Mechanics of Materials, Oxford University Press, New York.

[4] Bedford, A. and Liechti, K. M. (2000) Mechanics of Materials, Prentice Hall, Upper Saddle River, New Jersey.

[5] Hibbeler, R. C. (2004) Mechanics of Materials, 6th edn, Prentice Hall, Upper Saddle River, New Jersey.

[6] Richards, R. (2001) Principles of Solid Mechanics, CRC Press LLC, Boca Raton, Florida.

第3章 橡胶态下的力学行为：有限应变弹性

聚合物在橡胶态下能够产生很大的应变量，但仍能完全恢复。橡胶带被拉伸至其原长度的 2～3 倍，然后释放，也能够很快完全恢复至原来的长度和形状，这已是司空见惯的事。这种行为与大应变下的弹性行为极为相似。想要对这种行为进行深入理解首先要建立应变的广义定义，广义应变将不受限于第 2 章中的定义，即应变较小的情况下。随之而来的是在变形量较大的情况下对应力的确切定义。这些问题是有限弹性理论的基础。这一话题已经在多篇重要文献中进行过讨论[1-3]，但是作者不想简单复制其他地方提出的简化处理方法。在大多数情况下，有限应变弹性理论是通过张量演算法建立和发展的。书中作者采用的处理方法是基础级的。本书希望这样的阐述方法能够对那些想对这一学科有基本概括性了解从而理解聚合物的相关力学性能的读者有所裨益。

3.1 应变的广义定义

图 3.1 给出了一个变形体和一个未变形体。未变形体上一个很小的区域内有一点被指定为坐标 $\boldsymbol{X}=(X_1, X_2, X_3)$。发生变形后，这一区域发生了改变，因此通常情况下，它的形状与旋转状态都发生了改变。这样点 $\boldsymbol{X}=(X_1, X_2, X_3)$ 就移动到点 $\boldsymbol{x}=(x_1, x_2, x_3)$。这种变换在局部内可以表示为线性变换，这样新坐标用旧坐标的形式表示为

$$x_1 = f_{11}X_1 + f_{12}X_2 + f_{13}X_3$$
$$x_2 = f_{21}X_1 + f_{22}X_2 + f_{23}X_3 \tag{3.1}$$
$$x_3 = f_{31}X_1 + f_{32}X_2 + f_{33}X_3$$

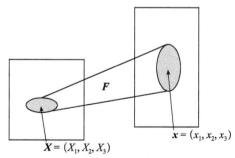

图 3.1 变形与未变形材料单元

经变形后有一个点未发生改变,就是原点,因此,用这种方法自动排除了刚体平移。作者采用拉格朗日(Lagrangian)方法来研究应变,这种方法的参照状态是材料未变形状态,与其他的模型如欧拉(Eulerian)模型形成了鲜明对比,因为欧拉模型选用变形体作为参照。可以用矩阵的方式重新表示公式(3.1):

$$\boldsymbol{x} = \boldsymbol{F}\boldsymbol{X} \tag{3.2}$$

这里,

$$\boldsymbol{F} = \begin{bmatrix} f_{11} & f_{12} & f_{13} \\ f_{21} & f_{22} & f_{23} \\ f_{31} & f_{32} & f_{33} \end{bmatrix}$$

用另外的方式表达,公式(3.1)可以通过微分表示为

$$\frac{\partial x_i}{\partial X_j} = f_{ij} \quad (i,j=1,2,3)$$

可以统一表示为

$$\boldsymbol{F} = \frac{\partial \boldsymbol{x}}{\partial \boldsymbol{X}}$$

矩阵 $\boldsymbol{F}$ 及其分量被称为变形梯度,也可以定义为变形梯度张量。它定义了材料从未变形态到变形态的变形过程。

3.1.1 Cauchy-Green 应变测量

变形梯度 $\boldsymbol{F}$ 包括与应变无关的几何变形(如尺寸或形状改变),也就是说包括刚体旋转。由旋转产生的矩阵是很常见的,常被用于描述由坐标轴旋转引起的矢量变化。它同时定义了某一材料单元的刚体旋转,因此其本身就是一个变形梯度。假设在 1-2-3 直角坐标系内指定一材料单元,对材料单元进行旋转,这样本来沿着 1,2,3 三条轴取向的材料边线变得与新的坐标轴 1′,2′,3′ 平行。这样新坐标系的位置可以用原坐标的方向余弦进行表示。假设 1′ 轴相对于 1-2-3 坐标系的方向余弦为 (l_{11}, l_{12}, l_{13}),2′ 轴相对于 1-2-3 坐标系的方向余弦为 (l_{21}, l_{22}, l_{23}),3′ 轴相对于 1-2-3 坐标系的方向余弦为 (l_{31}, l_{32}, l_{33})。那么旋转矩阵 $\boldsymbol{R}$ 可以表示为

$$\boldsymbol{R} = \begin{bmatrix} l_{11} & l_{12} & l_{13} \\ l_{21} & l_{22} & l_{23} \\ l_{31} & l_{32} & l_{33} \end{bmatrix} \tag{3.3}$$

这样旧坐标矢量 (X_1, X_2, X_3) 经变换后就得到了新的坐标矢量 (x_1, x_2, x_3)。这里要注意一下,在二维空间内,可以简化为

$$\boldsymbol{R} = \begin{bmatrix} \cos\theta & \sin\theta \\ -\sin\theta & \cos\theta \end{bmatrix} \tag{3.4}$$

这里，θ 是新坐标系在 $1-2$ 平面内旋转的逆时针方向角大小。

　　已经定义了旋转矩阵，现在要强调的问题是怎么将刚体旋转从变形梯度 $\boldsymbol{F}$ 中排除。在后面的讨论中，将引入矩阵 $\boldsymbol{M}$ 的转置矩阵 $\boldsymbol{M}^{\mathrm{T}}$ 的概念，就是将原来矩阵 $\boldsymbol{M}$ 的各行元素写成列元素，因此 $\boldsymbol{M}^{\mathrm{T}}$ 中某一元素 $a_{ij}=b_{ji}$，b_{ji} 是矩阵 $\boldsymbol{M}$ 中的某一元素。对于旋转矩阵 $\boldsymbol{R}$，$\boldsymbol{R}^{\mathrm{T}}=\boldsymbol{R}^{-1}$，这里 $\boldsymbol{R}^{-1}$ 是矩阵 $\boldsymbol{R}$ 的逆矩阵，$\boldsymbol{R}^{-1}$ 变化是将材料单元旋转回到原来的状态，于是 $\boldsymbol{R}\boldsymbol{R}^{-1}=\boldsymbol{R}^{-1}\boldsymbol{R}=\boldsymbol{I}$，$\boldsymbol{I}$ 是单位矩阵。后面也将用到单位矩阵。

$$(\boldsymbol{AB})^{\mathrm{T}}=\boldsymbol{B}^{\mathrm{T}}\boldsymbol{A}^{\mathrm{T}} \tag{3.5}$$

　　假设变形梯度 $\boldsymbol{F}$ 包含一个纯变形梯度 $\boldsymbol{V}$（这里纯变形的意思是不包含任何刚体旋转）和一个旋转梯度 $\boldsymbol{R}$，于是根据极分解定理，可以写成

$$\boldsymbol{F}=\boldsymbol{R}\boldsymbol{V} \tag{3.6}$$

$\boldsymbol{R}\boldsymbol{V}$ 称为对 $\boldsymbol{F}$ 的极分解。现在来组成一个新的矩阵 $\boldsymbol{C}$

$$\boldsymbol{C}=\boldsymbol{F}^{\mathrm{T}}\boldsymbol{F} \tag{3.7}$$

应用公式（3.6），$\boldsymbol{C}$ 变成

$$\boldsymbol{C}=(\boldsymbol{R}\boldsymbol{V})^{\mathrm{T}}\boldsymbol{R}\boldsymbol{V}$$

应用式（3.5），得到

$$\boldsymbol{C}=\boldsymbol{V}^{\mathrm{T}}\boldsymbol{R}^{\mathrm{T}}\boldsymbol{R}\boldsymbol{V}$$

前面已经提到 $\boldsymbol{R}^{\mathrm{T}}=\boldsymbol{R}^{-1}$，这样 $\boldsymbol{R}^{\mathrm{T}}\boldsymbol{R}=\boldsymbol{I}$。因此

$$\boldsymbol{C}=\boldsymbol{V}^{\mathrm{T}}\boldsymbol{V} \tag{3.8}$$

　　现在可以看出 $\boldsymbol{C}$ 不依赖于旋转矩阵 $\boldsymbol{R}$，通过操作公式（3.7），已经成功将刚体旋转从 $\boldsymbol{F}$ 中分离出去，只剩下一个只依赖于纯变形 $\boldsymbol{V}$ 的量。$\boldsymbol{V}$ 的对角线变形量与长度变化或者说是法向应变直接相关，非对角线变形量与角度变化或者剪切应变直接相关。因此 $\boldsymbol{C}$ 是量度应变的有效手段，被称为右 Cauchy-Green 应变法（左 Cauchy-Green 应变法简单地写成 $\boldsymbol{F}\boldsymbol{F}^{\mathrm{T}}$）。这里需要强调的是，如果替换公式（3.6），于是可假设：

$$\boldsymbol{F}=\boldsymbol{V}\boldsymbol{R}$$

这样应用左 Cauchy-Green 应变法就会产生与除去刚体旋转相同的效果。

　　不同于 $\boldsymbol{F}$，$\boldsymbol{C}$ 永远是对称矩阵（$f_{ij}=f_{ji}$，$i=1$，2，3）。当变形梯度 $\boldsymbol{F}$ 本身对称时，它已经对应没有刚体运动的变形了，就是纯变形 $\boldsymbol{V}$。由 Cauchy-Green 应变法 $\boldsymbol{C}$ 衍生出这样的量是可能的。这就需要知道如何获取 $\boldsymbol{C}$ 或 $\boldsymbol{V}$ 的主值，以及如何在不同的轴系之间变换 $\boldsymbol{C}$ 和 $\boldsymbol{V}$。

3.1.2　主应变

　　这里假设变形梯度 $\boldsymbol{V}$ 是对称的，因此不包含刚体旋转。可以看出，$\boldsymbol{V}$ 作用在矢量 $\boldsymbol{X}$ 上，$\boldsymbol{X}$ 对应空间中的某一点，经变形梯度作用后将其移动到 x 点。也就

意味着 V 将一条线上的点变换成另一条线上的点，同时将一条直线变换成另外一条直线。例如，连接原点与 X 的这条直线将会变换成连接原点与点 x 的直线。变形 V 的主方向对应的是其自身平行移动后的直线，因此，垂直线仍然保持垂直，不会产生剪切应变引起的角度变化。在数学术语中，特征矢量 V 是主方向，对应的特征值是沿着主方向的伸长率，命名为主伸长率。

经过变换的直线平行于初始直线的条件是

$$VX = \lambda X$$

式中，λ 是个常数。下面将介绍，这样定义了一个 λ 的三次方程，包含主伸长率的三个解。用分量表示，这三个方程可以分别写成

$$\nu_{11}X_1 + \nu_{12}X_2 + \nu_{13}X_3 = \lambda X_1$$
$$\nu_{12}X_1 + \nu_{22}X_2 + \nu_{23}X_3 = \lambda X_2 \qquad (3.9)$$
$$\nu_{13}X_1 + \nu_{23}X_2 + \nu_{33}X_3 = \lambda X_3$$

然后可以变换成

$$(\nu_{11} - \lambda)X_1 + \nu_{12}X_2 + \nu_{13}X_3 = 0$$
$$\nu_{12}X_1 + (\nu_{22} - \lambda)X_2 + \nu_{23}X_3 = 0 \qquad (3.10)$$
$$\nu_{13}X_1 + \nu_{23}X_2 + (\nu_{33} - \lambda)X_3 = 0$$

或者用矩阵的形式表示为

$$\begin{bmatrix} \nu_{11} - \lambda & \nu_{12} & \nu_{13} \\ \nu_{12} & \nu_{22} - \lambda & \nu_{23} \\ \nu_{13} & \nu_{23} & \nu_{33} - \lambda \end{bmatrix} X = 0 \qquad (3.11)$$

求解过程中除非 X 取极小值即 $X=0$，否则矩阵必须是奇异的。因此行列式必须为零才能使上述方程成立。

$$\begin{vmatrix} \nu_{11} - \lambda & \nu_{12} & \nu_{13} \\ \nu_{12} & \nu_{22} - \lambda & \nu_{23} \\ \nu_{13} & \nu_{23} & \nu_{33} - \lambda \end{vmatrix} = 0 \qquad (3.12)$$

这定义了 λ 的三次方程。λ 的三个解——V 的特征值——是主拉伸比例 λ_I，λ_{II} 以及 λ_{III}。可以看出，这些量提供了建立分子网络模型的简单方法，这是理解聚合物力学行为的关键方法之一。相应的方向——特征矢量和主方向——通过将 λ 值代回公式（3.11）然后求解 X_1，X_2，X_3 得到，条件是 X 为单位矢量，$X_1^2 + X_2^2 + X_3^2 = 1$，确保其分量为方向余弦。

假设 V 在主轴方向用 V' 表示，那么，对于主拉伸应变率 λ_I，λ_{II} 以及 λ_{III}，

$$V' = \begin{bmatrix} \lambda_I & 0 & 0 \\ 0 & \lambda_{II} & 0 \\ 0 & 0 & \lambda_{III} \end{bmatrix} \qquad (3.13)$$

这里，在原始的 1-2-3 坐标系下，Ⅰ、Ⅱ 以及Ⅲ主轴方向可以通过主伸长率 λ_{I}、λ_{II} 以及 λ_{III} 的方向余弦给出。

恰恰这种方法也可以用于分析 Cauchy-Green 张量 C。当变形梯度 F 包含刚体旋转时，就必须首先形成 Cauchy-Green 方法 C，然后用上述与变形梯度 V 类似的方法得到其主要分量和方向。C 的主方向与纯变形 V 的主方向相同，V 是构成 F 的主因素（$F=VR$）。对 C 用类似于公式（3.12）表示为

$$\begin{vmatrix} c_{11}-\mu & c_{12} & c_{13} \\ c_{12} & c_{22}-\mu & c_{23} \\ c_{13} & c_{23} & c_{33}-\mu \end{vmatrix}=0 \tag{3.14}$$

给出 μ 的三个平方根：μ_{I}，μ_{II} 和 μ_{III}。相应的主方向通过将 μ 值代入类似于（3.11）的公式中得到

$$\begin{bmatrix} c_{11}-\mu & c_{12} & c_{13} \\ c_{12} & c_{22}-\mu & c_{23} \\ c_{13} & c_{23} & c_{33}-\mu \end{bmatrix}X=0 \tag{3.15}$$

并求解三组方向余弦值 X。在主轴方向，Cauchy-Green 应变为

$$C'=\begin{bmatrix} \mu_{\mathrm{I}} & 0 & 0 \\ 0 & \mu_{\mathrm{II}} & 0 \\ 0 & 0 & \mu_{\mathrm{III}} \end{bmatrix} \tag{3.16}$$

在主轴方向利用公式（3.8）得到

$$C'=V'^{\mathrm{T}}V'$$

利用公式（3.13）与公式（3.16），得出 C 的主值与主伸长率之间的关系式为

$$\lambda_{\mathrm{I}}=\sqrt{\mu_{\mathrm{I}}}, \quad \lambda_{\mathrm{II}}=\sqrt{\mu_{\mathrm{II}}}, \quad \lambda_{\mathrm{III}}=\sqrt{\mu_{\mathrm{III}}} \tag{3.17}$$

现在为了得到在原始坐标系 1-2-3 下的变形梯度 V，有必要将公式（3.13）中的形变 V' 进行适当的旋转变换，接下来将进行讨论。

图 3.2 中给出了在任意坐标系或球面坐标系中 1-2-3 轴以及主轴Ⅰ-Ⅱ-Ⅲ下的变形情况。

当从主方向进行考虑时，变形梯度有一个简单的物理解释。考虑一个未变形的、以原点为中心的单位半径的材料球面，其中心位于坐标原点。在其表面上的一点为（l_1，l_2，l_3），这里

$$l_1^2+l_2^2+l_3^2=1 \tag{3.18}$$

实际上 l_1，l_2，l_3 为方向余弦。通过主轴方向上的变形梯度作用，这一点被变换成另一点（x_1，x_2，x_3）：

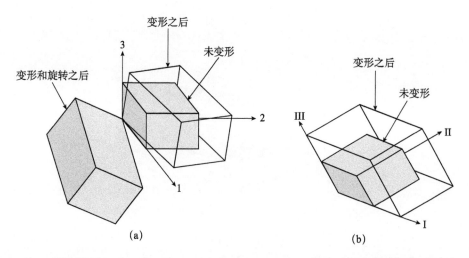

图 3.2 初始材料单元为立方体。(a) 在任意球面坐标系 (1 - 2 - 3) 下通过法向和切向应变，有或没有刚体旋转的变形；(b) 在主轴方向（Ⅰ - Ⅱ - Ⅲ）的变形，没有旋转或剪切

$$\begin{bmatrix} x_1 \\ x_2 \\ x_3 \end{bmatrix} = \begin{bmatrix} \lambda_{\mathrm{I}} & 0 & 0 \\ 0 & \lambda_{\mathrm{II}} & 0 \\ 0 & 0 & \lambda_{\mathrm{III}} \end{bmatrix} \begin{bmatrix} l_1 \\ l_2 \\ l_3 \end{bmatrix}$$

上述定义的三个公式可以用于代替公式（3.18）中的原始坐标（l_1, l_2, l_3）。结果得到

$$\frac{x_1^2}{\lambda_{\mathrm{I}}^2} + \frac{x_2^2}{\lambda_{\mathrm{II}}^2} + \frac{x_3^2}{\lambda_{\mathrm{III}}^2} = 1$$

这一公式代表了一个坐标轴沿着主轴方向的椭圆。其沿着Ⅰ、Ⅱ以及Ⅲ主方向的半轴长度分别为 λ_{I}、λ_{II} 以及 λ_{III}，如图 3.3 所示。

3.1.3 应变变换

为了得到旋转坐标系下的应变分量，本书从变形梯度 $\boldsymbol{G}$ 开始，重写公式（3.2）

$$\boldsymbol{x} = \boldsymbol{FX}$$

在相对于原始坐标系下按照矩阵 $\boldsymbol{R}$ 旋转得到新坐标系，变形体内的点的新坐标通过下式给出

$$\boldsymbol{x}' = \boldsymbol{Rx} = \boldsymbol{RFX} \tag{3.19}$$

在旋转坐标系下，未变形体的坐标为

$$\boldsymbol{X}' = \boldsymbol{RX}$$

因此

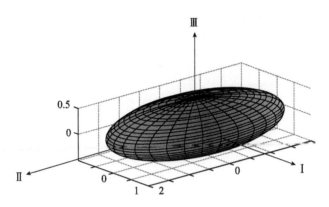

图 3.3　当 $\lambda_{\mathrm{I}}=1$，$\lambda_{\mathrm{II}}=2$，$\lambda_{\mathrm{III}}=0.5$ 时的应变椭圆

$$X=R^{-1}X'=R^{\mathrm{T}}X'$$

由公式（3.19）可以得到

$$x=RFR^{\mathrm{T}}X' \tag{3.20}$$

这与公式（3.2）类似，可以写成

$$F'=RFR^{\mathrm{T}} \tag{3.21}$$

因此，公式（3.20）可以写成 $x'=F'X'$，并得出结论：公式（3.21）定义了在旋转坐标系下的变形梯度。

容易看出 Cauchy-Green 应变张量也可以用下面公式进行变换：

$$C'=RCR^{\mathrm{T}} \tag{3.22}$$

C 与 F 都是二阶张量，因此必须用相同的方法进行变换。

3.1.4　基础应变场的例子

如前面所述，所有的均匀应变场都可以用主伸长率的形式表示。一些普通的应变场自然是用这种方法进行表示，例如，单轴应变场，对于沿着 I 轴不可压缩拉伸过程，表达式如下：$\lambda_{\mathrm{I}}=\lambda$，$\lambda_{\mathrm{II}}=\lambda_{\mathrm{III}}=\lambda^{-1/2}$。其他应变状态通常在非主轴上表示。

此种情况之一是纯剪切。在 1-2 平面，可以表示为变形梯度：

$$F=\begin{bmatrix} 1 & \gamma \\ \gamma & 1 \end{bmatrix}$$

这里 F 是对称的，因此变形中不包含刚体旋转。这一变形对于单位正方形材料的作用如图 3.4 所示。利用 3.1.2 节的方法，主伸长率为下式的解：

$$\begin{vmatrix} 1-\lambda & \gamma \\ \gamma & 1-\lambda \end{vmatrix}=0$$

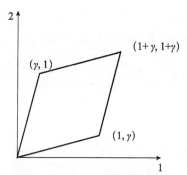

图 3.4 单位正方形纯剪切变形

很容易看出，主值可以表示为 $\lambda_{\mathrm{I}}=1+\gamma$，$\lambda_{\mathrm{II}}=1-\gamma$。利用公式（3.11）可以看出 λ_{I} 的方向余弦（l_1，l_2）为

$$\begin{bmatrix} 1-(1+\gamma) & \gamma \\ \gamma & 1-(1+\gamma) \end{bmatrix}\begin{bmatrix} l_1 \\ l_2 \end{bmatrix}=\begin{bmatrix} 0 \\ 0 \end{bmatrix}$$

由此可得 $l_1=l_2$。因此，主方向 I 与 1 方向呈 $45°$角。

简单剪切实际上是比纯剪切更复杂的一种状态，因为它包含刚体变形。可以看到简单剪切是垂直于旋转刚体主应变方向的拉伸和压缩作用组合而成的。考虑变形梯度：

$$\boldsymbol{F}=\begin{bmatrix} 1 & \gamma \\ 0 & 1 \end{bmatrix}$$

对于材料一个单位正方形的作用示意图如图 3.5 所示。初始正方形的水平边仍保持水平且长度不变，然而起始垂直边的长度发生了变化。必须在水平边垂直施加应力以便得到这种变形。F 是不对称的表明其中包含某种刚体旋转。为了得到主伸长率，本书先通过建立 Cauchy-Green 应变方法 C 来消除这种刚体旋转：

$$\boldsymbol{C}=\boldsymbol{F}^{\mathrm{T}}\boldsymbol{F}=\begin{bmatrix} 1 & 0 \\ \gamma & 1 \end{bmatrix}\begin{bmatrix} 1 & \gamma \\ 0 & 1 \end{bmatrix}=\begin{bmatrix} 1 & \gamma \\ \gamma & \gamma^2+1 \end{bmatrix}$$

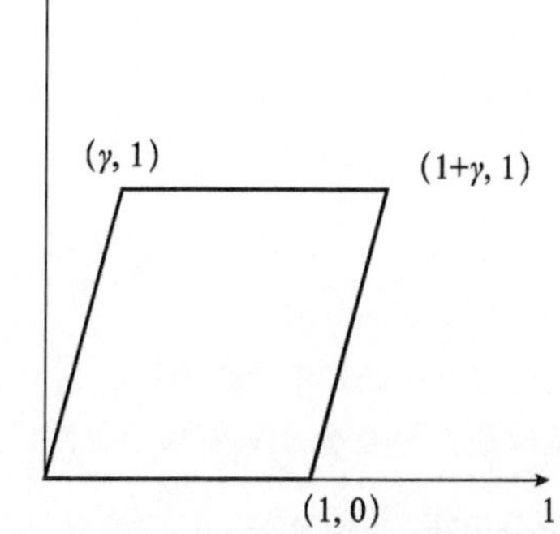

图 3.5 单位正方形的简单剪切变形

C 的主值通过公式（3.14）得到。主伸长率可以通过公式（3.17）中给出的量的平方根得到。经过一些代数运算，可以发现

$$\lambda_\mathrm{I}=\sqrt{1+\frac{\gamma^2}{2}+\sqrt{\left(1+\frac{\gamma^2}{2}\right)^2-1}}$$

$$\lambda_\mathrm{II}=\sqrt{1+\frac{\gamma^2}{2}-\sqrt{\left(1+\frac{\gamma^2}{2}\right)^2-1}}$$

因此，主方向上的变形梯度可以通过下式得到：

$$V'=\begin{bmatrix}\lambda_\mathrm{I} & 0 \\ 0 & \lambda_\mathrm{II}\end{bmatrix}$$

C 的特征矢量定义了原始 1-2 轴下的 Ⅰ、Ⅱ 方向的方向余弦。这样给出了变换角度 θ 以及相应的旋转矩阵 R_θ，R_θ 用于将 V' 变换回到 1-2 轴系以便重新得到变形梯度 V：

$$V=R_\theta^\mathrm{T}V'R_\theta$$

这里，本书采用了公式（3.21）。V 不像 F，不包含刚体旋转。两者通过下述公式关联（见公式（3.6））：

$$F=R_\phi V$$

这里 R_ϕ 表示 F 中固有的刚体旋转，旋转角度为 ϕ。这个角度可以通过下面关系式进行计算：

$$R_\phi=FV^{-1}$$

变形 $F=R_\phi V$ 的应用示意图如图 3.6 所示。图 3.6（a）中一单位正方形首先经过拉伸与剪切复合作用的 V 变换，得到图 3.6（b）中的形状。然后这一形状进一步经过 R_ϕ 简单剪切变换得到图 3.6（c）。图 3.6 对应的 $\gamma=0.9$。

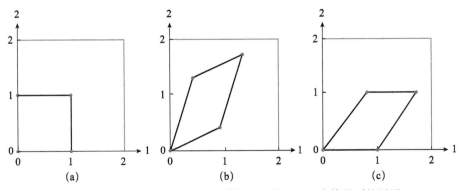

图 3.6　（a）单位正方形；（b）单位正方形经过 V 变换得到的图形；
（c）单位正方形经过 $R_\phi V$ 变换后得到的图形

V 与 ϕ 的代数表达式十分冗长，这里不进行复述。这些参数更适合用数学表

达式进行表示，主伸长率以及刚体旋转角与剪切应变之间的关系曲线如图 3.7 所示。

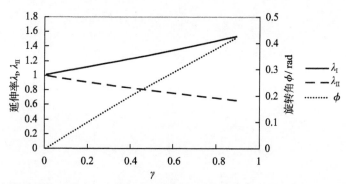

图 3.7 在简单剪切过程中，主伸长率与顺时针刚体旋转角与剪切应变之间的关系曲线

3.1.5 工程应变与广义应变的关系

回顾前面，在建立小应变理论时，本书在 x_1，x_2，x_3 方向利用了位移 u_1，u_2，u_3。位移与初始位置以及变形后的位置 X_i 以及 x_i 之间的关系分别为

$$u_1 = x_1 - X_1$$
$$u_2 = x_2 - X_2 \quad (3.23)$$
$$u_3 = x_3 - X_3$$

现在引入一个不包含刚体旋转的变形 V。那么，$x = VX$ 变成

$$x_1 = \nu_{11} X_1 + \nu_{12} X_2 + \nu_{13} X_3$$
$$x_2 = \nu_{12} X_1 + \nu_{22} X_2 + \nu_{23} X_3 \quad (3.24)$$
$$x_3 = \nu_{13} X_1 + \nu_{23} X_2 + \nu_{33} X_3$$

那么现在可以利用公式（3.23）将公式（3.24）写成位移的形式

$$u_1 = (\nu_{11} - 1) X_1 + \nu_{12} X_2 + \nu_{13} X_3$$
$$u_2 = \nu_{12} X_1 + (\nu_{22} - 1) X_2 + \nu_{23} X_3 \quad (3.25)$$
$$u_3 = \nu_{13} X_1 + \nu_{23} X_2 + (\nu_{33} - 1) X_3$$

现在利用应变-位移公式（第 2 章）导出正交工程应变 e_{11}，e_{22} 以及 e_{33}：

$$e_{11} = \frac{\partial u_1}{\partial X_1} = \nu_{11} - 1$$

$$e_{22} = \frac{\partial u_2}{\partial X_2} = \nu_{22} - 1 \quad (3.26)$$

$$e_{33} = \frac{\partial u_3}{\partial X_3} = \nu_{33} - 1$$

和剪切应变：

$$e_{12} = \frac{\partial u_1}{\partial X_2} + \frac{\partial u_2}{\partial X_1} = \nu_{12} + \nu_{12} = 2\nu_{12}$$

$$e_{23} = \frac{\partial u_2}{\partial X_3} + \frac{\partial u_3}{\partial X_2} = \nu_{23} + \nu_{23} = 2\nu_{23} \qquad (3.27)$$

$$e_{13} = \frac{\partial u_3}{\partial X_1} + \frac{\partial u_1}{\partial X_3} = \nu_{13} + \nu_{13} = 2\nu_{13}$$

将公式（3.26）与公式（3.27）得到的 ν_{ij} 值用矩阵 $\boldsymbol{V}$ 的方式表示为

$$\boldsymbol{V} = \begin{bmatrix} 1+e_{11} & \frac{1}{2}e_{12} & \frac{1}{2}e_{13} \\[2mm] \frac{1}{2}e_{12} & 1+e_{22} & \frac{1}{2}e_{23} \\[2mm] \frac{1}{2}e_{13} & \frac{1}{2}e_{23} & 1+e_{33} \end{bmatrix} \qquad (3.28)$$

只要先用分量得到矩阵 $\boldsymbol{V}$，就可以对小应变进行公式（3.1）定义的变换以及如公式（3.21）轴变换等旋转操作。

3.1.6　对数应变

主真实应变（又称主对数应变）ε_{I}，$\varepsilon_{\mathrm{II}}$ 与 $\varepsilon_{\mathrm{III}}$ 用主伸长率的形式定义为

$$\varepsilon_i = \ln(\lambda_i) \quad (i = \mathrm{I}, \mathrm{II}, \mathrm{III}) \qquad (3.29)$$

这些应变是严格加和的，与工程应变相反，工程应变只是近似加和。为了描述这一现象，假设先后施加两个纯形变 $\boldsymbol{V}^a$ 和 $\boldsymbol{V}^b$，得到总形变 $\boldsymbol{V}$，那么，

$$\boldsymbol{V} = \boldsymbol{V}^a \boldsymbol{V}^b$$

用乘法分解将 $\boldsymbol{V}$ 分解成两部分 $\boldsymbol{V}^a$ 与 $\boldsymbol{V}^b$。当用有限应变进行操作时，变形梯度作为张量必须用乘法进行结合。假设 $\boldsymbol{V}^a$ 与 $\boldsymbol{V}^b$ 具有相同的主方向，并通过对角形式进行表达，主伸长率分别为 λ_i^a，λ_i^b（$i = \mathrm{I}$，II，III），那么 $\boldsymbol{V}$ 与 λ_i（$i = \mathrm{I}$，II，III）呈对角关系，如

$$\lambda_i = \lambda_i^a \lambda_i^b \quad (i = \mathrm{I}, \mathrm{II}, \mathrm{III})$$

现在可以得到

$$\varepsilon_i = \ln(\lambda_i) = \ln(\lambda_i^a \lambda_i^b) = \ln(\lambda_i^a) + \ln(\lambda_i^b) = \varepsilon_i^a + \varepsilon_i^b \quad (i = \mathrm{I}, \mathrm{II}, \mathrm{III})$$

这里 ε_i^a 与 ε_i^b 分别对应 $\boldsymbol{V}^a$ 与 $\boldsymbol{V}^b$ 的对数应变。

也要注意到，在不可压缩条件下（就是恒体积情况下）

$$\lambda_{\mathrm{I}} \lambda_{\mathrm{II}} \lambda_{\mathrm{III}} = 1 \qquad (3.30)$$

实际上等同于

$$\varepsilon_{\mathrm{I}} + \varepsilon_{\mathrm{II}} + \varepsilon_{\mathrm{III}} = 0 \qquad (3.31)$$

与小应变的近似加和相反，小应变之和只是近似为零。

对数应变的物理意义可以用与小应变定义为伸长量/原始长度类似的方法进

行定义，但是要考虑随着变形发展，施加在刚体上的拉伸量增加，刚体的长度变大。对于物体从长度 L_1 被拉伸到 L_2，真实应变 ε 可以通过下列积分式给出：

$$\varepsilon = \int_{L_1}^{L_2} \frac{\mathrm{d}l}{l} = \ln\left(\frac{L_1}{L_2}\right) = \ln\lambda$$

对数应变也被 Nadai 定义为固有应变[4]，其他学者也进行了讨论，如 Rees[5]。用工程应变 e 将其表示为

$$\varepsilon = \ln\lambda = \ln(1+e) = e - \frac{1}{2}e^2 + \frac{1}{3}e^3 - \cdots$$

很明显，当 e 值很小时，$e \approx \varepsilon$。

3.2 应 力 张 量

应力张量在第 2 章中已经进行了介绍。在小应变弹性理论中，应力分量通过考虑刚体内部一个基本立方体单元的平衡来定义。当应变较小时，刚体的尺寸，也包括立方体各面的面积，是不受应变影响的一级近似值。因此应力分量是根据变形前的立方体还是变形后的立方体定义已不重要了。然而，对于有限应变，情况是不同的，根据选取变形态还是非变形态作为参照物，应力有其他的定义方法。在本书中，将采用由变形态引起的应力——真实应力或 Cauchy 应力。用现在的轴标记法，可以将应力张量 $\boldsymbol{\Sigma}$ 表示为

$$\boldsymbol{\Sigma} = \begin{bmatrix} \sigma_{11} & \sigma_{12} & \sigma_{13} \\ \sigma_{12} & \sigma_{22} & \sigma_{23} \\ \sigma_{13} & \sigma_{23} & \sigma_{33} \end{bmatrix} \tag{3.32}$$

对于不同轴系之间的变换，我们使用与变形梯度相同的方法，如式（3.21）。注意，不像变形梯度，应力张量总是对称的，这是施加到物质单元上扭矩平衡的结果，这在第 2 章中已经提及。对作为二阶张量的应力也进行了与变形梯度以及 Cauchy-Green 方法（公式（3.21）与（3.22））相同的轴变换操作。主应力是 $\boldsymbol{\Sigma}$ 的特征值，相应的主方向为特征矢量，用与公式（3.12）～（3.16）提出的形变 V 以及 Cauchy-Green 方法 C 相同的方法得到。因此，主方向上的应力张量为

$$\boldsymbol{\Sigma} = \begin{bmatrix} \sigma_{\mathrm{I}} & 0 & 0 \\ 0 & \sigma_{\mathrm{II}} & 0 \\ 0 & 0 & \sigma_{\mathrm{III}} \end{bmatrix} \tag{3.33}$$

这里主方向为 $\boldsymbol{\Sigma}$ 的特征矢量。

3.3　应力-应变关系式

利用前文定义的有限应变和应力，希望利用类似于小应变弹性行为下的胡克定律，建立有限应变下的应力-应变关系。每一个应力分量可以是每一个应变分量的函数，反之亦然。对于线性关系，期望得到类似下面的公式：

$$\sigma_{11}=a\varepsilon_{11}+b\varepsilon_{22}+c\varepsilon_{33}+d\varepsilon_{12}+e\varepsilon_{23}+f\varepsilon_{31}$$

这里将用这一公式作为有限弹性行为的起点。如通过考虑如材料对称性等因素来尽量减少弹性常数（如 a，b 等）的个数是有必要的。然而，在初始阶段引入合理的限制条件而不是建立有限弹性通用理论，主要是为了适当地表示橡胶力学行为。主要限制条件简化为以下两条：

（1）橡胶在其未变形时是各向同性的；

（2）变形引起的体积变化很小，可以忽略，例如，认为橡胶是不可压缩的。

首先考虑这些假设对于小应变弹性行为的影响。对于各向同性材料，胡克定律可以被写成以下形式：

$$
\begin{aligned}
e_{11}&=\frac{1}{E}(\sigma_{11}-\nu(\sigma_{22}+\sigma_{33}))\\
e_{22}&=\frac{1}{E}(\sigma_{22}-\nu(\sigma_{33}+\sigma_{11}))\\
e_{33}&=\frac{1}{E}(\sigma_{33}-\nu(\sigma_{11}+\sigma_{22}))\\
e_{12}&=\frac{2}{E}(1+\nu)\sigma_{12}\\
e_{23}&=\frac{2}{E}(1+\nu)\sigma_{23}\\
e_{31}&=\frac{2}{E}(1+\nu)\sigma_{31}
\end{aligned}
\tag{3.34}
$$

针对法向应变将上述表达式重新写为

$$
\begin{aligned}
e_{11}&=\frac{1+\nu}{E}\left(\sigma_{11}-\frac{\nu}{1+\nu}(\sigma_{11}+\sigma_{22}+\sigma_{33})\right)\\
e_{22}&=\frac{1+\nu}{E}\left(\sigma_{22}-\frac{\nu}{1+\nu}(\sigma_{11}+\sigma_{22}+\sigma_{33})\right)\\
e_{33}&=\frac{1+\nu}{E}\left(\sigma_{33}-\frac{\nu}{1+\nu}(\sigma_{11}+\sigma_{22}+\sigma_{33})\right)
\end{aligned}
\tag{3.35}
$$

现在给出

$$p=\frac{\nu}{\nu+1}(\sigma_{11}+\sigma_{22}+\sigma_{33})\tag{3.36}$$

p 与静水压力 $(\sigma_{11}+\sigma_{22}+\sigma_{33})/3$ 成正比，当泊松比 $\nu=1/2$ 时，p 即等于 $(\sigma_{11}+$

$\sigma_{22}+\sigma_{33})/3$。现在公式（3.35）变成

$$e_{11}=\frac{1+\nu}{E}(\sigma_{11}-p)$$

$$e_{22}=\frac{1+\nu}{E}(\sigma_{22}-p) \tag{3.37}$$

$$e_{33}=\frac{1+\nu}{E}(\sigma_{33}-p)$$

现在使用不可压缩特性：$e_{11}+e_{22}+e_{33}=0$。将上述公式相加得到

$$0=\frac{1+\nu}{E}(\sigma_{11}+\sigma_{22}+\sigma_{33}-3p)$$

利用公式（3.36）中对 p 的定义，很明显只有当泊松比 $\nu=1/2$ 时，右边部分才等于 0，这种情况对应不可压缩行为。将这种情况代入公式（3.37），再加上剪切项，就能得到

$$e_{11}=\frac{3}{2E}(\sigma_{11}-p)$$

$$e_{22}=\frac{3}{2E}(\sigma_{22}-p)$$

$$e_{33}=\frac{3}{2E}(\sigma_{33}-p)$$

$$e_{12}=\frac{3}{E}\sigma_{12} \tag{3.38}$$

$$e_{23}=\frac{3}{E}\sigma_{23}$$

$$e_{31}=\frac{3}{E}\sigma_{31}$$

如果应力已知，那么 p 就变成已知，应变也可以通过上述公式得到。但是如果应变已知，那么法向应力只能通过 $\sigma_{11}-p$ 等计算得到，与此时为任意常数的 p 的关系是不明确的。这就表明了一个事实，当一不可压缩材料受到静水压力作用时，不会产生应变，因此，对于一个普适应变场，在这一静水压力作用下，应力是不确定的，这种情况下应力计算公式也是不准确的。

通过推广公式（3.38），将提出有限变形理论。在主方向上定义材料力学行为就足以定义材料行为，因为在任意方向的力学行为可以通过变换主方向上的力学行为得到。在主方向上可以将公式（3.38）重新写成

$$2e_{\mathrm{I}}=\frac{3}{E}(\sigma_{\mathrm{I}}-p)$$

$$2e_{\mathrm{II}}=\frac{3}{E}(\sigma_{\mathrm{II}}-p) \tag{3.39}$$

$$2e_{\mathrm{III}}=\frac{3}{E}(\sigma_{\mathrm{III}}-p)$$

　　现在可以通过用有限应变替代公式（3.39）左边的工程应变建立有限应变理论。选择 Cauchy-Green 方法作为有限应变方法，这一方法定义的应变主值（见公式（3.16）以及（3.17））为 λ_{I}^{2}，$\lambda_{\mathrm{II}}^{2}$，$\lambda_{\mathrm{III}}^{2}$，那么，

$$\lambda_{\mathrm{I}}^{2}=\frac{3}{E}(\sigma_{\mathrm{I}}-p)$$

$$\lambda_{\mathrm{II}}^{2}=\frac{3}{E}(\sigma_{\mathrm{II}}-p) \qquad (3.40)$$

$$\lambda_{\mathrm{III}}^{2}=\frac{3}{E}(\sigma_{\mathrm{III}}-p)$$

这实际上是 Rivlin 提出的理论[6]。注意到，不同于公式（3.37），公式（3.40）的左侧部分相加不等于零。因此，在这些公式中，量值 p 不再是占主导地位的静水压力，而必须重新定义为任意压力，该压力参照任何特殊情况下所施加的实际状态进行定义。

　　举个沿着 I 方向单轴拉伸的简单例子，施加应力 $\sigma_{\mathrm{I}}=\sigma$，$\sigma_{\mathrm{II}}=\sigma_{\mathrm{III}}=0$。沿着 I 方向的伸长率为 $\lambda_{\mathrm{I}}=\lambda$，由于材料对称性，其他两个主方向上的伸长率是相同的。因此，不可压缩条件变成

$$\lambda\lambda_{\mathrm{II}}^{2}=1 \rightarrow \lambda_{\mathrm{II}}=\lambda_{\mathrm{III}}=\lambda^{-1/2}$$

　　应用公式（3.40）的第二个和第三个公式，应力与伸长率的值可以写成

$$\lambda^{-1}=-\frac{3p}{E} \rightarrow p=-\frac{E}{3\lambda}$$

通过变换公式（3.40）中的第一个公式，可以将应力写成

$$\sigma=\frac{E}{3}\lambda^{2}+p$$

利用上述 p 值能够得到

$$\sigma=\frac{E}{3}\left(\lambda^{2}-\frac{1}{\lambda}\right) \qquad (3.41)$$

　　当其中一个应力值为 0 时，p 值很容易求解，如面内应力问题。对于小应变情况，$\lambda=1+e$ 的应用又回到了一维胡克定律：

$$\sigma=Ee$$

　　这一公式成立的条件是 e 的三阶项被忽略了。所有的有限应变理论在小应变条件下都可以简化为胡克定律，这是必要条件。

　　在上述的阐述过程中，应力被理解为真实应力，也就是，变形后的物体单位面积上承受的载荷。实际上探索名义应力也很有意义，也就是载荷与变形前物体的横截面积之比。对于沿着 I 方向施加的法向应力，原本的单位面积由于变形变成了 $\lambda_{\mathrm{II}}\lambda_{\mathrm{III}}$。为了重新获得法向应力 σ^{nom}，需要将真实应力与这一面积相乘。

$$\sigma^{\mathrm{nom}}=\lambda_{\mathrm{II}}\lambda_{\mathrm{III}}\sigma \qquad (3.42)$$

利用不可压缩条件下的公式（3.30），这一公式变为

$$\sigma^{\text{nom}} = \frac{\sigma}{\lambda_{\text{I}}} = \frac{\sigma}{\lambda}$$

于是公式（3.41）变为

$$\sigma^{\text{nom}} = \frac{E}{3}\left(\lambda - \frac{1}{\lambda^2}\right) \tag{3.43}$$

这种表达式常伴随着橡胶弹性网络的拉伸，是基于物理依据导出的（见第 4 章）。然而，可以看出一旦做了各向同性以及不可压缩的假设，即便这一表达式是以纯现象学为基础的，也不能说明这一材料就是橡胶态的。有时候这些材料被称为新胡克体。

这里建立的有限变形理论是线弹性理论的简单推广。还有很多更复杂的理论，有一些是通过物理论证导出的。有限应变理论更为可靠的基础是储存能方程或称应变能量方程，下面就进行讨论。

3.4 应变能量方程的应用

3.4.1 热力学因素

弹性材料的最简单的（也是最无材料说服力的）定义是说，弹性材料是应力只依赖于当前的应变的材料；这些材料被定义为 Cauchy 弹性。只有那些应变能只取决于当前应变的材料属于这类材料。这些材料被称为 Green 弹性材料或超弹性材料，对于这些材料，应变能只是当前应变的函数，这种关系能够充分定义材料力学行为。对于 Cauchy 弹性材料，应变能有可能依赖于应变过程——当前应变水平获得的过程或者历史——且热力学上没有发生其他物理变化。超弹性材料就不受这种限制，已经变成有限应变弹性理论定义的标准方法。Ogden[3] 已经对弹性的不同定义进行了讨论。

3.4.1.1 应变能方程的发展

人们应该用小应变方法来发展应变能的概念。由于人们希望用基于统计学机理的现象学处理方法，因此，根据不同的试验条件，在最初对可定义的不同类型的应变能方程进行考察是很重要的。这样就引入了热力学因素。

假设有一柱状材料轴向长度为 L，横截面积为 A。沿着轴向施加载荷 f 拉伸圆柱体。随着载荷 f 的作用，物体伸长一个很小的长度 δx（δx 很小，可以假设 f 保持不变）。相应的能量增量为 $f\delta x$。通常情况下，人们更关心单位体积能量 W。除以圆柱体体积，单位体积增量可以通过下列公式计算：

$$\delta W = \frac{f\delta x}{AL}$$

这一公式可以重新用名义应力和应变的形式表示成

$$\delta W = \frac{f}{A} \times \frac{\delta x}{L} = \sigma^{\text{nom}} \delta e$$

应力是名义应力，因为面积 A 与未变形材料有关。对于小应变，名义应力与真实应力可以认为是相等的。那么，当应力的六个分量都起作用时，能量就是可加的，将结果用微分形式表达可以得到

$$dW = \sigma_{11} de_{11} + \sigma_{22} de_{22} + \sigma_{33} de_{33} + \sigma_{12} de_{12} + \sigma_{23} de_{23} + \sigma_{31} de_{31} \tag{3.44}$$

现在考虑一弹性固体在绝热条件下单位体积内的一个小应变变形。热力学第一定律给出：

$$dW = dU - dQ$$

这样可以对这一弹性固体做功 dW 与内能增加 dU 以及由于变热 dQ 对力学状态的影响建立联系。对于绝热状态，$dQ = 0$，因此，$dW = dU$。可以想象变形是由应变的各分量独立改变引起的，例如，

$$dW = dU = \frac{\partial U}{\partial e_{11}} de_{11} + \frac{\partial U}{\partial e_{22}} de_{22} + \frac{\partial U}{\partial e_{33}} de_{33} + \frac{\partial U}{\partial e_{12}} de_{12} + \frac{\partial U}{\partial e_{23}} de_{23} + \frac{\partial U}{\partial e_{31}} de_{31}$$

$$\tag{3.45}$$

将这一公式与公式（3.44）进行对比，可以得到

$$\sigma_{11} = \frac{\partial U}{\partial e_{11}}, \quad \sigma_{22} = \frac{\partial U}{\partial e_{22}}, \quad \sigma_{33} = \frac{\partial U}{\partial e_{33}}, \quad \sigma_{12} = \frac{\partial U}{\partial e_{12}}, \quad \sigma_{23} = \frac{\partial U}{\partial e_{23}}, \quad \sigma_{31} = \frac{\partial U}{\partial e_{31}}$$

$$\tag{3.46}$$

这就可以定义应变能函数或者储存能函数，这些术语定义了由应变导致的物体内部能量变化。这里作者进行了简化假设（即绝热条件下），对单位体积的能量进行了相关分析。对于其他情况，适用其他形式的能量，如 Baker[7] 以及 Houlsby 和 Puzrin[8] 所讨论的。

对于液体，将焓作以下定义是合理的：

$$H = U + pV \tag{3.47}$$

这里 p 为压力，V 是体积应变。但是，对于固体要用其他的公式，在固体焓公式里，pV 被另一个类能量项所代替，该项涉及相应的应力与应变分量，形式上采用紧缩记法可以写成

$$\sigma_{ij} e_{ij} = \sigma_{11} e_{11} + \sigma_{22} e_{22} + \sigma_{33} e_{33} + \sigma_{12} e_{12} + \sigma_{23} e_{23} + \sigma_{31} e_{31}$$

现在焓被定义为

$$H = U - \sigma_{ij} e_{ij} \tag{3.48}$$

这里，第二项的表达方式发生了变化，因为 p 代表负应力。对于低黏度的气体或液体，这一形式简化成更传统的形式（公式（3.47）），只保留静水压力。假设 U 只是应变的函数，对每个应力分量进行微分能够得到

$$e_{ij} = -\frac{\partial H}{\partial \sigma_{ij}} \quad (i,j=1,2,3) \tag{3.49}$$

这给出了另一个类似于公式（3.46）的应力-应变关系，但用应变代替了应力。

为了分析非绝热情况，有必要介绍自由能，自由能实际上是内能减去交换的热量。Helmholtz 自由能 A 被定义为

$$A = U - TS \tag{3.50}$$

这里 S 为熵。这一公式可以用于分析恒温情况。在这种情况下，根据热力学第一定律，由于 $dQ \neq 0$，可以得到

$$dW = dU - dQ = dU - TdS = dA$$

于是又可以介绍第三种与 A 类似的应变能方程，用 A 代替 U 重新表示公式（3.46）。Helmholtz 自由能与恒定体积条件有关。

最后，本书介绍一个第二自由能，Gibbs 自由能 G

$$G = U - \sigma_{ij}e_{ij} - TS \tag{3.51}$$

对应力进行微分得到

$$e_{ij} = -\frac{\partial G}{\partial \sigma_{ij}} \quad (i,j=1,2,3)$$

这是另一种类似于公式（3.49）的应力-应变关系。Gibbs 自由能与恒压条件联系在一起。联立公式（3.50）与（3.51），很明显：

$$A - G = \sigma_{ij}e_{ij}$$

A 和 $-G$ 可以认为是互补的。这一公式在一维情况下是可以解释的，应力-应变曲线将坐标分成的两部分面积分别对应 A 和 $-G$（图 3.8）。因此，A 为应变能，$-G$ 是互补能。

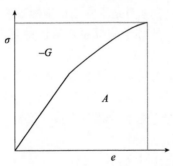

图 3.8 由应力-应变曲线分开的面积分别对应 Helmholtz 自由能（A）以及 Gibbs 自由能（G）

3.4.1.2 有限应变

对于有限应变，可以采用公式（3.44）把应力当成名义应力。在这种情况下，在主方向进行变换是最有效的。选择主伸长率作为应变度量，得到

$$\lambda_i = 1 + e_i \Rightarrow d\lambda_i = de_i \quad (i = \mathrm{I}, \mathrm{II}, \mathrm{III})$$

公式（3.44）变成

$$dW = dU = \sigma_{\mathrm{I}}^{\mathrm{nom}} d\lambda_{\mathrm{I}} + \sigma_{\mathrm{II}}^{\mathrm{nom}} d\lambda_{\mathrm{II}} + \sigma_{\mathrm{III}}^{\mathrm{nom}} d\lambda_{\mathrm{III}}$$

通过在公式（3.42）中对横截面积进行校正引入真实应力，得到

$$dW = dU = \lambda_{\mathrm{II}} \lambda_{\mathrm{III}} \sigma_{\mathrm{I}} d\lambda_{\mathrm{I}} + \lambda_{\mathrm{III}} \lambda_{\mathrm{I}} \sigma_{\mathrm{II}} d\lambda_{\mathrm{II}} + \lambda_{\mathrm{I}} \lambda_{\mathrm{II}} \sigma_{\mathrm{III}} d\lambda_{\mathrm{III}} \tag{3.52}$$

类似地，在主方向，公式（3.45）变成

$$dW = dU = \frac{\partial U}{\partial \lambda_{\mathrm{I}}} d\lambda_{\mathrm{I}} + \frac{\partial U}{\partial \lambda_{\mathrm{II}}} d\lambda_{\mathrm{II}} + \frac{\partial U}{\partial \lambda_{\mathrm{III}}} d\lambda_{\mathrm{III}} \tag{3.53}$$

对比公式（3.52）与公式（3.53），能够得到有限形变的关系：

$$\sigma_{\mathrm{I}} = \frac{1}{\lambda_{\mathrm{II}} \lambda_{\mathrm{III}}} \frac{\partial U}{\partial \lambda_{\mathrm{I}}}, \quad \sigma_{\mathrm{II}} = \frac{1}{\lambda_{\mathrm{III}} \lambda_{\mathrm{I}}} \frac{\partial U}{\partial \lambda_{\mathrm{II}}}, \quad \sigma_{\mathrm{III}} = \frac{1}{\lambda_{\mathrm{I}} \lambda_{\mathrm{II}}} \frac{\partial U}{\partial \lambda_{\mathrm{III}}} \tag{3.54}$$

对于不可压缩材料，表达式略微简单一些，但是涉及未知的静水压力项 p，如 3.3 节讨论的。用不可压缩关系式（3.30），并引入静水压力项，得到

$$\sigma_{\mathrm{I}} = \lambda_{\mathrm{I}} \frac{\partial U}{\partial \lambda_{\mathrm{I}}} - p, \quad \sigma_{\mathrm{II}} = \lambda_{\mathrm{II}} \frac{\partial U}{\partial \lambda_{\mathrm{II}}} - p, \quad \sigma_{\mathrm{III}} = \lambda_{\mathrm{III}} \frac{\partial U}{\partial \lambda_{\mathrm{III}}} - p \tag{3.55}$$

3.4.2　应变能方程的形式

应变能方程 U 是应变分量的函数，如拉伸 $\boldsymbol{V}$ 或者 Cauchy-Green 度量 $\boldsymbol{C}$。U 是一个在数值上不依赖于坐标系的物理量，这一点是所有研究者公认的。另一方面，$\boldsymbol{V}$ 与 $\boldsymbol{C}$ 的分量是完全依赖于坐标系的。除非细致地为这些分量建立一个单独的函数，它本身与坐标系是有依赖关系的，因此作为应变能方程是不合适的。这样就对 U 的形式产生了限制，可以归纳为以下两种方法：

（1）应变分量的某些组合本身是不依赖于坐标系的，被称为应变不变量。这些量形成的任何函数本身不依赖于坐标系，从这种意义上讲，这将是 U 的理想表达形式。

（2）另外一种方法是使用应变分量主值，如伸长率 λ_{I}，λ_{II}，λ_{III}。然而这些量的三个值要经过所有研究者公认，符号 Ⅰ，Ⅱ 以及 Ⅲ 的指认是任意的。用这种方法定义的 U 值在这些符号任意组合相互交换时必须能够保持不变。换句话说，U 必须是主应变值的一个对称函数。

这两种方法将在下面进行讨论。

3.4.3　应变不变量

任意二阶张量中都会有很多不变量。其中一个不变量是张量的轨迹等于对角线项之和，这一关系适用于任何应变张量。本书定义的第一不变量 I_1 为 Cauchy-Green 应变度量的轨迹 $\mathrm{tr}(\boldsymbol{C})$：

$$I_1 = \mathrm{tr}(\boldsymbol{C}) = c_{11} + c_{22} + c_{33}$$

采用主方向，通过公式（3.17）用伸长率的形式可以表示为

$$I_1 = \lambda_{\mathrm{I}}^2 + \lambda_{\mathrm{II}}^2 + \lambda_{\mathrm{III}}^2 \tag{3.56}$$

第二个不变量 I_2 也可以用轨迹函数以及 $\boldsymbol{C}$ 的形式进行定义：

$$I_2 = \frac{1}{2}\left[(\mathrm{tr}(\boldsymbol{C}))^2 - \mathrm{tr}(\boldsymbol{C}^2)\right]$$

很明显，作为不变量的函数，I_2 也是不变量，可以用主伸长率的形式重新表示为

$$I_2 = \lambda_{\mathrm{I}}^2 \lambda_{\mathrm{II}}^2 + \lambda_{\mathrm{II}}^2 \lambda_{\mathrm{III}}^2 + \lambda_{\mathrm{III}}^2 \lambda_{\mathrm{I}}^2 \tag{3.57}$$

第三个不变量与材料体积有关，与能量类似，在所有坐标系下是相同的。材料单位体积原本是单位立方体经过变形后的体积等于三个方向主伸长率的乘积。第三个不变量 I_3 直接定义为这一体积的平方：

$$I_3 = \lambda_{\mathrm{I}}^2 \lambda_{\mathrm{II}}^2 \lambda_{\mathrm{III}}^2 \tag{3.58}$$

也等于 $\boldsymbol{C}$ 的行列式，$\det(\boldsymbol{C})$。对于不可压缩材料，$I_3 = 1$。

这三个不变量在定义应变能方程时是需要的。

3.4.4 不变量方法的应用

在这一部分，将举例说明用 3.4.2 节（1）的应变能方程导出方法。这里应该将讨论限制在不可压缩材料，因此，这里将只讨论 I_1 和 I_2。

最基本的形式只是 I_1 的函数，得到

$$U = C(I_1 - 3)$$

这里 C 是材料常数，3 保证在零应变时应变能为零。这种形式被称为新胡克或者高斯模型。对于橡胶，用基于热力学的物理理论[9]可以获得这一模型，将在第 4 章中做进一步讨论。在很多情况下，还需要更加复杂的方法。

在 Rivlin 与 Saunders[9]关于硫化橡胶的经典著作中，介绍了用 $U(I_1, I_2)$ 表示的应变能方程。试验使用片状材料在平面应力条件下进行，III 方向垂直于材料平面。用一双轴拉伸试验机加载均匀变形，以确保主伸长率 λ_{I} 与 λ_{II} 是受试验控制的。应用不可压缩性，公式（3.55）给出主应力：

$$\sigma_i = \lambda_i \frac{\partial U}{\partial \lambda_i} - p = \lambda_i \left(\frac{\partial U}{\partial I_1}\frac{\partial I_1}{\partial \lambda_i} + \frac{\partial U}{\partial I_2}\frac{\partial I_2}{\partial \lambda_i}\right) - p \quad (i = \mathrm{I}, \mathrm{II}, \mathrm{III}) \tag{3.59}$$

根据公式（3.57），利用不可压缩条件下公式（3.30）可以导出 I_2 的简化表达式

$$I_2 = \frac{1}{\lambda_{\mathrm{I}}^2} + \frac{1}{\lambda_{\mathrm{II}}^2} + \frac{1}{\lambda_{\mathrm{III}}^2}$$

根据这一公式以及公式（3.56），能够得到其导数表达式：

$$\frac{\partial I_1}{\partial \lambda_i} = 2\lambda_i, \quad \frac{\partial I_2}{\partial \lambda_i} = -\frac{2}{\lambda_i^3} \quad (i = \mathrm{I}, \mathrm{II}, \mathrm{III})$$

将这些表达式代入公式（3.59），可以得到应力

$$\sigma_{\text{I}}=2\left(\lambda_{\text{I}}^2\frac{\partial U}{\partial I_1}-\frac{1}{\lambda_{\text{I}}^2}\frac{\partial U}{\partial I_2}\right)-p$$

$$\sigma_{\text{II}}=2\left(\lambda_{\text{II}}^2\frac{\partial U}{\partial I_1}-\frac{1}{\lambda_{\text{II}}^2}\frac{\partial U}{\partial I_2}\right)-p$$

$$\sigma_{\text{III}}=2\left(\lambda_{\text{III}}^2\frac{\partial U}{\partial I_1}-\frac{1}{\lambda_{\text{III}}^2}\frac{\partial U}{\partial I_2}\right)-p=0$$

在平面应力条件下最后一个应力分量等于零，可以得到 p 的表达式。将 p 的表达式代回前面两个公式，并利用不可压缩公式（3.30）消除 λ_{III}，得到面内应力：

$$\sigma_{\text{I}}=2\left(\lambda_{\text{I}}^2-\frac{1}{\lambda_{\text{I}}^2\lambda_{\text{II}}^2}\right)\left(\frac{\partial U}{\partial I_1}+\lambda_{\text{II}}^2\frac{\partial U}{\partial I_2}\right)$$

$$\sigma_{\text{II}}=2\left(\lambda_{\text{II}}^2-\frac{1}{\lambda_{\text{I}}^2\lambda_{\text{II}}^2}\right)\left(\frac{\partial U}{\partial I_1}+\lambda_{\text{I}}^2\frac{\partial U}{\partial I_2}\right)$$

应力与伸长率均可通过试验数据得到，因此，上述公式给出了足够的信息来推导微分 $\frac{\partial U}{\partial I_1}$ 与 $\frac{\partial U}{\partial I_2}$。经过重新排列可以得到

$$\frac{\partial U}{\partial I_1}=\left(\frac{\lambda_{\text{I}}^2\sigma_{\text{I}}}{\lambda_{\text{I}}^2-1/\lambda_{\text{I}}^2\lambda_{\text{II}}^2}-\frac{\lambda_{\text{II}}^2\sigma_{\text{II}}}{\lambda_{\text{II}}^2-1/\lambda_{\text{I}}^2\lambda_{\text{II}}^2}\right)\Big/2(\lambda_{\text{I}}^2-\lambda_{\text{II}}^2)$$

$$\frac{\partial U}{\partial I_2}=\left(\frac{\sigma_{\text{I}}}{\lambda_{\text{I}}^2-1/\lambda_{\text{I}}^2\lambda_{\text{II}}^2}-\frac{\sigma_{\text{II}}}{\lambda_{\text{II}}^2-1/\lambda_{\text{I}}^2\lambda_{\text{II}}^2}\right)\Big/2(\lambda_{\text{I}}^2-\lambda_{\text{II}}^2)$$

$$(3.60)$$

Rivlin 与 Saunders 用这些公式画图得到图 3.9。选择成对的主伸长率值可以得到 I_2 为常数时 I_1 系列值的范围，也可以在 I_1 为常数时得到 I_2 系列值的范围。从图中可以看出 $\frac{\partial U}{\partial I_1}$ 大致为常数，与 I_1，I_2 两个常数没有很大关系。然而，$\frac{\partial U}{\partial I_2}$ 不随着 I_1 变化而变化，但随着 I_2 的增加而减小。这就提出了应变能方程的一种形式：

$$U=C(I_1-3)+f(I_2-3)\tag{3.61}$$

这一公式推广了上述讨论的新胡克模型，这里 f 是一个满足 $f(0)=0$ 的函数。一般情况下，表达式中的第二项小于第一项，且随着 I_2 的增加而减小。在这种情况下，

$$\frac{\partial U}{\partial I_1}\sim170\text{kPa}$$

而

$$\frac{\partial U}{\partial I_2}\sim15\text{kPa}$$

这表明如果用一常数代替函数 f 会得到更加有用的模型。这样上述公式可以

写成

$$U = C_1(I_1 - 3) + C_2(I_2 - 3) \tag{3.62}$$

这就是所说的 Mooney-Rivlin 模型[11]。

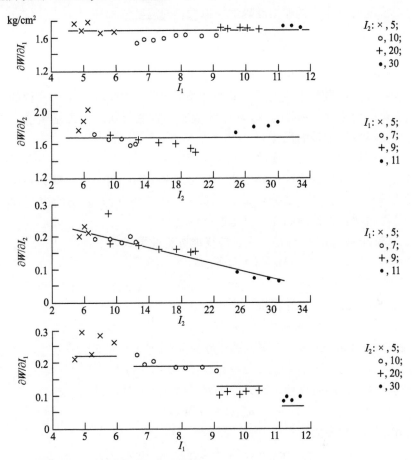

图 3.9 应变能微分按不变量绘图得到的曲线 (Reproduced from Rivlin, R. S. and Saunders, D. W. (1951) Large elastic deformations of isotropic materials. Ⅶ. Experiments on the deformation of rubber. Phil. Trans. R. Soc. A, 243, 251. Copyright (1951) Royal Society Publishing)

Rivlin 与 Saunders 开展了一些力学测试试验，如简单拉伸、扭转、纯剪切以及纯剪切与简单拉伸相叠加等方式，以便扩大主伸长率的组合范围。这表现出与公式（3.61）基本一致的力学行为。他们的工作阐明了探索扩大伸长率的结合范围来得到函数 U 的重要性。传统形式的材料测试——单轴拉伸涉及了一种很特殊的变形模式。对用这种方法得到的数据进行最小二乘法拟合得到材料常数，或者利用伸长率的单一组合得到的其他方法，可能得到不可靠的结果，总体上计算误差比较大。

最近，Kawabata 等[12]对硫化异戊二烯橡胶用了类似的方法。他们的研究表明公式（3.61）的应变能方程能够用于该材料。通过调整公式（3.61）中的第一项与绝对温度成正比，能够很准确地模拟材料的温度依赖性。

3.4.5　主拉伸方法的应用

Rivlin 推导了一个应变能方程 U 的公式，用到了伸长率的平方，因为他假设这些量存在负值，虽然实际上 U 一定是正值。然而，如 3.1.2 节中所说的，任何应变场都可以用主伸长率 λ_{I}，λ_{II}，λ_{III} 来表示，这些量实质上都是正值，并可以看成是应变椭球体主轴的尺寸。

应用不变量方法，与应变的 Rivlin 应用紧密相关，Rivlin 公式中应变用伸长率的偶数幂的形式进行表示，如公式（3.40）中举例说明，因此没必要对不变量方法设置限制条件。这一部分将举例说明 3.4.2 节中（2）列出的应变能方程的应用。这里再次将讨论限制在不可压缩材料上。

Valanis 与 Landel[13]介绍了一种应变能方程的形式如下：

$$U=u(\lambda_{\mathrm{I}})+u(\lambda_{\mathrm{II}})+u(\lambda_{\mathrm{III}}) \tag{3.63}$$

这种表达式具有 3.4.2 节中（2）的本质特征，U 是主伸长率的一个对称函数。应力通过公式（3.55）推导得到

$$\sigma_i=\lambda_i u'(\lambda_i)-p \quad (i=\mathrm{I},\mathrm{II},\mathrm{III})$$

Valanis 与 Landel 用这一表达式计算在 I-II 平面内的应力差

$$\sigma_{\mathrm{I}}-\sigma_{\mathrm{II}}=\lambda_{\mathrm{I}} u'(\lambda_{\mathrm{I}})-\lambda_{\mathrm{II}} u'(\lambda_{\mathrm{II}}) \tag{3.64}$$

为了分析这种方法的可靠性，当 λ 范围为 $1<\lambda<2.5$ 时，利用公式

$$u'(\lambda)=2\mu\ln(\lambda)$$

因此公式（3.64）变成

$$\sigma_{\mathrm{I}}-\sigma_{\mathrm{II}}=2\mu(\lambda_{\mathrm{I}}\ln(\lambda_{\mathrm{I}})-\lambda_{\mathrm{II}}\ln(\lambda_{\mathrm{II}}))$$

在小应变极限内，对数应变接近于工程应变（见 3.1.6 节），将这一表达式与胡克定律对比表明 μ 为剪切模量。为了用一系列材料数据验证这一模型的有效性，得到以下公式：

$$\frac{\sigma_{\mathrm{I}}-\sigma_{\mathrm{II}}}{2\mu}\propto[\lambda_{\mathrm{I}} u'(\lambda_{\mathrm{I}})-\lambda_{\mathrm{II}} u'(\lambda_{\mathrm{II}})]/2\mu$$

这样可以得到单位斜率的一般图像。如图 3.10 所示，该图结合了天然橡胶三种资料得到的数据。这一分析很好地支持了 Valanis-Landel 方案。

U 的表达式（3.63）也被 Ogden 用过[14]，Ogden 提出了一个 n 项能量方程：

$$U=\sum_n \frac{\mu_n}{\alpha_n}(\lambda_{\mathrm{I}}^{\alpha_n}+\lambda_{\mathrm{II}}^{\alpha_n}+\lambda_{\mathrm{III}}^{\alpha_n}-3) \tag{3.65}$$

对于 $n=1$，公式（3.63）中 u 是一个幂律函数：

$$u(\lambda) = \frac{\mu_n}{\alpha_n} \lambda^{\alpha_1} - 1$$

当 n 值变大时，u 为总和。主应力分量通过公式（3.55）给出：

$$\sigma_i = \sum_n \mu_n \lambda_i^{\alpha_n} - p \quad (i = \mathrm{I}, \mathrm{II}, \mathrm{III})$$

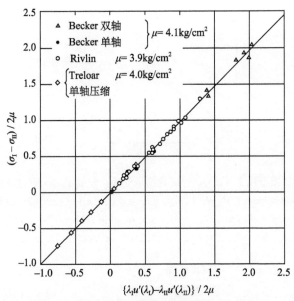

图 3.10 根据 Valanis 与 Landel 方案画出的各组数据的图（Adapted from Valanis，K. C. and Landel，R. F. (1967) The strain-energy function of a hyperelastic material in terms of the extension ratios. J. Appl. Phys.，38，2997. Copyright (1967) American Institute of Physics)

Ogden 表明 Treloar[15] 对于简单拉伸、等轴拉伸以及纯剪切得到的数据，能够用一个四项模型得到很好的拟合结果，与新胡克模型以及单项 Ogden 模型（指数 $\alpha=1$）拟合性不好形成鲜明对比。在图 3.11 中，结果表现出很好的拟合效果。总的来说，由于 Ogden 模型的有效性和方便性，对于橡胶和聚合物都有很多应用实例。

当然，Landel-Valanis 方程 u 也可以用其他形式进行表示。最近，Darijani，Naghdabadi 以及 Kargarnovin[16] 探索了很多种可能的表达式，包括多项式、对数和指数方程。在本书中，用简单拉伸的一系列基本方程来表示应变能方程。这些方程是

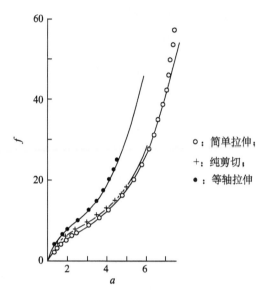

图 3.11　Ogden 四项模型用于 Treloar 的试验结果处理，绘制了名义应力与伸长率之间的关系
（Reproduced from Ogden, R. W. (1972) Large deformation isotropic elasticity—on the
correlation of theory and experiment for incompressible rubber-like. Solids Proc. R. Soc.
A, 326, 565. Copyright (1972) Royal Society Publishing)

幂律方程：(λ^m-1)

多项式：$(\lambda-1)^m$

对数：$(\ln\lambda)^m$

指数：$\exp(m(\lambda-1))-1$

应变能方程是这些基本形式的结合，这样可以保证在零应变、无限大以及无限小应变情况下能够得到应力的物理学实际值。Darijani，Naghdabadi 以及 Kargarnovin 列出了 8 种可能的应变能方程形式。例如，"指数-指数"形式是

$$u(\lambda) = \sum_{k=1}^{M} A_k(\exp(m_k(\lambda-1))-1) + \sum_{k=1}^{N} B_k(\exp(n_k(\lambda^{-1}-1))-1)$$

$$(3.66)$$

而"幂律-对数"形式为

$$u(\lambda) = \sum_{k=1}^{M} A_k(\lambda^{m_k}-1) + \sum_{k=1}^{N} B_k(\ln\lambda)^k$$

应变能 U 通过公式（3.63）并利用这些公式进行推导。Darjini，Naghdabadi 以及 Kargarnovin 将这些方法用于橡胶研究发表了很多文章，包括图 3.11 中的那些表现对象：Treloar 的相关内容。指数-指数公式（3.66）对这一系列数据的拟合效果如图 3.12，并展示了两个模型；分别对应三参数模型（$M=2$，$N=1$）

和两参数模型（$M=N=1$）。三参数模型对数据有很好的拟合作用。其他公开的数据，如 Kawabata 等[12]，Lambert-Diani 和 Ray[17] 以及 Alexander[18] 也应用了一系列已有的应变能方程进行分析。结果表明包含指数参数的应变能方程拟合效果最好。

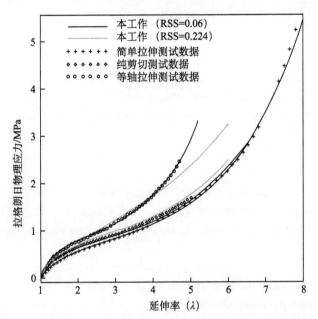

图 3.12　用公式（3.66）以及（3.63）对 Treloar 数据进行预测。RSS（残差平方和）＝0.06
对应三参数模型，RSS＝0.224 对应两参数模型（Reproduced from Darijani，H.，
Naghdabadi，R. and Kargarnovin，M. H. (2010) Constitutive modeling of rubber-like
materials based on consistent strain energy density functions. Polym Eng Sci，50，
1058. Copyright (2010) John Wiley & Sons，Ltd)

　　这一部分工作的主要结论是在一系列拉伸力的共同作用下进行多轴应变试验对于应变能方程的应用是必不可少的。另外，很明显，近几年发展起来的主拉伸法比不变量法具有更大的优势。而且用于物理模型具有更好的可操作性，这是由于主拉伸方法与分子链的拉伸具有更明显的相关性。如 Hopkins 指出[19]，伸长率的应用在任何物理理论中看起来都完全是合情合理的，如果将伸长率转化为分子构象的变化，这一结论更是无可挑剔，如在显微水平下进行分析。这些理论将在第 4 章进行进一步探究。

参 考 文 献

[1] Green，A. E. and Zerna，W. (2002) Theoretical Elasticity，Courier Dover Publications，

Mineola, New York.

[2] Green, A. E. and Adkins, J. E. (1970) Large Elastic Deformations and Non-Linear Continuum Mechanics, Clarendon Press, Oxford.

[3] Ogden, R. W. (1997) Non-linear Elastic Deformations, Courier Dover Publications, Mineola, New York.

[4] Nadai, A. (1950) Theory of Flow and Fracture of Solids, Vol. 1, 2nd edn, McGraw-Hill, New York.

[5] Rees, D. W. A. (2006) Basic Engineering Plasticity, Butterworth-Heinemann, Oxford.

[6] Rivlin, R. S. (1949) Large elastic deformations of isotropic materials. I. Fundamental concepts. Phil. Trans. R. Soc. A, 240, 459.

[7] Baker, G. (2005) Thermodynamics in solid mechanics: a commentary. Phil. Trans. R. Soc. A, 363, 2465.

[8] Houlsby, G. T. and Puzrin, A. M. (2006) Principles of Hyperplasticity, Springer, London.

[9] Rivlin, R. S. and Saunders, D. W. (1951) Large elastic deformations of isotropic materials. VII. Experiments on the deformation of rubber. Phil. Trans. R. Soc. A, 243, 251.

[10] Treloar, L. R. G. (1943) The elasticity of a network of long-chain molecules. II. Trans. Faraday Soc., 39, 241.

[11] Mooney, M. (1940) A theory of large elastic deformation. J. Appl. Phys., 2, 582.

[12] Kawabata, S., Matsuda, M., Tei, K. and Kawai, H. (1981) Experimental survey of the strain energy density function of isoprene rubber vulcanizate. Macromolecules, 14, 154.

[13] Valanis, K. C. and Landel, R. F. (1967) The strain-energy function of a hyperelastic material in terms of the extension ratios. J. Appl. Phys., 38, 2997.

[14] Ogden, R. W. (1972) Large deformation isotropic elasticity—on the correlation of theory and experiment for incompressible rubber-like solids. Proc. R. Soc. A, 326, 565.

[15] Treloar, L. R. G. (1944) Stress-strain data for vulcanised rubber under various types of deformation. Trans. Faraday Soc., 40, 59.

[16] Darijani, H., Naghdabadi, R. and Kargarnovin, M. H. (2010) Constitutive modeling of rubber-like materials based on consistent strain energy density functions. Polym. Eng. Sci., 50, 1058.

[17] Lambert-Diani, J. and Rey, C. (1999) New phenomenological behavior laws for rubbers and thermoplastic elastomers. Eur. J. Mech. A Solids, 18, 1027.

[18] Alexander, H. (1968) A constitutive relation for rubber-like materials. Int. J. Eng. Sci., 6, 549.

[19] Hopkins, H. G. (1976) The mechanics of rubber elasticity [and discussions]. Proc. R. Soc. A, 351, 322.

第 4 章　橡胶态聚合物弹性

4.1　橡胶态聚合物的常见力学行为

天然橡胶与其他弹性体最显著的特性就是在经历较大的弹性形变后还能恢复。可以想象应力会引起聚合物分子处于被拉长的构象，但卸载应力分子基本上能够回复到其原来的卷曲状态，人们会感到惊奇。简单的橡胶态弹性理论一般会假设拉伸和回缩都是瞬间发生的，而忽略了永久变形。天然橡胶（顺式聚异戊二烯）在自然状态下不满足最后一条标准，因为在拉伸状态下分子会产生相互滑移，应力卸载后不能完全回复。分子需要通过硫键进行化学交联（硫化）来阻止产生永久变形，这里将阐述交联度如何决定了橡胶在一定应力下的延伸能力。

应力加载被认为会引起分子立刻从卷曲状态变成伸长状态。由于这个原因，应该可以运用平衡热动力学来确定应力与内能和熵值之间的关系。根据平衡热动力学的本质，这种方法不能直接表示分子重排信息，但是，当用统计学的分子理论进行扩展延伸后，就有可能建立一个状态方程，将引起变形的应力与分子参数之间建立关联关系。后面将会说明这个状态方程与 3.4.4 节的新胡克方程具有类似的形式，3.4.4 节的新胡克方程对于有限变形来说具有与胡克方程同等的意义。下面将介绍分子级别微观性能与有限弹性理论之间存在直接关系的原因以及这一关系在仿射变形假设中的应用。橡胶弹性分子理论中的仿射变形意味着可以假设连接分子网络中邻近交联点直线的长度和取向变化与宏观橡胶材料上标注的直线变化是一致的。同时假设橡胶在变形过程中不产生体积变化。这一假设被证明有很好的近似效果，由于体积模量（K）比剪切模量（G）大约高出 10^4 倍：典型值分别为 $10^{10}\,\text{Pa}$ 和 $10^6\,\text{Pa}$。因此，在低应变情况下，泊松比可以通过下面公式进行计算：

$$\nu = \frac{3K-2G}{2(3K+2G)}$$

实际有效值为 1/2，因此，变形实际上是维持体积恒定的。

典型橡胶的载荷-伸长率曲线示意图如图 4.1 所示，最大伸长率可达 500%～1000%，主要依赖于交联程度。这种力学行为是非胡克型的，应力-应变曲线只有在应变为 1%左右的情况下才呈线性关系。在更大的应变情况下，载荷、伸长率之间的关系是非线性的，本章节的后续部分将阐述这种现象本质上是由构象熵变化而非内能变化引起的。

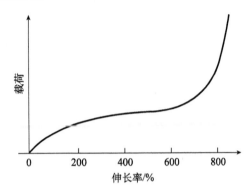

图 4.1　轻度交联橡胶单轴拉伸下的载荷变化曲线

高伸长率导致熵值大幅下降，因此，回缩是熵值最大化导致的必然结果。一条充分延展链是 0 熵值状态，因为在这种情况下化学键只能采取一种结构。相反，在分子链缠结构象，以及特定的末端距情况下可以存在很多种化学键结构。由于所有的构象基本都具有相同的内能，在不施加外力的情况下，一条被拉伸链会回复到最自由的状态。由于这个原因，橡胶有时候被称为"概率弹簧"或者"熵弹簧"，与小分子量材料弹性的"能量弹簧"特性形成鲜明对比，这种材料拉伸会造成内能的增加。详细讨论请见 Treloar 文献[1]。

4.2　变形热动力学

在变形过程中内能变化 dU 由下式表示：
$$dU = dQ + dW \tag{4.1}$$
这里，dQ 和 dW 分别是由施加外力引起的热量吸收量和消耗的功。对于一个可逆过程，dQ 与熵值变化 dS 的相关式表示如下：
$$dQ = TdS \tag{4.2}$$
因此，对于一个可逆过程，可以得到
$$dU = TdS + dW \tag{4.3}$$
对原始长度为 L 的弹性固体在拉力 f 的作用下进行等轴拉伸，在无限小变形情况下对固体做的功为
$$dW = fdL \tag{4.4}$$
结合公式（4.3）与（4.4）可以得到
$$dU = fdL + TdS \tag{4.5}$$
顺便介绍一下，Helmholtz 自由能 A 与恒体积情况下产生的能量变化有关（见 3.4.1 节）

$$A = U - TS \tag{4.6}$$

因此对于恒定温度和恒定体积下发生的 Helmholtz 自由能变化，可以表示成

$$dA = dU - TdS \tag{4.7}$$

通过关联公式（4.3）和（4.7），可以看出在恒定体积恒定温度情况下 $dA = dW$。因此张力 f 可以通过下式给出：

$$f = \left(\frac{\partial W}{\partial L}\right)_{T,V} = \left(\frac{\partial A}{\partial L}\right)_T = \left(\frac{\partial U}{\partial L}\right)_T - T\left(\frac{\partial S}{\partial L}\right)_T \tag{4.8}$$

对于 Helmholtz 自由能 A 的任何变化（不一定是恒温变化）

$$dA = dU - TdS - SdT \tag{4.9}$$

但是从公式（4.3）可知 $dU = fdL + TdS$，因此，

$$dA = fdL - SdT \tag{4.10}$$

这样得到

$$\left(\frac{\partial A}{\partial L}\right)_T = f, \quad \left(\frac{\partial A}{\partial T}\right)_L = -S \tag{4.11}$$

但是，

$$\frac{\partial}{\partial l}\left(\frac{\partial A}{\partial T}\right)_L = \frac{\partial}{\partial T}\left(\frac{\partial A}{\partial L}\right)_T$$

进行替换得到

$$\left(\frac{\partial S}{\partial L}\right)_T = \left(\frac{\partial f}{\partial T}\right)_L \tag{4.12}$$

因此，公式（4.8）变为

$$\left(\frac{\partial U}{\partial L}\right)_T = f - T\left(\frac{\partial f}{\partial T}\right)_L \tag{4.13}$$

早在 1935 年，Meyer 与 Ferri[2] 的研究就表明在恒定长度下，张力与绝对温度基本呈线性关系，也就是说 $f = \alpha T$。对这个关系式进行微分可以得到

$$\left(\frac{\partial f}{\partial T}\right)_L = \alpha, \text{常数}$$

但是替换公式（4.13），可以得到

$$\left(\frac{\partial U}{\partial L}\right)_T = 0$$

当将此式代入公式（4.8）时，基本上可以得到弹性完全产生于熵值变化的结论。

4.2.1 热弹性逆转效应

在恒定长度下，张力与温度之间的一组典型关系曲线如图 4.2 所示。对于测试范围内所有的伸长量，所有的曲线基本上都是线性的。但是值得注意的是，当伸长率大约超过 10% 后，张力随着温度的升高明显升高，低于 10% 张力增加量

很小。这被称为热弹性逆转效应。从物理意义上分析，这是橡胶随温度升高产生热膨胀引起的。升高温度使橡胶在未拉伸情况下的长度变大，因此减小了有效伸长量。因此 Gee[3] 以及其他研究人员都认为需要开展更多的试验测试恒定伸长率下张力与温度的函数关系，这样可以对热膨胀因素进行校正。Gee[3] 用这种方法得到的试验结果表明应力与绝对温度成正比，并因此阐明不存在内能变化（公式（4.3））。这个结论基于一种特定的近似法，这种近似法与恒体积假设与恒压假设之间的差异有关（关于这部分的讨论，请见 4.5 节）。

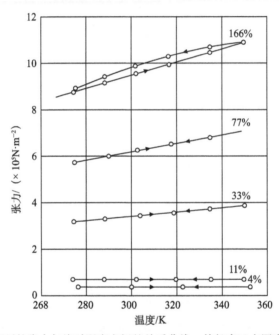

图 4.2   恒定长度下的张力与绝对温度之间的关系曲线。伸长率已在图中标出（Meyer and Ferri[2]）（Adapted from Treloar，L. R. G.（2005）The Physics of Rubber Elasticity，Oxford University Press，Oxford. Copyright（2005）Oxford University Press）

4.3 统 计 理 论

橡胶弹性的动力学理论或者统计学理论，最早是由 Meyer，Von Susich 以及 Valko[4] 提出来的，他们假设聚合物很长的分子链由于组成原子的热振动，可以相互构成很多种不同的构象。虽然分子链相互缠结形成连续网络，但是人们认为交联点的数目足够小，不能对分子链的运动造成显著影响。在不施加外力的情况下，分子链将处于熵值最大的构象状态。当施加外力时，分子链将在施加载荷的方向产生延伸，因此熵值降低并产生应变状态。

对橡胶网络应力-应变性能的定量评价涉及计算整个链组装的构象熵与应变状态之间的关系式。计算过程可以分为两步：单———条链的熵值与应变之间的函数关系、链网络的熵值变化与应变之间的函数关系式。

4.3.1 简化假设

实际上，原子是沿着分子链长度方向紧密堆积在分子链上的。因此可以将分子链假设成"球-棍"模型，就像图4.3所示的PE分子链模型。这里展示了充分伸展分子链，形成了平面锯齿状构型。如果分子链发生自由旋转从一种构型变成另外一种构型，只要确保碳原子之间形成的共价键角为109.5°，那么C_1、C_2、C_3、C_4的局部位置可以由平面锯齿状变成很多种其他构型。原则上，对任何特定末端距的分子来说，其可能形成的分子构象数目可以通过计算得到：不过只存在一种完全伸展的构象，但对于一条可能含有数百个骨架原子的分子来说，可能存在的卷曲构象的数目是十分巨大的。实际上，这时"自由连接链"模型可能更简便，这是一种数学抽象化模型，其中原子被简化成小圆点，用一维等效连杆进行连接，邻近的连接杆之间不存在角度上的限制。这个简单的模型假设沿着分子链不同的分子构型之间不存在内能差异。

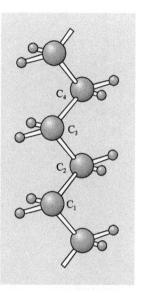

图 4.3 聚乙烯分子链

4.3.2 交联点之间的平均分子长度

假设一条自由连接链有 n 个连接杆，每个连接杆的矢量长度为 l_i。那么一条单链的矢量末端距为

$$\boldsymbol{r} = \sum_{i=1}^{n} l_i \tag{4.14}$$

对于多条链（q）或者对一条链进行多次计算，平均长度为

$$\bar{\boldsymbol{r}}(q) = \frac{1}{q} \sum_{i=1}^{q} r_i = 0 \tag{4.15}$$

因为矢量长度是正值还是负值的概率是一样的。

例如，用正弦变化量的处理方法，如交流电流与电压，其平均值为0，下面计算均方链长为

$$\bar{r^2} = \frac{1}{q} \sum_{j=1}^{q} r_j^2 = \frac{1}{q} \sum_{j=1}^{q} \left(\sum_{i=1}^{n} l_i \right)_j^2 \tag{4.16}$$

对该公式进行展开得到

$$\overline{r^2} = \frac{1}{q} \sum_1^q (l_1^2 + l_2^2 + \cdots + l_n^2 + l_1 \cdot l_2 + l_1 \cdot l_3 + \cdots + l_{n-1} \cdot l_n)$$

但是 $l_1^2 = l_2^2 = \cdots = l_n^2$ 且 $l_{-m} \cdot l_{-n} = l_m l_n \cos\theta$。对于自由连接链，$\theta$ 取任何值的可能性是一样的，因此，$\sum l_{-m} \cdot l_{-n} = 0$，$m \neq n$。那么，

$$\overline{r^2} = \frac{1}{q} \sum_1^q nl^2 = nl^2$$

均方根链长为

$$\sqrt{\overline{r^2}} = l\sqrt{n} = r_{\mathrm{rms}} \tag{4.17}$$

与完全伸展链长度 ln 进行对比可知，对于交联点之间有 100 个键的链，最大伸长量为 10。

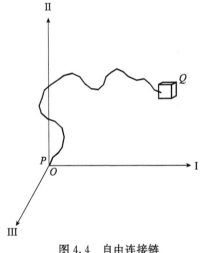

图 4.4　自由连接链

4.3.3　一条单链的熵

刚才导出的表达式表明了微交联橡胶伸长率很高的原因，并介绍了均方根长度的重要概念，但是没有得到有特定末端距的链的概率信息。后面的问题首先由 Kuhn[5] 以及 Guth 和 Mark[6] 进行了数学分析。

考虑一条有 n 个连接杆的链，每个连接杆的长度为 l，这条链的构型如图 4.4 所示，起点为 P。另一端 Q 位置的概率分布用估算法进行推导，只要链两端 P 与 Q 的距离远小于伸长链长度 nl，那么推导结果就是合理的。Q 在体积单元 $\mathrm{d}X_1\mathrm{d}X_2\mathrm{d}X_3$ 内落在（X_1，X_2，X_3）点的概率可以表示为

$$p(X_1, X_2, X_3)\mathrm{d}X_1\mathrm{d}X_2\mathrm{d}X_3 = \frac{b^3}{\pi^{\frac{3}{2}}} \exp(-b^2 r^2) \mathrm{d}X_1\mathrm{d}X_2\mathrm{d}X_3 \tag{4.18}$$

这里 $b^2 = 3/2nl^2$。

这一分布公式具有高斯误差函数的形式，以原点 y 轴为中心呈球形对称分布，如图 4.5 所示，对称轴处的值最大。但是最可能的末端距不是 0，如果不考虑方向性，Q 落在距离原点 r 与（$r+\mathrm{d}r$）之间的单位体积概率是概率分布 p（r）与同心壳体积 $4\pi r^2 \mathrm{d}r$ 的乘积。总体概率为

$$P(r)\mathrm{d}r = p(r)4\pi r^2\,\mathrm{d}r = \left(\frac{b^3}{\pi^{\frac{3}{2}}}\right)\exp(-b^2r^2)4\pi r^2\,\mathrm{d}r$$

$$= \left(\frac{4b^3}{\pi^{\frac{1}{2}}}\right)r^2\exp(-b^2r^2)\,\mathrm{d}r \tag{4.19}$$

示意图如图 4.6 所示。

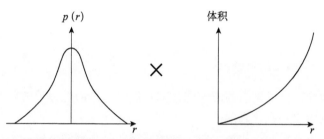

图 4.5　链自由端的高斯概率分布必须乘以链端所在处的体积：$P(r)=p(r)\times 4\pi r^2\,\mathrm{d}r$

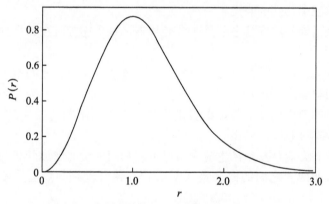

图 4.6　分布函数 $P(r)=$ 常数 $\times r^2\exp(-b^2r^2)$

可以看到，如果不考虑方向性，最有可能的末端距不是零，而是 b 的函数。也就是链上连接杆长度 l 以及连接杆数目 n 的函数，如 4.3.2 节所示。

另一个重要的量是均方根链长 $(\overline{r^2})^{1/2}$

$$\overline{r^2} = \int_0^\infty r^2 P(r)\,\mathrm{d}r$$

替换上述表达式中的 $P(r)$ 得到

$$\overline{r^2} = \frac{3}{2}b^2 = nl^2 \tag{4.20}$$

因此，均方根链长 $(\overline{r^2})^{1/2}=l\sqrt{n}$，也就是说，与链上连接杆数目的平方根成正比。如 4.3.2 节中展示的结果。

自由连接链的熵值 s 与构象数目 Ω 的对数成正比，因此，

$$s = k \ln \Omega$$

这里 k 为 Boltzmann 常量。如果 $\mathrm{d}x_1 \mathrm{d}x_2 \mathrm{d}x_3$ 是常数，分子链能够形成的构象数目与单位体积平均概率 $p(x_1, x_2, x_3)$ 成正比。因此，根据公式（4.18），链的熵值可以由下式计算：

$$s = c - kb^2 r^2 = c - kb^2 (x_1^2 + x_2^2 + x_3^2) \tag{4.21}$$

这里 c 为任意常数。

4.3.4　分子网络的弹性

人们希望计算分子网络的应变能方程，假设这是通过分子链网络的熵值改变与应变之间的函数关系计算的。

真实网络被理想网络代替，对于理想网络，分子链网络中相邻交联点之间的每一部分分子链都可以看成是高斯链。

另外介绍三个其他的假设：

（1）不管是处于应变状态还是非应变状态，每个连接点在其平均位置上被认为是固定的。

（2）形变的作用是使每条链的矢量长度分量变化率与相应的本体材料尺寸变化率相同（仿射变形假设）。

（3）对于不产生应变的整体组合链，其均方根末端距与相应的自由链相同，因此可以由公式（4.20）给出。

实质上，有必要计算未产生应变情况下末端间矢量的球形分布与单轴拉伸情况下的椭球分布两者之间的概率差（图 4.7）。这种差别与熵值改变有关，因此与拉力有关。

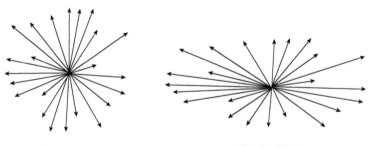

未产生应变情况　　　　　　　　　　单轴拉伸情况

图 4.7　链末端间矢量的初始状态与最终状态的示意图

如 2.2 节进行的讨论，可以将讨论限制在法向应变的情况，也不失一般性。选取主伸长率 λ_I，λ_{II} 以及 λ_{III}，平行于三个主坐标轴 I，II 及 III。仿射变形假设

表明链端的相对位移用宏观变形进行定义。因此，在图 4.8 中，未变形固体中采用 I，Ⅱ 及 Ⅲ 坐标系。

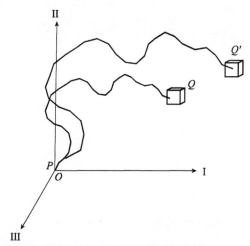

图 4.8　链的终点 Q（X_{I}，X_{II}，X_{III}）被另一点 Q'（x_{I}，x_{II}，x_{III}）取代

在这样的坐标系下，以一条代表性分子链 PQ 的一端 P 作为原点。将变形体中的任意一点引入到这一坐标系内。因此，原点，例如链的端点 P，在变形过程中可以被整体移动。另外一端 Q（X_{I}，X_{II}，X_{III}）被整体移动到另外一点 Q'（x_{I}，x_{II}，x_{III}），根据仿射变形理论，能够得到（见 3.1.2 节）

$$x_{\text{I}} = \lambda_{\text{I}} X_{\text{I}}, \quad x_{\text{II}} = \lambda_{\text{II}} X_{\text{II}}, \quad x_{\text{III}} = \lambda_{\text{III}} X_{\text{III}}$$

在未变形状态下，链的熵值通过下式给出：

$$s = c - kb^2(X_{\text{I}}^2 + X_{\text{II}}^2 + X_{\text{III}}^2)$$

变形后熵值变为

$$s' = c - kb^2(\lambda_{\text{I}}^2 X_{\text{I}}^2 + \lambda_{\text{II}}^2 X_{\text{II}}^2 + \lambda_{\text{III}}^2 X_{\text{III}}^2) \tag{4.22}$$

得出熵值变化为

$$\Delta s = s' - s = -kb^2\{(\lambda_{\text{I}}^2 - 1)X_{\text{I}}^2 + (\lambda_{\text{II}}^2 - 1)X_{\text{II}}^2 + (\lambda_{\text{III}}^2 - 1)X_{\text{III}}^2\} \tag{4.23}$$

假设分子网络每单位体积中链的数目为 N，其中 m 条有确定的熵值 b（也就是 b_p）。这一组特定链的总熵值变化为

$$\Delta s_b = \sum_{1}^{m} \Delta s = -kb_p^2\Big\{(\lambda_{\text{I}}^2 - 1)\sum_{1}^{m} X_{\text{I}}^2 + (\lambda_{\text{II}}^2 - 1)\sum_{1}^{m} X_{\text{II}}^2 + (\lambda_{\text{III}}^2 - 1)\sum_{1}^{m} X_{\text{III}}^2\Big\}$$

$$\tag{4.24}$$

这里 $\sum_{1}^{m} X_{\text{I}}^2$ 是在未变形网络中这 m 条链 I 方向上的分量平方和。由于在未变形状态下（无定形态）链矢量没有优先取向，在 I，Ⅱ 或 Ⅲ 方向上取向也没有倾向性，因此

$$\sum_1^m X_{\mathrm{I}}^2 = \sum_1^m X_{\mathrm{II}}^2 = \sum_1^m X_{\mathrm{III}}^2$$

但是，

$$\sum_1^m X_{\mathrm{I}}^2 + \sum_1^m X_{\mathrm{II}}^2 + \sum_1^m X_{\mathrm{III}}^2 = \frac{1}{3}\sum_1^m r^2$$

得出

$$\sum_1^m X_{\mathrm{I}}^2 = \sum_1^m X_{\mathrm{II}}^2 = \sum_1^m X_{\mathrm{III}}^2 = \frac{1}{9}\sum_1^m r^2 \tag{4.25}$$

通过公式（4.20）

$$\sum_1^m r^2 = m r^2 = m\left(\frac{3}{2b_p^2}\right) \tag{4.26}$$

结合公式（4.24）～（4.26），可以得到

$$\Delta s_b = -\frac{1}{2}mk\{\lambda_{\mathrm{I}}^2 + \lambda_{\mathrm{II}}^2 + \lambda_{\mathrm{III}}^2 - 3\} \tag{4.27}$$

现在可以将网络中所有链（单位体积内数目为 N）的贡献相加，得到聚合物网络的熵值变化量 ΔS 为

$$\Delta S = \sum_1^N \Delta s = -\frac{1}{2}Nk(\lambda_{\mathrm{I}}^2 + \lambda_{\mathrm{II}}^2 + \lambda_{\mathrm{III}}^2 - 3) \tag{4.28}$$

假设变形过程中内能没有变化，可以得出 Helmholtz 自由能的变化为

$$\Delta A = -T\Delta S = -\frac{1}{2}NkT(\lambda_{\mathrm{I}}^2 + \lambda_{\mathrm{II}}^2 + \lambda_{\mathrm{III}}^2 - 3)$$

如果假设在未变形状态下应变能方程 U 为 0，可以得到

$$U = \Delta A = -\frac{1}{2}NkT(\lambda_{\mathrm{I}}^2 + \lambda_{\mathrm{II}}^2 + \lambda_{\mathrm{III}}^2 - 3) \tag{4.29}$$

上述方程对 3.4.4 节中新胡克应变能方程进行了重新定义。考虑一个简单的单轴拉伸 $\lambda_{\mathrm{I}} = \lambda$。不可压缩状态下得出：$\lambda_{\mathrm{I}}\lambda_{\mathrm{II}}\lambda_{\mathrm{III}} = 1$。因此，通过对称转化 $\lambda_{\mathrm{II}} = \lambda_{\mathrm{III}} = \lambda^{-\frac{1}{2}}$，可以得到

$$U = -\frac{1}{2}NkT\left(\lambda^2 + \frac{2}{\lambda} - 3\right) \tag{4.30}$$

从公式（3.43），沿着 I 方向的名义应力 f 可以表示为

$$f = \frac{\partial U}{\partial \lambda} = NkT\left(\lambda - \frac{1}{\lambda^2}\right) \tag{4.31}$$

对比公式（4.31）与公式（3.43）可以看出 $NkT = E/3$，这里 E 为杨氏模量。对于小应变，可以定义 $\lambda = 1 + e_{\mathrm{I}}$，根据公式（4.31）可以推导出

$$f = 3NkTe_{\mathrm{I}} = Ee_{\mathrm{I}}$$

鉴于不可压缩材料有 $E \equiv 3G$，可以得到公式（4.31）中 NkT 值与橡胶的剪

切模量 G 相等。这一表达式经常用链的平均分子量 M_c 的形式来表示，也就是相邻两个交联点之间的分子量大小。这样，

$$G = NkT = \rho RT/M_c$$

这里 ρ 是橡胶密度，R 为气体常数。

4.4　简单分子理论修正

上述阐述的分子网络变形理论为聚合物力学行为的深入研究提供了基本依据。然而，这些理论确实是基于很多简化的假设，最典型的假设是自由组合链，自由组合链的典型特征是能够自由变形，末端距分布满足高斯分布，且变形过程中不产生内能变化。有很多种不同的方法能够建立更好的理论基础，而这些方法一般注重不同的方面，因此，应该轮流进行讨论。在这一阶段，应该认识到在本章的讨论中，分子理论被认为用于优化和修正橡胶弹性理论，这一理论不同于第3章中提出的基于固体力学的唯象方程。由于两种方法通常强调相同的问题，这一问题一般都是关注试验结果与简单状态方程（4.30）之间的差别。有些作者[7]用特定的方法将这两种方法进行结合，可以对试验数据实现较为满意的经验拟合。Boyce 与 Arruda[8] 已经对这两种方法进行了综述。

4.4.1　幻影网络模型

单一分子理论的一个重要假设是网络中连接点的运动与宏观变形呈仿射几何学关系；也就是说它们在宏观刚体中是固定不动的。很快 James 及 Guth[9] 证实这一假设也不是必须满足的。一般认为做以下假设就足够了：分子网络中的连接点在它们最可能的位置附近振动[9,10]，并认为分子链可以相互穿插。这种假设被定义为幻影网络结构。连接两个连接点的矢量 r 被定义为平均值 $\bar{r}$ 与偏离平均值的瞬时波动量 Δr 之和，因此，

$$r = \bar{r} + \Delta r$$

这里波动量 Δr 与变形以及由宏观应变引起的仿射变形平均矢量 $\bar{r}$ 无关。这种定义方法改变了公式（4.29）中 $\frac{1}{2}NkT$ 的值，变换因子为 $\varepsilon = 1 - 2/\varphi$，$\varphi$ 是一个网络连接点连接的链数目，因此 $G = \frac{1}{2}(1 - 2/\varphi)NkT$。

4.4.2　约束连接模型

橡胶弹性最新的网络模型是由 Ronca 和 Allegra[11] 以及 Flory 和 Erman[12] 提出来的，他们提出的模型基于幻影网络模型但是假设连接点的运动由于缠结点的

存在是受限的。约束力的强度用一个参数进行定义：

$$k = \frac{\langle (\Delta R)^2 \rangle}{\langle (\Delta s)^2 \rangle}$$

这里$\langle (\Delta R)^2 \rangle^{1/2}$是连接点不受限情况下波动区域的平均半径，$\langle (\Delta s)^2 \rangle$是假设连接点在只受到缠结点限制的情况下波动的平均区域半径。这样总 Helmholtz 自由能为

$$A = \frac{1}{2}ekT\{\lambda_I^2 + \lambda_{II}^2 + \lambda_{III}^2 - 3\}$$
$$+ \frac{1}{2}NkT\sum_{i=I}^{III}[B_i + D_i - \ln(B_i+1) - \ln(D_i+1)] \quad (4.32)$$

这里对于主方向$i = I$，II，III，$B_i = k^2(\lambda_i^2-1)(\lambda_i^2+k)^2$，$D_i = \lambda_i^2 k^{-1}B_i$。

后面对受限连接模型进行优化将研究限制点对分子网络链排布中心点的影响[13]或者考虑将限制点连续分布在分子链上[14]。

4.4.3　滑动连接模型

Edwards 和他的合作者们提出了一个不同的分子模型，包含了前面关心的问题，也是基于幻影、仿射与约束连接等模型来描述分子网络的变形。Edwards 和他的同事们建立了纯几何理论，同时解释了低应变情况下的应变软化与高应变情况下的快速应变硬化现象。Ball 等[15]认为在橡胶网络中，存在两种连接点：由化学键相连接的永久交联点和分子链相互缠结形成的临时缠结点。通过巧妙直观的方法，这些临时连接点被滑动连接点所取代（图 4.9），这些滑动连接点允许分子链产生相互滑移。由变形产生连接点滑移所造成的自由能变化为

$$\frac{F_s}{kT} = \frac{1}{2}N_s\sum_{i=I}^{III}\left[\frac{(1+\eta)\lambda_i^2}{1+\eta\lambda_i^2} + \log(1+\eta\lambda_i^2)\right] \quad (4.33)$$

这里N_s是单位体积内的滑动连接点数目，λ_i为主伸长率，η是滑动因子，原则上在理想滑动状态下取无穷大值，在无滑动情况下取 0 值，如对于交联点。

总的自由能变化量为

$$F = F_c + F_s \quad (4.34)$$

这里

$$\frac{F_c}{kT} = \frac{1}{2}N_c\sum_{i=I}^{III}\lambda_i^2 \quad (4.35)$$

N_c为单位体积内永久连接点的数目。

可以看出，公式（4.34）中的第一项是幻影网络模型中的自由能，等同于约束连接模型公式（4.32）中的第一项。第二项被认为等同于公式（4.32）的第二项，但是由于滑动连接点数目N_s与永久交联点数目N_c之间没有特定的比例限

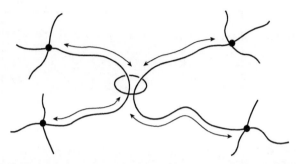

图 4.9 滑动连接模型 (Reproduced from Ball, R.C., Doi, M., Edwards, S.F. et al. (1981) Elasticity of entangled networks. Polymer, 22, 1010. Copyright (1981) Elsevier Ltd)

制,自由能的最大值会大于仿射网络模型中自由能的最大值,因此第一项中的 $\frac{1}{2}N_c$ 可以用 N_c 代替。

Edwards 与 Vilgis[16]接着将这一理论扩展到包括分子网络有限延展极限,分子网络延伸极限被认为是分子网络链被充分拉伸时的延伸量,也就是说 $\lambda_{max} \propto n^{\frac{1}{2}}$,这里 n 为分子链中两个交接点之间链的数目(见公式(4.17))。

这样在公式(4.33)以及(4.35)中引入了另外一个常数 $\alpha = [\,(\lambda_1^2 + \lambda_2^2 + \lambda_3^2)^{-\frac{1}{2}}\,]_{max}$。例如,

$$\frac{F_s}{kT} = \frac{1}{2}N_c\left[\frac{\sum_{i=\mathrm{I}}^{\mathrm{III}}\lambda_i^2(1-\alpha^2)}{1-\alpha^2\sum_{i=\mathrm{I}}^{\mathrm{III}}\lambda_i^2} - \log\left(1-\alpha^2\sum_{i=\mathrm{I}}^{\mathrm{III}}\lambda_i^2\right)\right]$$

Edwards 与 Vilgis 证实通过设置合理的 N_c,N_s,η 与 α 值,他们的理论对于天然橡胶数据具有很好的拟合效果(图 4.10)。

在 Edwards 与他的合作者们提出的理论之后,Heinrich 与 Kaliske 提出了一个管状模型[17],之后又提出受限管状模型[18]。Edwards 论文中的高斯分布模型被非高斯 Langevin 分布模型取代(见 4.4.4 节),并引入了一个与 Edwards 与 Vilgis 理论类似的不可延伸参数。Marckmann 以及 Verron[19]对这些模型进行了综述,最近,Miehe,Goktepe 以及 Lulei[20]又试图将这些模型中的元素进行了结合形成一个复杂模型。

4.4.4 反 Langevin 近似

简单分子网络理论的早期发展被称为"反 Langevin 近似",用来描述概率分布。高斯近似仅适用于末端距估算,而实际上末端距远小于伸直链长度。Kuhn 及 Grün[21],James 及 Guth[9]研究表明排除这一限制(但是仍然保留自由连接链

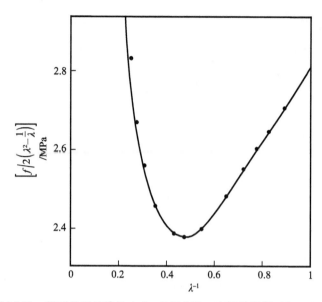

图 4.10　根据 Mullins 得到的天然橡胶应力-应变曲线。实线是根据 Edwards 与 Vilgis 理论通过设置参数 $N_c kT = 1.2\text{MPa}$，$N_s kT = 2.1\text{MPa}$，$\eta = 0.2$，$\alpha^{-1} = \lambda_{\max} = 7.5$ 得到的。
(Reproduced from Edwards, S. F. and Vilgis, Th. (1986) The effect of entanglements in rubber elasticity. Polymer, 27, 483. Copyright (1986) Elsevier Ltd)

的其他假设）能够得到概率分布 $p(r)$ 的计算式：

$$\ln p(r) = c - n\left[\frac{r}{nl}\beta + \ln\frac{\beta}{\sinh\beta}\right] \tag{4.36}$$

在这一公式中，β 通过下式进行定义：

$$\frac{r}{nl} = \coth\beta - \frac{1}{\beta} = L(\beta)$$

这里 L 是 Langevin 方程，$\beta = L^{-1}(r/nl)$ 是反 Langevin 方程。这一表达式经过扩展可以得到

$$\ln p(r) = c - n\left[\frac{3}{2}\left(\frac{r}{nl}\right)^2 + \frac{9}{20}\left(\frac{r}{nl}\right)^4 + \frac{99}{350}\left(\frac{r}{nl}\right)^6 + \cdots\right] \tag{4.37}$$

可以看出高斯分布是这一公式中的第一项，当 $r \ll nl$ 时可以得到充分近似。

图 4.11 对比了具有 25 个连接点和 100 个连接点的任意链通过高斯近似以及反 Langevin 近似得到的分布函数。

对于反 Langevin 近似，通过公式（4.36）可以得到

$$S = k\ln p(r) = c - kn\left(\frac{r}{nl}\beta + \ln\frac{\beta}{\sinh\beta}\right) \tag{4.38}$$

链上的张力为

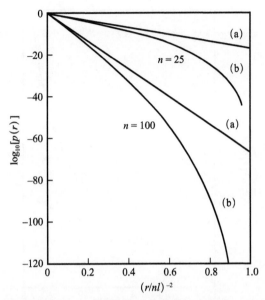

图 4.11　具有 25 个连接点和 100 个连接点的任意链的分布函数。(a) 高斯近似；(b) 反 Langevin 近似（Reproduced from Treloar, L. R. G. (1975) The Physics of Rubber Elasticity, 3rd edn, Oxford University Press, Oxford. Copyright (1975) Oxford University Press）

$$f = T \frac{\partial S}{\partial r} = \frac{kT}{l} L^{-1} \left(\frac{r}{nl} \right) \tag{4.39}$$

类似于公式（4.37），进行展开，得到

$$f = \frac{kT}{l} \left\{ 3 \left(\frac{r}{nl} \right) + \frac{9}{5} \left(\frac{r}{nl} \right)^3 + \frac{297}{175} \left(\frac{r}{nl} \right)^5 + \frac{1539}{875} \left(\frac{r}{nl} \right)^7 + \cdots \right\} \tag{4.40}$$

　　推导过程的最后一部分是用反 Langevin 分布方程重新表示应力-应变关系。James 与 Guth 用与推导高斯分布方程类似的方法完成了这一推导过程。

　　单位无应变面积内的平均张力为

$$f = \frac{NkT}{3} n^{\frac{1}{2}} \left\{ L^{-1} \left(\frac{\lambda}{n^{\frac{1}{2}}} \right) - \lambda^{-\frac{3}{2}} L^{-1} \left(\frac{1}{\lambda^{\frac{1}{2}} n^{\frac{1}{2}}} \right) \right\} \tag{4.41}$$

用这一关系，选取合适的参数 N 与 n，可以得到如图 4.12 的天然橡胶应力-伸长率试验数据的 Treloar 拟合曲线。分子网络的最大伸长率主要取决于任意连接点的数目 n。这一结果与聚合物的冷拉行为和银纹现象相关（见后文 12.6 节以及 13.5.1 节），其中基本变形也是由分子网络拉伸变形引起的。

　　从图 4.12 中可以看出，通过反 Langevin 近似得到的载荷-伸长率曲线与实际试验得到的曲线具有很高的相似度。

　　Arruda 与 Boyce[22] 用类似的方法提出了新的理论，是对 James 与 Guth 非高斯模型[9] 的进一步延伸。James 与 Guth 模型实际上是针对三条相互垂直的分子链

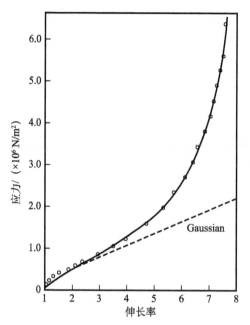

图 4.12　根据 James 与 Guth 理论拟合试验数据得到的理论非高斯应力-伸长率曲线。其中 $NkT=0.273\text{MPa}$，$n=75$（Reproduced from Treloar，L. R. G.（1975）The Physics of Rubber Elasticity，3rd edn，Oxford University Press，Oxford. Copyright（1975）Oxford University Press）

中的一条，通过增加分子链数目进行推广。因此，Arruda 以及 Boyce 介绍了八条链模型，在这个模型中，假设所有分子链的一端被连接到材料中某一个小立方体的八个角上，而另一端连接在立方体的中心。所取的立方体与主应变方向是一致的。当正方体沿着其各条边的方向经过伸长率 λ_{I}，λ_{II}，λ_{III} 变形变成长方体后，八条链的每一条都具有相同的伸长率 λ_{chain}，可以用下面的公式表示：

$$\lambda_{\mathrm{chain}}=\frac{1}{\sqrt{3}}(\lambda_{\mathrm{I}}^2+\lambda_{\mathrm{II}}^2+\lambda_{\mathrm{III}}^2)^{\frac{1}{2}}$$

类似于三条链公式（4.41），八条链的单轴拉伸应力变成

$$f=\frac{NkT}{3}n^{\frac{1}{2}}L^{-1}\left[\frac{\lambda_{\mathrm{chain}}}{n^{\frac{1}{2}}}\right]\frac{\lambda-\frac{1}{\lambda^2}}{\lambda_{\mathrm{chain}}} \tag{4.42}$$

Arruda 以及 Boyce[22] 表明在预测硫化橡胶单轴及双轴拉伸和剪切行为时，八条链模型比三条链和四条链模型具有更大的优越性，并且在模拟树胶和氯丁橡胶单轴压缩和平面应变压缩时也表现出很大的优势。

Wu 与 van der Giessen[23] 将以上结果进一步推广至无限多条分子链的情况——提出了全分子网络模型。这样得到的载荷表达式比公式（4.41）及（4.42）

更复杂，但是他们的研究表明将三条链模型和八条链模型的表达式进行合理的线性结合可以得到很好的近似效果。但是与预期相反，全网络模型对天然树胶-橡胶和硅橡胶单轴与双轴拉伸行为的预测效果不如八条链模型。Wu 与 van der Giessen 指出两个模型均为近似计算，在计算过程中忽略了缠结（滑动连接）效应以及其他的分子间相互作用，也同样忽略了非仿射变形的存在。他们提出了这样的可能性：在实际应用中八条链模型刚好补偿了这种效应。

Sweeney[24] 对比了八条链模型、全网络模型以及 Edwards-Vilgis 模型，结果表明前两者可以通过 Edwards-Vilgis 模型得到很好的近似效果，条件是分子链的极限伸长率不相近。后面的限制条件是应变能奇异性形式不同，应变能奇异性决定了分子链达到极限伸长率的方式。在 Edwards-Vilgis 模型中滑动连接的其他特点表明这是三个模型中最为通用的一个，拟合参数数目更多也反映了这一点。

4.4.5 构象衰竭模型

橡胶弹性的另一种理论是由 Stepto 与 Taylor[25,26] 提出的，该理论也考虑了 Mooney-Rivlin 软化。他们的方法不是唯象的，而是基于结构考虑，当分子网络处于被拉伸状态时，这种方法能够对分子链单元中的分子构象状态做出准确描述。他们提出了一种计算拉伸分子网络自由能的方法，这种方法基于网络分子链的旋转异构态，不同的旋转异构态的构象特征决定了不同的构象能。

利用一系列蒙特卡罗计算法，分子网络的弹性特征取决于网络分子链末端距分布，并认为只是在单独的网络链中存在的构象变化引起的。如图 4.13，通过模拟辐射状分布的末端距分布函数 $P(r)$ 计算概率密度函数 $p(r)$ 的方法，这样，

$$p(r) = \frac{P(r)}{4\pi r^2}$$

如 4.3.3 节中已经进行的介绍。

对比蒙特卡罗 $p(r)$ 与利用高斯分布函数（公式（4.18））以及 Langevin 函数（公式（4.36））得到的结果，它们之间存在很大的差异。特别是，基于分子结构的蒙特卡罗 $p(r)$ 方法得到的结果明确反映了真实分子网络中分子链的伸长率是有限的。

对于 Stepto 理论，分子网络自由能可以通过下列公式进行计算：

$$F = \frac{RT\rho}{M_c} s\left(\lambda^2 + \frac{2}{\lambda} - 3\right)$$

这里 R，T，ρ 以及 M_c 与 4.3.4 节中具有相同的含义，但是这里存在一个新的参数 s，s 是 λ 的函数，定量考虑了 Mooney-Rivlin 软化。在这一理论中，软化产生的原因是变形网络中部分分子链已经达到了它们的最大延伸量，因此，对于更大

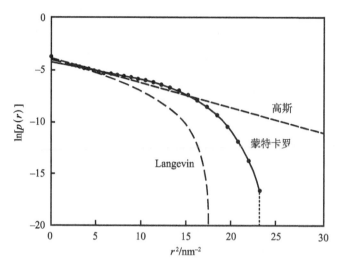

图 4.13　有 40 个键的聚二甲基硅氧烷链在 298K 温度下 $\ln [p(r)]$ 与 r^2 之间的关系曲线，并与自由连接链经高斯方法以及 Langevin 方法处理得到的曲线进行对比（Reproduced from Stepto, R. F. T. and Taylor, D. J. R. (1995) Molecular modeling of the elastic behaviour of polymer-chains in networks—comparison of polymethylene and poly (dimethylsiloxane).
J. Chem. Soc. Faraday Trans., 91, 2639. Copyright (1995) Royal Society of Chemistry)

的变形，这些链对于熵值减小不再有贡献，因此对于网络应力变化也没有影响。Stepto 与 Taylor 已经证实他们的理论能够对聚二甲基硅氧烷分子网络应力-应变行为进行准确的定量拟合[25,26]，只要得到根据聚二甲基硅氧烷的 Flory-Crescenzi-Mark 旋转异构态模型得到的旋转异构体数目[27]。另外，对于交联型的聚乙烯，其光学双折射，也就是应力-光学系数，也进行了定量预测[28,29]。

4.4.6　应变诱导结晶效应

　　虽然人们已经了解非高斯统计学进行延伸解释了大的伸长率会导致拉伸应力大幅度增加的原因，但是对于天然橡胶而言，已经证实拉伸应力的显著增加主要是由应变诱导结晶引起的[30]。基本的物理理论是拉伸能够导致橡胶熔融温度 T_c 的提高。$T_c = \dfrac{\Delta H}{\Delta S}$，这里 ΔH 和 ΔS 分别为熔融焓和熵。由于被拉伸后的橡胶熵值会较低，结晶时熵值变化会变小，因此 T_c 会相应增加。过冷程度高会导致结晶，微晶通过形成物理交联点能够增加橡胶模量。

　　然而，结晶的确切效应还很难确定。丁二烯橡胶在拉伸情况下不结晶，与天然橡胶对比，试验表明结晶对丁二烯橡胶[31]力学性能的影响不显著。

4.5　内能对橡胶弹性的贡献

上述对于橡胶弹性的简单分析过程有两个假设，需要做进一步考虑。第一，假设内能的贡献是可以忽略的，这就暗示具有不同分子构象的分子链都具有相同的内能。第二，得到的热动力学公式严格意义上只能用于恒定体积下的测量，然而大部分试验结果是在已知压力下得到的。这两点假设在某种意义上与 Gee 的研究工作是相互关联的（见 4.2.1 节），其研究基于以下近似：

$$\left(\frac{\partial f}{\partial T}\right)_{P,\lambda} = \left(\frac{\partial f}{\partial T}\right)_{V,L} \tag{4.43}$$

（这里 λ 是相对于原始长度的伸长率）这一近似导致了内能贡献为 0 的结论。这里，一样品受到单轴拉伸标称拉伸应力为 f，并同时施加静水压力 P——因此系统的静水压力为 $P-f/3$。虽然 Gee 的近似要远远优于以下假设：

$$\left(\frac{\partial f}{\partial T}\right)_{P,L} = \left(\frac{\partial f}{\partial T}\right)_{V,L} \tag{4.44}$$

这一假设的前提是材料即使在已经产生变形的情况下，在静水压力作用下也可以进行各向同性压缩，也就是

$$\frac{\mathrm{d}V}{V} = 3\frac{\mathrm{d}L}{L} \quad \text{或者} \quad \left(\frac{\partial(\ln L)}{\partial(\ln V)}\right)_{f,T} = \frac{1}{3}$$

如果进行更加细致的考虑可知这是不正确的，因为材料在变形状态下存在各向异性可压缩性。因此，Gee 关于内能贡献可以忽略的试验结果，是基于恒定长度下应力随温度变化的测试结果得到的，其试验结果能够进行另外一种解释，可以得到内能贡献并不为零的结论。

拉力 f 的内能分量可以表示为

$$f_e = \left(\frac{\partial U}{\partial L}\right)_{T,V} \tag{4.45}$$

（见公式（4.8））。Volkenltein 以及 Ptitsyn[32] 表明，如果一条孤立分子链的无扰尺寸存在温度依赖性，f_e 可表示为

$$\frac{f_e}{f} = T\frac{\partial(\ln\overline{r_0^2})}{\partial T} \tag{4.46}$$

这里 $\overline{r_0^2}$ 为均方根长度的平方（其中下标 0 表明这条链是未受到交联点限制的自由链）。

用光散射以及黏度测试对聚合物稀溶液进行测试得到的试验数据表明 $\overline{r_0^2}$ 通常情况下是依赖于温度变化的。这表明链的能量依赖于其构象，对于橡胶材料，f_e 一般不是零。Flory 和他的同事[33] 在对聚合物网络进行应力-温度测量与分析方面取得了显著成果，结合物理化学测试来确认这些交联点，并获得了不同构象之

间的能量差异，例如，聚乙烯链的反式和左旋构象。

f_e 值可以表示成拉力与温度之间的关系式：

$$\frac{f_e}{f} = -T\left[\frac{\partial\{\ln(f/T)\}}{\partial T}\right]_{V,L} \tag{4.47}$$

这一公式通过修正公式（4.13）得到，但也同时承认公式（4.45）的合理性。然而，对于恒定体积情况下这一表达式很难同于大部分试验结果的解释，这时候恒压下 P 的表达式更加合理。

为了强调这一问题，Flory，Ciferri 以及 Hoeve[34] 采用了基于高斯网络理论的处理方法。他们的研究表明如果橡胶网络遵循高斯统计学，在恒定压力下简单拉伸测试的表达式为

$$\left[\frac{\partial\{\ln(f/T)\}}{\partial T}\right]_{P,L} + \frac{\alpha}{\lambda^3-1} = -\frac{d(\ln\overline{r_0^2})}{dT} \tag{4.48}$$

这里 α 为恒压下橡胶的体积膨胀系数，也就是

$$\alpha = \frac{1}{V}\left(\frac{\partial V}{\partial T}\right)_P \tag{4.49}$$

利用公式（4.46）与（4.48），他们又推导出了 f_e/f 的表达式：

$$\frac{f_e}{f} = -T\left[\frac{\partial\{\ln(f/T)\}}{\partial T}\right]_{P,L} - \frac{\alpha T}{(\lambda^3-1)} \tag{4.50}$$

将公式（4.47）与（4.50）划等号，可以看出对于 f 的导数是不相等的，也说明公式（4.44）是错误的。这样可以产生一个修正系数，可以用恒体积导数推导出恒压导数。Graessley 以及 Fetters[35] 引入了这样一个系数 $\Delta_{P,L}$：

$$\Delta_{P,L} = \left[\frac{\partial(f/T)}{\partial(1/T)}\right]_{V,L} - \left[\frac{\partial(f/T)}{\partial(1/T)}\right]_{P,L}$$

实际上可以表示成

$$\Delta_{P,L} = fT\left(\left[\frac{\partial\{\ln(f/T)\}}{\partial T}\right]_{P,L} - \left[\frac{\partial\{\ln(f/T)\}}{\partial T}\right]_{V,L}\right) \tag{4.51}$$

通过对公式（4.47）与（4.50）划等号，对公式（4.51）的右半部分推导另外一个表达式，可以得出下列推导结果：

$$\Delta_{P,L} = \frac{\alpha T}{(\lambda^3-1)} \tag{4.52}$$

Treloar[36,37] 考虑了扭转行为，给出与（4.48）相对应的关系式是

$$\left[\frac{\partial\{\ln(M/T)\}}{\partial T}\right]_{P,L,\psi} = -\frac{d(\ln\overline{r_0^2})}{dT} + \alpha$$

这里 M 是扭转力矩，ψ 为扭转度（表示为变形轴上单位长度的弧度值）。M_e 为在恒定体积下内能对于这两个物理量的贡献，用类似于（4.47）的公式表示成

$$\frac{M_e}{M} = -T\left[\frac{\partial\{\ln(M/T)\}}{\partial T}\right]_{V,L,\psi}$$

Allen，Bianchi 以及 Price[38,39] 采用了另一种方法搭建设备开展恒体积下的测试，这样可以直接应用公式（4.47）。也可以对 $\left[\dfrac{\partial f}{\partial T}\right]_{V,L}$，$\left[\dfrac{\partial f}{\partial T}\right]_{P,L}$ 与 $\left[\dfrac{\partial f}{\partial P}\right]_{T,L}$ 进行对比。

虽然研究结果表明 Flory 公式不正确，但是涉及的误差可以被补偿，因此，两方获得的 f_e/f 值是类似的。

在这项研究的综述中，Price[40] 得出的结论是高斯理论能够很好地考虑到应力的温度依赖性，但是不能对应力的压强依赖性和应变诱导膨胀现象给出充分解释。在后来的综述中，Graessley 以及 Fetters[35] 利用近似理论和高斯网络模型来推算改进的修正系数 $\Delta_{P,L}$，这一系数与膨胀数据能够实现更好的吻合：

$$\Delta_{P,L}=\frac{\alpha f T}{3}\frac{\lambda^3+2}{\lambda^3-1}$$

在足够高的 λ 值情况下，这一修正系数开始明显偏离公式（4.52）中的修正系数。对于该领域更早的工作的详细介绍，请读者参考第 13 章对 Treloar[1] 文献的介绍。

4.6 结 论

用 Rivlin 以及其他一些学者的研究方法建立的唯象理论是以经验应变能方程为基础的。这些理论已经逐渐被 Edwards 和他的同事们，Boyce 和他的同事们，以及 Stepto 和他的同事们建立的分子网络模型所取代。

本章可以得到以下结论：最近的研究成果开拓了前进的道路，而且如果试图将物理重要性当成是基于不变量的应变能方程中的高次项是没有意义的；反而应该接受直接用主伸长率表示的更复杂的方程。一件很重要的事情是将内能贡献与分子网络变形引起的纯几何变形问题结合起来。

参 考 文 献

[1] Treloar, L. R. G. (2005) The Physics of Rubber Elasticity, Oxford University Press, Oxford.

[2] Meyer, K. H. and Ferri, C. (1935) On elasticity of rubber. Helv. Chim. Acta, 18, 570.

[3] Gee, G. (1946) The interaction between rubber and liquids. 9. The elastic behaviour of dry and swollen rubbers. Trans. Faraday Soc. , 42, 585.

[4] Meyer, K. H, Von Susich, G. and Valko, E. (1932) The elastic properties of organic high polymers and their kinetic explanation. Kolloidzeitschrift, 59, 208.

[5] Kuhn, W. (1934) Concerning the shape of thread shapes molecules in solution. ol-loidzeitschrift, 68, 2; (1936) Relationship between molecular size, static molecular shape and elastic characteristics of high polymer materials. Kolloidzeitschrift, 76, 258.

[6] Guth, E. and Mark, H. (1934) Zur Innermolekularen, Statistik, Insbesondere Bei, Ke-ttenmolekiilen I. Monatshefte für Chemie. , 65, 93.

[7] Meissner, B. (2000) Tensile stress-strain behaviour of rubberlike networks up to break. Theory and experimental comparison. Polymer, 41, 7827.

[8] Boyce, M. C. and Arruda, E. M. (2000) Constitutive models of rubber elasticity: a re-view. Rubber Chem. Technol. , 73, 504.

[9] James, H. M. and Guth, E. (1947) Theory of the increase in rigidity of rubber during cure. J. Chem. Phys. , 15, 669.

[10] Mark, J. E. and Erman, B. (1988) Rubberlike Elasticity. A Molecular Primer, John Wi-ley & Sons, Chichester.

[11] Ronca, G. and Allegra, G. J. (1975) Approach to rubber elasticity with internal con-straints. Chem. Phys. , 63, 4990.

[12] Flory, P. J. and Erman, B. (1982) Theory of elasticity of polymer networks, 3. macro-molecules, 15, 800.

[13] Erman, B. and Monnerie, L. (1989) Theory of elasticity of amorphous networks-effect of constraints along chains. Macromolecules, 22, 3342.

[14] Kloczkowski, A. , Mark, J. E. and Erman, B. (1995) A diffused-constraint theory for the elasticity of amorphous polymer networks. 1. Fundamentals and stress-strain isotherms in elongation. Macromolecules, 28, 5089.

[15] Ball, R. C. , Doi, M. , Edwards, S. F. et al. (1981) Elasticity of entangled networks. Polymer, 22, 1010.

[16] Edwards, S. F. and Vilgis, Th. (1986) The effect of entanglements in rubber elasticity. Polymer, 27, 483.

[17] Heinrich, G. and Kaliske, M. (1997) Theoretical and numerical formulation of a molecu-lar based constitutive tube-model of rubber elasticity. Comput. Theo. Polym. Sci. , 7, 227.

[18] Kaliske, M. and Heinrich, G. (1999) An extended tube-model for rubber elasticity: sta-tistical-mechanical theory and finite element implementation. Rubber Chem. Technol. , 72, 602.

[19] Marckmann, G. and Verron, E. (2006) Comparison of hyperelastic models for rubberlike materials. Rubber Chem. Technol. , 79, 835.

[20] Miehe, C. , Goktepe, S. and Lulei, F. (2004) A micro-macro approach to rubber-like materials-part 1: the non-affine micro-sphere model of rubber elasticity. J. Mech. Phys. Solids, 52, 2617.

[21] Kuhn, W. and Grün, F. (1942) Relations between elastic constants and the strain bire-

fringence of high-elastic substances. Kolloidzitschrift, 101, 248.

[22] Arruda, E. M. and Boyce, M. C. (1993) A 3-dimensional constitutive model for the large stretch behavior of rubber elastic-materials. J. Mech. Phys. Solids, 41, 389.

[23] Wu, P. D. and van der Giessen, E. (1993) On improved network models for rubber elasticity and their applications to orientation hardening in glassy-polymers. Mech. Phys. Solids, 41, 427.

[24] Sweeney, J. (1999) A comparison of three polymer network models in current use. Comput. Theo. Polym. Sci. , 9, 27.

[25] Stepto, R. F. T. and Taylor, D. J. R. (1995) Modeling the elastic behavior of real chains in polymer networks. Macromol. Symp. , 93, 261.

[26] Stepto, R. F. T. and Taylor, D. J. R. (1995) Molecular modeling of the elastic behaviour of polymer-chains in networks—comparison of polymethylene and poly (dimethylsiloxane). J. Chem. Soc. Faraday Trans. , 91, 2639.

[27] Flory, P. J. , Crescenzi, V. and Mark, J. E. (1964) Configuration of poly- (dimethylsiloxane) chain. 3. Correlation of theory and experiment. J. Am. Chem. Soc. , 86, 146.

[28] Taylor, D. J. R. , Stepto, R. F. T. and Jones, R. A. (1999) Computer simulation studies of molecular orientation and the stress-optical properties of polyethylene networks. Macromolecules, 32, 1978.

[29] Cail, J. I. , Taylor, D. J. R. and Stepto, R. F. T. (2000) Computer simulation studies of molecular orientation in polyethylene networks: orientation functions and the legendre addition theorem. Macromolecules, 33, 4966.

[30] Mark, J. E. (1979) Effect of strain-induced crystallization on the ultimate properties of an elastomeric polymer network. Polymer Eng. Sci. , 19, 6, 409.

[31] Doherty, W. O. S. , Lee, K. L. and Treloar, L. G. R. (1980) Non-Gaussian effects in styrenebutadiene rubber. Br. Polym. J. , 12, 19.

[32] Volkenshtein, M. V. and Ptitsyn, O. B. (1953) O Rastyazhenii Polimernykh Tsepochek. DoklAkad SSR, 91, 1313; (1955) Vnutrennee Vrashchenie V Polimernykh Tsepyakh I Ikh Fizicheskie Svoistva. 2. Rastyazhenie Polimernoi Tsepi. Zhur Tech Fiz, 25, 649, 662.

[33] Ciferri, A. , Hoeve, C. A. J. and Flory, P. J. (1961) Stress-temperature coefficients of polymer networks and conformational energy of polymer chains. J. Am. Chem. Soc. , 83, 1015.

[34] Flory, P. J. , Ciferri, A. and Hoeve, C. A. J. (1960) The thermodynamic analysis of thermoelastic measurements on high elastic materials. J. Polym. Sci. , 45, 235.

[35] Graessley, W. W. and Fetters, L. J. (2001) Thermoelasticity of polymer networks. Macromolecules 34, 7147.

[36] Treloar, L. R. G. (1969) Volume changes and mechanical anisotropy of strained rubbers. Polymer, 10, 279.

[37] Treloar, L. R. G. (1969) Theoretical stress/temperature relations for rubber in torsion. Polymer, 10, 291.

[38] Allen, G., Bianchi, U. and Price, C. (1963) Thermodynamics of elasticity of natural rubber. Trans. Faraday Soc., 59, 2493.

[39] Allen, G., Kirkham, M. C., Padget, J. et al. (1971) Thermodynamics of rubber elasticity at constant volume. Trans. Faraday Soc., 67, 1278.

[40] Price, C. (1976) Thermodynamics of rubber elasticity. Proc., Roy. Soc. Lond., A 351, 331.

其他参考资料

Gent, A. N. (2001) Engineering with Rubber: How to Design Rubber Components, 2nd edn, Carl Hanser Verlag, Munich.

Mark, J. E. and Erman, B. (2007) Rubberlike Elasticity: A Molecular Primer, 2nd edn, Cambridge University Press, Cambridge.

Mark, J. E., Erman, B. and Frederick, F. R. (eds) (2005) The Science and Technology of Rubber, Elsevier Academic Press, Burlington, MA.

第 5 章 线性黏弹性行为

本章将描述黏弹性行为的基本形式，结合弹性固体和黏性液体变形特征的方法讨论这种现象。讨论限制在线性黏弹性行为，对于线性黏弹性，Boltzmann 叠加原理使聚合物对多重载荷过程的响应行为可以通过简单的蠕变和松弛试验进行分析。唯象力学模型被考虑用来得到迟滞和松弛谱，迟滞和松弛谱描述了聚合物对外加变形产生响应的时间尺度。本章最后指出在施加交替应变试验中，黏性行为的出现导致应力应变之间产生了相位差。

5.1 黏弹性现象

分子量较低的材料的力学行为通常被描述成两类特殊的理想材料：弹性固体和黏性液体。前者具有固定形状，在外力作用下变形产生另外一种新的平衡形状；撤去这些外力，将瞬间恢复原来的形状。弹性固体储存了变形过程中所有外力施加的能量，而且当外力撤去时，这些能量能够用于恢复原来的形状。相反，黏性液体没有固定形状，在外力作用下能产生不可恢复流动行为。

聚合物最有趣的特点之一是任何一种给定的聚合物，通过设定不同的试验温度和时间尺度，能够表现出从弹性固体到黏性液体之间所有的中间特征。弹性油泥，是一种硅橡胶，经过几小时会流动，快速变形时能够像塑性固体一样断裂，当从高处掉到地面上时能够像弹性体一样反弹。具有更大商业价值的是橡胶态，在极端条件下是脆性的，在快速加工情况下表现出熔融聚合物特征的材料。这种响应，结合了液体和固体的双重特征，就被定义为黏弹性。

5.1.1 线性黏弹性行为

牛顿黏性定律通过说明在液体中应力 σ 与速度梯度成正比的行为定义黏度 η：

$$\sigma = \eta \frac{\partial V}{\partial y}$$

这里 V 为速度，y 是速度梯度的方向。对于 1、2 平面内的速度梯度，

$$\sigma_{12} = \eta \left(\frac{\partial V_1}{\partial X_2} + \frac{\partial V_2}{\partial X_1} \right)$$

这里 $\frac{\partial V_1}{\partial X_2}$ 与 $\frac{\partial V_2}{\partial X_1}$ 分别为在 2 和 1 方向上的速度梯度（图 5.1 举例说明在 2 方向内的速度梯度）。

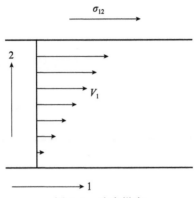

图 5.1　速度梯度

由于 $V_1 = \dfrac{\partial u_1}{\partial t}$，$V_2 = \dfrac{\partial u_2}{\partial t}$，这里 u_1 与 u_2 分别为 1 和 2 方向上的位移。能够得到

$$\sigma_{12} = \eta \left[\frac{\partial}{\partial X_2} \left(\frac{\partial u_1}{\partial t} \right) + \frac{\partial}{\partial X_1} \left(\frac{\partial u_2}{\partial t} \right) \right] = \eta \frac{\partial}{\partial t} \left(\frac{\partial u_1}{\partial X_2} + \frac{\partial u_2}{\partial X_1} \right) = \frac{\partial e_{12}}{\partial t}$$

可以看出剪切应力 σ_{12} 与剪切应变随时间的变化速率成正比。通过这一公式可以直接看出描述弹性固体的胡克定律与描述黏性液体的牛顿定律之间的相似之处。对于前者，应力与应变之间呈线性关系，而对于后者，应力与应变的变化速率或者应变率成正比。

胡克定律描述的是线弹性固体行为，牛顿定律描述的是纯黏性液体行为。线性黏弹性固体行为的简单本构关系就是将两者进行结合得到的。

对于弹性行为 $(\sigma_{12})_E = G e_{12}$，这里 G 为剪切模量。

对于黏性行为 $(\sigma_{12})_V = \eta \, (\partial e_{12} / \partial t)$。

线性黏弹性行为表达式就是将这两个公式进行结合，可以得到

$$\sigma_{12} = (\sigma_{12})_E + (\sigma_{12})_V = G e_{12} + \eta \frac{\partial e_{12}}{\partial t}$$

这一公式做了最简单的假设，就是与应变和应变速率相关的剪切应力是叠加的。这一公式代表了线性黏弹性行为的一个简单模型（Voigt 或 Kelvin 模型），将在 5.2.5 节进行详细讨论。

关于线性黏弹性行为的大部分试验研究都被限制在单一的变形模式下，通常对应杨氏模量或者剪切模量的测量。因此，本章对线性黏弹性行为的讨论将首先集中在一维情况下，这样能够逐渐意识到要想充分描述黏弹性行为，需要更加复杂的工作。对于各向同性聚合物这样最简单的例子，如果想要对其力学行为进行确切定义，对于弹性固体至少需要进行两种变形模式下的测量来定义 E，G 以及 K 三个量的其中两个。

在定义弹性固体的本构方程时，人们已经假设应变量很小，而且应力与应变呈线性关系。现在的问题是怎样将线性法则扩展应用到变形与时间有关的材料中。这一讨论的基础是 Boltzmann 叠加原理。这一原理表明在线性黏弹区载荷施加作用是可以简单叠加的，如经典弹性一样，实际上二者的差别是在线性黏弹性中，载荷作用时间是十分重要的。虽然应力的施加可能会导致时间依赖性变形，但是依然可以假设应力的每一次增加都会产生单独的贡献。从现在的讨论可以看出线性黏弹性理论也必须包含另外的假设，比如应变很小。在第 11 章中将试图分别将线性黏弹性理论扩展到考虑小应变情况下的非线性效应或者大应变情况。

5.1.2 蠕变

用固定载荷下的一维蠕变行为来讨论线性黏弹性行为是很方便的。对于弹性固体，两个应力水平 σ_0 以及 $2\sigma_0$ 下的变形行为如图 5.2（a）所示。

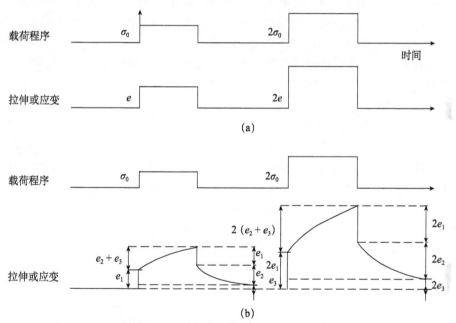

图 5.2 （a）弹性固体与黏弹性固体的变形；（b）线性黏弹性固体的变形

应变严格按照外加载荷程序变化，并与施加应力的大小严格成正比。

对线性黏弹性固体施加类似的载荷程序作用会产生几点相似之处（图 5.2（b））。在通常情况下，总应变 e 为三个不同组分 e_1，e_2，e_3 之和。e_1 与 e_2 分别被定义为瞬时弹性变形和滞后弹性变形。e_3 为牛顿流动变形，这一部分变形类似于黏性液体变形，遵循牛顿黏性定律。

由于材料表现出线性行为，应变 e_1，e_2 与 e_3 的大小与施加应力的大小严格成正比。因此，简单载荷试验定义了蠕变柔度 $J(t)$ 的概念，蠕变柔度只是时间的函数：

$$\frac{e(t)}{\sigma}=J(t)=J_1+J_2+J_3$$

这里 J_1，J_2，J_3 分别对应 e_1，e_2 与 e_3。

　　J_3 项定义了牛顿流动，由于其流动黏度很大，对于常温下的刚性聚合物可以忽略。线型无定形聚合物在其玻璃化转变温度以上表现出一定的 J_3 值，但是在较低的温度下，它们的行为主要由 J_1，J_2 控制。交联聚合物不表现出 J_3 项，对于高结晶度聚合物基本上也是一样的。

　　这样就剩下 J_1，J_2 项。在任何给定的温度下，将柔度划分为 J_1 与 J_2 的形式是任意划分的，这阐述了一个事实，就是在最短的试验时间内，将得到有限柔度 J_1。然而，人们会假设，弹性与迟滞响应之间确实存在差别。在很多文献中，蠕变试验中的瞬时弹性响应被称为"未松弛"响应，以便与"松弛"响应进行区分，松弛响应需要足够长的时间产生各种不同机理的松弛行为。为了强调 J_1 项的值有时候是随意的，讨论中将其置于括号内。

　　本书已经在前言部分阐述了聚合物为什么会由于试验时间和试验温度不同表现出不同的力学行为，如玻璃化固体、黏弹性固体、橡胶以及黏性液体。那么怎样才能使其与现在的讨论一致呢？图 5.3 给出了恒定温度下在很长的时间范围内一个理想的无定形聚合物（只有一次松弛转变）的柔度随时间的变化曲线，从图中可以看出，对于短时间试验，所得到的柔度为 1GPa^{-1}，类似于玻璃态固体。当然也是存在时间依赖性的。在很长的时间内，所得到的柔度为 10MPa^{-1}，类似于橡胶化固体，同样是有时间依赖性的。这是黏弹性行为的通常特点。

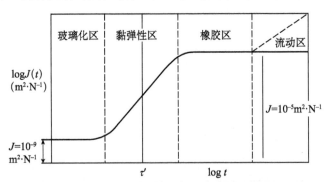

图 5.3　蠕变柔度 $J(t)$ 与时间 t 的关系曲线。τ' 为特征时间（被称为迟滞时间）

　　这些研究表明聚合物的力学行为依赖于试验所经历的时间，与聚合物的某些基本时间参数有关。对于蠕变，这一参数被称为迟滞时间 τ'，这一时间点落在时间轴的中间位置，如图 5.3 所示。橡胶化塑料与玻璃化塑料之间的区别在某种程度上被认为是人为造成的，因为区别的大小只是依赖于每种聚合物在室温下的 τ' 值。因此，对于橡胶化聚合物，相对于一般试验时间（约大于 1s），在室温下 τ' 很小，而对于玻璃化塑料刚好相反。对于一个给定聚合物，这一参数 τ' 的值与分子结构有关，将会在后面进行讨论。

这些理论带来的问题是怎样定量理解温度对聚合物性能的影响。随着温度升高，分子重排频率加快，从而降低了 τ' 值。因此，在很低的温度下，橡胶会表现出玻璃化固体的性能特点，同样，玻璃化塑料在高温条件下也会变成橡胶态。

在描述恒定载荷下蠕变行为的图中，也画出了应变恢复曲线。能够看出如果忽略物理量 e_3，也就忽略了牛顿流动，回复行为基本上与蠕变行为类似。这就是线性黏弹行为的直接表现。

5.1.3 应力松弛

与蠕变相反的是应力松弛，对于应力松弛，对样品施加恒定应变 e，随着时间延长获得应力衰减 $\sigma(t)$，如图 5.4 所示。

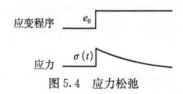

图 5.4 应力松弛

线性行为的假设过程给出了应力松弛模量的定义 $G(t) = \sigma(t)/e$。对于应力松弛行为，黏性流动的出现会影响应力的极限值。当黏性流动发生时，在足够长的时间内，应力能够衰减至零，但是如果不存在黏性流动，应力将会衰减到一个有限值，这样经过无限长的时间后，将会得到平衡模量或者松弛模量 G_r。图 5.5 为应力松弛模量与时间之间的关系示意图。本章后续将与蠕变响应曲线图 5.3 进行对比。

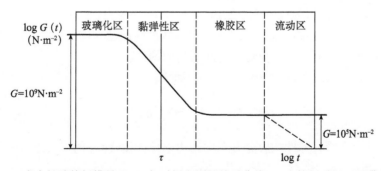

图 5.5 应力松弛特征模量 $G(t)$ 与时间之间的关系曲线。τ 为特征时间（迟滞时间）

在图 5.5 中同样可以看到不同的力学行为区域，如玻璃化区、黏弹性区、橡胶区与流动区。这时转变时间 τ 定义为表征黏弹性行为的时间尺度。本书将针对应力松弛和蠕变进行简短讨论，并按照习惯定义，阐明特征时间 τ 与 τ'，虽然大小上具有相同的数量级，但本质是不同的。改变温度对于应力松弛的影响，将会采取与蠕变类似的讨论方法，例如，改变温度等同于改变试验时间，时温等效对于所有的聚合物线性黏弹性行为都是适用的，这将在第 7 章进行详细讨论。G_r 的测量在弹性响应情况下可能较难。这里将会假设有一个与弹性响应相关的松弛响应，但是将与其相关的项置于括号内。

5.2　线性黏弹性的数学表达式

这里讨论的模型，只是现象学的，与化学组成以及分子结构没有直接关系，原则上聚合物在复杂外加载荷下的响应模式可以通过单一的蠕变（或者应力松弛）曲线经过延长其时间尺度进行推测。这种方法取决于线性黏弹性假设，即总形变可以认为是独立的弹性（胡克变形）组分与黏性（牛顿变形）组分之和。实质上，简单的力学行为被模型化为一系列微分或者积分方程，这样在很多其他情况下也可以进行应用。

5.2.1　Boltzmann 叠加原理

Boltzmann 早在 1876 年就指出[1]：

（1）蠕变行为是样品承受载荷历史的反应。

（2）每一步载荷都对最终变形产生独立影响，因此，总形变可以通过对所有影响进行加和得到。

图 5.6 给出了多步载荷程序下的蠕变响应，这里应力增量 $\Delta\sigma_1$，$\Delta\sigma_2$，… 分别在 τ_1，τ_2，… 时施加在试样上。在 t 时产生的总蠕变量可以通过下式计算：

$$e(t)=\Delta\sigma_1 J(t-\tau_1)+\Delta\sigma_2 J(t-\tau_2)+\Delta\sigma_3 J(t-\tau_3)+\cdots \tag{5.1}$$

这里 $J(t-\tau)$ 为蠕变柔度函数。对于特定的载荷施加过程，函数的相应表达式是从现在时刻到施加下一个载荷这一时间间隔的函数。

公式（5.1）之和可以用积分的形式表示成

$$e(t)=\int_{-\infty}^{t} J(t-\tau)\,d\sigma(\tau) \tag{5.2}$$

通常情况下会将瞬时弹性响应分开考虑，用未松弛模量 G_u 的形式进行表示：

$$e(t)=\frac{\sigma}{G_u}+\int_{-\infty}^{t} J(t-\tau)\frac{d\sigma(\tau)}{d\tau}d\tau \tag{5.3}$$

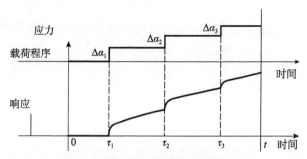

图 5.6 线性黏弹性固体的蠕变行为

这里，σ 代表试验结束时的总应力。注意到，积分范围从 $-\infty$ 到 t，这表明之前所有的载荷历史都应该考虑在内，原则上，应用者必须知道每个样品从其被生产出来以后所经历的载荷历史。实际上，当蠕变水平低到能够用线性关系来表示时，变形在足够长的时间内将得到有效平衡，因此只有近期施加的载荷历史是有效的，而且可以通过预备热处理进行标准化（见 6.1.1 节）。由于这一原因，黏弹性固体有时被称为"记忆衰减"材料。

公式（5.3）中的积分被称为 Duhamel 积分，可以有效地描述 Boltzmann 叠加原理用于推断多个简单载荷情况下固体聚合物的响应情况。回顾公式（5.2）的推导过程，可以看出 Duhamel 积分大多被简单地表示成将多个载荷响应加和。考虑两种特殊情况：

（1）在时间 $\tau=0$ 施加单一应力 σ_0（图 5.7），对于这种情况，

$$J(t-\tau)=J(t) \quad 且 \quad e(t)=\sigma_0 J(t)$$

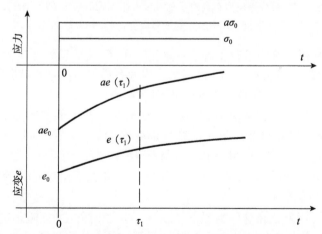

图 5.7 单步加载产生的蠕变。对于施加应力 $a\sigma_0$，在任何时间内（$\tau \geqslant 0$）产生的应变比应力 σ_0 下产生的应变大 a 倍

(2) 两步加载：应力 σ_0 在时间 $\tau=0$ 加载，紧接着在时间 $\tau=t_1$ 加载另一个应力 σ_0（图 5.8）。在这种情况下，因为这两步载荷产生的蠕变变形为

$$e_1=\sigma_0 J(t) \quad 且 \quad e_2=\sigma_0 J(t-t_1)$$

因此，

$$e(t)=e_1+e_2=\sigma_0 J(t)+\sigma_0 J(t-t_1)$$

由第二次施加的载荷产生的增加蠕变 $e'_c(t-t_1)$ 可以表示成

$$e'_c(t-t_1)=\sigma_0 J(t)+\sigma_0 J(t-t_1)-\sigma_0 J(t)=\sigma_0 J(t-t_1)$$

上述描述了 Boltzmann 叠加原理的推论过程，也就是说施加应力 σ_0 产生的增加蠕变 $e'_c(t-t_1)$ 与之前在 t_1 时间点未施加其他任何载荷产生的蠕变相同。

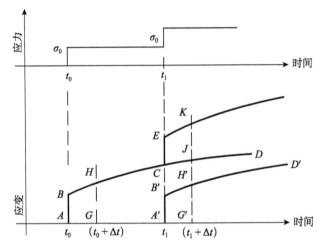

图 5.8　两步等应力载荷产生的蠕变。附加瞬时应变 $CE=AB$。
时间 $(t_1+\Delta t)$ 附加总应变：$JK=GH$

这一原理在图 5.8 中进行了说明，这里，ABD 表示只施加应力 σ_0 产生的蠕变。在时间 t_1 施加的附加应力 σ_0 产生的响应通过沿着时间轴移动曲线 ABD 至时间 t_1 就可以得到曲线 $A'B'D'$，在任何时间点将曲线 ABD 与 $A'B'D'$ 各自的应变加和在一起，例如，在初始应力施加后的 Δt 时间，产生的变形为 GH；在 t_1 时间点之后 Δt 时间时由于初始应力 σ_0 产生的变形为 $G'J$。在时间 $(t_1+\Delta t)$ 时产生的总形变通过加上 $G'J$ 即可得到，也就是 $JK=G'H'=GH$。

如果第二步施加的应力为 $a\sigma_0$，a 为常数，那么 $CE=A'B'=aAB$，$JK=aG'H'=aGH$，等等。

(3) 蠕变与回复。在这种情况下（图 5.9），在时间 $\tau=0$ 施加应力 σ_0，而在时间 $\tau=t_1$ 撤去应力。在时间 $t>t_1$ 时产生的形变 $e(t)$ 可以通过加和 $e_1=\sigma_0 J(t)$ 与 $e_2=-\sigma_0 J(t-t_1)$ 得到，分别表示施加与撤去应力 σ_0 产生的应变大小。因此，$e(t)=\sigma_0 J(t)-\sigma_0 J(t-t_1)$。

回复应变 $e_r(t-t_1)$ 被定义为在初始应力下产生的预期蠕变量与实际测量结果之间的差异。

因此，

$$e_r(t-t_1)=\sigma_0 J(t)-[\sigma_0 J(t)-\sigma_0 J(t-t_1)]=\sigma_0 J(t-t_1)$$

这与在时间 t_1 施加的一应力 σ_0 所得到的蠕变响应类似。这一过程证明了 Boltzmann 叠加原理的第二种推论，即蠕变与回复响应在数量级上是相同的。

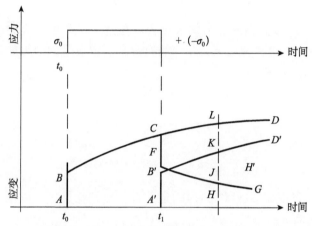

图 5.9　回复被认为是反方向施加应力的结果，即从 CD 减去 $B'D'$

初始蠕变曲线，图 5.9 中曲线 ABD，再次沿着时间轴移动时间 t_1 可以得到曲线 $A'B'D'$。在随后的任意时间内，总形变通过两条曲线的差值得到（CFG）。在时间 $t_2 > t_1$ 时，剩余形变能够通过将未卸载情况下产生的形变减去 $A'B'D'$ 得到，意识到这一点很重要，例如，剩余形变 $HJ = HL - HK$，而不是 $A'C - HK$，这里 $A'C$ 为未卸载前产生的最大应变。

5.2.2　应力松弛模量

应力松弛行为可以用 Boltzmann 叠加原理准确地表示成互补形式。考虑应力松弛过程，在时间 τ_1，τ_2，τ_3，…的应变增加量分别为 Δe_1，Δe_2，Δe_3 等。那么 t 时产生的总应力可以表示成

$$\sigma(t)=\Delta e_1 G(t-\tau_1)+\Delta e_2 G(t-\tau_2)+\Delta e_3 G(t-\tau_3)+\cdots \tag{5.4}$$

这里 $G(t-\tau)$ 为应力松弛模量。利用前面通过公式（5.1）推导公式（5.2）及（5.3）类似的方法，可以将公式（5.4）进行推广得到

$$\sigma(t) = [G_r e]+\int_{\infty}^{t} G(t-\tau)\frac{\mathrm{d}e(\tau)}{\mathrm{d}\tau}\mathrm{d}\tau \tag{5.5}$$

这里 G_r 为平衡或者松弛模量。

5.2.3　蠕变与应力松弛的形式关系

在一般意义下，人们已经发现应力松弛是与蠕变相反的物理量。因此，期望能够通过简单的数学关系式将它们关联在一起。

为了简便起见，只考虑公式（5.3）中的时间依赖项，那么

$$e(t) = \int_{-\infty}^{t} J(t-\tau)\frac{\mathrm{d}\sigma(\tau)}{\mathrm{d}\tau}\mathrm{d}\tau$$

考虑从时间 $\tau=0$ 开始的应力加载过程，在这一过程中，应力严格按照松弛函数 $G(t)$ 降低。在这种情况下，相应的应变必须像典型的应力松弛试验中一样保持不变。因此，如果

$$\frac{\mathrm{d}\sigma(\tau)}{\mathrm{d}\tau} = \frac{\mathrm{d}G(\tau)}{\mathrm{d}\tau}$$

那么

$$\int_{0}^{t}\frac{\mathrm{d}G(\tau)}{\mathrm{d}\tau}J(t-\tau)\mathrm{d}\tau = \text{constant} \tag{5.6}$$

为了简便起见，可以将 $G(\tau)$ 和 $J(\tau)$ 的定义进行正则化处理，以便使上述公式中的常数为 1。这样可以得到

$$\int_{0}^{t}\frac{\mathrm{d}G(\tau)}{\mathrm{d}\tau}J(t-\tau)\mathrm{d}\tau = 1 \tag{5.7}$$

这一表达式有时候经过积分可以得到

$$\int_{0}^{t}G(\tau)J(t-\tau) = t \tag{5.8}$$

这些公式给出了蠕变与应力松弛函数之间的正式数学表达式。然而，这一方法单纯从理论角度考虑是最有意义的。实际上，蠕变与应力松弛数据互换性的问题通常用松弛谱或迟滞谱采用近似的方法进行处理。

5.2.4　力学模型，松弛与迟滞时间谱

Boltzmann 叠加原理是线性黏弹性行为理论的起点，有时候被称为"线性黏弹性行为的积分表达式"，因为其定义了一个积分公式。另一个同样有效的方法是将应力与应变用线性微分方程进行关联，这样可以得到线性黏弹性行为的微分表达式。用最通用的形式，公式可以表示为

$$P\sigma = Qe$$

这里 P 与 Q 分别为与时间有关的线性微分算子。这一表达式对于解释黏弹性固体变形行为等特殊问题是十分有用的[2,3]。

最通用的微分方程是

$$a_0\sigma+a_1\frac{d\sigma}{dt}+a_2\frac{d^2\sigma}{dt^2}+\cdots=b_0 e+b_1\frac{de}{dt}+b_2\frac{d^2e}{dt^2}+\cdots \tag{5.9}$$

通常在方程两边各取一到两项就足以表达有限时间范围内的试验数据。本书将说明这一公式与用弹性弹簧（遵守胡克定律）与黏壶（遵守牛顿黏性定律）相结合建立的力学模型描述黏弹性行为的方法类似。

最简单的两个模型是包含一根弹簧和一个黏壶，两者串联或者并联，分别被称为 Maxwell 模型和 Kelvin 或 Voigt 模型。

5.2.5 Kelvin 或 Voigt 模型

这一模型（图 5.10 (a)）包括一根模量为 E_K 的弹簧，平行于一个黏度为 η_K 的黏壶。如果在时间 $t=0$ 时施加一恒定应力 σ，弹簧不会产生瞬间伸长，因为有黏壶的阻滞作用。然后会产生速率变化的变形，应力在这两者之间分配，经过一定的时间（依赖于黏壶黏度大小），弹簧变形达到有限最大伸长量。当应力撤去时，将会发生相反的过程：不会产生瞬间回弹，但是最终会回到未拉伸的长度（图 5.10 (b)）。这一模型确实能够初步近似蠕变的时间依赖性问题。

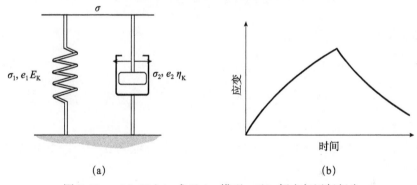

图 5.10 　(a) Kelvin 或 Voigt 模型；(b) 蠕变与回复行为

对于弹簧，其应力-应变关系为 $\sigma_1=E_K e_1$，而对于黏壶，应力-应变关系为

$$\sigma_2=\eta_K\frac{de_2}{dt}$$

在弹簧与黏壶之间分配的总应力为：$\sigma=\sigma_1+\sigma_2$；但是每个组分产生的应变即为系统的总应变：$e=e_1=e_2$，所以，

$$\sigma=E_K e+\eta_K\frac{de}{dt} \tag{5.10}$$

在时间 $0<t<t_1$ 内求解，当应力为 σ 时，可以得到

$$\frac{E_{\mathrm{K}}}{\eta_{\mathrm{K}}}\int_0^t \mathrm{d}t = \int_0^e \frac{\mathrm{d}e}{\dfrac{\sigma}{E_{\mathrm{K}}}-1}$$

这里 $\dfrac{E_{\mathrm{K}}}{\eta_{\mathrm{K}}}$ 是有时间尺度的，表示的是变形发生的速率，也就是迟滞时间 τ'。因此，通过积分得到

$$\frac{t}{\tau'} = \ln\left[\frac{\dfrac{\sigma}{E_{\mathrm{K}}}}{\dfrac{\sigma}{E_{\mathrm{K}}}-e}\right]$$

进一步推导

$$\frac{\sigma}{E_{\mathrm{K}}} = \left(\frac{\sigma}{E_{\mathrm{K}}}-E\right)\exp\left(\frac{t}{\tau'}\right)$$

进行重排，能够得到

$$e = \frac{\sigma}{E_{\mathrm{K}}}\left[1-\exp\left(-\frac{t}{\tau'}\right)\right] \tag{5.11}$$

在蠕变试验中，可以将 E_{K} 替代成 $1/J$，这里 J 为弹簧的柔度，就能够得到

$$e = J\sigma\left[1-\exp\left(-\frac{t}{\tau'}\right)\right] \tag{5.12}$$

对于卸载后 $t > t_1$，公式变为

$$e = e_{t_1}\exp\left(\frac{t_1-t}{\tau'}\right), \quad e_{t_1} = J\sigma\left[1-\exp\left(-\frac{t}{\tau'}\right)\right] \tag{5.13}$$

迟滞时间 τ' 是卸载后应变回复到平衡值 $\left(1-\dfrac{1}{\exp\,(1)}\right)$ 所需的时间；当应力卸载后，应变在时间 τ' 衰减至其最大值 $(1/\exp\,(0))$。

Kelvin 模型不能用于描述应力松弛，因为在恒定应变下，黏壶不能得到松弛。用数学形式表示 $(\mathrm{d}e/\mathrm{d}t) = 0$，得到 $\sigma = E_{\mathrm{K}}e$。

5.2.6   Maxwell 模型

Maxwell 模型包含串联的一个弹簧和一个黏壶，如图 5.11（a）所示。应力-应变关系可以表示成

$$\sigma_1 = E_{\mathrm{m}}e_1 \tag{5.14a}$$

这一公式表示了弹簧应力 σ_1 与应变 e_1 之间的关系。

$$\sigma_2 = \eta_{\mathrm{m}}\frac{\mathrm{d}e_2}{\mathrm{d}t} \tag{5.14b}$$

这一公式表示了黏壶的应力 σ_2 与应变 e_2 之间的关系。因为应力对于弹簧和黏壶是一样的，总应力 $\sigma = \sigma_1 = \sigma_2$。总应变 e 为弹簧和黏壶应变之和，也就是 $e = e_1 + e_2$。

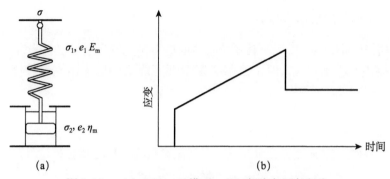

图 5.11 (a) Maxwell 模型;(b) 蠕变与回复行为

为了建立总应力与总应变之间的关系式,公式(5.14a)可以写成

$$\frac{\mathrm{d}\sigma_1}{\mathrm{d}t}=E_\mathrm{m}\frac{\mathrm{d}e_1}{\mathrm{d}t}$$

加上公式(5.14b),得到

$$\frac{\mathrm{d}e}{\mathrm{d}t}=\frac{1}{E_\mathrm{m}}\frac{\mathrm{d}\sigma}{\mathrm{d}t}+\frac{\sigma}{\eta_\mathrm{m}} \tag{5.15}$$

Maxwell 模型对于研究应力松弛试验是十分有效的。在这种情况下:

$$\frac{\mathrm{d}e}{\mathrm{d}t}=0, \qquad \frac{1}{E_\mathrm{m}}\frac{\mathrm{d}\sigma}{\mathrm{d}t}+\frac{\sigma}{\eta_\mathrm{m}}=0$$

因此,

$$\frac{\mathrm{d}\sigma}{\sigma}=-\frac{E_\mathrm{m}}{\eta_\mathrm{m}}\mathrm{d}t$$

在时间 $t=0$ 时,应力 $\sigma=\sigma_0$,即初始应力,经过积分可以得到

$$\sigma=\sigma_0\exp\left(\frac{-E_\mathrm{m}}{\eta_\mathrm{m}}\right)t \tag{5.16}$$

这一公式表明应力随着一个特征时间常数 $\tau=\eta_\mathrm{m}/E_\mathrm{m}$ 按指数形式衰减

$$\sigma=\sigma_0\exp\left(\frac{-t}{\tau}\right)$$

这里 τ 被称为"松弛时间"。很快就能够看出这个简单模型有两点不足:

第一,在恒定应力情况下,例如,

$$\frac{\mathrm{d}\sigma}{\mathrm{d}t}=0, \qquad \frac{\mathrm{d}e}{\mathrm{d}t}=\frac{\sigma}{\eta_\mathrm{m}}$$

公式中能够看到牛顿流动。显然对于黏弹性材料是不正确的,因为黏弹性材料的蠕变行为更加复杂。

第二,应力松弛行为通常不能用简单的指数衰减形式进行表示,而且在无限长时间后也不能衰减至 0。

5.2.7   标准线性固体模型

可以看到 Maxwell 模型对黏弹性固体的应力松弛行为进行了初步近似，Kelvin 模型描述了蠕变行为，但是这两个模型都不能很好地描述黏弹性固体行为，因为黏弹性固体模型需要同时描述应力松弛和蠕变行为。

重新考虑广义线性微分方程，这一方程表达了线性黏弹性行为。从现在的讨论开始，接下来可以断定，即使为了得到应力松弛与蠕变两者的近似描述，至少公式（5.9）两边的前两项必须保留，也就是说最简单的公式会是这种形式：

$$a_0\sigma + a_1\frac{d\sigma}{dt} = b_0 + b_1\frac{de}{dt} \tag{5.17}$$

这对于蠕变（$d\sigma/dt = 0$）以及应力松弛（$de/dt = 0$）的初步近似已足够，两种情况下均得到指数形式。

很明显可以看出图 5.12 给出的模型具有这种形式。应力-应变关系为

$$\sigma + \tau\frac{d\sigma}{dt} = E_a e + (E_m + E_a)\tau\frac{de}{dt}, \quad \tau = \frac{\eta_m}{E_m} \tag{5.18}$$

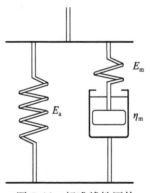

图 5.12   标准线性固体

这一模型被命名为标准线性固体，通常认为是由 Zener 提出的[4]。这提供了聚合物在其主黏弹性范围内的力学行为的近似表示。就如已经讨论过的，它只是预测指数响应。为了定量描述观察到的黏弹性行为，需要包含线性微分方程（5.9）中更多的项。这些更加复杂的公式等同于很多个 Maxwell 单元并联或者很多个 Voigt 单元串联（图 5.13 (a) 与 (b)）。

5.2.8   松弛时间谱与迟滞时间谱

下面需要获得应力松弛与蠕变的定量描述，这种定量描述能够与原始的根据 Boltaman 积分的数学描述建立联系。由于 Maxwell 以及 Kelvin 模型的发展，这种定量描述是简单和有益的。

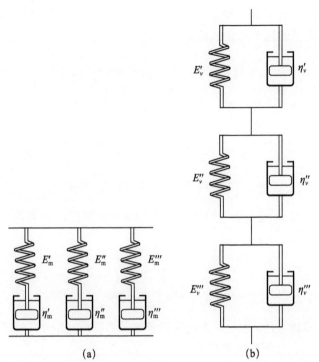

图 5.13 (a) 多个 Maxwell 单元并联；(b) 多个 Voigt 单元串联

考虑第一应力松弛，描述为

$$\sigma(t) = [G_r e] + \int_{-\infty}^{t} G(t-\tau) \frac{\mathrm{d}e(\tau)}{\mathrm{d}\tau} \mathrm{d}\tau$$

这里 $G(t)$ 为应力松弛模量。对应于在恒定应变下 e 的应力松弛，公式（5.16）显示 Maxwell 模型给出：

$$\sigma(t) = E_m e \exp \frac{-t}{\tau}$$

应力松弛模量 $G(t) = E_m \exp(-t/\tau)$。对于一系列并联的 Maxwell 单元，在恒定应变 e 下，应力通过下式给出：

$$\sigma(t) = e \sum_{n} E_n \exp \frac{-t}{\tau_n}$$

这里 E_n，τ_n 分别为第 n 个 Maxwell 单元弹簧常数与松弛时间。

加和可以写成积分形式为

$$\sigma(t) = [G_r e] + e \int_{0}^{\infty} f(\tau) \exp \frac{-t}{\tau} \mathrm{d}\tau \tag{5.19}$$

这里弹簧常数 E_n 被替换成加权函数 $f(\tau)\mathrm{d}\tau$，加权函数定义了在 τ 到 $\tau + \mathrm{d}\tau$ 松弛

时间内 Maxwell 单元的集中度。

应力松弛模量通过下述公式给出：

$$G(t) = [G_r] + \int_0^\infty f(\tau) \exp\frac{-t}{\tau} d\tau \tag{5.20}$$

$f(\tau)$ 项被称为"松弛时间谱"。实际上，人们发现用对数时间标尺更加方便。现在定义了一个新的松弛时间谱 $H(\tau)$，这里 $H(\tau)$ d$(\ln\tau)$ 定义了松弛时间 $\ln\tau$ 与 $\ln\tau + d(\ln\tau)$ 之间产生的应力松弛量。那么应力松弛模量写为

$$G(t) = [G_r] + \int_{-\infty}^\infty H(\tau) \exp\frac{-t}{\tau} d(\ln\tau) \tag{5.21}$$

用基本相同的处理方法，以及一系列 Kelvin 模型，能够导出与蠕变模量 $J(t)$ 类似的表达式。

因此，

$$J(t) = [J_u] + \int_{-\infty}^\infty L(\tau) \left(1 - \exp\frac{-t}{\tau}\right) d(\ln\tau) \tag{5.22}$$

这里 J_u 为瞬时弹性柔度，$L(\tau)$ 为迟滞时间谱，$L(\tau)$ d$(\ln\tau)$ 定义了在迟滞时间 $\ln\tau$ 与 $\ln\tau + d(\ln\tau)$ 之间产生的蠕变柔度。

松弛时间谱可以用 Fourier 或者 Laplace 变换方法根据测量得到的应力松弛模量进行精确计算，同样的方法可以用于迟滞时间谱与蠕变柔度的计算。当线性黏弹性行为的最终表达式确定后，也就是复合模量和复合柔度表达式确定后，在后面的章节讨论这些变换会更恰当。

认识到松弛时间谱与迟滞时间谱只是宏观力学行为的数学描述而不是分子形式下的简单表示这一点是很重要的。而修正松弛行为中得到的图谱完全是另一种行为，例如，与某个特殊的分子过程相关的主松弛时间。还应该强调的是，在通常的分子形式下定量表达式一般可以直接通过试验数据得到，不用借助于松弛时间谱或者迟滞时间谱的计算，这种现象将在后面部分进行进一步讨论。

5.3　动态力学测量：复合模量与复合柔度

对蠕变和应力松弛的另一种试验方法是对样品施加一个交替应变并同时测量应力。对于线性黏弹性行为，当达到平衡时，应力与应变都将按正弦变化，但是应变滞后于应力，因此，可以表示成

应变 $e = e_0 \sin\omega t$

应力 $\sigma = \sigma_0 \sin(\omega t + \delta)$

这里 ω 为角频率，δ 为相位滞后角度。

展开得到 $\sigma=\sigma_0\sin\omega t\cos\delta+\sigma_0\cos\omega t\sin\delta$，可以看到应力被认为包含两个分量：①与应变同相的应力大小 $\sigma_0\cos\delta$，以及②与应变呈 90°反相的应力大小。因此，应力-应变关系可以用与应变同相的量 G_1 以及与应变呈 90°反相的量 G_2 进行表示，例如，

$$\sigma=e_0 G_1\sin\omega t+e_0 G_2\cos\omega t \tag{5.23}$$

这里，

$$G_1=\frac{\sigma_0}{e_0}\cos\delta, \quad G_2=\frac{\sigma_0}{e_0}\sin\delta$$

那么通过相图（图 5.14）可以看出 G_1 与 G_2 定义了一个复合模量 G^*。如果 $e=e_0\exp(i\omega t)$，$\sigma=\sigma_0\exp[i(\omega t+\delta)]$，那么，

$$G^*=\frac{\sigma}{e}=\frac{\sigma_0}{e_0}\exp(i\delta)=\frac{\sigma_0}{e_0}(\cos\delta+i\sin\delta)=G_1+G_2 \tag{5.24}$$

这里 G_1 与应变同相，被称为储存模量，因为它定义了由施加应变导致样品储存的能量；G_2 与应变呈 90°反相，定义了能量耗散，被称为损耗模量。因此，每一次循环耗散的能量（ΔE）可以通过下列公式进行计算：

$$\Delta E=\oint\sigma de-\int_0^{2\pi/\omega}\sigma\frac{de}{dt}dt$$

替换 σ 与 e，得到

$$\Delta E=\omega e_0^2\int_0^{2\pi/\omega}(G_1\sin\omega t\cos\omega t+G_2\cos^2\omega t)dt \tag{5.25}$$

上述积分公式通过导入 $\sin\omega t\cos\omega t=\frac{1}{2}\sin2\omega t$ 以及 $\cos^2\omega t=\frac{1}{2}(1+\cos2\omega t)$ 进行求解，可以得到

$$\Delta E=\pi G_2 e_0^2 \tag{5.26}$$

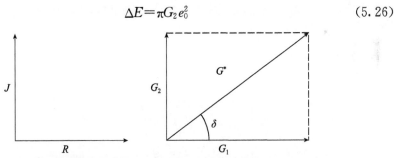

图 5.14　复合模量相位图 $G^*=G_1+iG_2$ 与相位滞后角 $\tan\delta=G_2/G_1$

如果只考虑四分之一周期内 ΔE 的积分，而不是全周期，第一项可以表示成

$$G_1\omega e_0^2\int_0^{\pi/2\omega}\sin\omega t\cos\omega t dt \tag{5.27}$$

这时得到储存弹性能（E）的最大值。

根据之前的方法求解，可以得到

$$E = \frac{1}{2}G_1 e_0^2 \tag{5.28}$$

正如期望的，E 不依赖于频率。公式（5.26）与（5.28）可以重新写为

$$G_1 = \frac{2E}{e_0^2}, \quad G_2 = \frac{\Delta E}{\pi e_0^2}$$

因此，

$$\frac{G_2}{G_1} = \tan\delta = \frac{\Delta E}{2\pi E} \tag{5.29}$$

比例 $\Delta E/E$ 被称为单位损耗

$$\frac{\Delta E}{E} = 2\pi\tan\delta \tag{5.30}$$

典型聚合物材料的 G_1，G_2 与 $\tan\delta$ 的典型值分别为 1GPa，10MPa 与 0.01。在这些情况下，$|G^*|$ 约等于 G_1，这样通常以模量 $G \approx G_1$ 以及相位角 δ 或者 $\tan\delta \approx G_2/G_1$ 的形式定义动态力学行为。

可以采用一种互补的方法来定义复合柔度 $J^* = J_1 - \mathrm{i}J_2$，与复合模量的关系为 $G^* = 1/J^*$。

5.3.1 G_1、G_2 等参量对频率的函数试验曲线

现在参考蠕变和应力松弛与时间的函数关系表达式，考虑对于黏弹性固体复合模量和柔度与频率之间的函数关系。

如图 5.15 显示了没有流动的聚合物材料 G_1，G_2 和 $\tan\delta$ 随着频率变化的曲线。在低频下，聚合物为橡胶态，模量值 G_1 较小～0.1MPa，且不依赖于频率变化。在高频下，聚合物表现出玻璃态行为，模量值约为 1GPa，也与频率变化无

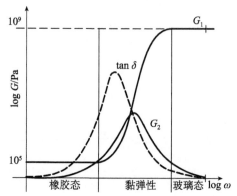

图 5.15 复合模量 $G_1 + \mathrm{i}G_2$ 与频率 ω 之间的关系曲线

关。在中频下，聚合物表现为一黏弹性固体，其模量 G_1 随着频率的增大而增大。

损耗模量 G_2 表现出与 G_1 互补的曲线图。在低频与高频下，G_2 为 0，应力与应变完全与橡胶态和玻璃态同相。在中间频率下，聚合物处于黏弹性状态，G_2 增加到最大值，最大值出现在储存模量随频率变化最快的频率附近。黏弹性区域也可以通过损耗因子 $\tan\delta$ 的最大值进行表征，但是 $\tan\delta$ 最大值对应的频率略低于 G_2 最大值所对应的频率，这是由于 $\tan\delta \approx G_2/G_1$，在此频率范围内，$G_1$ 变化也很快。

类似地，图 5.16 给出了柔度 J_1 及 J_2 随频率变化的情况。

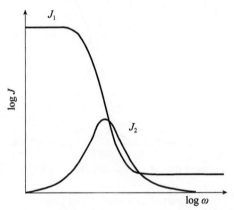

图 5.16　复合柔度 $J^* = J_1 - iJ_2$ 与频率的函数关系

进一步研究将获得动态力学行为与频率的数学表达式。如应力松弛与蠕变行为，研究的起始切入点也是基于 Maxwell 模型与 Voigt 模型。

对于 Maxwell 模型，用公式（5.11）得到

$$\frac{\mathrm{d}e}{\mathrm{d}t} = \frac{1}{E_\mathrm{m}}\frac{\mathrm{d}\sigma}{\mathrm{d}t} + \frac{\sigma}{\eta_\mathrm{m}}\eta$$

且松弛时间定义为 $\tau = \eta_\mathrm{m}/E_\mathrm{m}$，可以写成

$$\sigma + \tau\frac{\mathrm{d}\sigma}{\mathrm{d}t} = E_\mathrm{m}\tau\frac{\mathrm{d}e}{\mathrm{d}t}$$

已知

$$\sigma = \sigma_0\mathrm{e}^{\mathrm{i}\omega t} = (G_1 + G_2)e$$

得到

$$\sigma_0\mathrm{e}^{\mathrm{i}\omega t} + \mathrm{i}\omega t\sigma_0\mathrm{e}^{\mathrm{i}\omega t} = \frac{E_\mathrm{m}\tau\ \mathrm{i}\omega\sigma_0\mathrm{e}^{\mathrm{i}\omega t}}{G_1 + \mathrm{i}G_2}$$

从这一公式推导出

$$G_1 + \mathrm{i}G_2 = \frac{E_\mathrm{m}\mathrm{i}\omega\tau}{1 + \mathrm{i}\omega\tau}$$

例如，

$$G_1 = \frac{E_m \omega^2 \tau^2}{1 + \omega^2 \tau^2}, \quad G_2 = \frac{E_m \omega \tau}{1 + \omega^2 \tau^2}, \quad \tan\delta = \frac{1}{\omega\tau} \tag{5.31}$$

根据这一公式，如图 5.17 给出 G_1，G_2 与 $\tan\delta$ 随着频率（更直接地表示为 $\omega\tau$）变化的曲线。可以看到这一定性曲线特征对于 G_1，G_2 是适用的，但对于 $\tan\delta$ 是不适用的。

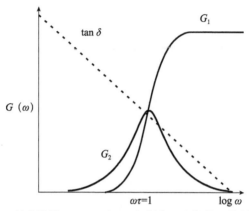

图 5.17 复合模量 $G^* = G_1 + iG_2$ 与频率 ω 之间的函数关系曲线

对这一公式进行简单处理可以用来描述 Voigt 模型，考虑复合柔度，导出类似的 J_1，J_2 及 $\tan\delta$ 对频率的定性图。同样定性曲线特征对于 J_1，J_2 是适用的，但对于 $\tan\delta$ 是不适用的，在这种情况下，$\tan\delta$ 为 $\omega\tau'$。

因此，Maxwell 和 Voigt 模型不足以描述聚合物的动态力学行为，因为它们不能同时对蠕变和应力松弛行为给出恰当的描述。用类似于之前对蠕变和应力松弛的表达方法，用三参数模型可以获得定性优化方法，例如，对于标准线性固体，研究结果表明这一模型能够更理想地描述 G_1，G_2 与 $\tan\delta$ 随频率的变化规律。

然而，最好的方法是利用松弛时间谱直接得到通用表达式。

应力松弛模量的通用表达式（公式（5.21））为

$$G(t) = \frac{\sigma(t)}{e} = [G_r] + \int_{-\infty}^{\infty} H(\tau) \exp\frac{-t}{\tau} \mathrm{d}(\ln\tau)$$

随后从单个 Maxwell 单元归纳应力松弛响应，对于单个 Maxwell 单元，$G(t) = E_m \exp(-t/\tau)$。

单个 Maxwell 单元对于交变应变的响应用下面的关系式进行定义：

$$G_1 = \frac{E_m \omega^2 \tau^2}{1 + \omega^2 \tau^2}, \quad G_2 = \frac{E_m \omega \tau}{1 + \omega^2 \tau^2}$$

对之前的公式进行类似推广得到

$$G_1(\omega) = [G_r] + \int_{-\infty}^{\infty} \frac{H(\tau)\omega^2 \tau^2}{1 + \omega^2 \tau^2} \mathrm{d}(\ln\tau) \tag{5.32}$$

并且,

$$G_2(\omega) = \int_{-\infty}^{\infty} \frac{H(\tau)\omega\tau}{1+\omega^2\tau^2} \mathrm{d}(\ln\tau) \qquad (5.33)$$

如前所述,弹簧常数 E_m 用权重函数 $H(\tau)\,\mathrm{d}(\ln\tau)$ 来代替,权重函数的意义是松弛时间介于 $\ln\tau$ 与 $\ln\tau + \mathrm{d}(\ln\tau)$ 之间的元素贡献。可以看出应力松弛模量 $G(t)$ 与复合模量的实部及虚部 G_1,G_2 都可以直接与同一个应力松弛谱进行关联。

蠕变柔度 $J(t)$,复合柔度的实部和虚部 J_1,J_2 与迟滞时间谱 $L(t)$ 也具有类似的关系。这些关系都可以通过考虑 Voigt 单元对交变应力的响应得到。这里不进行推导,但是为了完整性将只引用结果:

$$J_1(\omega) = [J_u] + \int_{-\infty}^{\infty} \frac{L(\tau)}{1+\omega^2\tau^2} \mathrm{d}(\ln\tau) \qquad (5.34)$$

$$J_2(\omega) = \int_{-\infty}^{\infty} \frac{J(\tau)\omega\tau}{1+\omega^2\tau^2} \mathrm{d}(\ln\tau) \qquad (5.35)$$

5.4 复合模量与应力松弛模量之间的关系

各种黏弹性方程之间的准确正式关系可以用 Fourier 或 Laplace 变换方法来表示(见 5.4.2 节)。然而,一般用简单的 Alfrey 近似就足够了,由于在 Alfrey 近似中单个 Kelvin 或者 Maxwell 单元的指数项被一个阶梯函数代替了,如图 5.18 所示。

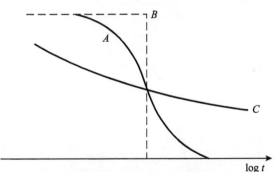

图 5.18 Alfrey 近似:Maxwell 单元 A 的应力松弛被阶梯函数 B 所代替。曲线 C 表示一典型的黏弹性聚合物的应力松弛行为

考虑

$$G(t) = [G_r] + \int_{-\infty}^{\infty} H(\tau)\exp\frac{-t}{\tau} \mathrm{d}(\ln\tau) \qquad (5.36)$$

如果假设当时间 $\tau = t$ 时，$e^{-t/\tau} = 0$，而当时间 $\tau > t$ 时，$e^{-t/\tau} = 1$，可以得到

$$G(t) = [G_r] + \int_{\ln t}^{\infty} H(\tau) d(\ln\tau)$$

这样可以得到松弛时间谱

$$H(\tau) = -\left[\frac{dG(t)}{d\ln t}\right]_{t=\tau} \tag{5.37}$$

这一公式被命名为 "Alfrey 近似"[5,6]。

松弛时间谱用复合模量实部和虚部的形式近似表示为

$$H(\tau) = \left[\frac{dG_1(\omega)}{d\ln\omega}\right]_{1/\omega = \tau} = \frac{2}{\pi}\left[G_2(\omega)\right]_{1/\omega = \tau} \tag{5.38}$$

对于单一的松弛转换，这些关系可以表示为图 5.19。为了获得完整的松弛时间谱，$H(\tau)$ 中时间较长的部分可以从图 5.19（a）应力松弛模量数据中找到，而较短时间部分可以从图 5.19（b）动态力学数据中找到。

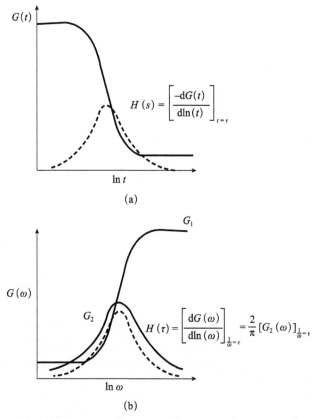

图 5.19　松弛时间谱 $H(\tau)$ 的 Alfrey 近似。（a）根据应力松弛模量 $G(t)$；（b）分别根据复合模量 $G(\omega)$ 的实部 G_1 与虚部 G_2

图 5.19 表明松弛时间谱可以直接通过松弛模量曲线的斜率得到，或者通过动态模量 G_1 与时间的对数关系得到，甚至直接通过 G_2 得到。互补关系可以用于获得用复合柔度与蠕变柔度形式表达的迟滞时间谱。

5.4.1 应力松弛模量和复合模量的正式表达式

线性黏弹性的完整数学表达式已经由 Gross 给出[7]。这里将只总结他的部分观点来说明 Laplace 与 Fourier 变换在建立各种黏弹性方程之间关联关系时的作用：

（1）应力松弛模量：这一模量是一个连续的递减方程，在无限长时间后将变成零。在 Gross 命名法中，这一模量用积分的形式表示为

$$G(t) = [G_r] + \int_0^\infty \bar{\beta}\bar{F}(\tau)\exp\frac{-t}{\tau}d\tau \tag{5.39}$$

这里 $\bar{F}(\tau)d\tau$ 为松弛谱，$\bar{\beta}$ 为归一化因子，因此，

$$\int_0^\infty \bar{F}(\tau)d\tau = 1, \quad \beta = G(0)$$

这一公式，用本书中的模型形式表示了 Maxwell 单元的一个无穷级数，形式上类似于公式（5.20）。

这一公式可以通过代入 $1/\tau = s$ 并引入松弛方程 $\bar{N}(s)ds$

$$\bar{N}(s) = \frac{\bar{\beta}\bar{F}(1/s)}{s^2}$$

转换为一个 Laplace 积分方程或者 Laplace 转换方程，因此

$$G(t) = [G_r] + \int_0^\infty \bar{N}(s)\,e^{-ts}ds \tag{5.40}$$

这一表达式的重要性是当 $G(t)$ 确定后，原则上，松弛时间谱就能够用标准方法求解 Laplace 积分的反演得到。在实际求解中，这需要计算方法，因为通常不可能找到拟合应力松弛模量的解析表达式。

现在 Alfrey 近似通过假设

$$e^{-ts} = 1, \quad s \leqslant 1/t$$

得到。而

$$e^{-ts} = 0, \quad s \geqslant 1/t$$

那么

$$G(t) = [G_r] + \int_0^{1/t} \bar{N}(s)ds \tag{5.41}$$

（2）复合模量。Boltzmann 叠加原理表明

$$\sigma(t) = \left[G_r e(t) \right] + \int_{-\infty}^{\infty} G(t-\tau) \frac{de(\tau)}{d\tau} d\tau$$

代入 $e(\tau) = e_0 e^{i\omega t}$，得到

$$\sigma(t) = \left[G_r e(t) \right] + i\omega \int_{-\infty}^{t} G(t-\tau) e_0 \, e^{i\omega t} d\tau \qquad (5.42)$$

假设 $t - \tau = T$。那么，

$$\sigma(t) = \left[G_r e(t) \right] + i\omega \int_{0}^{\infty} G(T) \, e^{-i\omega t} \, dT e_0 \, e^{i\omega t} \qquad (5.43)$$

现在 $e(t) = e_0 e^{i\omega t}$，那么，

$$\frac{\sigma(t)}{e(t)} = \left[G_r \right] + i\omega \int_{0}^{\infty} G(\tau) \, e^{-i\omega t} \, d\tau = G^*(\omega)$$

复合模量，这里将虚拟变量从 T 变回到 τ。因此，

$$G_1(\omega) = \omega \int_{0}^{\infty} G(\tau) \sin\omega\tau \, d\tau \qquad (5.44)$$

并且

$$G_2(\omega) = \omega \int_{0}^{\infty} G(\tau) \cos\omega\tau \, d\tau \qquad (5.45)$$

这里 $G^*(\omega) = (G_r + G_1) + iG_2$。公式（5.44）与（5.45）是单边 Fourier 变换。

反演可以得到应力松弛模量

$$G(t) = \frac{2}{\pi} \int_{0}^{\infty} \frac{G_1(\omega)}{\omega} \sin\omega t \, d\omega \qquad (5.46)$$

并且

$$G(t) = \frac{2}{\pi} \int_{0}^{\infty} \frac{G_2(\omega)}{\omega} \cos\omega t \, d\omega \qquad (5.47)$$

这些公式暗示了 $G_1(\omega)$ 与 $G_2(\omega)$ 之间的关系为色散或相容关系，可以看成光散射和磁性松弛过程 Kramers-Krönig 关系的黏弹性近似。

5.4.2　蠕变柔度和复合柔度的正式表达式

蠕变柔度和复合柔度之间具有与应力松弛模量和复合模量类似的关系。推导的具体过程这里不进行详述，但是为了本章的完整性，结果将被列出。

（1）蠕变柔度。在这种情况下蠕变柔度的变化率被表示为 Laplace 积分。

因此，

$$\frac{\mathrm{d}J(t)}{\mathrm{d}t} = \int_0^\infty sN(s)\,\mathrm{e}^{-ts}\,\mathrm{d}s \tag{5.48}$$

这里

$$N(s) = \frac{F(1/s)}{s^2}, \quad s = \frac{1}{\tau}$$

且 $F(\tau)\,\mathrm{d}\tau$ 为迟滞时间分布。注意到 $N(s) \neq \bar{N}(s)$，且 $F(\tau) \neq \bar{F}(\tau)$，也就是说，迟滞时间谱不同于松弛时间谱。

(2) 复合柔度。这里可以得到

$$J_1(\omega) = \int_0^\infty \frac{\mathrm{d}J(t)}{\mathrm{d}\tau}\cos\omega\tau\,\mathrm{d}\tau \tag{5.49}$$

并且

$$J_2(\omega) = -\int_0^\infty \frac{\mathrm{d}J(t)}{\mathrm{d}\tau}\sin\omega\tau\,\mathrm{d}\tau \tag{5.50}$$

同样 $J_1(\omega)$ 与 $J_2(\omega)$ 都是 Fourier 变换方程，可以经过变换得到用复合柔度分量表达的蠕变柔度。二者的反演公式能够得到蠕变柔度，表示出复合柔度实部与虚部之间的关系，就如复合模量的例子。

5.4.3 线性黏弹性的正式表达式

Gross[7] 已经讨论了线性黏弹性理论的正式表达式。这里将对他的处理方法进行总结，作为本书讨论的合理结论。

这里共有两组试验：

第一组：在给定应力下进行的试验，恒定应力或者交变应力。这些试验定义了蠕变柔度或者复合柔度。

第二组：给定应变下进行的试验，恒定应变或者交变应变。这些试验定义了应力松弛模量或者复合模量。

在每一组试验中，黏弹性方程存在三个级别：

(a) 最高级。复合柔度（第一组）；
　　　　　复合模量（第二组）。
(b) 中间级。蠕变方程（第一组）；
　　　　　松弛方程（第二组）。
(c) 最低级。迟滞谱（第一组）；
　　　　　松弛谱（第二组）。

每上升一级，就需要应用 Laplace 变换或者单边复合 Fourier 变换。降低一级，就需要应用反 Laplace 变换或者反 Fourier 变换。

每一组之间的关系变化都很复杂。在最高级，复合柔度只是复合模量的反演。蠕变方程和松弛方程之间的关系以及迟滞谱与松弛谱之间的关系分别对应积分方程和积分变换。

5.5 松 弛 强 度

在考虑黏弹性行为与物理及化学结构之间关系时有一个有价值的概念是"松弛强度"。在一个应力松弛试验中，模量从一短时间内的 G_u 值松弛至长时间的 G_r（图 5.20（b））。同样地，在动态力学试验中，模量从低频下的 G_r 值变成高频下的 G_u 值（图 5.20（c））。

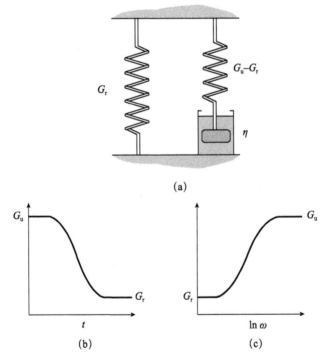

图 5.20 标准线性固体（a），应力松弛响应曲线（b）以及动态力学响应曲线（c）。
G_u 为未松弛模量；G_r 为松弛模量

这种响应行为可以用图 5.20（a）中的标准线性固体进行表示。轮流考虑起始时的未松弛状态和最终的松弛状态。

（1）施加的总应力 σ 用初始未松弛应变 e_1 并将两个弹簧的应力进行叠加得到。因此，

$$\sigma = G_r e_1 + (G_u - G_r)e_1 = G_u e_1$$

初始未松弛应变

$$e_1 = \frac{\sigma}{G_u} = \frac{\sigma}{\text{未松弛模量}}$$

（2）最终松弛应变 e_2 用施加应力的形式表示为

$$e_2 = \frac{\sigma}{G_r} = \frac{\sigma}{\text{松弛模量}}$$

因为弹簧（$G_u - G_r$）是无效的。松弛强度可以方便地表示为

$$\frac{\text{最终应变} - \text{初始应变}}{\text{初始应力}}$$

也就是

$$\frac{e_2 - e_1}{e_1} = \left\{ \frac{1}{G_r} - \frac{1}{G_u} \right\} G_u = \frac{G_u - G_r}{G_r} \tag{5.51}$$

对于图 5.20（a）中的标准线性固体。公式写为

$$\sigma + \tau_1 \frac{d\sigma}{dt} = G_r \left\{ e + \tau_2 \frac{de}{dt} \right\} \tag{5.52}$$

这里

$$\tau_1 = \frac{\eta}{G_u - G_r}, \quad \tau_2 = \frac{\tau_1}{G_r}$$

那么对于动态力学测量，可以看到

$$G_1(\omega) = \frac{G_r(1 + \omega^2 \tau_1 \tau_2)}{1 + \omega^2 \tau_1^2} = \frac{G_r + \omega^2 \tau^2 G_u}{1 + \omega^2 \tau^2} \tag{5.53}$$

$$G_2(\omega) = \frac{G_r(\tau_2 - \tau_1)\omega}{1 + \omega^2 \tau_1^2} = \frac{(G_u - G_r)\omega\tau}{1 + \omega^2 \tau^2} \tag{5.54}$$

并且

$$\tan\delta = \frac{(\tau_2 - \tau_1)\omega}{1 + \omega^2 \tau_1 \tau_2} = \frac{(G_u - G_r)\omega\tau}{G_r + \omega^2 \tau^2 G_u} \tag{5.55}$$

这里假设

$$\tau = \tau_1 = \frac{\eta}{G_u - G_r}$$

于是能够得到以下关系式：

$$\tan\delta_{max}(\omega^2 \tau^2 = G_r/G_u) = \frac{G_u - G_r}{2\sqrt{G_u G_r}} \tag{5.56}$$

$$G_{2max}(\omega^2 \tau^2 = 1) = \frac{G_u - G_r}{2} \tag{5.57}$$

$$\int_{-\infty}^{\infty} G_2(\omega)d(\ln\omega) = \frac{\pi}{2}(G_u - G_r) \tag{5.58}$$

$$\int_{-\infty}^{\infty} \tan \mathrm{d}(\ln\omega) = \frac{\pi}{2} \frac{(G_\mathrm{u} - G_\mathrm{r})}{\sqrt{G_\mathrm{u} G_\mathrm{r}}} \tag{5.59}$$

上面定义的所有公式均与 $G_\mathrm{u} - G_\mathrm{r}$ 成正比，因此与松弛强度也成正比。$\tan\delta_{max}$ 与 $\int_{-\infty}^{\infty} \tan \mathrm{d}(\ln\omega)$ 最接近于原始定义因为其被归一化成无量纲量。这给出了一种正式的方法用 $\tan\delta$ 而不是 G_2 来预测松弛强度以便建立与结构常数之间的关系[8]。

参 考 文 献

[1] Boltzmann, L. (1876) Zur Theorie der elastischen Nachwirkung. Pogg. Ann. Phys. Chem., 7, 624.

[2] Lee, E. H. (1960) Viscoelastic stress analysis in Proceedings of the First Symposium on Naval Structural Mechanics, (eds J. N. Goodier and J. F. Hoff), Pergamon Press, Oxford, p. 456.

[3] Christensen, R. M. (2003) Theory of Viscoelasticity, 2nd edn, Dover Publications, Inc., Mineola, NY.

[4] Zener, C. (1948) Elasticity and Anelasticity of Metals, Chicago University Press, Chicago.

[5] Alfrey, T. and Doty, P. (1945) The methods of specifying the properties of viscoelastic materials. J. Appl. Phys., 16, 700.

[6] Alfrey, T. (1948) Mechanical Behaviour of High Polymers, John Wiley & Sons, New York.

[7] Gross, B. (1953) Mathematical Structure of the Theories of Viscoelasticity, Hermann, Paris.

[8] Gray, R. W. and McCrum, N. G. (1968) On the γ relaxations in linear polyethylene and polytetrafluoroethylene. J. Polymer Sci. B. Polym. Lett., 6, 691.

其他参考资料

Drozdov, A. D. (1998) Mechanics of viscoelastic solids, John Wiley & Sons, Chichester.

Ferry, J. D. (1980) Viscoelastic Properties of Polymers, John Wiley & Sons, New York.

Shaw, M. T. and MacKnight, W. J. (2005) Introduction to Polymer Viscoelasticity, 3rd edn, John Wiley & Sons, Hoboken.

Wineman, A. S. and Rajagopal, K. R. (2000) Mechanical Response of Polymers, Cambridge University Press, New York.

第6章　黏弹性行为测量

为了充分了解聚合物的黏弹性行为，需要研究频率（或时间）及温度跨度很大情况下的力学行为。有时候通过等效处理蠕变、应力松弛以及动态力学数据（见第5章介绍）或者对时间与温度变量进行等效处理（将在第7章进行介绍），可以减少试验量。然而，需要结合多种方法以覆盖大范围的时间和温度。

本章主要有五种试验，将轮流进行讨论：
（1）瞬态测量：蠕变与应力松弛；
（2）低频振动：自由摆动法；
（3）高频振动：共振法；
（4）强迫振动非共振法；
（5）波传播法。
每种方法的近似频率范围见图 6.1。

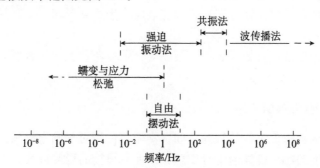

图 6.1　不同试验方法的近似频率范围（Reproduced from Becker（1969）
Mater. Plast. Elast.，35，1387. Copyright（1969））

6.1　蠕变与应力松弛

只有当试样性能明确且严格可对比时，才能获得可靠的蠕变和应力松弛数据。由于变形以及变形速率通常都很小，如果要保持线性必须进行高精度的测量。但是在关键的短时间范围内，试验条件可能很难实现。

6.1.1　蠕变调节

Leaderman[1]是第一个强调试样必须在测量的最高温度下进行周期性调节，以得到试样蠕变和回复行为的可重复性的人。每一次循环包含在最大载荷时间内施加最大应力，然后卸载回复时间为加载时间的大约 10 倍；循环一直持续到能够获得重复性数据。

调节过程对蠕变和回复行为主要有两个影响。第一，在给定载荷下，经过调节后的试样的蠕变和回复响应是类似的。例如，试样失去了它的"长期"记忆，而只能记住在过去一瞬间所施加的载荷。第二，经过调节过程以后，任何载荷所引起的变形都几乎是完全可回复的，只要回复时间为载荷施加时间的 10 倍左右。对于测量温度范围很宽的拉伸蠕变行为，需要进行更加细致的说明。

6.1.2　试样表征

对于聚合物的黏弹性行为，很多早期试验结果是不那么令人满意的，因为没有对试样进行细致地表征。因此，"相似"不能代表"一致"。

平均分子量和分子量分布都是关键参数，所有的聚合物都包含添加剂和稳定剂，这些添加剂有时候能够对应力和应变响应产生显著影响，尤其是在温度远高于实验室温度时。

聚合物的物理结构，如形态学、结晶与分子取向，也十分重要，需要进行详细表征。

6.1.3　试验的预防措施

在主松弛区域附近进行的试验，如在室温条件下对全同立构聚丙烯进行的蠕变测量，对温度的小范围波动十分敏感，因此，可控的温度环境是必要的。对于某些聚合物，如尼龙，控制湿度是十分必要的，因为聚合物中水分的存在对力学性能具有很大的影响[2]（对于尼龙会降低分子链之间的氢键作用）。在可能的情况下，需要同时对几个名义上相同的试样进行测量，以保证相对于测量条件，试样的差异性较小。

对于蠕变测量，重力载荷通常用于提供恒定力，用线性位移传感器监控试样的伸长量。举例如图 6.2。

在线性黏弹性区域，应变一般不超过 1%，因此横截面和应力随着应变的变化很小。在较大的应变下，有效载荷应该随着横截面积的减少成比例降低，以保持恒定应力。Leaderman[3]用了一个如图 6.3 所示的装置，在这一装置中，粘在试样 A 上的柔性胶带（B）另一端缠绕在圆筒形滚筒上。一个相同的胶带 F，连接在凸轮 D 上，支撑着有固定质量的物体 E。当试样在载荷下被拉长时，E 的力矩随着凸轮轮廓降低。

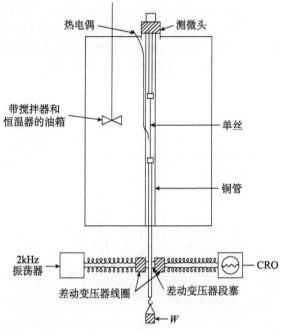

图 6.2 高温拉伸蠕变测量装置 (Reproduced from Leaderman, H. (1962) Large longitudinal retarded elastic deformation of rubberlike network polymers. Trans. Soc. Rheol. , 6, 361. Copyright (1962) Society of Rheology)

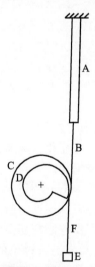

图 6.3 恒定应力下蠕变测量用凸轮装置 (Reproduced from Leaderman, H. (1962) Large longitudinal retarded elastic deformation of rubberlike network polymers. Trans. Soc. Rheol. , 6, 361. Copyright (1962) Society of Rheology)

　　图 5.2 与图 5.4 画出的蠕变和松弛曲线都是理想化的，因为，如前面已经提到的，瞬时响应只不过是加载后产生的瞬时过程，很明显，响应的时间间隔应该是很短的。例如，在一个应力松弛试验中，如果载荷施加得很慢，最大应力的测量值就会较低（图 6.4）。相反，应力施加太快会导致动态载荷复杂化（图 6.5）。这一点十分重要，因为很多试图将黏弹性行为与分子参数进行关联的研究都严重依赖于短时响应性能。如 6.2 节中解释的，关于变形初期研究的一些难点可以通过时间-温度等效进行解决。

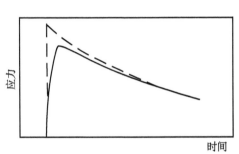
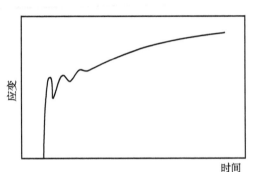

图 6.4　应变施加较慢时对应力松弛的影响。　　　　图 6.5　在蠕变试验中快速加载
　　　（---）理想；（—）真实　　　　　　　　　　　　导致的衰减振动

　　在拉伸和扭转试验中，试样必须在两端牢牢夹持。然而，夹持区域的应力与材料本体存在很大的差异，如果测量试样的整体长度，只有试样长度为宽度的至少 10 倍时，末端效应才可以忽略。对于有取向的试样，末端效应可能更为重要。作为一个近似参考，长径比大于 $10\sqrt{E/G}$ 是比较合理的，这里 E 和 G 分别为杨氏模量（在取向维方向）与扭转模量。对于粗壮的试样，获得高精度的另一个准确度较高的技术是将一引伸计连接在试样上，但是连接位置不靠近试样两端，应变通过位移传感器被转换为电信号[4]。对于不太粗壮的试样，可以用非接触式激光法[5]。

　　在应力松弛试验和标准力学测量装置中，应力改变可以用应变式载荷传感器进行监控。由于这些装置依赖于应变变化，必须保证这些装置的刚度远大于试样刚度，试样应变才能够有效地保持恒定。

　　大量的测量仪器在 Turner 与 Godwin[6] 以及 Ward[7] 的书中进行了介绍。

　　当需要评价材料性能对于某些特殊用途的适用性时，需要在更宽的时间范围内进行蠕变测量。在短时间内具有良好的蠕变性能的材料在长时间内有可能表现出加速蠕变性能（图 6.6）。如后面将进行讨论的，对于黏弹性非线性材料可能会存在类似的问题，因此，回复响应与蠕变初期存在很大的差异。

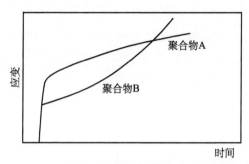

图 6.6 在单一温度下的短期蠕变行为，与最终变形无关

6.2 动态力学测量

要想覆盖很长时间和很大温度尺度范围内的力学行为，需要大量的试验方法（图 6.1）。自由振荡摆锤方法具有操作简便的优点，但是频率范围只有 $10^{-1} \sim 10$Hz。强迫振动技术，虽然复杂了很多，但是重复性好，并可以将测量频率向高低两个方向各扩展一个数量级，在最低的频率下与蠕变和应力松弛联系起来，在高频端用谐振法。后者对于试样之间的变化十分敏感，当频率高于 10kHz 时十分重要。

6.2.1 扭摆试验

扭摆试验是最简单的试验装置，将圆形截面试样顶端牢固夹持并垂直悬挂[8]。底端支撑一个圆盘，最好是一根杆，并装配有可调节重量的物体（图 6.7），重物离中心轴的距离可以改变以调整惯性力矩（I）以及振荡周期。当杆被弯曲然后松开时，振荡振幅会逐渐减小，对数衰减 Λ、连续振荡振幅比的自然对数都会被记录下来。

由于试样受到惯性棒载荷，所以会同时受到拉伸以及扭转应力，因此扰乱了名义上的自由振动。为了得到更加准确的研究结果，试样可以用图 6.8中的方法进行夹持，也就是惯

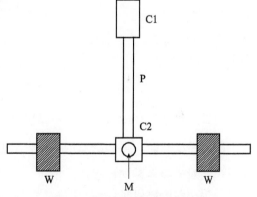

图 6.7 自由振动扭摆示意图。
P. 聚合物试样；C1. 固定的上夹具；
C2. 固定在惯量棒上的下夹具；
W. 滑动块，用于调整惯性力矩；
M. 镜子，用于反射光线

性棒夹持在其上端。其他装置用弹性线或条带悬挂在惯性棒下面，这一弹性线或条带的衰减效应基本可以忽略。

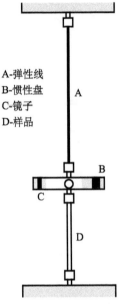

A-弹性线
B-惯性盘
C-镜子
D-样品

图 6.8　低频下扭转刚度测量装置

对于弹性棒，运动方程为 $I\ddot{\theta}+\tau\theta=0$，这里 τ 为惯性棒的扭转刚度，与剪切模量的关系式为

$$\tau=\frac{\pi r^4 G}{2l}$$

这里 l 为棒的长度，r 为棒的半径。这一弹性系统能够施加简单的简谐运动，角频率为

$$\omega=\sqrt{\frac{\tau}{I}}=\sqrt{\frac{\pi r^4 G}{2lI}} \tag{6.1}$$

对试样尺寸的高度敏感性表明试样与试样之间的比较会有很大的不确定性。

随着振动衰减，振幅随着时间变小，但是小阻尼情况下，对于周期 $\left(\frac{2\pi}{\omega}\right)$ 影响很小。对于线性黏弹性固体，扭转模量很复杂，可以被表示成 $G^*=G_1+iG_2$。当阻尼很小时，可以将公式中的 G_1 替换为 G，因此得到

$$\omega^2=\frac{\pi r^4 G_1}{2lI} \tag{6.2}$$

这样对数衰减可以与单位损耗以及 $\tan\delta$ 进行关联（公式（5.30）），

$$\Lambda=\ln\left(\frac{A_n}{A_{n+1}}\right)$$

这里 A_n 表示第 n 次振荡的振幅。对于小阻尼,

$$\Lambda = \ln\left(1 + \frac{\Delta A}{A_n}\right) = \frac{\Delta A}{A_n} - \frac{1}{2}\frac{\Delta A^2}{A_n^2}$$

因此

$$\Lambda = \frac{1}{2}\left(\frac{A_n^2 - A_{n+1}^2}{A_n^2}\right)$$

但是 A^2 与储存能量成正比,得到

$$\Lambda = \frac{1}{2}\frac{\Delta E}{E} = \pi\tan\delta \qquad (6.3)$$

从这一公式可以得到 $G_2 = G_1 \tan\delta$。

6.2.2 强迫振动法

自由振动法的缺点是振动频率依赖于试样的刚度,而试样刚度随着温度变化,因此,当研究黏弹性行为的频率和温度依赖性时,强迫振动更有优势。

如前面 5.3 节阐述的,当对一线性黏弹性物体施加正弦应变时,应变落后于应力,相位角为 δ,也就是损耗角。应变必须足够低才能保证线性行为,且每次施加的应变都必须为正应变。实际上,应变幅值一般为 $\pm 0.5\%$,与略微大于 0.5% 的初始伸长率重合,以考虑到试验过程中一定程度的拉伸。试样必须足够短以便试验过程中在长度方向应力不会产生明显的变化,这里所说的长度必须较短是相对于应力波的波长而言的。假设对于密度为 $10^3\,\mathrm{kg \cdot m^{-3}}$ 的试样模量的最小值为 $10^7\,\mathrm{Pa}$,纵向波速为 $10^2\,\mathrm{m \cdot s^{-1}}$。在 100Hz 时,应力波的波长为 1m,这就表明在这一频率下,试样长度的上限为 0.1m。由于应力不会消失,根据应力松弛时间设置频率下限。

通常情况下,应力与应变用非接触式、传感器进行测量,将得到的信号反馈给相位表,相位表能够直接读出相应的振幅与相位差,因此能够给出模量与 $\tan\delta$ 值[9]。

6.2.3 动态力学热分析 (DMTA)

有很多商业化设备能够实现不同温度下的动态力学性能测量。用驱动器施加一振荡位移(线性或有一定角度的),一般情况下,用一应变式载荷传感器测量力。测量一般为弯曲模式,由于应力场的不均匀性,得到的结果很难用黏弹性的形式进行解释。然而,这样的测量对于确定松弛转变温度是有用的(见第 10 章)。温度范围一般为 $-150 \sim 600\,^{\circ}\mathrm{C}$,频率范围为 $10^{-6} \sim 200\mathrm{Hz}$。在某些情况下,通过用不同的加载夹具,一台机器就可以实现很多种测量模式——弯曲、拉伸、压缩、剪切以及扭转。然后可以用生产商专用处理软件得到模量与 $\tan\delta$ 数据

（见第 5 章）。例如，最近 Damman 与 Buijs[10]研究液晶聚合物的拉伸行为；Beaudon，Bergeret 与 Quantin[11]研究压-拉模式下 PET 复合材料的力学性能；Zhou 以及 Chudnovsky[12]比较了拉伸与未拉伸聚碳酸酯的扭转性能。商业化 DMTA 设备如图 6.9 所示。

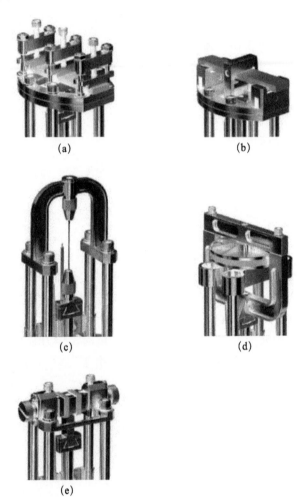

图 6.9　不同加载模式的 DMTA 测量夹具图。(a) 双悬臂梁；(b) 三点弯曲；(c) 拉伸；
(d) 压缩；(e) 剪切三明治（可以看到两个试样）。Photographs by TA Instruments,
Delaware USA (Reproduced from Hillier, K. W. and Kolsky, H. (1949) An investigation
of the dynamic elastic properties of some high polymers. Proc. Phys. Soc. B, 62, 111.
Copyright (1949) Institute of Physics)

6.3　波传播法

波传播法主要有三大类：
(1) 在千赫兹频率范围内；
(2) 在兆赫兹频率范围内：超声法；
(3) 在千兆赫兹频率范围内：布里渊光谱法。

6.3.1　千赫兹频率范围

在千赫兹的频率范围内，应力波的波长与黏弹性试样的长度具有相同的数量级。例如[13]，一根细单丝沿纵向拉伸，一端连接在一个硬的大隔膜上，如扬声器。压电陶瓷拾波器用于检测沿着试样长度方向上的信号振幅和相位角变化。如图 6.10，对于低密度聚乙烯，相位角（θ）与距离（l）之间的关系曲线将阻尼振动表现为线性形式，如 $\theta = kl$，这里 k 为传播常数。

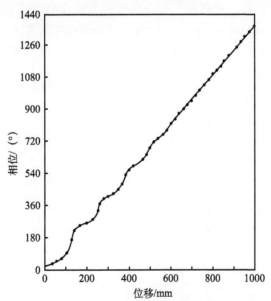

图 6.10　沿着聚乙烯单丝方向，3000Hz 的声波传播过程中相位角随着位移的变化情况
(Reproduced from Chan, O. K., Chen, F. C., Choy, C. L., et al. (1978) The elastic
constants of extruded polypropylene and polyethylene terephthalate J. Phys. D, 11, 617.
Copyright (1978) Institute of Physics)

这里衰减系数 α 很小，文献 [14] 表明 $V_{max}/V_{min} = (\alpha l + \beta)$，这里 V 为信号振幅。由 $\mathrm{arctanh}\left(\dfrac{V_{max}}{V_{min}}\right)$ 与 l 的曲线斜率即可得到 α。

这样就可以建立 α 及 k 与储存模量以及损耗模量 E_1，E_2 与 $\tan\delta$ 之间的关系。对于密度为 ρ 的纤维，能够得到

$$E_1 = \frac{\omega^2}{k^2}\rho, \qquad E_2 = \frac{2\alpha c^3 \rho}{\omega}$$

且

$$\tan\delta = \frac{2\alpha c}{\omega}$$

这里 c 为纵向波波速。

更多介绍请读者参考 Kolsky[15] 的文章。

6.3.2　兆赫兹频率范围：超声方法

测量超声频率下的弹性波的速度与衰减是十分重要的，尤其是对于取向聚合物和复合材料。需要致密的固体试样，尺寸为 10mm 数量级。

这一方法的典型应用，Chan，Chen 以及 Choy[16] 测量了直径为 12mm 的轴向取向试棒的弹性常数，分别在平行、垂直和与试棒轴线呈 45°角方向上切厚度为 4～8mm 厚的圆片（图 6.11）。将石英传感器连接在圆片上，这样纵波与横波沿着每个圆片的几何轴传播。原则上，能够测得九个不同的速度 ν_{ab}，a 代表偏振

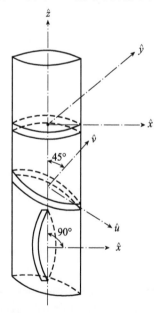

图 6.11　用于超声测量的试样圆片示意图（Reproduced from Dyer, S. R. A., Lord, D., Hutchinson, I. J. et al. (1992) Elastic anisotropy in unidirectional fiber reinforced composites. J. Phys. D, 25, 66. Institute of Physics）

方向，b 代表波传播方向。对于密度为 ρ 的试样，可以定义 $Q_{ab} = \rho v_{ab}^2$，这里 Q_{ab} 为弹性刚度常数或者这些常数的线性结合。速度用脉冲回声重叠技术测量[17]，$\tan\delta$ 通过衰减测量得到[18]。

另一种方法是将厚度为 d 的试样浸泡在水槽中[19,20]，并安装超声波发射器和接收器，来测量波束传播路径中存在与不存在试样的情况下传播时间的变化 (τ)。如果 V 为超声波在聚合物中的传播速度，V_w 为超声波在水中的传播速度，则可以得到

$$\frac{1}{V} = \frac{1}{V_w} - \frac{\tau}{d} \tag{6.4}$$

各种波速，可以通过改变不同入射角进行测量得到，与弹性刚度系数有关。

在上述方法的变换中，Wright，Faraday 以及 White[21] 测得了浸泡在水中的试样反射的入射波束分量，从而得到了入射临界角。

最近，这种方法被用于测量单向复合材料的各向异性[22]。厚度均匀的试样放置在盛满水的容器中的发射端与接收端之间，试样可以在纵轴方向旋转以改变入射角，也就是改变试样中的波束方向（图 6.12）。超声波的速度 V 以及折射角 r 可以根据 Markham[19] 的方法进行计算。用 X_1 与 X_2 轴定义垂直于纤维轴向的极小平面。可以发现[23]在 X_1-X_3 平面内传播，与 X_1 轴成 r 角，与试样轴 X_2 垂直的准拉伸波，

$$V_t^2 = \frac{B_{11} + B_{33} + [(B_{33} - B_{11})^2 + 4B_{13}^2]^{1/2}}{2\rho}$$

对于准剪切波

$$V_s^2 = \frac{B_{11} + B_{33} - [(B_{33} + B_{11})^2 + 4B_{13}^2]^{1/2}}{2\rho}$$

这里 ρ 为试样的密度。

弹性刚度常数 C_{ij} 可以通过下式得到：

$$B_{11} = C_{11}\cos^2 r + C_{44}\sin^2 r$$
$$B_{33} = C_{33}\sin^2 r + C_{44}\cos^2 r$$
$$B_{13} = (C_{44} + C_{13})\ \sin r \cos r$$

6.3.3 特超声频范围：布里渊光谱法

布里渊光谱能够用于获得几千兆赫兹频率下聚合物的弹性常数，例如，比超声测量高出三个数量级，就是常说的特超声频。

这种方法的原理是用 Fabry-Perot 光谱测量激光穿过平行聚合物片后经 90°散射后的频率变化。

特超声速 V_s 可以通过下列公式得到

$$V_s = \frac{f_B \lambda_i}{\sqrt{2}}$$

这里λ_i为激光波长，f_B为测得的布里渊频率变化。

　　对于各向同性聚合物，特超声速作为方向的函数是确定的，其弹性常数通过用一系列公式拟合数据得到，这一系列公式被称为 Christoffel 公式，基本上将V_s值与刚度常数C_s通过公式$C_s = \rho V_s^2$建立联系，这里ρ为密度[24]。对于这一方法的详细介绍，读者可以参考 Kruger，Pietralla 以及其合作者们的文章[25-27]。最近，非扫描 Fabry-Perot 干涉测量法的发展能够更快地获得数据，从而使液态-玻璃态转变研究成为可能[28]。

参 考 文 献

[1] Leaderman，H.（1943）Elastic and Creep Properties of Filamentous Materials and Other High Polymers，Textile Foundation，Washington，DC.

[2] Hadley，D. W.，Pinnock，P. R. and Ward，I. M.（1969）Anisotropy in oriented fibres from synthetic polymers. J. Mater. Sci.，4，152.

[3] Leaderman，H.（1962）Large longitudinal retarded elastic deformation of rubberlike network polymers. Trans. Soc. Rheol.，6，361.

[4] Ward，I. M.（1964）The temperature dependence of extensional creep in polyethylene terephthalate. Polymer，5，59.

[5] Spathis，G. and Kontou，E.（1999）An experimental and analytical study of the large strain response of glassy polymers with a noncontact laser extensometer. J. Appl. Polym. Sci.，71，2007.

[6] Turner，S.，and Godwin，G.（1983）Mechanical Testing of Plastics，2nd edn，Plastics and Rubber Institute，London.

[7] Ward，I. M.（1983）Mechanical Properties of Solid Polymers，2nd edn，John Wiley & Sons，Chichester.

[8] Schmieder，K. and Wolf，K.（1952）Uber die Temperaturabhangigkeit und requenzabhangigkeit des mechanischen Verhaltens einiger hochpolymerer Stoffe. Kolloidzeitschrift，127，65.

[9] Pinnock，P. R. and Ward，I. M.（1963）Dynamic mechanical measurements on polyethylene terephthalate. Proc. Phys. Soc.，81，261；Takayanagi，M.（1965）in Proceedings of Fourth International Congress on Rheology，Part 1，Interscience，New York，p. 161；Becker，G. W.（1969）Mat. Plast. Elast.，35，1387.

[10] Damman，S. B. and Buijs，J. A. H. M.（1994）Liquid-crystalline main-chain polymers with a poly（p-phenylene terephthalate）backbone. 5. Dynamic-mechanical behavior of the polyester with dodecyloxyside-chains. Polymer，35，2359.

[11] Beaudoin，O.，Bergeret，A.，Quantin，J. C. et al.（1998）Viscoelastic behaviour of gl-

ass beads reinforced poly (butylene terephthalate): experimental and theoretical approaches. Compos. Interfaces, 5, 543.

[12] Zhou, Z. , Chudnovsky, A. and Bodnyak C. P. (1995) Cold-drawing (necking) behaviour of polycarbonate as a double glass-transition. Polym. Eng. Sci. , 35, 304.

[13] Hillier, K. W. and Kolsky, H. (1949) An investigation of the dynamic elastic properties of some high polymers. Proc. Phys. Soc. B, 62, 111; Kolsky, H. (1960) Structural Mechanics, Pergamon Press, Oxford.

[14] Hillier, K. W. (1961) Measurement of dynamic elastic properties, in Progress in Solid Mechanics (eds I. N. Sneddon and R. Hill), North-Holland, Amsterdam, pp. 199 - 243.

[15] Kolsky, H. (1958) The propagation of stress waves in viscoelastic solids. Appl. Mech. Rev. , 11, 9; (1960) Structural Mechanics, Pergamon Press, Oxford.

[16] Chan, O. K. , Chen, F. C. , Choy, C. L. et al. (1978) The elastic constants of extruded polypropylene and polyethylene terephthalate. J. Phys. D, 11, 617.

[17] Papadakis, E. P. (1964) Ultrasonic attenuation and velocity in 3 transformation products in steel. J. Appl. Phys. , 35, 1474; Kwan, S. F. , Chen, F. C. and Choy, C. L. (1975) Ultrasonic studies of 3 fluoropolymers. Polymer, 16, 481.

[18] Roderick, R. L. and Truell, R. (1952) The measurement of ultrasonic attenuation in solids by the pulse technique and some results in steel. J. Appl. Phys. , 23, 267.

[19] Markham, M. F. (1970) Measurement of the elastic constants of fibre composites by ultrasonics. Composites, 1, 145.

[20] Rawson, F. F. and Rider, J. G. (1974) Elastic constants of oriented polyvinyl-chloride. J. Phys. D, 7, 41.

[21] Wright, H. , Faraday, C. S. N. , White, E. F. T. et al. (1971) Elastic constants of oriented glassy polymers. J. Phys. D, 4, 2002.

[22] Dyer, S. R. A. , Lord, D. , Hutchinson, I. J. et al. (1992) Elastic anisotropy in unidirectional fiber reinforced composites. J. Phys. D, 25, 66.

[23] Musgrave, M. J. P. (1954) On the propagation of elastic waves in aeolotropic media. I. General principles. Proc. R. Soc. , A226, 339.

[24] Auld, B. A. (1973) Acoustic Fields and Waves in Solids. John Wiley & Sons, New York, p. 211.

[25] Kruger, J. K. , Marx, A. , Peetz, L. et al. (1986) Simultaneous determination of elastic and optical-properties of polymers by high-performance Brillouin spectroscopy using different scattering geometries. Colloid Polym. Sci. , 264, 403.

[26] Krbecek, H. , Kruger, J. K. and Pietralla, M. (1993) Poisson ratios and upper bounds of intrinsic birefringence from brillouin scattering of oriented polymers. J. Polym. Sci. Phys. Ed. , 31, 1477

[27] Krbecek, H. H. , Kupisch, W. and Pietralla, M. (1996) A new Brillouin scattering analysis of high frequency relaxations in liquids demonstrated at the hypersound relaxation of

PPG. Polymer，37，3483 – 3491.

[28] Ike，Y. and Kojima，S.（2006）Brillouin scattering study of polymer dynamics. Mater. Sci. Eng. ，A442，383 – 386.

其他参考资料

Kolsky，H.（2003）Stress Waves in Solids，Courier Dover Publications，Mineola，New York.

第7章 线性黏弹性行为与频率及时间关系
方程的试验研究：时温等效

7.1 总体介绍

对聚合物线性黏弹性行为进行广义的试验研究介绍主要包括以下三部分：无定形聚合物、结晶聚合物以及温度依赖性，本章将对这三部分分别进行介绍。

7.1.1 无定形聚合物

对聚合物线性黏弹性行为的很多早期研究都集中在无定形聚合物。在20世纪50年代初期，Marvin[1,2]（National Bureau of Standards，Washington，DC）将很多实验室对高相对分子量聚异丁烯（CH_2—CCH_3CH_3）$_n$ 在很宽的频率范围内测得的复合剪切模量与复合剪切柔度的数据进行了整理归纳。在图7.1中进行了结果曲线重画，结果显示出明显的四个区域，即玻璃态、黏弹态、橡胶态以及黏流态，这是无定形高聚物的显著特征。在高频下，复合模量值在10^9 Pa左右。对于高分子量聚合物材料，模量曲线存在平台区，只有在频率低于10^{-5} Hz情况下材料才会存在明显的分子流动（如周期大于一天）。

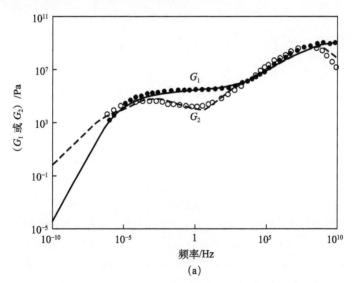

(a)

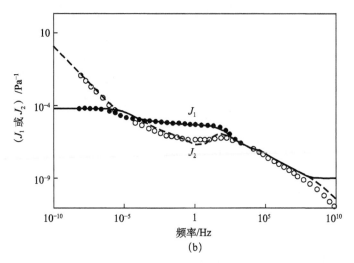

(b)

图 7.1　"标准"聚异丁烯降温至 25℃的复合剪切模量（a）与复合剪切柔度（b）。点代表试验测量结果的平均值；曲线代表黏弹性行为的理论模型（Reproduced from Marvin, R. S. and Oser, H. (1962) Model for the viscoelastic behavior of rubberlike polymers including entanglement effects. J. Res. Natl Bur. Stand. B, 66, 171. Copyright (1962)）

　　读者可以根据 Afrey 近似法（见 5.4 节）通过图 7.1 的数据推导松弛时间谱和迟滞时间谱。这些谱图可以用"楔子加盒子"分布进行近似[3]，如图 7.2 中曲线所示。

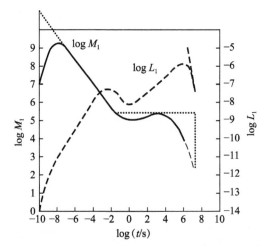

图 7.2　聚异丁烯松弛时间（M_1）与迟滞时间（L_1）的近似分布函数（Reproduced from Marvin, R. S. (1954) The dynamic mechanical properties of polyisobutylene, in Proceedings of the Second International Congress of Rheology (ed. V. G. W. Harrison), Butterworths, London, pp. 156-164. Copyright (1954) Elsevier Ltd)

橡胶区出现的平台是高分子量的结果，由于长的分子链更容易缠结，形成物理交联点，物理交联点会形成临时网络结构限制分子流动。在很长的时间内，这样的物理交联通常是不稳定的，会导致一些不可逆的流动，与永久化学交联的情况形成反差，如橡胶硫化过程。这一理论延续了橡胶弹性理论（第 4 章）：橡胶平台区的模量值与单位体积内的有效交联点数量有直接关系。

分子缠结的影响如图 7.3 所示，图 7.3 为两个不同的聚甲基丙烯酸甲酯（PMMA）试样的应力松弛行为。从图中可以看出，低分子量试样不会表现出模量的橡胶平台区，而是直接从黏弹性行为过渡到永久流动行为。

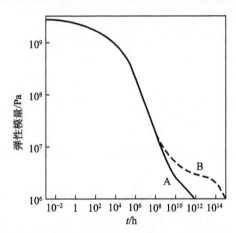

图 7.3 低分子量 PMMA 试样的主应力松弛曲线（分子量为 1.5×10^5 Da，曲线 A）

以及高分子量 PMMA 试样的主应力松弛曲线（分子量为 3.6×10^5 Da，曲线 B）

(Reproduced with permission from McLoughlin and Tobolsky, J. Colloid Sci., 7, 555.

Copyright (1952) Elsevier Ltd)

7.1.2 黏弹性行为的温度依赖性

前面只是间接讨论了温度对于黏弹性行为的影响。然而，从实际角度出发，聚合物性能的温度依赖性是至关重要的，因为随着温度改变，塑料和橡胶的力学性能会产生很大的改变。

温度依赖性的纯物理意义主要有两点。第一，如第 6 章看到的，不可能通过单纯的一种试验技术实现整个测量频率范围来评价单一温度下的松弛谱。因此可以通过改变试验温度简化试验过程，这样可以在有限的时间范围内得到感兴趣的松弛过程。当然这一过程假设时间和温度之间存在简单的关系，本书将简单讨论这一假设的适用范围。

第二是如何获得黏弹性行为的分子学解释。通常情况下，聚合物从玻璃态变成橡胶态要么是因为温度升高，要么是因为试验时间延长。在低温玻璃态，刚度与变形时的储存弹性模量变化有关，而变形与分子离开其平衡位置的位移有关。另一方面，在高温下橡胶态分子链有很大的柔性，因此在未施加外界形变的情况下，分子链会处于熵值最大的构象状态（或者更直接地说是最小自由能状态）。因此，橡胶态弹性变形与分子构象改变是有关系的。

　　分子物理学家感兴趣的是理解这种构象自由态如何通过分子运动的形式实现，例如，解释随着温度升高结构中的哪一个键变得能够转动。已经证明一些有意义的方法是将黏弹性行为与介电松弛进行对比或者更具体地与核磁共振行为进行对比。

　　人们默认假设低温玻璃态向橡胶态转变过程中只有一个黏弹性转变过程。而实际上存在数个松弛转变。对于典型的无定形聚合物，转变情况在图 7.4 中进行了总结。在低温下，通常存在几个二级转变，都包括较小的模量改变。这些转变可以归因于侧链运动的结果，例如，对于聚丙烯中的甲基（—CH₃），

$$\left[\begin{matrix} & CH_3 \\ & | \\ -CH_2-CH- \end{matrix}\right]_n$$

　　另外，还有一个主转变，通常被称为"玻璃化转变"，涉及模量的大幅改变。这时对应的温度通常被称为玻璃化转变温度 T_g。

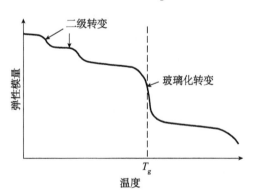

图 7.4　典型聚合物模量的温度依赖性

7.1.3　结晶与夹杂

　　虽然半结晶聚合物的黏弹性行为一般表现为四个特征区域，但通常被划定为无定形聚合物，没有进行明确定义，如图 7.5 所示的由 Schmieder 与 Wolf[4] 获得的聚三氟氯乙烯（CClF—CF₂）ₙ 以及聚氟乙烯（CH₂CHF）ₙ 数据。对于半结晶

聚合物，在玻璃化转变区产生的模量降低比无定形聚合物低很多，大概低一到两个数量级，而模量或者损耗因子随着温度和频率的改变变化比较缓慢，表现出更宽的松弛时间谱。在高温下（或者低频下），分子运动被结晶区严重限制，这时将聚合物看成是橡胶态是不正确的。Thompson 与 Woods[5]用聚对苯二甲酸乙二醇酯（PET）对这一现象进行了明确说明。PET 的特征是从熔体进行快速冷却时得到无定形态材料（图 7.6（a）），但是经慢速冷却或者进行热处理后呈现半结晶态（图 7.6（b））。

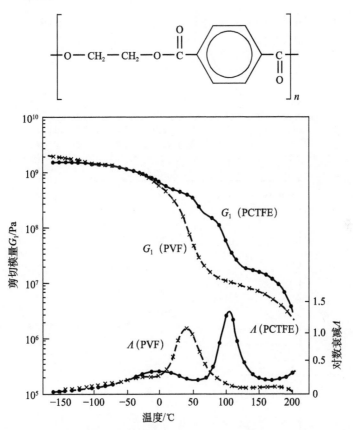

图 7.5 聚三氟氯乙烯与聚氟乙烯的剪切模量 G_1、对数衰减 Λ 与温度的函数关系图，频率约为 3Hz（Reproduced from Schmieder，K. and Wolf, K. (1953) Mechanische Relaxationserscheinungen an Hochpolymeren-Beziehungen ZurStruktur. Kolloidzeitschrift, 134，149. Copyright (1953) Springer Science+Business Media）

分子运动也可能受限于其他因素，例如纳米填料的添加。最近 Aharoni[6]对这一因素以及其他因素的影响进行了综述，尤其对玻璃化转变温度的影响进行了阐述。

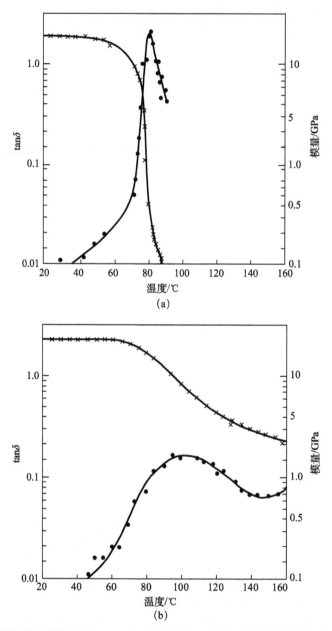

图 7.6　拉伸弹性模量与损耗因子 tanδ 随温度改变的曲线图，测量频率约为 1.2Hz；非取向
无定形态 PET（a），非取向半结晶 PET（b）：（×）模量，（·）tanδ（Reproduced from
Thompson, A. B. and Woods, D. W.（1956）The transitions of polyethylene terephthalate.
Trans. Faraday Soc.，52，1383. Copyright（1956）Royal Society of Chemistry）

7.2 时温等效与叠加

时温等效最简单的解释是在某一温度下的黏弹性行为可以通过只改变时间尺度与另一温度下的黏弹性行为进行关联。如图 7.7（a）中蠕变柔度与时间的理想双对数曲线。温度 T_1 与 T_2 下的柔度可以通过在水平方向平移 $\log a_T$ 完全重合，这里 a_T 被称为转换因子。同样地（图 7.7（b）），在动态力学性能试验中，$\tan\delta$ 与频率的双对数曲线随着温度变化也可以用类似的转换关系进行转换。

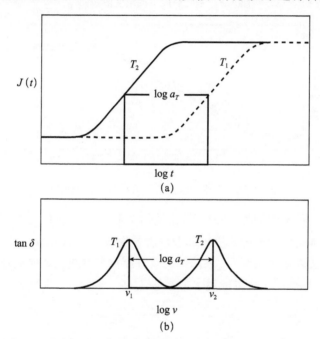

图 7.7 时温等效的简单图形表示。（a）柔度 $J(t)$-时间曲线，
（b）损耗因子，$\tan\delta$-频率曲线

试验过程如图 7.8 及图 7.9 所示。图 7.8 中蠕变柔度曲线中的每一条曲线一般都要花费 2h 以上，因此每组试验可能要花费几天时间才能完成，所用试样在最高使用温度下进行机械处理。然后用试验范围内任何温度作为参考值对每一条曲线沿着对数时间轴进行平移直到相互重合。转换因子随着温度的变化也被记录下来，用于与理论计算值进行对比。

Ferry 及其合作者们[7]，基于黏弹性分子理论，提出重合应该结合一个小的垂直转换因子 $T_0\rho_0/T\rho$，这里 ρ 为试验温度 T 下的材料密度，ρ_0 为参考温度 T_0 下的材料密度。McCrum 与 Morris[8] 提出了进一步的修正方法用于处理非松弛柔度与松弛柔度随温度变化的问题。

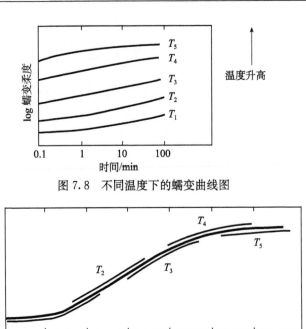

图 7.8　不同温度下的蠕变曲线图

图 7.9　经过将图 7.8 中曲线进行重合处理后得到的蠕变主曲线

这种情况的示意图如图 7.10。当比较两个温度 T_1 与 T_2 下的蠕变柔度曲线时，发现非松弛柔度与松弛柔度均随着温度发生改变。McCrum 与 Morris[8] 提出了一种计算方法以获得温度 T_1 下修正的或者简化柔度曲线，也就是图 7.10 中的虚线 $J_\rho^{T_1}(t)$。转换因子可以通过水平平移 $J_\rho^{T_1}(t)$ 与 $J^{T_2}(t)$ 进行重合得到。

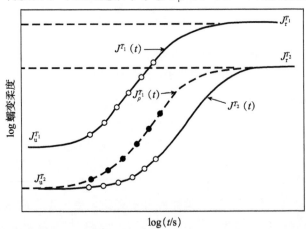

图 7.10　McCrum 简化实现蠕变数据的重合过程示意图。$J_r^{T_1}(t)$ 与 $J_u^{T_1}(t)$ 分别为 T_1 温度下的松弛柔度与非松弛柔度，$J_r^{T_2}(t)$ 与 $J_u^{T_2}(t)$ 分别为 T_2 温度下的松弛柔度与非松弛柔度

7.3 过渡态理论

用于处理黏弹性行为温度依赖性最简单的理论是过渡态理论或能垒理论。时间依赖性的过渡态理论起源于化学反应理论，并与 Eyring，Glasstone 等[9]的名字联系在一起。基本原理是两个分子如果能反应，它们必须首先形成活化中间体或者过渡态，这样才能分解形成最终的产物。

两个分子反应的势能图与分子内部旋转势能是十分接近的，在 1.2.1 节中已经进行了讨论。图 7.11 表明了一个单原子 A 与一个双原子分子 BC 反应生成双原子分子 AB 与单原子 C 的过程中势能的变化情况。中间过程形成了活化的中间体 A-B-C。

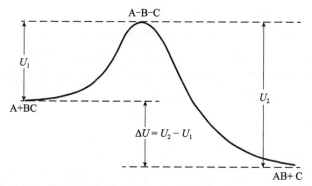

图 7.11　化学反应中的势能变化图（Adapted from Glasstone (1953)，Textbook of Physical Chemistry，2nd edn，Macmillan，London. Copyright (1953) Macmillan Publishing）

绝对反应速率理论论述如下。活化中间体可以用统计方法简化成一个普通分子，除非中间体除了具有三个平移自由度，还有一个沿着反应坐标的第四运动自由度。反应坐标是能够使最终反应物获得较小势能的方向。这一理论表明反应速率是两个量的产物，分别是形成活化中间体的概率以及活化中间体越过能垒的有效速率。越过能垒的有效速率，也就是活化中间体沿着反应坐标的低频振动速率，等于 kT/h。这里的频率指的是广义频率，它的大小只依赖于温度，与反应类型以及反应物的性能无关（k 为 Boltzmann 常量，h 为 Planck 常量）。由于最初反应物种类与过渡态之间存在某种平衡，形成活化中间体的概率是由 Boltzmann 因子 $e^{-\Delta G/RT}$ 的绝对值决定的，这里 ΔG 为反应物距离较远时的摩尔自由能与它们形成活化中间体时的摩尔自由能之差。对于在恒定压力情况下进行的反应，ΔG 为摩尔 Gibbs 自由能之差。

类似地，一个分子在两个旋转异构体之间跃迁的频率（1.2.1 节）可以通过公式（7.1）进行计算：

$$\nu = \frac{kT}{H}\mathrm{e}^{-\Delta G/RT} \tag{7.1}$$

这里 ΔG 为摩尔 Gibbs 自由能能垒大小。

这一公式表明分子构象的变化频率依赖于能垒大小而不是平衡位置之间的自由能之差。那么公式（7.1）可以写成

$$\nu = \frac{kT}{H}\mathrm{e}^{\Delta S/R}\mathrm{e}^{-\Delta H/RT} = \nu_0\,\mathrm{e}^{-\Delta H/RT} \tag{7.2}$$

公式（7.1）表明温度主要通过活化能 ΔH 的变化影响 ν 的大小。为了得到更好的近似，反应过程的活化能（实际上是焓）可以通过公式（7.3）进行计算：

$$\Delta H = -R\left[\frac{\partial\,(\ln\nu)}{\partial\,(1/T)}\right]_P \tag{7.3}$$

公式（7.2）被称为"Arrhenius 方程"，由于它是由 Arrhenius 首先提出的[10]，这一公式描述了温度对于化学反应速率的影响。

现在采取直观的方式（后面将用位置模型理论进行证明），也就是黏弹性行为可以通过一恒定的活化能与控制分子速率过程直接联系起来。

根据图 7.7（b）中的 $\tan\delta$ 曲线，在温度 T_1 与 T_2 时，$\tan\delta$ 的峰值分别出现在频率 ν_1 和 ν_2。假设 ν_1 与 ν_2 之间的关系式如下：

$$\frac{\nu_1}{\nu_2} = \frac{\mathrm{e}^{-\Delta H/RT_1}}{\mathrm{e}^{-\Delta H/RT_2}}$$

也就是

$$\log\frac{\nu_1}{\nu_2} = \log a_T = \frac{\Delta H}{R}\left\{\frac{1}{T_2} - \frac{1}{T_1}\right\} \tag{7.4}$$

因此，反应过程的活化能可以通过 $\log a_T$ 与绝对温度的倒数关系曲线得到。当 ΔH 值很大时，温度改变将导致频率的大幅度改变。聚合物的动态力学数据通常用 Arrhenius 方程与一个恒定活化能的方法进行处理。但在某些情况下，这样只能作为近似处理，因为可以通过试验实现的频率范围是有限的。通常，无定形聚合物和结晶聚合物玻璃化转变松弛行为的温度依赖性不适用于恒定活化能理论，这与局部分子松弛理论相反。

7.3.1　位置模型理论

位置模型理论基于过渡态理论，虽然最初是为了解释结晶固体的介电行为[11,12]，但现在也用于研究聚合物的力学松弛行为[13]。

位置模型的最简单理解是有两个位置，二者之间的平衡自由能差为 $\Delta G_1 - \Delta G_2$，摩尔自由能垒大小分别为 ΔG_1 与 ΔG_2（图 7.12）。

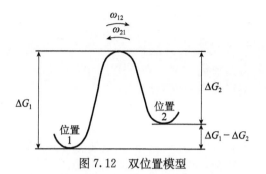

图 7.12 双位置模型

从位置 1 到位置 2 发生跃迁的概率为

$$\omega_{12}^0 = A' e^{-\Delta G_1 / RT} \tag{7.5}$$

而从位置 2 跃迁至位置 1 的概率为

$$\omega_{21}^0 = A' e^{-\Delta G_2 / RT} \tag{7.6}$$

这里 A' 为常数。(在某些处理方法中，分子构象的改变被假设成绕着某个分子键发生简单的 180°旋转。那么可以推算转换概率为 $2\omega_{12}^0$，这里 ω_{12}^0 为沿着顺时针或者逆时针方向跃迁的概率。)

为了产生力学松弛过程，必须通过施加外界应力使两个位置的能量差产生差异。位置 1 和位置 2 也会发生变化，假设这种变化与应变直接相关。例如，如果分子链的解缠结过程伴随着内部旋转，那么不难理解在分子水平上是如何产生应变的。局部分子链结构构象可以从折叠的顺式构象变成伸展的反式构象（见 1.2.1 节）。

假设施加应力 σ 将引起这两个位置的自由能发生小幅线性变化，那么，

$$\delta G_1' = \lambda_1 \sigma \tag{7.7}$$

并且

$$\delta G_2' = \lambda_2 \sigma \tag{7.8}$$

分别对应位置 1 和位置 2，这里 λ_1 与 λ_2 为与体积大小相关的常数。那么施加应力产生的转换概率 ω_{12} 和 ω_{21} 的计算公式为

$$\omega_{12} \cong \omega_{12}^0 \left[1 - \frac{\delta G_1'}{RT} \right] = \omega_{12}^0 \left[1 - \frac{\lambda_1 \sigma}{RT} \right] \tag{7.9}$$

这里 ω_{12}^0 为不施加应力时的转换概率。类似地，

$$\omega_{21} \cong \omega_{21}^0 \left[1 - \frac{\lambda_2 \sigma}{RT} \right] \tag{7.10}$$

位置 1 与位置 2 的速率方程分别为

$$\frac{dN_1}{dt} = -N_1 \omega_{12} + N_2 \omega_{21} \tag{7.11}$$

$$\frac{\mathrm{d}N_2}{\mathrm{d}t} = -N_2\omega_{21} + N_1\omega_{12} \tag{7.12}$$

这里可以将位置 1 的数目写成 $N_1 = N_1^0 + n$，同样，$N_2 = N_2^0 - n$，这里，N_1^0 与 N_2^0 分别为应力为 0 时各自的数量，$N_1^0 + N_2^0 = N_1 + N_2 = N$。

综合这些公式，进行合理地近似得到速率公式，

$$\frac{\mathrm{d}n}{\mathrm{d}t} + n(\omega_{12}^0 + \omega_{21}^0) = N_1^0\omega_{12}^0 \left[\frac{\lambda_1 - \lambda_2}{RT}\right]\sigma \tag{7.13}$$

这一公式表明了位置数目 n 的变化与时间的函数关系。假设位置数目的改变与得到的应变 e 直接相关，e 的计算公式为

$$e = e_u + n\bar{e} \tag{7.14}$$

在这一公式中，e_u 为瞬时弹性变形或未松弛弹性变形，并认为位置数目的每一次变化都会引起应变成比例的变化，比例值为 $\bar{e}$。

这样公式（7.13）可以写成

$$\frac{\mathrm{d}e}{\mathrm{d}t} + Be = C$$

这里 B 与 C 为常数。这与 Viogt 公式在形式上是类似的，且特征迟滞时间为 $\tau' = 1/B$，而 τ' 为

$$\tau' = \frac{1}{(\omega_{12}^0 + \omega_{21}^0)} = \frac{\mathrm{e}^{\Delta G_2/RT}}{A'[\exp\{-(\Delta G_1 - \Delta G_2)/RT\} + 1]} \tag{7.15}$$

由于 RT 相对于平衡自由能差通常很小，上式可以近似成

$$\tau' = \frac{1}{A'}\mathrm{e}^{\Delta G_2/RT} \tag{7.16}$$

公式（7.16）在形式上与公式（7.1）是一致的。

因此断定松弛过程的时间-温度行为是由无扰过渡概率决定的，并可以通过 ΔG_2 得到很好的近似，ΔG_2 为活化自由能。另一方面，松弛量大小[13,14]与下式成正比

$$p\left[\frac{\exp[-(\Delta G_1 - \Delta G_2)/RT]}{(1 + \exp[-(\Delta G_1 - \Delta G_2)/RT])^2}\right]\frac{(\lambda_1 - \lambda_2)^2}{RT}$$

p 为单位体积不同类型分子的数目。因此，无论在低温还是高温情况下，这一模型下的松弛强度都很低，并在自由能差（$\Delta G_1 - \Delta G_2$）与 RT 具有相同数量级时达到最大值。

这里需要强调的是位置模型只适用于具有恒定活化能的松弛过程，例如，半结晶聚合物的结晶区域在分子内产生的局部运动。聚合物玻璃化转变松弛行为的温度依赖性不适用于恒定活化能模型，这可能是因为试验频率范围是有限的。

7.4 无定形聚合物玻璃化转变黏弹性行为的时温等效方法与 Williams、Landel 与 Ferry (WLF) 方程

在考虑无定形聚合物玻璃化转变行为的时温等效问题时，可以用类似 Ferry 提出的处理方法[15]。为了证实本书中的处理方法，考虑无定形聚合物（如聚甲基丙烯酸正辛酯）储存柔度 J_1 对温度以及频率的关系曲线（图 7.13）。能够看出，随着温度变化，柔度-频率曲线的形状会发生很大变化。在高温条件下，基本存在一个恒定的高柔度值，也就是橡胶态柔度。在低温下，柔度也基本处于恒定值但是较低，被称为玻璃态柔度。在中间温度，是与频率相关的黏弹性柔度。

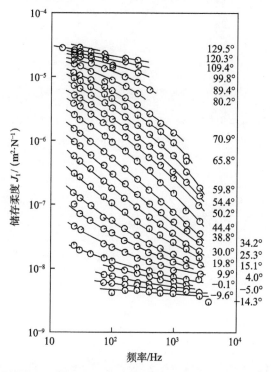

图 7.13 聚甲基丙烯酸正辛酯在玻璃化转变区的储存柔度与频率之间的关系图，图中画出了 24 个不同温度下的曲线（Adapted from Ferry, J. D. (1980) Viscoelastic Properties of Polymers, 3rd edn, John Wiley & Sons, New York, Ch. 11. Copyright (1960) John Wiley & Sons, Inc）

应用时温等效原理的最简单的方法是通过选择一个特征温度获得一条"通用柔度曲线"，然后只要在对数时间范围内进行水平平移使其他温度下的柔度曲线与这一特定温度下的曲线尽可能平滑地重合在一起。这一简单的方法十分接近

Ferry 及其合作者们采用的方法，但不完全相同。黏弹性分子理论表明当温度从实际开尔文温度 T（密度为 ρ）变成参考开尔文温度 T_0（密度为 ρ_0）时应该引入另一个小的垂直修正因子 $T_0 \rho_0 / T \rho$。这个垂直修正因子的物理意义基于分子理论，平衡模量在过渡区内随着温度改变的变化规律在一定程度上遵循橡胶弹性理论（见第 4 章）。这与分子松弛次数的变化有很大差异，在特定的时间和频率下，由于其影响黏弹性行为，分子松弛次数会影响模量的测量结果，实际上，相对于黏弹性行为的大幅变化，在聚合物黏弹性温度范围内，修正因子的作用很小。因此，只要在时间轴上进行一个简单的水平移动通常就足够了（图 7.14）。

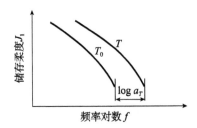

图 7.14　温度由 T 变为 T_0 所需要的转换因子 $\log a_T$ 示意图

这一方法可以得到在很宽的频率范围内储存柔度与频率之间的函数关系图，如图 7.15 所示。因此现在有可能计算迟滞时间谱，并将其与任何可能提出的理论模型进行对比。

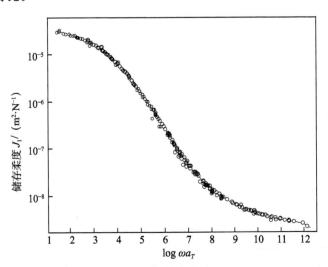

图 7.15　将图 7.13 中的曲线经合适的转换因子转化后获得的统一曲线，得到温度 T_0 下很宽频率范围内的柔度变化行为（Adapted from Ferry, J. D. (1980) Viscoelastic Properties of Polymers, 3rd edn, John Wiley & Sons, New York, Ch. 11. Copyright (1960) John Wiley & Sons, Inc)

本书也将讨论在对数时间坐标下水平移动的重要性，见图 7.16.

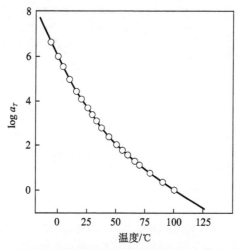

图 7.16　获得图 7.15 中曲线所用的转换因子 a_T 的温度依赖性经验曲线；曲线是利用 WLF 方程经选择合适的 T_g 或者 T_s 值得到的（Adapted from Ferry, J. D. (1980) Viscoelastic Properties of Polymers, 3rd edn, John Wiley & Sons, New York, Ch. 11. Copyright (1960) John Wiley & Sons, Inc）

　　Williams，Landel 与 Ferry 提出的重要发现是对于所有的无定形聚合物，这一转换因子-温度关系基本上是类似的，并发现关系式：

$$\log a_T = \frac{C_1(T-T_s)}{C_2+(T-T_s)}$$

这里 C_1，C_2 为常数，T_s 为对于一种特定聚合物的特征参考温度。这一公式对于所有的无定形聚合物在 $T=T_s\pm50℃$ 温度范围内都具有很好的适用性。这一公式被定义为"WLF 方程"[7]（在某些资料中也可以看到其他形式的 WLF 方程），WLF 方程最初被当成一经验公式，常数 C_1，C_2 起初是通过对聚异丁烯随意选择 $T_s=243K$ 的情况下确定的。

　　随着这一经验发现，一些新的论断出现了，如 WLF 方程是否存在更基础的表示方法。于是人们开始考虑膨胀玻璃化转变行为和应用自由体积概念。

　　玻璃化转变可以通过膨胀体积测量测定。如图 7.17，如果测量聚合物的特征体积随温度的变化曲线，曲线在某个特定温度下会发生斜率变化，称之为 T_g。首先，斜率的变化可能没有图中表现得那么明显。其次，众所周知，如果在很低的温度变化速率下进行膨胀体积测量，得到的玻璃化转变温度 T_g 会趋近于一恒定值。当加热速度从 $1K\cdot min^{-1}$ 降低到 $1K\cdot d^{-1}$ 时，T_g 变化值只有 2~3K。因此，基本可以定义 T_g 是一个与温度变化速率无关的值，至少通过上述方法能够得到很好的近似。

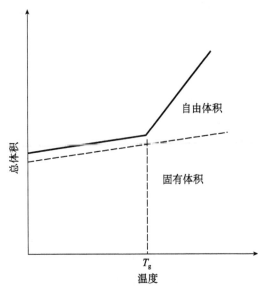

图 7.17　对于典型的无定形聚合物体积-温度之间的关系曲线

可以证实原来的 WLF 方程可以用体积膨胀玻璃化转变温度的形式重新写成

$$\log a_T = \frac{C_1^g(T-T_g)}{C_2^g+(T-T_g)}$$

这里 C_1^g 与 C_2^g 是新的常数，并且 $T_g=T_s-50\,℃$。

另外，用自由体积概念的形式[7]，可以得到比较可靠的 WLF 方程的理论基础。对于液体，已经证实自由体积概念在讨论运动过程如黏度和扩散时是有用的。这些性能被认为与体积差 $\nu_f=\nu-\nu_0$ 是有关系的，这里 ν 为总的宏观体积，ν_0 为所有液体分子的实际体积，也就是"固有体积"，ν_f 为孔或洞的比例，也就是"自由体积"。图 7.17 给出了聚合物总体积的固有体积和自由体积划分图。结果证明固有体积随着温度增加单调增大。膨胀系数在温度 T_g 时的不连续性是由自由体积突然增加引起的。这表明控制黏弹性行为的某些特定的分子运动起始于温度 T_g，同时表明温度 T_g 时，分子时间尺度与试验时间尺度相当。这或许暗示 T_g 是本征热动力学温度。这一点还没有得到完全证实，Kovacs[16] 的研究表明膨胀体积法测得的 T_g 仍然有时间尺度依赖性，也就是加热速率。然而，如已经提过的，时间依赖性影响较小。因此，为了得到较好的近似，可以假设在温度上升到 T_g 前，自由体积是恒定的，然后随着温度升高呈线性增加。

自由体积分数 $f=\nu_f/\nu$ 可以表示成

$$f=f_g+\alpha_f(T-T_g) \tag{7.17}$$

这里 f_g 为玻璃化转变温度 T_g 时的自由体积分数，α_f 为自由体积膨胀系数。

现在 WLF 方程可以用很简单的方法得到。所有线性黏弹性行为模型都表明松弛时间可以用表达式 $\tau = \eta/E$ 进行表示（见 5.2.6 节的 Maxwell 模型），这里 η 为黏壶黏度，E 为弹簧模量。

如果相对于黏度 η 随温度的变化，模量 E 随着温度的变化可以忽略，能够证明温度从 T_g 变成 T 时的转换因子 a_T 可以通过式（7.18）表示

$$a_T = \frac{\eta_T}{\eta_{T_g}} \tag{7.18}$$

这里将介绍 Doolittle 黏度公式[17]，这一公式建立了黏度与自由体积之间的关系。这一公式是基于单体液体的试验数据，表示成

$$\eta = a\exp\left(\frac{b\nu}{\nu_f}\right) \tag{7.19}$$

这里 a 与 b 为常数。结合公式（7.18）及（7.19），Doolittle 黏度公式可以写成

$$\ln a_T = b\left\{\frac{1}{f} - \frac{1}{f_g}\right\} \tag{7.20}$$

取代 $f = f_g + \alpha_f(T - T_g)$，得到

$$\log a_T = -\frac{(b/2.303 f_g)(T - T_g)}{f_g/\alpha_f + T - T_g} \tag{7.21}$$

这就是 WLF 公式。

Ferry 与他的合作者们进行了更加深入的研究以得到 WLF 公式的准确表达式。可以看出通过改变常数 C_1^g，C_2^g 能够对不同聚合物数据得到更好的拟合结果，同时通过 C_1^g，C_2^g 的真实值能够获得 f_g 与 α_f 的值，这在物理意义上似乎是正确的。推荐读者阅读 Ferry 书中[15]对这些观点的详细论述。然而，本书将证明对于大部分无定形聚合物，在玻璃化转变温度下自由体积分数 f_g 为 0.025 ± 0.003。自由体积热膨胀系数 α_f 为一个更加不确定的量，但是符合物理意义的"通用"平均值 $4.8 \times 10^{-4} \mathrm{K}^{-1}$。

最后本书通过用过渡态模型推导 Bueche[18]导数曲线来讨论 WLF 方程。

通过用下述公式计算控制分子过程的频率 ν，有可能建立基于自由体积的过渡态理论：

$$\nu = A\int_{f_c}^{\infty} \phi(f)\mathrm{d}f$$

假设当局部自由体积分数 f 超过了某个临界值 f_c 时，部分结构单元就能够自由移动。

Bueche 对 $\phi(f)$ 进行求值，经过一些近似过程能够得到

$$\nu = \nu_g\exp\left\{-Nf_c\left[\frac{1}{f} - \frac{1}{f_g}\right]\right\} \tag{7.22}$$

ν_{g} 为 T_{g} 温度下的频率，如果 $f = f_{\mathrm{g}} + \alpha_{\mathrm{f}}\,(T - T_{\mathrm{g}})$，可以得到

$$\ln \frac{\nu}{\nu_{\mathrm{g}}} = \frac{(N f_{\mathrm{c}} / f_{\mathrm{g}})(T - T_{\mathrm{g}})}{T - T_{\mathrm{g}} + f_{\mathrm{g}} / f} \tag{7.23}$$

假设转换因子 α_T 与控制分子过程的频率比之间有直接联系，那么公式（7.23）在形式上与公式（7.21）类似。也可以推断公式（7.22）为 Doolittle 公式（7.20）的 Bueche 近似。

　　总之，为了使时温等效理论更加严谨，需要进行必要的简化。在分子水平上，分子运动过程的松弛次数必须与温度变化一致。在现象学术语中，随着温度增加，松弛时间谱一定作为一个整体在对数时间轴上向更短的时间移动。

　　Staverman 与 Schwarzl[19] 简单地将这些材料称为热流变性，Lee 与他的同事们[20] 得到了这一假设的理论推论过程，因此在不同温度下黏弹性固体变形的复杂问题就能够解决了。

7.4.1　Williams、Landel 与 Ferry 公式，自由体积理论和其他相关理论

　　WLF 方程给出了时温等效理论的转换因子：

$$\log a_T = \frac{C_1^{\mathrm{g}}(T - T_{\mathrm{g}})}{C_2^{\mathrm{g}} + (T - T_{\mathrm{g}})}$$

这一公式可以被理解为描述聚合物温度从玻璃化转变温度 T_{g} 升高到测量温度 T 时，内部黏度的变化（公式（7.18））。

　　因此，WLF 公式可以写成

$$\log \eta_T = \log \eta_{T_{\mathrm{g}}} + \frac{C_1^{\mathrm{g}}(T - T_{\mathrm{g}})}{C_2^{\mathrm{g}} + (T - T_{\mathrm{g}})}$$

这里 η_T，$\eta_{T_{\mathrm{g}}}$ 分别为聚合物在温度 T，T_{g} 时的黏度。这一公式表明在温度 $T = T_{\mathrm{g}} - C_2^{\mathrm{g}}$（例如，对于 WLF 方程的通用形式，$T = T_{\mathrm{g}} - 51.6$）时，聚合物的黏度是无限大的。

　　这就产生了这样的观点：WLF 公式应该在分子级别上与温度 $T = T_{\mathrm{g}} - 51.6$ 建立联系，称之为 T_2，而不是膨胀玻璃化转变温度 T_{g}。

　　根据这一观点可以得到两种不同的基本理论：

　　（1）自由体积理论被修正后，自由体积随温度的变化在温度 T_2 时表现出不连续性，而不是 T_{g}。这将在 7.4.2 节进行讨论。

　　（2）温度 T_2 被认为是真实热动力学转变温度。修正后的过渡态理论表明分子跃迁的频率与分子链段上基团的协同运动有关。协同运动的链段数目可以通过统计热动力学方法进行计算。这是 Adam 与 Gibbs[21] 的理论，将在 7.4.3 节进行讨论。

7.4.2 Cohen 与 Turnbull 自由体积理论

Cohen 与 Turnbull[22] 提出自由体积 ν_f 对应过剩体积 $\nu - \nu_0$（ν 为测得的总特征体积，ν_0 为 7.4 节中提到的固有体积），过剩体积可以在不改变能量的情况下进行重新分布。于是基于分子周围其他分子形成"笼状"结构的结论，可以假设在高于某一临界温度情况下分子链发生重排不会引起能量改变，临界温度被认为是 T_2，这时笼子达到一个邻近尺寸。

因此，

$$\nu_f = 0, \quad T < T_2$$

并且，

$$\nu_f = \alpha \bar{\nu}_m (T - T_2), T \geqslant T_2$$

这里 α 为平均热膨胀系数，$\bar{\nu}_m$ 为在温度 T_2 到 T 范围内，分子体积 ν_0 的平均值。

对于黏度方程：

$$\eta = a\exp(b\nu/\nu_f)$$

可以得到

$$\eta = a\exp\frac{B'}{T - T_2}$$

这里 B' 为一常数，相应的平均弛豫时间：

$$\tau = \tau_0 \exp\frac{B'}{T - T_2}$$

介电弛豫试验证明了该方程对于无定形聚合物的有效性。正如前面讨论过的，设定 $T = T_g - 51.6$ 得到了 WLF 方程，当温度接近 T_2 时，由于自由体积的消失，弛豫时间将变得无限长。

7.4.3 Adam 与 Gibbs 统计热动力学理论

Gibbs 与 Di Marzio[23,24] 提出膨胀体积法得到的 T_g 是聚合物在温度 T_2 时真实平衡二级转变的表现形式。经进一步推演，Adam 与 Gibbs[21] 证明了 WLF 方程的演变过程。在他们的理论里，分子跃迁频率由下式给出：

$$\nu_c = A\exp-\frac{n\Delta G^*}{kT} \tag{7.24}$$

这里 A 为常数（在过渡态理论下，$A = kT/h$），ΔG^* 为阻止链段重排的平均自由能差（能垒高度），n 为作为一个单元协同作用产生构型重排的链段数目。

Adam 与 Gibbs 理论的精髓是 n 可以通过动力学平衡理论进行计算，方法如下：

如果 S 为系统的构象熵，也就是链段的摩尔熵，

$$S = \frac{N_A}{n} s_n \tag{7.25}$$

这里 N_A 为 Avogadro 数目，s_n 为一个包含 n 个链段的单元的熵值。因此，

$$n = \frac{N_A s_n}{S}, \quad \nu_c = A \exp \frac{-N_A s_n \Delta G^*}{SkT} \tag{7.26}$$

假设 s_n 不依赖于温度，那么任何温度下系统的构象熵 S 都可以根据恒定压力下的比热进行直接计算。

进一步假设在热动力学转变温度 T_2 下 $S=0$。用分子的形式表示，n 变成无限大，系统能够进行重排的构象个数为 0。可以注意到虽然假设温度 T_2 下 S 的值为 0，分子链构象也未必是（或者实际上并非）完整有序状态。

这样可以得到温度 T 下的熵值 S（T）为

$$S(T) = \Delta C_p \ln \frac{T}{T_2} \tag{7.27}$$

这里 ΔC_p 为过冷液体与玻璃态下的固体（温度为 T_g 时）之间的比热差，并假设在关注的温度范围内为常数。

替换 S（T）并进行一定程度的近似，可以发现

$$\nu_c = A \exp \frac{-N_A \Delta G^* s_n}{k \Delta C_p (T - T_2)} \tag{7.28}$$

这给出了下面形式的松弛时间方程：

$$\tau = \tau_0 \exp \frac{B}{T - T_2}$$

从这一公式中能够看到如果假设 $T = T_g - 51.6$，这一公式将简化成 WLF 方程。

7.4.4　对于自由体积理论的异议

Hoffman，Williams 以及 Passaglia[13] 对自由体积理论提出了一系列反对观点。Williams[25] 表明聚丙烯酸甲酯与聚环氧丙烷在恒定压力和恒定体积下表现出基本类似的 β- 松弛行为。然而，在自由体积理论中，由于固有体积 ν_0 是随着温度升高而增加的，所以会导致这两种情况下的结论截然不同。Williams 得出结论表明介电松弛时间不是体积的单调函数。这说明在总体积不变的情况下，当温度和压力发生改变时，自由体积也会发生变化。因此，又产生了以下形式的方程：

$$\eta = \eta_0 \exp U_\eta / R(T - T_2), \quad \tau = C \exp U_\tau / R(T - T_2)$$

这一公式应该源于比自由体积理论更加基础的理论。

7.5　基于独立柔性链运动的简正波理论

本书至今已经讨论了两类理论，一类是基于位置模型，另一类是基于 WLF

方程，以及 WLF 方程的分支。它们都用于分析时温等效问题。位置模型用于预测恒定自由能，更适用于解释局部链运动引起的松弛转变行为，而 WLF 方程理论用于解释无定形聚合物的玻璃化转变行为。

在无定形聚合物的引言部分（7.1.1 节）讨论了无定形聚合物的松弛谱，结果发现其十分复杂。本书将要讨论的简正波理论，是试图同时预测无定形聚合物的松弛谱和时温等效行为。

这些理论与 Rouse，Bueche 以及 Zimm[26-28] 等的名字联系在一起，用一系列线性微分方程表示黏性液体中聚合物链运动的方法。它们本质上是稀薄液体理论，但是可以看到，这些理论可以扩展用于预测纯聚合物的行为，这或许是十分出乎意料的。由于其简单，本书将对 Rouse[26] 理论进行叙述。

每条聚合物链都被认为包含很多个链段。这与橡胶网络的结构类似，其中由聚合物链连接交联点（图 7.18 (a)）。那么可以将聚合物分子描述成一系列由弹簧连接的珠子，特征是基于橡胶弹性的高斯理论自由组装链（图 7.18 (b)）。珠子之间的聚合物链长度都是相同的，这一部分聚合物链足够长以使两端距离近似服从高斯概率分布。假设只有珠子与溶剂分子直接相互作用。如果一颗珠子位置偏离了其平衡位置，就会有两种不同的作用力作用在这颗珠子上；一，由珠子与溶剂分子之间的黏性相互作用产生的力；二，由于 Brownian 扩散运动分子链为了恢复熵值最大状态产生的作用力。

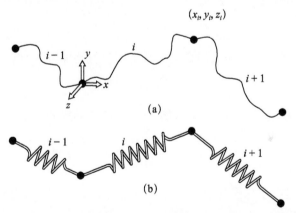

图 7.18 Rouse 模型。(a) 链网络模型；(b) 弹簧与珠子相结合形成的网络模型示意图

假设位于点 $(x_i y_i z_i)$ 的珠子在第 i 个分子与第 $i+1$ 个分子链段之间运动。坐标的起点是第 $i-1$ 个与第 i 个分子链段之间的珠子，这是第 i 个分子链段的另一端。

对于分子链段中连接点的高斯分布，这颗珠子在体积单元 $dx_i dy_i dz_i$ 中位于点 $x_i y_i z_i$ 的概率为

$$p_i(x_i\,y_i\,z_i)\mathrm{d}x_i\,\mathrm{d}y_i\,\mathrm{d}z_i = \frac{b^3}{\pi^{\frac{3}{2}}}\exp\{-b^2(x_i^2+y_i^2+z_i^2)\}\mathrm{d}x_i\,\mathrm{d}y_i\,\mathrm{d}z_i$$

这里，

$$b^2 = \frac{3}{2z\,l^2}$$

l 为每个连接链段的长度；n 为分子链中连接点的数目，m 为分子链段的数目，可以得到 $z=n/m$，为一个分子链段中连接点的数目。

于是整条链的构象概率可以用 $3m$ 维空间内的一点来表示。这一点在体积单元 $\mathrm{d}x_1\mathrm{d}y_1\cdots\mathrm{d}z_m$ 中位于点 $x_1y_1\cdots z_m$ 的概率为

$$P_m\mathrm{d}x_1\cdots\mathrm{d}z_m = \prod_{i=1}^{m} p_i(x_i\,y_i\,z_i)\,\mathrm{d}x_i\,\mathrm{d}y_i\,\mathrm{d}z_i$$

$$= \left(\frac{b^3}{\pi^{\frac{3}{2}}}\right)^m\exp\left\{-b^2\left[\sum_{i=1}^{m}x_i^2+y_i^2+z_i^2\right]\right\}\mathrm{d}x_1\cdots\mathrm{d}z_m$$

在平衡状态下，x_i，y_i 以及 z_i 坐标的最大可能值是 0，这时每条分子链段都处于卷曲构型。任何离开平衡位置的改变都将会导致熵值变小 ΔS，或者 Helmholtz 自由能增加 $\Delta A=-T\Delta S$（所有构型被认为具有相同大小的内能）。

考虑由于第 i 条分子链段离开平衡位置（0，0，0）产生位移造成 x_i 的改变，x_i 的改变是参考一特定坐标系，坐标系的起点是第 $i-1$ 个与第 i 个分子链段之间的珠子。这样会存在一回复力

$$T\left(\frac{\partial S_m}{\partial x_i}-\frac{\partial S_m}{\partial x_{i-1}}\right)$$

这是第 $i-1$ 个与第 i 个分子链段之间的珠子产生位移导致的回复力。

$$T\left(\frac{\partial S_m}{\partial x_{i+1}}-\frac{\partial S_m}{\partial x_i}\right)$$

是第 i 个分子与第 $i+1$ 个分子之间的珠子产生位移导致的回复力。

总的运动方程为

$$\eta\dot{x}_i = T\left(2\frac{\partial S_m}{\partial x_i}-\frac{\partial S_m}{\partial x_{i-1}}-\frac{\partial S_m}{\partial x_{i+1}}\right) \tag{7.29}$$

η 为摩擦系数，定义了珠子与溶剂之间的黏性相互作用。S_m 为构象 $x_1\,y_1\cdots z_m$ 的分子熵值，表示为

$$S_m = k\ln P_m \tag{7.30}$$

结合公式（7.29）与（7.30），得到

$$\eta\dot{x}_i + \frac{3kT}{z\,l^2}(2x_i-x_{i-1}-x_{i+1})=0 \tag{7.31}$$

对于坐标系 $x_1\,y_1\cdots z_m$ 会产生 $3m$ 个公式。如果建立位移与应变之间的直接联系，能够看到分子链的这些运动公式等同于 Viogt 单元方程，可以写成 $\eta e+\dot{E}e=0$。

因此这些公式被认为定义了一系列蠕变柔度与应力松弛模量或者是复合柔度与复合模量。

这里的数学问题是用一个正常的坐标系变换来分解这 $3m$ 个公式。这涉及获得特征函数，也就是分子链位置的线性组合。每一个特征函数描述了一种构象，这种构象随着一时间常数衰减，时间常数通过相应的特征值获得，也就是具有时间依赖性特征的某一个黏弹性单元。

对于应力松弛与动态力学性能试验，能够看到应力松弛模量 $G(t)$ 以及复合模量 $G_1(\omega)$ 的实部可以通过公式（7.32），（7.33）给出，

$$G(t) = NkT \sum_{p=1}^{m} \mathrm{e}^{-t/\tau_p} \tag{7.32}$$

$$G_1(\omega) = NkT \sum_{p=1}^{m} \frac{\omega^2 \tau_p^2}{1 + \omega^2 \tau_p^2} \tag{7.33}$$

这里 N 为每立方厘米中的分子数目，τ_p 为第 p 种模式下的松弛时间，通过下式给出：

$$\tau_p = z l^2 \eta \left[24kT \sin^2 \{ p\pi/2(m+1) \} \right]^{-1}, \quad p = 1, 2, \cdots, m \tag{7.34}$$

这些公式表明 $G(t)$ 与 $G_1(\omega)$ 由松弛时间的离散谱决定，每一个公式表征了一个特定的简正运动模式。这些简正运动模式如图 7.19 所示。第一个模式对应 $p=1$，分子的末端运动而中心保持不动。在第二种模式下，分子中有两个固定点。以此类推，第 p 种模式有 p 个固定点，而且有 $p+1$ 个分子在整个分子链上运动。

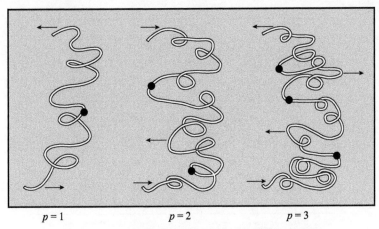

图 7.19 一个链分子的前三种简正运动模式示意图

在这一模型中，次分子是能够产生松弛的最短链段长度，并且次分子内链段的运动可以被忽略。但是当 $m \geqslant 5$ 时，这些链段运动对于松弛谱是有影响的。因此，Rouse 定律只适用于 $m \gg 1$，这样 τ_p 的公式可以简化成

$$\tau_p = \frac{m^2 z l^2 \eta}{6\pi^2 p^2 kT} = \frac{n^2 l^2 \eta_0}{6\pi^2 p^2 kT} \tag{7.35}$$

这里 $\eta_0 = \eta/z$，为每个自由连接点的摩擦系数。松弛时间与温度的相关系数包括：$1/T$，nl^2 以及 η_0，nl^2 为链端的平衡均方距离，随不同链构象的能量差异会产生变化；摩擦系数 η_0 的改变依赖于温度，会直接导致 τ_p 的改变。基于这种分子理论，每一个 τ_p 有相同的温度依赖性，这一现象表明它满足热流变简化方法，并给出了时温等效的理论依据。

Rouse 理论是最简单的聚合物松弛分子理论。Zimm[28] 后来的理论没有假设液体溶剂的流速不受聚合物分子运行的影响（自由排干假设）。他考虑运动着的次分子之间的动力学相互作用，又得到了修正的松弛谱。

Rouse，Zimm 以及 Bueche 理论适用于长松弛时间，涉及次分子运动。这一理论在聚合物稀溶液中已经得到证实，对于聚合物稀溶液来说，这一理论是最合适的[29,30]。值得强调的是，如果对摩擦系数进行适当修正，该理论对于固体无定形聚合物也是成立的（参考文献 [11]，第 13 章）。

Ferry 证实如果忽略三段最长的松弛时间，松弛时间 $H(\ln\tau)$ 分布可以用下式进行计算：

$$H(\ln\tau)\mathrm{d}(\ln\tau) = NkT\left(\frac{\mathrm{d}p}{\mathrm{d}\tau}\right)\mathrm{d}\tau \tag{7.36}$$

结合公式（7.35），可以得到

$$H(\ln\tau) = \left(\frac{Nnl}{2\pi}\right)\left(\frac{kT\eta_0}{6}\right)^{1/2}\tau^{-1/2} \tag{7.37}$$

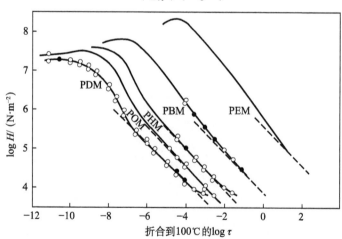

图 7.20   聚甲基丙烯酸正十二醇酯（PDM），聚甲基丙烯酸正辛醇酯（POM），聚甲基丙烯酸正己醇酯（PHM），聚甲基丙烯酸正丁酯（PBM）以及聚甲基丙烯酸乙酯（PEM）的松弛时间谱 $H(\ln\tau)$。虚线是根据 Rouse 理论推测的斜率为 -0.5 的理论曲线

(Adapted from Ferry, J. D. (1980) Viscoelastic Properties of Polymers, 3rd edn, John Wiley & Sons, New York, Ch. 11. Copyright (1960) John Wiley & Sons, Inc)

这一公式表明 $\log H$（$\ln \tau$）对 $\log \tau$ 的关系曲线斜率应该是 -0.5。五种甲基丙烯酸酯聚合物的试验与理论预测结果如图 7.20 所示，进一步确认了该理论对于长松弛时间的预测是合理的。Zimm 理论推测的斜率为 $-\frac{2}{3}$，可能对于较短的松弛时间而言更合理。在很短的松弛时间里，这一理论完全不适用，正如之前所阐述的，因为过程中涉及短链段的运动。另外，Williams[31] 提出：基于聚合物链的 Gaussian 统计学提出的理论只能适用于低模量聚合物（模量值低于10MPa）。

7.6 高缠结度聚合物动力学

对于高浓度聚合物溶液、熔体和固体聚合物，分子链不能相互穿越，每条链被约束在一条软管范围内[32]。软管的中心线定义了链在空间内的总体运动路径，被 Edwards 定义为初始链（图 7.21）。每条链将其所处的环境看成一条软管，因为无论在什么位置定义一条软管，都会产生很多缠结点，虽然其他链段都在运动。de Gennes[33] 将限制在一条软管范围内的聚合物链可能产生的运动方式描述成蛇形运动，并把这种现象称为"表层塌滑"。他假设了两种不同的运动形式。第一，由分子链结沿着分子链迁移引起的短程蠕动，这种情况下，最长松弛时间与分子量的平方成正比。第二，整条分子链在聚合物材料中的运动需要更长的时间。这种运动对应分子链重心的整体移动，特征时间与分子量的立方成正比。

图 7.21 高密度橡胶的链段 AB。A 点与 B 点代表交联点，图中黑点代表其他垂直于纸面的分子链，由于相互缠结，分子链被限制在一条软管状的区域内，如图中虚线画出的区域。粗线表示原始路径（Reproduced from Doi, M. and Edwards, S. F. (1978) J. Chem. Soc. Faraday Trans., 74, 1802. Copyright (1978) Royal Society of Chemistry）

Doi 与 Edwards[32] 扩展了 de Gennes 的研究成果，得到了很多力学现象的数学表达式，如大应变后产生的应力松弛。物理理论解释如图 7.22 所示，图中阴影部分代表软管的变形部分。这里（a）代表变形前的软管，这时原始链的构型处于平衡状态。这种变形被认为是仿射状的，因此每条分子链与宏观本体变形程度是一致的。（b）图展示了变形后的瞬时状态，原始链仍处于仿射变形构象；（c）是经过一特征时间 τ_R 后的状态，原始链已经沿着软管收缩恢复至其平衡外形长度。对于这些很短时间范围内的运动，软管的约束作用不明显，因此链段的运动与没有约束的 Rouse 链运动相同。因此这时的松弛时间 τ_R 等同于最长的 Rouse 松弛时间。经过一个更长的特征时间 τ_d 以后（图 7.22（d）），原始链经过表层塌陷离开了变形软管，τ_d 被称为逃离时间或塌陷时间，也就是最终或极限松弛时间。如果 N 为分子链中链段的数目，τ_d 与 N^3 成正比（比如与分子量的立方成正比），然而，τ_R 与 N^2 成正比。更详细的解释讨论请参考 Doi 与 Edwards 的文献[32]。

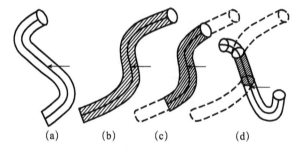

图 7.22　经过大应变后的应力松弛过程示意图。（a）变形前，原始链的构象处于平衡状态（$t=-0$）；（b）应变后的瞬时状态，原始链处于仿射变形构象（$t=+0$）；（c）经过时间 τ_R，原始链沿着软管收缩，恢复到平衡外形长度（$t \approx \tau_R$）；（d）经过时间 τ_d，原始链经过表层塌陷离开了变形软管（$t \approx \tau_d$）；虚线代表软管的变形部分（Reproduced from Doi, M. and Edwards, S. F. (1986) The Theory of Polymer Dynamics, Oxford University Press, New York. Copyright (1986) Oxford University Press）

　　最近的研究也阐述了最初 Doi-Edwards 表面塌陷理论的不足之处：一是不能解释低剪切速率下的线性行为，二是不能解释高剪切速率下的非线性行为。Doi-Edwards 线性表面塌陷理论表明 τ_d 与 N 的指数关系式为 N^3，然而，有大量的试验证据表明黏度与分子量 M 之间的指数关系为 $M^{3.4}$。此外，线性理论预测在中频范围内，动态损耗模量 $G_2(\omega)$ 与 $\omega^{-1/2}$ 成正比，然而，试验结果表现出更弱的频率依赖性，根据分子链长度，幂律关系在 $-1/4 \sim 0$。

　　3.4 比例的物理起源是一部分应力松弛的原因，这个过程比表面塌陷更快，随着 N 变大，这一过程变得不那么重要，因此黏度增大速率比近似 N^3 关系要快；与分子量呈表观 3.4 次方的关系。Doi[34] 把这一更快的过程称为伸直长度波动。这些波动包括分子链在软管内的收缩然后伸长超出软管，这样软管末端的取向会被忽略，部分应力会发生松弛。Milner 与 McLeish[35] 提出了单分散线型聚合物熔体应力松弛的定量理论，该理论同时结合了表面塌陷理论与伸直长度波动现象。这一理论的基础是线型分子链可以被认为是有两条手臂的星形结构。在星形聚合物中，表面塌陷不会发生，因为这些手臂有多根软管。应力通过手臂回缩发生松弛，这样星状聚合物通过沿着软管向支化点的波动产生收缩，例如，类似于 Doi 提出的伸直长度波动理论。

这样应力松弛模量 $G(t)$ 就可以分为三部分：

（1）由软管末端产生的伸直长度波动现象引起的高频模式；

（2）由表面塌陷产生的低频模式；

（3）超高频率（短时间）Rouse 模式，这时软管的限制可以忽略。

Milner-McLeish 理论预测了单分散聚苯乙烯熔体的损耗模量 $G_2(\omega)$，除了获得黏度与分子量成 3.4 比例，对于高分子量，这一指数关系变成了 3。最近，Likhtman 与 McLeish[36] 建立了一个更加合理的应力松弛模量表达式，这一表达式结合了伸直长度波动现象，沿着软管的纵向应力松弛以及约束消除，这里没有专门讨论软管破碎现象。Milner 与 McLeish 对之前的推测方式进行了一些修正，但是 Likhtman-McLeish 理论的先进之处在于其具有很好的自洽性，避免了原始理论中的很多近似。

Doi-Edwards 模型对于描述高剪切速率下的非线性行为也有一些不足，高剪切速率下黏度与剪切速率不成严格的直线关系。Doi-Edwards 理论推测黏度 $\eta(\dot{\gamma})$ 随着 $\dot{\gamma}$ 增大而减小（剪切变稀）的指数关系为 $\dot{\gamma}^{-3/2}$，这就表明了剪切应力与 $\dot{\gamma}$ 的函数关系存在最大值，这一点人们还没有发现。剪切变稀现象是流动时缠结分子链网络取向引起的。Marrucci[37] 提出取向程度变小是由于对流约束解除，这与分子链松弛（如收缩）有关，这种松弛是由于流动使分子链产生仿射状拉伸后，在其软管范围内收缩至其平衡长度引起的。Marrucci 与其他学者基于这一思想建立了非线性行为理论[38,39]。

另一个方法是对流约束解除可以被认为是由于软管的跳跃运动，与 Rouse 动力学理论最为相似[40]，Milner，McLeish 与 Likhtman[41] 用分析法建立了这一理论，这一理论预测剪切应力随着剪切应变速率的增加而单调增加，对于聚合物熔体而言没有应力最大值。

考虑将 Doi-Edwards 理论用于推测动态模量 G_1，G_2 与频率之间的函数关系，读者可以参阅 Doi-Edwards 与其合作者们对于聚苯乙烯的研究论文[42-44]。

软管理论用于缠结柔性聚合物熔体中的动力学研究已经由 McLeish[45] 进行了详细综述。这一综述阐释了当前对于表面塌陷、伸直长度波动以及约束解除的理解，并对结构中包含很长支链的具有复杂拓扑结构的聚合物进行了讨论。

参 考 文 献

[1] Marvin, R. S. (1954) The dynamic mechanical properties of polyisobutylene, in Proceedings of the Second International Congress of Rheology (ed. V. G. W. Harrison), Butterworths, London, pp. 156 - 164.

[2] Marvin, R. S. and Oser, H. (1962) Model for the viscoelastic behavior of rubber like polymers including entanglement effects. J. Res. Natl Bur. Stand. B, 66, 171.

[3] Marvin, R. S. and Bergen, J. T. (1960) Viscoelasticity: Phenomenological Aspects, Academic Press, New York, p. 27.

[4] Schmieder, K. and Wolf, K. (1953) Mechanische Relaxationsercheinungen an Hoch polymeren-Beziehungen Zur Struktur. Kolloidzeitschrift, 134, 149.

[5] Thompson, A. B. and Woods, D. W. (1956) The transitions of polyethylene terephthalate. Trans. Faraday Soc. , 52, 1383.

[6] Aharoni, S. M. (1998) Increased glass transition temperature in motionally constrained semicrystalline polymers. Polym. Adv. Technol. , 9, 169.

[7] Williams, M. L. , Landel, R. F. and Ferry, J. D. (1955) Mechanical properties of substances of high molecular weight. 19. The temperature dependence of relaxation mechanisms in amorphous polymers and other glass-forming liquids. J. Am. Chem. Soc. , 77, 3701.

[8] McCrum, N. G. and Morris, E. L. (1964) On measurement of activation energies for creep and stress relaxation. Proc. R. Soc. , A281, 258.

[9] Glasstone, S. , Laidler, K. J. and Eyring, H. (1941) The Theory of Rate Processes, McGraw-Hill, New York.

[10] Arrhenius, Z. (1889) Über die Reaktionsgeschwindigkeitbei der Inversion von Rohrzuckerdurch Säuren. J. Physik. Chem. , 4, 226.

[11] Debye, P. (1945) Polar Molecules, Dover, New York.

[12] Fröhlich, H. (1968) Theory of Dielectrics, 2nd edn, Oxford University Press, Oxford.

[13] Hoffman, J. D. , Williams, G. and Passaglia, E. (1966) Analysis of alpha beta and gamma relaxations in polychlorotrifluoroethylene and polyethylene—dielectric and mechanical properties. J. Polym. Sci. , C, 14, 173.

[14] Wachtman, J. B. (1963) Mechanical and electrical relaxation in ThO_2 containing CaO. Phys. Rev. , 131, 517.

[15] Ferry, J. D. (1980) Viscoelastic Properties of Polymers, 3rd edn, John Wiley & Sons, New York, Ch. 11.

[16] Kovacs, A. (1958) La Contraction Isotherme Du Volume Des Polymeres Amorphes. J. Poym. Sci. , 30, 131.

[17] Doolittle, A. K. (1951) Studies in Newtonian flow. 2. The dependence of the viscosity of liquids on free-space. J. Appl. Phys. , 22, 1471.

[18] Bueche, F. (1953) Segmental mobility of polymers near their glass temperature. J. Chem. Phys. , 21, 1850.

[19] Staverman, A. J. and Schwarzl, F. (1956) Die Physik der Hochpolymeren, Springer-Verlag, Berlin, Chap. 1.

[20] Lee, E. H. (1960) Viscoelastic stress analysis, in Proceedings of the First Symposium on Naval Structural Mechanics (London), (eds J. N. Goodier and J. F. Hoff), Pergamon Press, Oxford, p. 456.

[21] Adam, G. and Gibbs, J. H. (1965) On temperature dependence of cooperative relaxation properties in glass-forming liquids. J. Chem. Phys. , 43, 139.

[22] Cohen, M. H. and Turnbull, D. (1959) Molecular transport in liquids and glasses. J. Chem. Phys. , 31, 1164.

[23] Gibbs, J. H. and di Marzio, E. A. (1958) Nature of the glass transition and the glassy state. J. Chem. Phys. , 28, 373.

[24] Gibbs, J. H. and di Marzio, E. A. (1958) Chain stiffness and the lattice theory of polymer phases. J. Chem, Phys. , 28, 807.

[25] Williams, G. (1964) Complex dielectric constant of dipolar compounds as function of temperature, pressure and frequency. 1. Alpha-relaxation of polymethylacrylate. Trans. Faraday Soc. , 60, 1548.

[26] Rouse, P. E. (1953) A theory of the linear viscoelastic properties of dilute solutions of coiling polymers. J. Chem. Phys. , 21, 1272.

[27] Bueche, F. (1954) The viscoelastic properties of plastics. J. Chem. Phys. , 22, 603.

[28] Zimm, B. H. (1956) Dynamics of polymer molecules in dilute solution—viscoelasticity, flow birefringence and dielectric loss. J. Chem. Phys. , 24, 269.

[29] Tschoegl, N. W. and Ferry, J. D. (1963) ViskoelastischeEigenschaften von Poly-isobutylenen in VerdunntenLosungen. Kolloidzeitschrift, 189, 37.

[30] Lamb, J. and Matheson, A. J. (1964) Viscoelastic properties of polystyrene solutions. Proc. Roy. Soc. A, 281, 207.

[31] Williams, G. (1962) Upper limit of the shear modulus calculated from the Rouse theory. J. Polymer Sci. , 62, 87.

[32] Doi, M. and Edwards, S. F. (1986) The Theory of Polymer Dynamics, Oxford University Press, New York.

[33] de Gennes, P. G. (1971) Reptation of a polymer chain in presence of fixed obstacles. J. Chem. Phys. , 55, 572.

[34] Doi, M. (1983) Explanation for the 3. 4-power law for viscosity of polymeric liquids on the basis of the tube model. J. Polym. Sci. Polym. Phys. Ed. , 21, 667.

[35] Milner, S. T. and McLeish, T. C. B. (1998) Reptation and contour-length fluctuations in melts of linear polymers. Phys. Rev. Lett. , 81, 725.

[36] Likhtman, A. E. and McLeish, T. C. B. (2002) Quantitative theory for linear dynamics of

linear entangled polymers. Macromolecules, 35, 6332.

[37] Marrucci, G. (1996) Dynamics of entanglements: a nonlinear model consistent with the Cox-Merz rule. J. Non-Newtonian Fluid Mech. , 62, 279.

[38] Ianniruberto, G. and Marrucci, G. (1996) On compatibility of the Cox-Merz rule with the model of Doi and Edwards. J. Non-Newtonian Fluid Mech. , 65, 241.

[39] Mead, D. W. , Larson, R. G. and Doi, M. (1998) A molecular theory for fast flows of entangled polymers. Macromolecules, 31, 7895.

[40] Viovy, J. L. , Rubinstein, M. and Colby, R. H. (1991) Constraint release in polymer melts-tube reorganization versus tube dilation. Macromolecules, 24, 3587.

[41] Milner, S. T. , McLeish, T. C. B. and Likhtman, A. E. (2001) Microscopic theory of convective constraint release. J. Rheol, 45, 539.

[42] Janeschitz-Kriegl, H. (1982) Some pending problems in polymer melt rheology, as seen from the point of view of Doi slip-link model. Rheol. Acta. , 21, 388.

[43] Schausberger, A. , Schinlauer, G. and Janeschitz-Kriegl, H. (1985) Linear elastico-viscous properties of molten standard polystyrenes. 1. Presentation of complex moduli-role of short-range structural parameters. Rheol. Acta. , 24, 220.

[44] Schindlauer, G. , Schausberger, A. and Janeschitz-Kriegl, H. (1985) Linear elastico-viscous properties of molten standard polystyrenes. 2. Improvement of conventional characterization on molar mass-distribution. Rheol. Acta. , 24, 228.

[45] McLeish, T. C. B. (2002) Tube theory of entangled polymer dynamics. Adv. Phys. , 51 (6), 1379.

第8章 各向异性力学行为

8.1 各向异性力学行为介绍

取向聚合物严格意义上应该被定义为各向异性非线性黏弹性材料。因此对于各向异性力学行为的全面了解是一项很大的挑战。在本章中，将只就小应变行为进行讨论。

各向异性弹性固体在小应变下的力学性能用通用的胡克定律定义为

$$e_{ij} = s_{ijkl}\sigma_{kl}, \quad \sigma_{ij} = c_{ijkl}e_{kl}$$

这里，s_{ijkl} 是柔度常数，c_{ijkl} 为刚度常数。这在第 2 章已经进行了讨论。这一表达式的应用不仅仅限于讨论无时间依赖性的行为。柔度常数与刚度常数是有时间依赖性的，在逐步加载试验中被定义为蠕变柔度与松弛刚度，或者在动态力学测量中被定义为复合柔度与复合刚度。为了简化，测量方法通常被标准化，例如，施加相同的力学加载程序与相同的时间间隔进行蠕变柔度测量。在这样的测量过程中，假设弹性与线性黏弹性行为之间存在严格的平衡关系，如 Biot 提出的[1]。

对于一弹性材料，对称要素的存在导致不相关的弹性常数数目减少，对于各向异性线性黏弹性行为也进行了相应的参数简化，虽然没有足够的试验来证实这条理论能够适用于所有情况[2]。

关于数据描述，需要强调两点：

(1) 实际上，通常用简化的表达式：

$$e_p = s_{pq}\sigma_q, \quad \sigma_p = c_{pq}e_q$$

如 2.5 节中所说的，σ_p 代表 σ_{11}，σ_{22}，$\cdots$，σ_{12} 等，e_p 代表 e_{11}，e_{22}，$\cdots$，e_{12} 等，在柔度矩阵 s_{pq} 与刚度矩阵 c_{pq} 中，p，q 取值 1，2，$\cdots$，6。

将 s_{ijkl} 与 c_{ijkl} 标记法变换成简化标记法的变换法则在 2.5 节中已经进行了阐述。应该记住工程应变 e_p 不是张量的分量。相同地，6×6 柔度矩阵 s_{pq} 不代表张量，因此张量控制理论不适用。如后面将要演示的，为了解决从一个坐标系变换到另一个坐标系所带来的问题，使用原始的张量标记法是更加合理的，如 e_{ij}，σ_{kl} 以及 s_{ijkl}，c_{ijkl}。

(2) 用柔度常数的形式来进行相关研究比刚度常数通常更加方便。这是由于在试验过程中，施加一个确定形式的简单应力，如拉伸应力或剪切应力，来测量相应的应变更容易，例如，

$$e_1 = s_{11}\sigma_1 + s_{12}\sigma_2 + s_{13}\sigma_3 + s_{14}\sigma_4 + s_{15}\sigma_5 + s_{16}\sigma_6$$

柔度常数 s_{11}，s_{12}，s_{13} 可以通过施加应力 σ_1，σ_2，σ_3 等得到，在每种情况下测量 e_1。经过对不同试验方法的讨论，试验方法会变得更加明确。

8.2　聚合物的力学各向异性

8.2.1　具有纤维对称性试样的弹性常数

聚合物的力学各向异性在绝大多数情况下只限于对拉伸纤维与单轴拉伸薄膜的研究，这两种材料在垂直于拉伸方向的平面内都表现出各向同性特征。独立的弹性常数的数目减少为 5（文献 [3]，p.138）。选择方向 3 作为对称轴，柔度矩阵 s_{ij} 简化为

$$\begin{bmatrix} s_{11} & s_{12} & s_{13} & 0 & 0 & 0 \\ s_{12} & s_{11} & s_{13} & 0 & 0 & 0 \\ s_{13} & s_{13} & s_{33} & 0 & 0 & 0 \\ 0 & 0 & 0 & s_{44} & 0 & 0 \\ 0 & 0 & 0 & 0 & s_{44} & 0 \\ 0 & 0 & 0 & 0 & 0 & 2(s_{11}-s_{12}) \end{bmatrix}$$

不同柔度常数如图 8.1 所示。这种情况对于纤维试样很容易理解，但是单轴取向片材也具有类似的对称性。

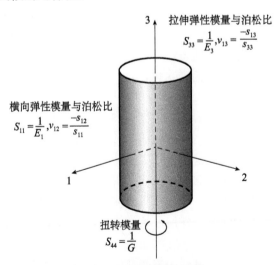

图 8.1　纤维的柔度常数

这些柔度常数与杨氏模量以及泊松比之间的关系如下：

（1）考虑沿着方向 3 施加的应力，也就是沿着纤维轴线方向，或者对于聚合物薄膜就是拉伸方向。那么 $e_{33}=s_{33}\sigma_{33}$，且杨氏模量 $E_3=\dfrac{\sigma_{33}}{e_{33}}=\dfrac{1}{s_{33}}$，得到 $s_{33}=\dfrac{1}{E_3}$。

（2）同样，施加沿着纤维方向的应力 σ_{33} 在垂直于纤维轴向方向的平面内产生的应变可以用下式计算：$e_{11}=e_{22}=s_{13}\sigma_{33}$，且泊松比：

$$\nu_{13}=-\frac{e_{11}}{e_{33}}=-\frac{s_{13}}{s_{33}}$$

公式中的负号能够保证泊松比为正值，因为 e_{11} 为负值，如收缩过程。

（3）在类似的情况下，在与纤维轴向方向垂直的平面内施加的应力 s_{11}，s_{12}，s_{13} 与模量 E_1（横向弹性模量）以及相应的泊松比 $\nu_{21}=\nu_{12}$，ν_{31} 及 ν_{13} 的关系式如下：

$$s_{11}=\frac{1}{E_1},\quad \nu_{21}=-\frac{s_{12}}{s_{11}}=-\frac{s_{12}}{s_{22}},\quad \nu_{31}=-\frac{s_{13}}{s_{11}},\quad \nu_{13}=-\frac{s_{13}}{s_{33}}$$

剩下的泊松比 ν_{23} 与 ν_{32} 不是独立物理量，因为

$$\nu_{23}=-\frac{s_{23}}{s_{33}}=-\frac{s_{13}}{s_{33}}=\nu_{13},\quad \nu_{32}=-\frac{s_{23}}{s_{22}}=-\frac{s_{13}}{s_{11}}=\nu_{31}$$

（4）剪切柔度是剪切或扭转模量 G 的倒数。存在两个相等的剪切柔度 $s_{44}=s_{55}=1/G$。这些与沿着对称轴 3 的扭转有关，例如在 23 平面以及 31 平面内的剪切作用。

剪切柔度 s_{66} 与 12 平面内的剪切作用有关，也与柔度常数 s_{11} 及 s_{12} 相关，因此 $s_{66}=2(s_{11}-s_{12})$。这一关系表明这些试样在垂直于对称轴的平面内是各向同性的，例如，对于一种各向同性材料，在这个平面内的弹性行为只与两个弹性常数有关。可以认为这一特征对于确定纤维的弹性常数是很重要的。

8.2.2　具有斜方晶对称结构试样的弹性常数

通过压延、压延并退火，或者某些商业化一步拉伸的加工方法获得的取向聚合物薄膜会拥有斜方晶对称结构而不是横向各向同性对称结构。对于这样的薄膜，其弹性行为用九个独立的弹性常数来表示。选择最初的拉伸或压延方向作为直角笛卡儿坐标系的坐标轴 3；坐标轴 1 位于薄膜平面内，坐标轴 2 垂直于薄膜所在平面（图 8.2）。柔度矩阵为

$$\begin{bmatrix} s_{11} & s_{12} & s_{13} & 0 & 0 & 0 \\ s_{12} & s_{22} & s_{23} & 0 & 0 & 0 \\ s_{13} & s_{23} & s_{33} & 0 & 0 & 0 \\ 0 & 0 & 0 & s_{44} & 0 & 0 \\ 0 & 0 & 0 & 0 & s_{55} & 0 \\ 0 & 0 & 0 & 0 & 0 & s_{66} \end{bmatrix}$$

其中有三个杨氏模量

$$E_1 = \frac{1}{s_{11}}, \quad E_2 = \frac{1}{s_{22}}, \quad E_3 = \frac{1}{s_{33}}$$

以及六个泊松比,

$$\nu_{21} = -\frac{s_{21}}{s_{11}}, \quad \nu_{31} = -\frac{s_{31}}{s_{11}}, \quad \nu_{32} = -\frac{s_{23}}{s_{22}}$$

$$\nu_{12} = -\frac{s_{21}}{s_{22}}, \quad \nu_{13} = -\frac{s_{31}}{s_{33}}, \quad \nu_{23} = -\frac{s_{32}}{s_{33}}$$

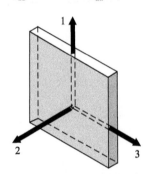

图 8.2　具有斜方晶对称结构的聚合物薄片的坐标轴选择

于是产生了三个独立的剪切模量 $G_1 = \frac{1}{s_{44}}$, $G_2 = \frac{1}{s_{55}}$, $G_3 = \frac{1}{s_{66}}$, 分别对应于在 23 平面, 13 平面与 12 平面内的剪切作用。对于一般尺寸的薄片, 扭转试验中薄片沿着 1, 2, 3 轴进行转动将会涉及几个剪切柔度的组合。这一点将在后续章节中进行更为细致的讨论, 同时将描述获得弹性常数的方法。

8.3　弹性常数的测量

弹性常数的测量方法对于片材与纤维这两种情况是截然不同的。因此, 对于这两种情况下的试验方法将分开进行讨论。

8.3.1　薄膜或片材的测量

8.3.1.1　拉伸弹性模量

对于聚合物薄膜, 最简单的测量方法是通过在特定方向上切一条长的细条, 测定薄膜各个方向上的杨氏模量。

对于各向异性材料, 通常需要测量长宽比较大的试样, 以尽量降低 "端部效应" 的影响。这些端部效应是由夹具附近不均匀应力分布造成的, 这种应力不均匀性比基于圣维南原理推断出来的结果严重得多。Horgan[4,5], Folkes 与 Arridge[6]等已经对这种情况进行了详细讨论。

本书将考虑具有斜方晶对称结构的薄膜，坐标轴 1 与 3 位于薄膜所在平面内，而坐标轴 2 垂直于薄膜所在平面，如 8.2.2 节所述。

考虑在与坐标轴 3 方向夹角为 θ 角的方向上切一长的长条，如图 8.3（a）。

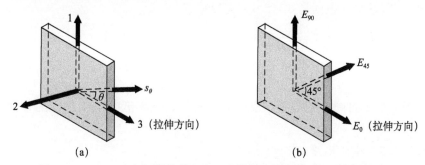

图 8.3　（a）s_θ 为与初始拉伸方向（片材所在平面内）呈 θ 角的柔度；
（b）E_0，E_{45} 与 E_{90} 模量

这一长条的杨氏模量为 $E_\theta=\dfrac{1}{s_\theta}$，这里 s_θ 为与坐标轴 3 夹角为 θ 的方向上的柔度。

如果用柔度常数的方式计算 s_θ，将用全张量标记法。

针对一个笛卡儿坐标系下的柔度常数 s_{ijkl}，可以通过张量变换法则得到第二个笛卡儿坐标系下的柔度常数 s'_{pqmn}：

$$s'_{pqmn}=a_{pi}a_{qj}a_{mk}a_{nl}s_{ijkl}$$

这里 a_{pi}，a_{qj}，$\cdots$ 定义了第二个坐标系下的 p 轴与第一个坐标系下的 i 轴之间夹角的余弦值；第二个坐标系下的 q 轴与第一个坐标系下的 j 轴之间夹角的余弦值，$\cdots$；p，q，m，n 在第二个坐标系下取值 1，2，3；i，j，k，l 在第一个坐标系下取值 $1'$，$2'$，$3'$。

这里将长条的方向定为第二个笛卡儿坐标系下 $3'$ 方向。那么 $s_\theta=s_{3'3'3'3'}$ 可以用下式进行表示

$$\begin{aligned}
s_{3'3'3'3'}=&a_{3'1}a_{3'1}a_{3'1}a_{3'1}s_{1111}+a_{3'3}a_{3'3}a_{3'3}a_{3'3}s_{3333}\\
&+a_{3'1}a_{3'1}a_{3'3}a_{3'3}s_{1133}+a_{3'3}a_{3'3}a_{3'1}a_{3'1}s_{3311}\\
&+a_{3'1}a_{3'3}a_{3'3}a_{3'1}s_{1331}+a_{3'3}a_{3'1}a_{3'1}a_{3'3}s_{3113}\\
&+a_{3'3}a_{3'1}a_{3'3}a_{3'1}s_{3131}+a_{3'1}a_{3'3}a_{3'1}a_{3'3}s_{1313}
\end{aligned}$$

从上式可以看到，所有的柔度表达式中含有角标 2 的项都消失了，由于 $a_{3'2}=0$。

坐标系的改变是由坐标轴以方向 2 为轴转动角度 θ 引起的。因此设定 $a_{3'1}=\sin\theta$，$a_{3'3}=\cos\theta$，并且：

$$s_{3'3'3'3'}=\sin^4\theta s_{1111}+\cos^4\theta s_{3333}+2\sin^2\theta\cos^2\theta s_{1133}+4\sin^2\theta\cos^2\theta s_{1313}$$

用简化的表达方式表示为

$$s_\theta=s_{3'3'}=\sin^4\theta s_{11}+\cos^4\theta s_{33}+\sin^2\theta\cos^2\theta(2s_{13}+s_{55}) \tag{8.1}$$

（可以发现从 s_{ijkl} 往 s_{pq} 转换时系数为 4，p 与 q 取值 4，5，6，i.e. 23，13，12）

因此，对这些薄片可以用三种不同的处理方法。为了方便起见，分别选择与最初拉伸方向呈 0°，45° 与 90° 长条上的杨氏模量，并分别定义这些值为 E_0，E_{45}，E_{90}（图 8.3（b））。根据公式（8.1）可以得到

$$E_0 = \frac{1}{s_{33}}, \quad \frac{1}{E_{45}} = \frac{1}{4}\left[s_{11} + s_{33} + (2s_{12} + s_{55})\right], \quad E_{90} = \frac{1}{s_{11}} \qquad (8.2)$$

这些方法能够很快得到这九个独立的弹性常数中的两个 s_{11}，s_{33}，并得到组合 $2s_{13} + s_{55}$，但是得不到 s_{12}。

对于一个横向同性的薄片，以 3 为对称轴，只有五个互相独立的常数，且 $s_{55} = s_{44}$。

8.3.1.2 横向刚度

垂直于薄片所在平面 c_{22} 的刚度通过在一压缩蠕变装置上测量这些窄长条的压缩应变来计算获得[7]。载荷通过沿着一支点 B 旋转的两个水平臂施加到压缩笼 A 上（图 8.4）。提供载荷的重物放置在较大的臂 C 末端的托盘中，并通过杆 D 进行支撑。杆 D 通过一电磁铁 E 保持在适当的位置，通过电磁铁释放载荷加载到试样上。

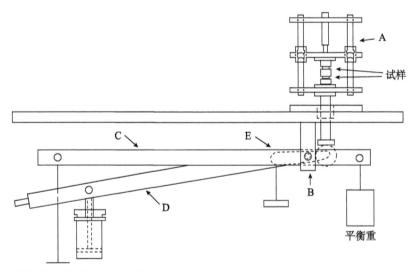

图 8.4 压缩装置示意图（Reproduced from Wilson, I., Cunningham, A., Duckett, R. A. et al. (1976) The determination of the extensional compliance perpendicular to the plane of sheet for thin polyethylene terephthalate sheets. J. Mater. Sci., 11, 2189. Copyright (1976)）

由于该装置起初是为了压缩更厚的试样而设计的，在压缩笼中要插入一尺寸适中的钢块。为了改善测量精度，每次试验需要同时压缩两块试样，如图中所示。

对比在方向 1 与方向 3（图 8.3）切下来的窄长条的试验，结合摩擦效应的

理论分析，表明对于 PET 薄片，摩擦约束阻止了在方向 1 或方向 3 上的应变增加。在这种情况下，$e_1=e_3=0$，且 $\sigma_2=c_{22}e_2$，或者

$$e_2=\left[s_{22}+\frac{s_{12}(s_{23}s_{13}-s_{12}s_{33})+s_{23}(s_{13}s_{12}-s_{23}s_{11})}{s_{11}s_{33}-s_{13}^2}\right]\sigma_2$$

8.3.1.3 横向柔度与泊松比

对于具有斜方晶对称性的聚合物薄膜，具有三个横向柔度 s_{12}，s_{13} 与 s_{23}，与 8.2.2 节中定义的六个泊松比有关。

横向柔度 s_{13} 定义了在方向 3 上施加应力导致方向 1 上的收缩量（图 8.2）。先在取向聚合物薄膜上画垂直网格线，收缩量可以通过测量网格线的变形情况获得，网格线中的一组直线平行于拉伸方向[8]。方法是将电子显微镜光栅与聚合物薄膜上的网格线严格重合，观察偏光显微镜两个正交偏光片之间的薄片变化情况。然后在薄片上通过真空涂覆方法制备一层铝薄膜。细窄长条状试样用一特殊刀具沿着平行于网格线的方向（包括拉伸方向）进行切割制得。试样在一粗壮但是没有摩擦力的引伸计跟踪下进行拉伸，通过两个夹具进行夹持，其中一个夹具固定在设备横梁上，另一个夹具连接在滑动杆上，滑动杆在四个线性轴承带动下滑动（图 8.5）。

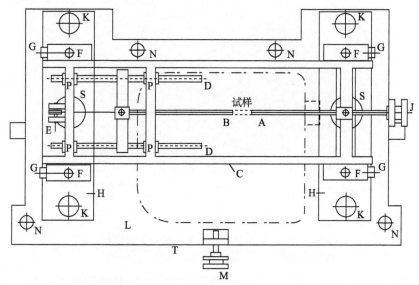

图 8.5 泊松比测量仪的顶部投影示意图。A 为固定在设备横梁上的试样夹具，B 为连接在滑动杆 D 上的试样夹具，D 可以通过线性轴承 C 滑动。E 为施加载荷用的皮带轮。G，J，M 与 S 为定位螺栓（Reproduced from Ladizesky, N. H. and Ward, I. M. (1971) Determination of Poisson's ratio and Young's modulus of low-density polyethylene. J. Macromol. Sci. B, 5, 661. Copyright (1971)）

　　上述网格在相对较小的"零载荷"下进行拍照，这里的载荷足以将试样拉直，然后在持续施加应力的过程中不断在固定的时间间隔内进行拍照。根据网格形状可以得到平行于拉伸方向的伸长量和垂直于拉伸方向的收缩量，分别对应 s_{33}，s_{13}。

　　横向柔度 s_{12} 与 s_{23} 分别对应沿着方向 1 与方向 3 施加应力导致试样在方向 2 上的收缩（厚度方向），如图 8.2。针对这种测量已经发展了几种不同的技术，最早的是由 Saunders 及其合作者建立的装置，这种装置能够实现对多种聚合物的双向拉伸，包括很柔软的低密度聚乙烯到高刚性纤维增强热塑性树脂。他们的研究工作在文献 [9，10] 中进行了详细介绍，这里只进行归纳。试样通过一个杠杆加载臂进行加载，这一装置与 Turner 等提出的方案类似[11]。拉伸与横向应变通过引伸计进行测量，引伸计的重量由设备横梁承担，以免对加载在试样上的载荷产生明显影响。引伸计的作用模式可以参考图 8.6。拉伸引伸计包含两条臂 1，能够在垂直平面内自由旋转。两臂通过五个轴承支撑在其中部位置，另一端

图 8.6　Clayton，Darlington 与 Hall 设计的引伸计系统照片。1. 拉伸引伸计的上臂；2. 试样；3. 横向引伸计臂上的铜接触片；4. 拉伸引伸计下臂；5. 玻璃片，其剖面侧面位于横向引伸计臂的末端（Redrawn from Clayton, D., Darlington, M. W. and Hall, M. M. (1973) Tensile creep modulus, creep lateral contraction ratio, and torsional creep measurements on small nonrigid specimens. J. Phys. E., 6, 218. Copyright (1973)）

通过螺栓销 2 与试样连接。在另一端，其位移通过位移式电容传感器进行测量。横向引伸计（测量厚度变化 s_{12} 或 s_{23}）在水平平面内以相同的方式使用。旋转臂 4 通过一些铜的圆形突起 5 接触试样。在这些突起与试样之间插入玻璃载玻片以防止试样凹陷。

这种装置对于 $0.25\,\mu m$ 的位移也能够很容易地进行精确测量，对应 $0.1\%\sim7.5\%$ 范围内的拉伸应变。横向引伸计可以用于测量宽度与厚度方向的变化。

横向柔度 s_{12} 与 s_{23} 的第二个测定方法是用 Michelson 干涉仪[12]，尤其适合于薄的试样测量，不过使用条件是薄膜必须具有很高的透光性。装置示意图如图 8.7 所示。例如，厚度为 t 的试样插入干涉仪的一条臂下，这条臂以竖直方式运行，只有两部分存在空隙，以产生条纹变换。当试样受到拉伸变长时，得到的条纹变化大小 Δm 可以通过下式进行计算：

$$\Delta m = \frac{2}{\lambda}\left[(n_i-1)\Delta t + t\Delta n_i\right]$$

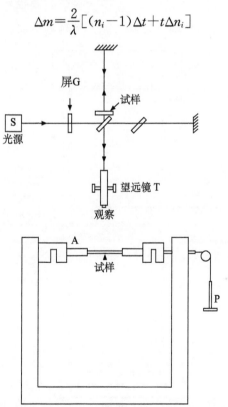

图 8.7 用于测量泊松比的 Michelson 干涉仪装置示意图 （Redrawn from Wilson, I., Cunningham, A. and Ward, I. M. (1976) Determination of Poissons ratio compliances for polyethylene terephthalate sheets using a Michelson interferometer. J. Mater. Sci., 11, 2181. Copyright (1976)）

　　Δt 与 Δn_i 分别为厚度与折射率变化值。当沿着方向 2 施加应力 σ 时，$\Delta t_3 = s_{23}$ $t\sigma_3$。同样，当沿着方向 1 施加应力 σ 时，$\Delta t_1 = s_{21} t\sigma_1$。折射率的变化为 $\Delta n_i = \pi'_{ij}\sigma_j$，这里 π'_{ij} 为光弹常数。由于条纹变换值依赖于 Δt 与 Δn_i，有必要在水中和空气中都进行测量，或者在两种液体中测量，这样可以得到横向柔度以及应力-光学系数。

　　聚合物薄片的横向柔度也可以用一种特制的 Hall 效应横向引伸计进行测定[13]。以聚合物薄长条 S 为例，横截面见图 8.8，在两块铝镍钴永磁体 A_1 与 A_2 之间进行拉伸，这两块永磁体装在一铜管 T 内。两块磁体的同名磁极靠在一起，这样两块磁体之间的磁场存在一零点，而磁场强度为单一一块磁体的两倍。聚合物长条放在一不锈钢板 B 上与磁体 A_1 接触，不锈钢板内还包括 Hall 效应装置 H，不锈钢片 C 覆盖在 Hall 效应装置上。Hall 效应片被放在合适的位置上以便磁场传感元件 E 位于磁场轴线上。不锈钢板 B 两端有两对磷青铜弹簧 P_1 与 P_2，提供一横向的压力，能够使含有 Hall 效应装置的不锈钢板与试样保持接触。在约 0.5mm 厚的薄片上可以精确测量低至 10^{-3} 的横向应变。

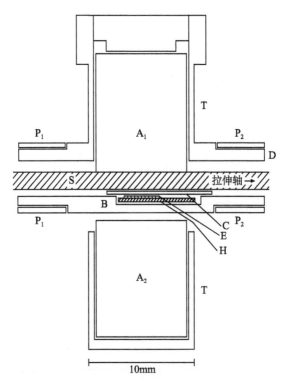

图 8.8　Hall 效应横向引伸计装置示意图 (Redrawn from Richardson, I. D. and Ward, I. M. (1978) Temperature-dependence of Poisson ratios in low-density polyethylene with parallel lamellas morphology. J. Polym. Sci. Polym. Phys., 16, 667. Copyright (1978))

8.3.1.4 取向聚合物薄片的扭转

Raumann[14]等开展了取向聚合物薄片的扭转试验以获得单轴取向（横向同性）低密度聚乙烯的剪切柔度 s_{44} 与 s_{66}。取向聚合物薄片的扭转试验也可以用于测量具有斜方晶对称结构的聚合物薄片的剪切柔度 s_{44}，s_{55}，s_{66}。由于这种情况比横向各向同性结构更加普遍，因此将首先进行讨论。

对于斜方晶对称结构薄片的弹性扭转问题，唯一的解决途径是将薄片切成直角棱镜形，薄片的表面垂直于斜方晶对称结构的三条轴，且扭转轴与这三条轴中的一条重合。

一种典型的情况如图 8.9 所示。沿着轴 3 方向的扭转涉及 23 平面与 13 平面内的剪切柔度，分别为 s_{44} 与 s_{55}。

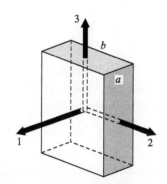

图 8.9 具有斜方晶对称结构薄片

圣维南理论（见参考文献 [15]，p283）获得扭矩 Q_z，扭矩可以用于计算长度为 l，厚度为 a，宽度为 b 的试样的扭转形变量 T：

$$Q_z = \frac{ab^3 T}{s_{55} l}\beta(c_z) = \frac{ba^3 T}{s_{44} l}\beta(c_z^+)$$

例如，$\frac{Q_z}{T}$＝试样的扭转刚度，这里，

$$c_z = \frac{1}{c_z^+} = \frac{a}{b}\left(\frac{s_{55}}{s_{44}}\right)^{\frac{1}{2}}$$

$\beta(c_z)$ 为 c_z 的快速收敛方程，当 $c_z>3$ 时，可以用下式进行估算：

$$\beta(c_z) = \frac{1}{3}\left\{1 - \frac{0.630}{c_z}\right\}$$

对于横向各向同性薄片（有三个方向的轴对称），可以用类似的表达式描述沿着对称轴垂直方向的扭矩。在这种情况下，$s_{44} = s_{55}$，扭矩 Q_z 可以通过下式给出：

$$Q_z = \frac{bc^3 T}{s_{66} l}\beta(c^*) = \frac{cb^3 T}{s_{44} l}\beta(c^+)$$

这里，

$$c^+ = \frac{1}{c^*} = \frac{c}{b}\left(\frac{s_{44}}{s_{66}}\right)^{\frac{1}{2}}$$

b 为试样厚度，c 为试样宽度，l 为试样长度。

这些公式说明了各方向上的剪切柔度对扭矩的贡献取决于各自的相对大小和长宽比 a/b 或 b/c。因此，原则上，这两个柔度值均可以通过对不同长宽比的薄片进行测量获得，这种方法已经用于几种聚合物材料的测量中[16—18]。

对于横向各向同性薄片，可以用一更简单的公式获得沿着对称轴 3 的扭矩，这里，扭矩 Q_z 可以通过下式给出：

$$Q_z = (ab^3/s_{44}l)\beta(c)$$

这里 $c=a/b$，β（c）只是 $c=a/b$ 的函数。

实际上，取向聚合物薄片的扭转试验受到几个因素影响而被复杂化，这些因素导致试样刚度明显增加[18]。

首先，试样边缘平行于扭转轴的直线会被拉长，类似于中心线。这种现象与悬浮液中的双丝效应或多丝效应类似。在横向各向同性聚合物薄片中，当扭转轴平行于对称轴时，这种很小的轴向应力效应可以用 Biot 理论进行处理[19]。但是通常，有必要在一个较宽的轴向应力范围内开展一系列试验，并进行外推得到零轴向应力情况。

其次，垂直于扭转轴的平面会产生特征性的翘曲变形，但是两端的夹具会在局部范围内阻止翘曲。虽然 Timoshenko 与 Goodier[20] 给出了刚度实际增加量的理论计算方法，但是采用经验处理方法也能得到满意的结果。根据 Folkes 与 Arridge[6] 的研究结果，他们认为对于一总长度为 l 的试样，端部效应只限于试样两端柔度为 s'，长度为 p 的范围内，在中心区域的均匀应力能够得到真实试样柔度 s^0。这样可以得到整个试样上的柔度 s 与长度倒数的线性变换关系

$$s = s^0 + \left(\frac{2p}{l}\right)(s' - s^0)$$

s^0 可以通过对不同长度的试样进行测量，并外推至长度倒数为 0 时得到[18]。

8.3.1.5　取向聚合物薄片的简单剪切

鉴于取向聚合物薄片在扭转过程中由于轴向应力作用和夹具端部效应等因素影响的复杂性，如果能够用简单剪切的方法确定剪切柔度 s_{44} 与 s_{66}，则具有很好的实用价值。如图 8.10 为 Lewis，Richardson 与 Ward[21] 设计的装置示意图。两个相同的试样 S_1 与 S_2 分别固定在外侧两块铜板 P_1，P_2 与内部滑动块 B 之间。试样用一校正过的弹簧 T 固定在合适的位置上，试样位置可以通过平板 A 上的四个蝶形螺母 N 进行调整。载荷 F 通过轴 R 作用在滑动块 B 上，最终在试样上产生剪切应力。方便起见，载荷 F 可以通过配重方式进行施加，轴 R 通过线性

轴承进行滑动，以尽量降低摩擦力。剪切位移通过 Hall 效应片 C 进行测量，C 装在两块磁体 M_1 与 M_2 的同名磁极之间，M_1 与 M_2 具有近似大小的磁矩。因此 Hall 效应片的应用原理与前面描述的横向引伸计类似。Hall 电压通过一个增量高斯计进行测量，增量高斯计通过在滑块 B 与 G 之间放置已知厚度的非铁逆流器进行校正。

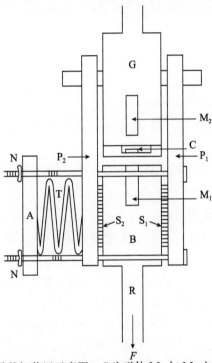

图 8.10　Hall 效应简易剪切装置示意图。C 为磁体 M_1 与 M_2 之间的 Hall 效应片。试样 S_1 与 S_2 固定在两块铜板 P_1 与 P_2 之间，滑动块 B 通过载荷 F 拉伸（Redrawn from Lewis, E. L. V., Richardson, I. D. and Ward, I. M. (1979) Hall-effect apparatus for the measurement of simple shear in polymers. J. Phys. E, 12, 189 Copyright (1979)）

　　聚合物剪切柔度的测量结果依赖于横向压缩应力的大小。因此，通过获得一系列横向应力下的试验结果，真实剪切柔度可以通过横向应力外推至 0 得到。结果表明用这种方法获得的剪切柔度与通过薄片的扭转试验获得的结果是一致的[18]。

8.3.2　纤维与单丝的测量

8.3.2.1　拉伸模量 $E_3 = 1/s_{33}$

动态力学测量已经被广泛用于研究不同拉伸比[①]情况下分子取向对纤维拉伸

---

　　① 拉伸比为被拉伸材料在平行于拉伸直线方向上在拉伸后与拉伸前的长度比。对于合成纤维，通常用最初的直径 D_i 与拉伸后直径 D_f 之比来计算拉伸比，假设体积保持不变，拉伸比 $= D_i/D_f$。

弹性模量的影响，也用于对比用传统加工工艺制备的不同织物纤维的拉伸模量。Wakelin 等[22]以及 Meredith[23]在这方面进行了广泛研究。

单丝拉伸模量的测量可以用纵波传播方法，在这种方法中证实了拉伸模量与分子取向以及结晶度的关系。Hillier，Kolsky[24]，Ballou，Smith[25]，Nolle[26]以及 Hamburger[27]等最初用该方法进行了相关研究。

Charch 与 Moseley[28]，Moseley[29]与 Morgan[30]等重新验证了拉伸模量测量方法可能可以用于测量织物纱线的分子取向度。Morgan 进一步发展了 Hamburger 的脉冲传播方法。

8.3.2.2　扭转模量 $G=1/s_{44}$

Wakelin 等发明了一种方便的动态方法用于测量合成纤维细丝的扭转模量[22]。

Meredith[23]经过改进得到了更简单的方法，纤维在其自由端用惯性棒支撑进行自由扭转振动。

8.3.2.3　拉伸泊松比 $\nu_{13}=-s_{13}/s_{33}$

Davis[31]与 Frank，Ruoff[32]分别尝试用光学衍射与水星-位移技术测量拉伸泊松比 ν_{13}。这两种方法只有用于尼龙才能得到满意的数据，这是因为尼龙纤维是一种性能十分优越的材料，拉伸量达到 5%时不会产生永久变形。

后来，人们用显微镜观察并获得了纤维单丝的径向收缩和相应的横向胀大[33]。单丝在两个移动夹具之间拉伸，这两个移动夹具是专用显微镜的一部分。在纤维单丝上画两个标记符号作为测量试样长度与长度变化的参考点。用浸泡液来降低单丝边缘的衍射效应。这种方法的精确度是有限的，据报道，对于 95%的平均置信度至少存在 10%的误差。

8.3.2.4　横向模量 $E_1=1/s_{11}$

对于纤维的其他两个弹性常数，柔度 s_{11} 与 s_{22}，必须用更加复杂的方法进行确定。这两个弹性常数均可以在平面应变情况下，通过两块平行板之间纤维单丝的压缩试验获得。横向模量与接触宽度 $2b$ 密切相关[33,34]（图 8.11 (a)）。

单丝是一种横向各向同性固体，因此，在垂直于纤维轴线的平面内是各向同性的。这表明在垂直于纤维轴线方向内施加压缩载荷，在横截面内产生的应力在形式上与各向同性圆柱上施加压缩载荷产生的应力是一样的。由于承受压缩载荷的单丝长度相对较长，产生的摩擦力应确保压缩是在平面应变情况下产生的。因此，沿着纤维轴线方向不会产生尺寸变化（$e_{33}=0$），只有一法向应力 σ_{33} 作用在纤维轴向方向上，这一法向应力可以通过垂直于纤维轴线方向的法向应力 σ_{11} 与 σ_{22} 计算得到。

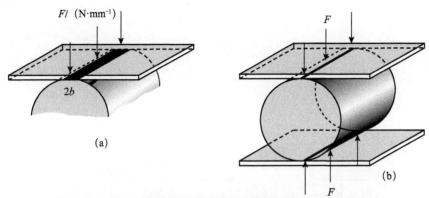

图 8.11 （a）纤维单丝压缩过程中的接触区域；（b）为了得到
被压缩单丝中心区域的变形，假设线接触是比较合适的

$$\sigma_{33} = -\frac{s_{13}}{s_{33}}(\sigma_{11} + \sigma_{22})$$

因此，所有的应力可以用各向同性圆柱体压缩方法进行计算。相应的应变可以通过本构方程 $e_p = s_{pq}\sigma_q$ 进行计算。

接触区域相对于单丝半径很小。因此可以做一些恰当的假设，将这种接触处理成两个半无限固体，并遵循 Hertz 对各向同性圆柱体压缩问题的经典处理方法[35]。在这种处理方法中，圆柱体在接触区域内的位移被假设成抛物线形状，边界条件只有沿着边界平面才成立。对于纯代数推理，McEwen[36]复变函数方法对于获得 b 的解析解法是最方便的。Ward[33]等提出：

$$b^2 = \frac{4FR}{\pi}\left(s_{11} - \frac{s_{13}^2}{s_{33}}\right)$$

这里 F 为单丝在单位长度内承受的载荷，单位为 N·m^{-1}，R 为单丝半径，这一表达式也可以写成

$$b^2 = \frac{4FR}{\pi}(s_{11} - \nu_{13}^2 s_{33})$$

通常，高取向度聚合物沿着轴线方向的刚度比横向方向的大。因此，s_{33} 值通常比 s_{11} 小很多。由于典型的泊松比 ν_{13} 值一般在 0.5 左右，而且表达式 $\nu_{13}^2 s_{33}$ 只是一个很小的修正因子，接触宽度主要依赖于 s_{11}。因此，接触问题原则上是一种测定 s_{11} 的好方法。

在 Ward 等[33]开创性工作之后，Kotani，Sweeney 与 Ward[37]开展了进一步的试验研究，并设计了相应的试验装置，示意图如图 8.12 所示。显微镜载物台上有两块平行玻璃平板，纤维单丝在这两块平行平板之间压缩。光线从显微镜的轴线方向穿过，并垂直于视场方向，得到的接触区域为一黑色矩形区域。位移传感器用于测量直径方向的压缩量。

文献 [38] 得到在 u_1 方向上的径向总压缩量（如平行于载荷施加的方向）为

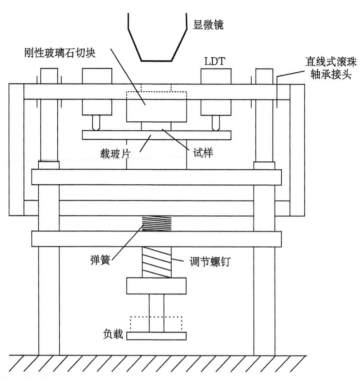

图 8.12　横向纤维压缩装置（Reproduced from Kotani，T.，Sweeney，J. and Ward，I. M.
(1994) The measurement of transverse mechanical properties of polymer fibres. J.
Mater. Sci.，29，5551. Copyright (1994) Springer Science and Business Media）

$$u_1 = -\frac{4F}{\pi}\left(s_{11} - \frac{s_{13}^2}{s_{33}}\right)(0.19 + \operatorname{arcsinh}(R/b)) \tag{8.3}$$

这种测量同时用接触区域法进行观察[37]，对于多种聚合物纤维，得到了一致的结果，即（$s_{11} - s_{13}^2/s_{33}$），如 PET，PE 以及基于羟基苯甲酸与羟基苯萘酸（二者比例 73∶27）的热致液晶聚合物（商品名 Vectra）。对于 PET，E_1 值范围为 $1.94\sim2.34$GPa，PE 为 $0.63\sim1.50$GPa，Vectra 为 $0.96\sim1.01$GPa。典型的接触区域测量结果如图 8.13 所示。

　　Kawabata 等[39]对直径方向的压缩量进行了测量，他们设计了线性差示变压器装置，用于测量直径为 5μm 的单根纤维在直径方向的尺寸变化，测量精度能够达到 0.05μm。于是公式（8.3）被用于计算横向模量 E_1。这种方法已经用于测量聚对苯二甲酰对苯二胺（PPTA，Kevlar）纤维和高模量聚乙烯（Tekmilon）纤维。Kevlar 纤维的横向模量 E_1 范围为 $2.31\sim2.59$GPa，Tekmilon 纤维为 $1\sim2$GPa。

　　8.3.2.5　横向泊松比 $\nu_{12} = s_{12}/s_{11}$

　　横向泊松比可以通过测量平面应变情况下平行于单丝压缩过程中接触平面方

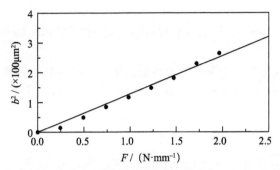

图 8.13 对于 PE 纤维接触宽度与施加载荷之间的函数关系曲线 (Reproduced from Kotani, T., Sweeney, J. and Ward, I. M. (1994) The measurement of transverse mechanical properties of polymer fibres. J. Mater. Sci., 29, 5551. Copyright (1994) Springer Science and Business Media)

向上的直径变化 u_2 来确定，类似于上述对横向模量的描述。

这个问题的一个简单分析方法是假设接触区域相对于单丝半径尺寸很小。为了计算直径平面内的变形量，可以先把这一问题看成是集中载荷下圆柱体的压缩问题 (图 8.11 (b))。对于各向同性圆柱体，这个众所周知的问题可以参考讨论弹性的文献 (见参考文献 [20] 122 页)。在圆柱体表面需要满足边界条件，可以通过在垂直于纤维轴线方向的平面内施加一各向同性拉力实现。

横向各向同性单丝的应力计算与各向同性纤维的应力计算方法是严格对应的。因此，可以直接通过应变计算来估算径向胀大量 u_2。可以表示成

$$u_2 = F\left\{\left(\frac{4}{\pi}-1\right)\left(s_{11}-\frac{s_{13}^2}{s_{33}}\right)-\left(s_{12}-\frac{s_{13}^2}{s_{33}}\right)\right\}$$

对于大多数取向单丝，s_{13}^2/s_{33} 相对于 s_{11} 较小，如前面所讨论的。因此，u_2 大小主要依赖于 s_{12} 与 s_{11} 差值的大小，通常 s_{12} 大约为 $s_{11}/4$。因此，测量径向胀大可以用于确定 s_{12} 的大小，只需要先通过测量接触宽度 b 获得 s_{11}，这一点在 8.3.2.4 节中已经进行了描述。

u_2 的测量方法已经用浸在液体里的单丝实现了[33]，直径通过标准化目镜直接测量。浸液的选择原则是折射指数约等于单丝的折射指数，这样可以降低单丝的衍射效应而不会影响其可见性。但是在这些试验过程中都需要对显微镜进行精确聚焦。聚焦不准确会直接导致直径测量使径向胀大 u_2 的误差。

对于 PET 测量的典型系列结果如图 8.14 所示。可以看出直径的变化与施加载荷大小是成正比的，这与理论预测结果一致。

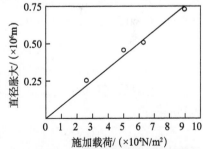

图 8.14 PET 单丝的压缩试验结果 (直径为 0.282mm)：直径胀大与施加载荷之间的关系测量结果

8.4　取向聚合物力学各向异性的试验研究

对试验研究进行综述主要有两个目的。第一，描述对低密度聚乙烯和取向单丝的早期研究成果，因为这些研究发现了各向异性性能的几个意想不到的特点，表明了不同聚合物之间的差别，并为聚集态模型提供了依据，针对聚集态模型也阐述了很多后续测量方法。第二，对该领域进一步的工作进行简单总结，并指出与现有认识的关系。

8.4.1　低密度聚乙烯薄片

Raumann 与 Saunders[40]对各向同性低密度聚乙烯（如支化聚乙烯）薄片进行单轴拉伸至不同的伸长量，并在与最初拉伸方向呈不同角度的各个方向上测量拉伸弹性模量。对于高取向度试样，杨氏模量（E_θ）对角度（与拉伸方向所呈角度）作图（图 8.15）表明在与拉伸方向呈大约 45°角的方向上刚度最低。

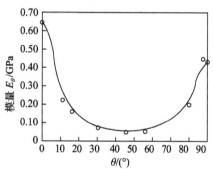

图 8.15　对于低密度聚乙烯薄片，模量 E_θ 随着与拉伸方向呈不同角度 θ 的变化情况，试验结果（散点）与理论计算值（实线），理论计算根据 E_0，E_{45} 与 E_{90}，拉伸比例为 4.65 (Reproduced from Raumann, G. and Saunders, D. W. (1961) The anisotropy of Young's modulus in drawn polyethylene. Proc. Phys. Soc. , 77, 1028. Copyright (1961))

对于横向各向同性聚合物材料，总柔度方程可以写成

$$s_\theta = s_{11}\sin^4\theta + s_{33}\cos^4\theta + (2s_{13}+s_{44})\sin^2\theta\cos^2\theta$$

试验结果表明 $(2s_{13}+s_{44})$ 远大于 s_{11} 或 s_{33}，由于当 $\theta = 45°$ 时，这些参量具有相同的权重。

重新作图得到在特定角度下的模量与拉伸比的函数关系如图 8.16。结果也有些出乎预料：最初 E_0 随着拉伸比例的增加而降低，因此在较低的拉伸比例下，有 $E_{90} > E_0$。因此，Gupta 与 Ward[41]的研究表明这一反常行为是室温下独有的，在足够低的温度下，低密度聚乙烯薄片与大多数其他聚合物的力学行为是类似的，如图 8.17。

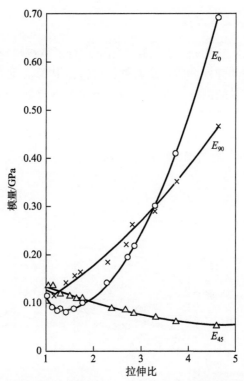

图 8.16 低密度聚乙烯薄片的室温情况下，E_0，E_{45} 与 E_{90} 随着拉伸比变化的情况。测量在室温下进行（Reproduced from Raumann, G. and Saunders, D. W. (1961) The anisotropy of Young's modulus in drawn polyethylene. Proc. Phys. Soc., 77, 1028. Copyright (1961)）

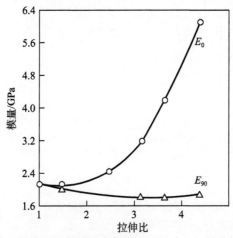

图 8.17 低密度聚乙烯薄片在更低温度情况下，E_0 与 E_{90} 随着拉伸比变化的情况。
测量在−125℃下进行

8.4.2　室温下的细丝测量

Hadley，Pinnock 与 Ward 等[42]在室温下进行了系统研究，确定了五种不同取向细丝的五个不同的弹性常数，这五种材料包括 PET，尼龙- 66，低密度聚乙烯，高密度聚乙烯以及聚丙烯。取向度用拉伸比例与光学双折射进行表示。后续的研究结果表明不仅应该记录总体取向度（通过双折射进行推算），而且应该记录结晶取向度（通过 X 射线方法进行测量。结果总结见表 8.1 和图 8.18～图 8.22（见 8.6.2 节介绍的聚集态理论方法）。

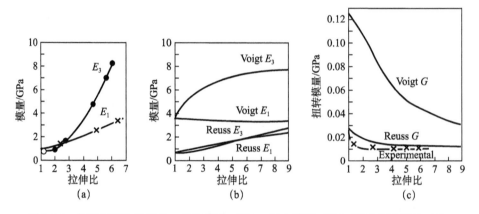

图 8.18　低密度聚乙烯细丝：拉伸模量（E_3），横向模量（E_1）以及扭转模量（G），试验结果与简单聚集态理论计算得到的结果对比图，E_3，E_1（（a）与（b））以及 G（c）

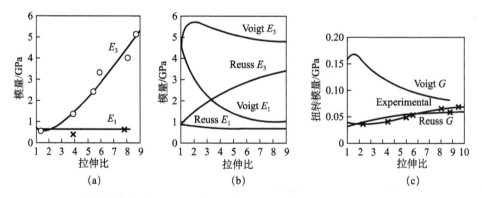

图 8.19　高密度聚乙烯细丝：拉伸模量（E_3），横向模量（E_1）以及扭转模量（G），试验结果与简单聚集态理论计算得到的结果对比图，E_3，E_1（（a）与（b））以及 G（c）

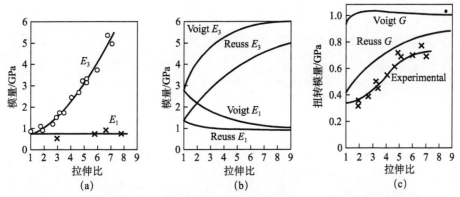

图 8.20　聚丙烯细丝：拉伸模量（E_3），横向模量（E_1）以及扭转模量（G），试验结果与简单聚集态理论计算得到的结果对比图，E_3，E_1（（a）与（b））以及 G（c）

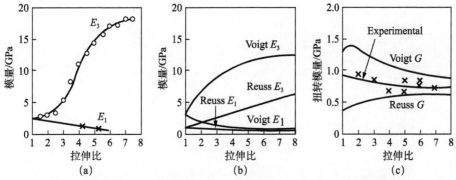

图 8.21　PET 细丝：拉伸模量（E_3），横向模量（E_1）以及扭转模量（G），试验结果与简单聚集态理论计算得到的结果对比图，E_3，E_1（（a）与（b））以及 G（c）

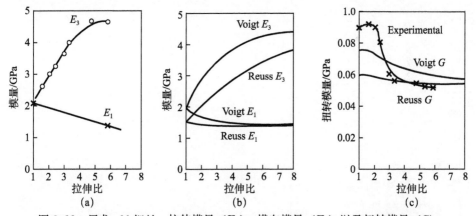

图 8.22　尼龙-66 细丝：拉伸模量（E_3），横向模量（E_1）以及扭转模量（G），试验结果与简单聚集态理论计算得到的结果对比图，E_3，E_1（（a）与（b））以及 G（c）

表 8.1　取向纤维的弹性柔度（柔度的单位为 10^{-10}Pa^{-1}，误差的置信度为 95%）[42]

材料	双折射 (Δn)	s_{11}	s_{12}	s_{33}	s_{13}	s_{44}	$\nu_{13} = -s_{13}/s_{33}$	$\nu_{12} = -s_{12}/s_{11}$
低密度聚乙烯薄膜[14]	—	22	−15	14	−7	680	0.50	0.68
低密度聚乙烯 1	0.0361	40±4	−25±4	20±2	−11±2	878±56	0.55±0.08	0.61±0.20
低密度聚乙烯 2	0.0438	30±3	−22±3	12±1	−7±1	917±150	0.58±0.08	0.73±0.20
高密度聚乙烯 1	0.0464	24±2	−12±1	11±1	−5.1±0.7	34±1	0.46±0.15	0.52±0.08
高密度聚乙烯 2	0.0594	15±1	−16±2	2.3±0.3	−0.77±0.3	17±2	0.33±0.12	1.1±0.14
聚丙烯 1	0.0220	19±1	−13±2	6.7±0.3	−2.8±1.0	18±1.5	0.42±0.16	0.68±0.18
聚丙烯 2	0.0352	12±2	−17±2	1.6±0.04	−0.73±0.3	10±2	0.47±0.17	1.5±0.3
PET1	0.153	8.9±0.8	−3.9±0.7	1.1±0.1	−0.47±0.05	14±0.5	0.43±0.07	0.44±0.09
PET2	0.187	16±2	−5.8±0.7	0.71±0.04	−0.31±0.03	14±0.2	0.44±0.07	0.37±0.06
尼龙 6, 6	0.057	7.3±0.7	−1.9±0.4	2.4±0.3	−1.1±0.15	15±1	0.48±0.05	0.26±0.08

虽然在这些细丝力学各向异性的详细演变过程依赖于它们确切的化学组成与后续加工方法，但是一些一般特征是不同的。拉伸的主要作用（如增加分子的取向度）会增加沿着单丝轴线方向的杨氏模量 E_3。对于尼龙- 66 以及 PET，会造成横向模量 E_1 的小幅度降低。对于聚丙烯与高密度聚乙烯，E_1 基本不依赖于拉伸比例，而对于低密度聚乙烯，E_1 明显增加，这与 Raumann 与 Saunders 的研究结果相吻合。这里也要注意到，这一聚合物在低拉伸比例下表现出反常行为。总体上看，对于高取向度细丝，E_3 大于 E_1，各向异性程度对于 PET 是最大的。

$$\frac{E_3}{E_1} = \frac{s_{11}}{s_{33}} \approx 27$$

低密度聚乙烯的剪切模量 G 及其随着取向度的变化趋势，与其他被测材料形成了显著对比；在应用的取向度范围内，G 随着取向度变小因子大于 3，而对于其他聚合物细丝变化量很小。对于 PET，高密度聚乙烯以及聚丙烯 $s_{44} \sim s_{11}$；对于尼龙- 66，$s_{44} \sim 2s_{11}$。相反，低密度聚乙烯至少对于室温下的力学行为是例外的，其拉伸柔度 s_{33} 与横向柔度 s_{11} 具有相同的数量级，而剪切柔度 s_{44} 比 s_{11} 或 s_{33} 大不止一个数量级。这些测量为第 10 章讨论松弛转变奠定了基础。

在上述所有的材料中，柔度 s_{13} 都很低，而且随着拉伸比例的增加迅速降低，表现出与 s_{33} 相当的行为。因此拉伸泊松比 $\nu_{13} = -s_{13}/s_{33}$ 对于拉伸比是很不敏感的，除了高密度聚乙烯，其值基本维持在 0.5 附近。因此，将单丝假设成不可压缩通常是一个有效的近似方法。对于各向异性聚合物，ν_{13} 不限于最大值 0.5，而是由于要维持正的应变能必须满足下列不等式[3]：

$$s_{12}^2 < s_{11}^2, \quad s_{13}^2 < \frac{1}{2}s_{33}(s_{11} + s_{12})$$

Hine 与 Ward[43] 用超声浸没方法（见 6.3.2 节）通过制备单轴取向的纤维复合材料来测定一系列纤维的全套弹性常数。在第一种方法中，取向复合材料用 Leeds 热压方法制备。纤维在合适的温度与压力下进行压缩，形成均匀取向材料，在这一材料中只有一小部分原始纤维熔融并重新结晶形成纤维复合材料基体。基体部分可以被去除，结果外推可以得到 100% 纤维部分。测得的这一系列纤维的弹性常数如表 8.2 所示。用超声测量方法得到的各向异性行为结果与之前 Hadley，Pinnock 与 Ward 的研究结果是相似的。尤其值得强调的是 ν_{12} 大于 0.5，这与下列观点是一致的：在高取向纤维中，轴线方向刚度较高意味着横向压缩变得接近于横向平面内的纯剪切行为。

表 8.2 压缩纤维板的弹性特性

纤维种类	E_{33}/GPa	E_{11}/GPa	ν_{13}	ν_{12}	G_{13}/GPa
Tenfor 聚乙烯	57.7	4.68	0.45	0.55	1.63
Dyneema 聚乙烯	74.3	4.31	0.47	0.57	1.36
PET	14.9	3.70	0.39	0.65	1.62

续表

纤维种类	E_{33}/GPa	E_{11}/GPa	ν_{13}	ν_{12}	G_{13}/GPa
聚丙烯	11.0	2.41	0.39	0.58	1.52
液晶聚合物	97.2	3.24	0.48	0.73	1.3

注：标准偏差 E_{33}，±3%；其他的为±2%。

最近，Wilczynski，Ward 以及 Hine 等[44]提出了"反向计算法"，在该方法中纤维的弹性常数可以通过纤维树脂复合材料以及树脂的弹性常数进行估算。这种方法在测量聚乙烯/环氧树脂与碳纤维/环氧树脂复合材料的弹性常数时已经得到了验证。这种方法已经被用于测定有机合成纤维的弹性常数，即聚（2，5-二羟基-1，4-苯撑吡啶并二咪唑）（PIPD）[45]。这是一种溶质液晶纤维，具有很高的杨氏模量 285GPa，也有极高的拉伸强度（5.21GPa）和压缩强度（500MPa），远高于聚芳酰胺纤维，如 Kevlar。

Brillouin 光谱技术（6.3.3 节）已经被用于测定取向聚合物纤维的弹性常数。Krüger 等[46,47]早期用这种方法对取向聚碳酸酯薄膜进行了研究，并测定了三级常数，这些常数定义了弹性非线性行为。Wang，Liu 与 Li[48,49]阐述了取向聚偏二氟乙烯与聚氯三氟乙烯薄膜的测量方法。后者得到的结果用聚集态模型进行解释，细节上与 Ward 在 8.6.2 节中讨论的方法是不同的。

最近的 Brillouin 光谱测量方法包括 Kumar，Renusch 与 Grimsditch[50]针对单轴与双轴拉伸聚丙烯薄膜的测量方法。应用 Ward 聚集态模型分子，对分子排列进行了重新定义，建立了弹性各向异性常数和折射率与分子取向度的定量关系。

Choy，Leung 与他的同事们，最初与 Ward 合作，用 6.3.2 节中提到的超声技术对取向聚合物的弹性常数进行了测量。获得了流体静力挤压聚丙烯与PET[51]，模板拉伸聚乙烯[52]，热压尼龙- 66[53]以及聚甲醛[54]，经拉伸取向得到高模量聚乙烯[55]与聚丙烯[56]。结果都用聚集态模型进行了分析，结果显示这种分析方法对于低温数据能够得到较好的近似。但是 Takayanagi 模型由于考虑了连接分子与结晶桥键，更适合于高温数据分析。

8.5　力学各向异性阐述：总则

取向聚合物的力学各向异性是由下列因素决定的，本章将轮流进行讨论：①分子链结构以及晶体结构（当聚合物结晶时）；②分子取向，结晶聚合物中的取向态；③在结晶区和非晶区内存在的热激发弛豫过程。

8.5.1　弹性常数的理论计算

纤维技术的主要发展是超高模量纤维，如聚对苯二甲酰对苯二甲酰胺（Kevlar 与 Twaron）与聚乙烯（Dyneema，Spectra 与 Certran）纤维，因此对于取向聚合物弹性常数的理论计算引起了人们越来越浓的兴趣。更加专业的计算机技术也推动了分析技术的发展，很多商业软件也提供了相应的分析方法（如 Accelrys[57]）。

理论上，这一领域的发展分为三个阶段。

（1）一条单分子链的弹性模量计算。这一方法为理想完全取向聚合物的杨氏模量提供了可行的估算方法。在这种计算方法中，只考虑分子链中分子内的相互作用，因此只能估算分子链方向的刚度，不能用于计算其他的弹性常数。

最简单的例子，考虑只有一种分子键的平面曲折链，一个典型的例子是聚乙烯。有两种变形模式：分子键伸缩与共价键角张开。

如果用力学常数 k_s 与 k_v 来定义，（k_s 与 k_v 可以用红外与拉曼光谱进行计算），可以得到链模量 $E_3 = \dfrac{1}{s_{33}}$ 与 $\left[\dfrac{\cos^2\theta}{k_s} + \dfrac{l^2 \sin^2\theta}{4k_v} \right]^{-1}$ 成正比，这里 l 为键长，θ 为分子键与链对称轴之间的夹角。

根据 Treloar[58] 提出的方法，考虑一含有 n 个长度为 l 的分子键的理想聚乙烯链，每条键与链对称轴之间的夹角为 θ，沿着对称轴方向施加载荷 F。

施加载荷 F 引起的长度变化可以通过下式进行计算：

$$\delta L = n\delta(l\cos\theta) = n(\delta l\cos\theta - l\sin\theta\delta\theta) \tag{8.4}$$

$$\delta l = F\frac{\cos\theta}{k_s} \tag{8.5}$$

载荷 F 也产生了大小为 $\dfrac{1}{2}Fl\sin\theta$ 的扭矩，会导致键角发生变形

$$\delta\alpha = Fl\sin\theta/2k_v \tag{8.6}$$

由于 $\theta = 90° - \alpha/2$

$$\delta\theta = -\frac{\delta\alpha}{2} = -\frac{Fl\sin\theta}{4k_v} \tag{8.7}$$

将方程（8.5）与（8.7）代入（8.4），得到

$$\delta L = nF\left[\frac{\cos^2\theta}{k_s} + \frac{l^2\sin^2\theta}{4k_v} \right] \tag{8.8}$$

纵向模量 E_3 可以通过下式给出：

$$E_3 = (F/A)/(\delta L/L) \tag{8.9}$$

这里 A 为链段的横截面面积，起初的链长为 $L = nl\cos\theta$。可以得到

$$E_3 = \frac{l\cos\theta}{A}\left[\frac{\cos^2\theta}{k_s} + \frac{l^2\sin^2\theta}{4k_v} \right]^{-1} \tag{8.10}$$

Treloar 发现 k_s 与 k_v 的光谱数据表明键伸缩与键弯曲对于变形的影响相当，键弯曲占 60%，键伸缩占 40%。链模量估算值为 182GPa，与 X 射线衍射与中子

衍射试验得到的结果具有相同的数量级。

（2）点阵动力学方法，最初由 Born 与 Huang[59] 提出，来计算声波在弹性固体中的速度，由此计算弹性常数。一个原子的运动方程可以通过下式给出：

$$m\frac{\partial^2 u}{\partial t^2} + fu = 0 \tag{8.11}$$

u 为离开平衡位置的位移，f 为力学常数，可以通过同一分子内原子间势能的二阶导数进行计算：

$$f = \frac{\partial^2 U}{\partial x^2}$$

方程（8.11）的解法是声波方程：

$$u = u_0 \exp[\mathrm{i}(kx - \omega t)]$$

这里 $k = 2\pi/\lambda$ 为波矢量，$\omega = 2\pi\nu$ 为角频率。可以看到方程（8.11）与平面弹性波传播的宏观方程是近似的。方程简化为

$$\rho\frac{\partial^2 u}{\partial t^2} = \frac{\partial\sigma}{\partial x} = c\frac{\partial^2\varepsilon}{\partial x^2}$$

这一方程的解法也可以通过一个速度为 w 的纵波方程给出

$$w = \nu\lambda = \left(\frac{c}{\rho}\right)^{1/2}$$

这里 c 为适当的刚度常数（c_{11}，c_{22}，c_{33} 等）。

这种方法是 Born 与 Huang[59] 所著的经典教科书讨论的主题，并受到日本研究者的广泛追捧[60]（见参考文献 [61] 的综述），用于聚合物晶体全套弹性常数的计算。

本书将通过链模量 E_c 的计算来说明这一方法的准则。对于沿着分子链轴线施加的外部应变 ε_i，链上每个原子的位移 Δx_i 可以写成

$$\Delta x_i = \rho_i + W\varepsilon_i \tag{8.12}$$

总位移 Δx_i 由两部分组成，其中一部分（公式（8.12）右侧的第二项）与外部应变 ε_i 成正比，ρ_i 项为内部应变。这种额外位移 ρ_i 的产生是由于在一定的宏观变形情况下，当弹性变形能 V 最小化时，分子链上的原子位置会发生变化，在公式（8.12）中正式表示为 ε_i。

V 通过内部位移矢量 ΔR 进行计算，ΔR 可以表示为

$$\Delta R = B_\rho \rho + B_\varepsilon \varepsilon \tag{8.13}$$

这里 B_ρ 与 B_ε 为专用几何矩阵。与内部应变 ρ 直接相关的弹性变形能 V 经过一个专用应力常数矩阵进行变换能够实现最小化，并得到 ΔR 与宏观应变 ε 之间的关系。因此，V 用链模量 E_c 的一维计算方程形式可以写成

$$V = \frac{1}{2}\nu E_c \varepsilon^2$$

ν 为有效体积。

（3）能量最小化方法。

考虑一个很小的体积单元 ν_0 的变形，聚合物的结晶弹性常数可以用计算 Helmholtz 自由能 A 二阶导数的方法进行估算[62,63]。刚度常数 c_{lmnk} 被定义为

$$\frac{\partial^2 A}{\partial \varepsilon_{lm} \partial \varepsilon_{nk}} = \nu_0 c_{lmnk} \tag{8.14}$$

这里，

$$\varepsilon_{lm} = \frac{1}{2}\left\{\frac{\partial u_l}{\partial x_m} + \frac{\partial u_m}{\partial x_l}\right\} + 二阶量$$

Helmholtz 自由能既包含分子间引力，也包含分子内引力，同时还包含熵值贡献。由于分子内相互作用的贡献与单根链的计算方法相同，但是要得到应力场（分子间相互作用的贡献），难度很大。分子间相互作用的贡献属于典型的 Lennard-Jones 相互作用，要想获得能够满足一系列不同化学组成的聚合物的合理方法，会产生很多问题。但是，对于某一特定聚合物可以验证其有效性，通过证实该计算方法能够准确预测晶体结构，这被认定是计算弹性常数的第一步。

Rutledge 以及 Suter[62] 的研究已经表明对于 Kevlar 纤维，分子间相互作用对于自由能具有明显影响，能够改变链的最小能量构象并导致拉伸模量值明显变大。而且熵值对自由能的贡献能够达到总自由能的 20% 左右。因此他们得到结论：对于 Kevlar 纤维，只根据内能贡献计算得到的拉伸模量 E_3 比真实值约高出 20%；但是忽略分子间相互作用得到的值也大约比真实值低 20%。这也解释了为什么简单的单链计算得到的结果与 X 射线衍射得到的试验结果十分近似。

8.5.1.1 弹性常数的理论值

晶格动力学理论和能量最小化方法十分类似，由于在这两种方法中，弹性常数都是通过对晶胞单元施加适当的变形并使能量最小化来确定的，允许不同结构组分分别产生非仿射变形。在这两种情况下，能量包括分子内和分子间两种不同的作用形式。分子内相互作用包括分子键伸缩与键角弯曲，如前面阐述的聚乙烯线型曲折链单根分子链的计算方法。对于更加常见的分子构型，如螺旋状结构，也可能存在链扭转。虽然不同链构型形式不同，但参数数值基于红外与拉曼光谱一直都是最优化的（相关实例参考文献［64-66］）。

对于分子间相互作用，通常选用 Lennard-Jones 6-12 势能计算方法：

$$V(r) = -Dr^{-6} + Er^{-12}$$

但是对于 6-指数 Buckingham 势能可以表示成

$$V(r) = -Ar^{-6} + B\exp(-cr)$$

分子间能量表达式的优化通常不那么容易，因为这些表达式依赖于具体的晶体结构，尤其是分子间距离。因此通常的方法是首先基于晶体结构测量结果（X

射线衍射、红外与拉曼光谱以及核磁共振等），用计算机模拟对晶体结构进行预测。然后估算弹性常数，假设熵值的影响可以忽略。实际上这些方法适用于 0K 情况，对于预测室温下的行为需要进行热运动修正。

对不同学者的研究结果进行对比是有意义的，如表 8.3 中给出了聚乙烯的研究结果。

表 8.3　结晶聚乙烯的弹性刚度常数　　　　　　（单位：GPa）

c_{ij}	Odajima 和 Maeda[60]	Karasawa, Dasgupta 和 Goddard[67]	Sorenson, Liau 和 Kesner[68]	Tashiro, Kobayashi 和 Tadokoro[69]	Wobser 和 Blasenbrey[70]
c_{11}	9.27	14.0	14.3	7.99	13.8
c_{12}	3.68	7.9	7.2	3.28	7.34
c_{13}	3.36	2.1	1.92	1.13	2.46
c_{23}	6.67	4.8	3.3	2.14	3.96
c_{22}	10.93	13.5	12.2	9.92	12.5
c_{33}	257.4	338.9	341	316	325
c_{44}	3.46	5.3	3.64	3.19	3.19
c_{55}	1.27	3.0	2.27	1.62	1.98
c_{66}	4.99	5.9	7.3	3.62	6.24

可以看出各学者的预测结果相差很大，部分原因是选择了不同的应力常数。同时晶胞单元结构假设对结果的影响也很大，特别是平面曲折聚乙烯链所在平面与斜方晶晶胞单元 b 轴之间的夹角，但是弹性各向异性的总体形式是明确的。链轴向方向的刚度 c_{33} 值最大，剪切刚度 c_{44}，c_{55} 以及 c_{66} 值最小，这反映了分子内键伸缩和共价键弯曲作用力与分子间色散作用力之间的主要差别。横向刚度主要与色散作用力相关，因此相对较小。

最后，对比聚乙烯单轴取向薄片（用 Voigt 平均理论计算刚度平均值）的理论计算值与模板拉伸棒材、高模量聚乙烯纤维热压薄片的刚度常数，也是很有意义的（表 8.4）。可以看到，虽然如人们预料的，这些材料没有达到完全轴向取向，因此，c_{33} 的试验值远远低于理论值，但是，各向异性结构形式是类似的，部分弹性常数值是十分相近的。

表 8.4　热压聚乙烯薄片的刚度常数（GPa）与理论计算值的对比

	c_{33}	c_{11}	c_{13}	c_{12}	c_{44}
单轴取向薄片的理论值	290	9.15	5.15	3.95	2.86
热压薄片（Tenfor）	62.3	7.16	5.09	4.15	1.63

8.5.2 取向与形态

力学各向异性程度通常很少通过分子链结构特征进行分析,尤其不能解释沿着轴线方向很高的本征模量。表8.5对超高模量聚乙烯的弹性常数测量值与理论值进行了对比。结晶聚合物实际上是结晶区与非晶区交替形成的复合材料。前者在加工过程中高度取向,而后者不会形成完整的取向结构。即使链段的整体取向度根据测量结果看似很高,如双折射,但是部分分子仍然有很长一部分链段是沿轴线排列的。这些分子在提高材料刚度方面是十分重要的,这是由于键弯曲和伸缩与其他变形行为引起的应力变化之间存在很大的差距。Peterlin[71]的研究结果表明取向细丝的杨氏模量本质上是由拉伸链的比例决定的,拉伸链连接分子构成结晶嵌段轴线方向上的连接点。对于连接结晶嵌段的结晶桥键的另一种解释将在第9章中进行讨论。

表 8.5 超高模量聚乙烯的弹性常数

	20℃	−196℃	理论值
轴向模量/GPa	70	160	316
横向模量/GPa	1.3	—	8~10
剪切模量/GPa	1.3	1.95	1.6~3.6
泊松比	0.4	—	0.5

不产生结晶的聚合物如聚甲基丙烯酸甲酯,其较低的力学各向异性程度与分子取向度(双折射测量结果)之间存在很好的相关性。但是对于结晶聚合物也很难确切地说明会有很高比例的链段形成高度有序排列结构,如聚乙烯。其他聚合物材料如PET,总体结晶度相对较低(典型的约为30%),处于中间状态。由拉伸产生的力学各向异性与整体分子取向具有很好的相关性,这是由于连接分子起到了重要作用,且连接分子的数目随着整体分子取向度的增加而变大。

综上所述,为了便于建立分子结构模型,将分子结构假设成包含结晶组分与非晶组分的复合结构,但是在分子级别上实际上是逐渐过渡的,在完整取向和规整的微晶区域与其他本体材料之间会存在过渡区,过渡区会跨越多个单体单元。

8.6 各向异性力学行为的试验研究及其解释

通常情况下,人们认为力学各向异性同时依赖于结晶形态和分子取向。两种极端的模型形成了当前的理论基础:一个是由 Ward 提出的单一相聚集态模型,在这一模型中各向异性的产生是由结构中各向异性单元取向形成的;另一个是由

Takayanagi 提出的微观模型，在这一模型中，结晶区与无定形区域被认为是截然分开的。应该选用这两个模型中的一个来讨论聚合物的力学各向异性。在本章中将主要讨论与 Ward 聚集态模型有较好吻合性的聚合物。在后续章节中，将讨论那些类似复合材料的聚合物材料，接着将对复合材料的力学行为进行简单介绍和理论解释。

8.6.1 聚集态模型和力学各向异性

在这一模型中，人们认为聚合物是一些类似单元的聚集体，在未被拉伸的情况下被认为是随机取向的。随着取向演变，这些结构单元产生旋转并在最大的取向幅度内进行完整排列。这些单元的弹性行为大部分是由高度规整排列结构引起的，如具有横向同性结构的纤维或具有斜方晶对称结构的薄膜[72]。在本章中，这一理论将用于讨论纤维材料，第一个例子是纤维与结构单元均具有横向各向同性特征。

通过下面两个问题对这一模型的合理性进行讨论：

（1）各向同性聚合物材料的弹性常数可以通过对高度取向聚合物试样的测量结果进行推算吗？

（2）聚合物材料的力学各向异性行为随着取向度的变化情况会按人们预测的结果演变吗？

本书将依次对这两个问题进行讨论。

8.6.2 取向聚合物与各向同性聚合物弹性常数之间的关系：聚集态模型

通常认为聚合物的力学行为依赖于分子排列结构，例如，结晶形态与分子取向度，这两者是紧密相关的，因此，任何将两者进行分开讨论的尝试在一定程度上都是不正确的。对于 PET 材料，人们发现分子的取向度（通过双折射测量得到）是影响力学各向异性的关键因素。如表 8.6 为室温下一系列 PET 纤维的拉伸与扭转模量测量结果。可以看出，结晶度对这些模量值的影响比分子取向对于拉伸模量的影响小。因此，人们提出非取向纤维或聚合物的结构可以初步近似为各向异性弹性单元的聚集体，这些弹性单元表现出来的弹性行为与高取向度纤维或聚合物是相同的[72,74]。聚集体的平均弹性常数可以通过以下两种方法得到：要么假设聚集体中应力分布是均匀的（这时包含柔度常数的总和），或者假设应变分布是均匀的（这时包含刚度常数的总和）。由于通常情况下对于各向异性固体聚合物材料应力与应变的主轴方向是不一致的，因此这两种方法都存在一定程度的近似。对于第一种均匀应力假设，整个聚集体上的应变是不均匀的；另一种均匀应变假设，就会产生应力不均匀情况。Bishop 与 HilI 等[75]的研究表明对于一任意聚集态，真实值处于这两种极端假设得到的值之间。

表 8.6　室温下 PET 纤维的物理性能[73]

双折射	X 射线衍射得到的结晶度/%	拉伸模量/GPa	扭转模量/GPa
0	0	2.0	0.77
0	33	2.2	0.89
0.142	31	9.8	0.81
0.159	30	11.4	0.62
0.190	29	15.7	0.79

考虑均匀应力情况，我们可以被假设成一系列 N 个立方体单元通过尾尾相连形成一个"串联"模型（图 8.23）。假设每个立方体单元为横向各向同性的弹性固体，弹性对称的方向被定义为角度 θ，其轴线方向与外界施加应力 σ 一致。因此每个立方体产生的应变 e_1 可以通过柔度公式给出：

$$e_1 = [s_{11}\sin^4\theta + s_{33}\cos^4\theta + (2s_{13} + s_{44})\sin^2\theta\cos^2\theta]\sigma$$

这里 s_{11}，s_{33} 等为立方体的柔度常数。公式中忽略了这样一个事实，就是立方体在外加应力情况下都会产生变形，不满足整个聚集体内的应变一致性。那么，平均应变可以写成

$$e = \frac{\sum e_1}{N} = [s_{11}\overline{\sin^4\theta} + s_{33}\overline{\cos^4\theta} + (2s_{13} + s_{44})\overline{\sin^2\theta\cos^2\theta}]\sigma$$

这里 $\overline{\sin^4\theta}$ 等定义了聚集体单元 $\sin^4\theta$ 等参量的平均值。对于一任意聚集体，人们发现：

$$\begin{aligned} e/\sigma &= 平均拉伸柔度 \\ &= \overline{s_{33}} = \frac{8}{15}s_{11} + \frac{1}{5}s_{33} + \frac{2}{15}(2s_{13} + s_{44}) \end{aligned} \qquad (8.15)$$

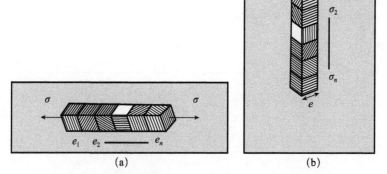

图 8.23　聚集态模型。（a）平均应力；（b）平均应变

同样，平均应变情况可以假设成一系列 N 个立方体单元通过堆积连接形成

一个"并联"模型（图 8.23（b））。对于这种情况，每个立方体单元的应力 σ_1 可以通过刚度公式进行计算：

$$\sigma_1=[c_{11}\sin^4\theta+c_{33}\cos^4\theta+2(c_{13}+2c_{44})\sin^2\theta\cos^2\theta]e$$

这里 c_{11}，c_{33} 等为立方体的刚度常数。得到的平均应力 σ 为

$$\sigma=\frac{\sum\sigma_1}{N}=[c_{11}\overline{\sin^4\theta}+c_{33}\overline{\cos^4\theta}+2(c_{13}+2c_{44})\overline{\sin^2\theta\cos^2\theta}]e$$

这里 $\overline{\sin^4\theta}$ 等为 $\sin^4\theta$ 等参量的平均值。对于一任意聚集体，存在

$$\frac{\sigma}{e}=c'_{33}=\frac{8}{15}c_{11}+\frac{1}{5}c_{33}+\frac{4}{15}(c_{13}+2c_{44}) \tag{8.16}$$

公式（8.15）与公式（8.16）分别定义了各向同性聚合物的一个柔度常数和一个刚度常数。对于一种各向同性聚合物材料，存在两个独立的弹性常数，下面这两个公式分别对各向同性剪切柔度平均值 $\overline{s_{44}}$ 与各向同性剪切刚度平均值 $\overline{c_{44}}$ 进行了估算

$$\overline{s_{44}}=\frac{14}{15}s_{11}-\frac{2}{3}s_{12}-\frac{8}{15}s_{13}+\frac{4}{15}s_{33}+\frac{2}{5}s_{44} \tag{8.17}$$

$$\overline{c_{44}}=\frac{7}{30}c_{11}-\frac{1}{6}c_{12}-\frac{2}{15}c_{13}+\frac{1}{15}c_{33}+\frac{2}{5}c_{44} \tag{8.18}$$

对柔度常数求均值定义了各向同性聚集体的弹性特征，用 $\overline{s_{33}}$ 与 $\overline{s_{44}}$ 表示。这被称为"Reuss 平均"[76]。对刚度常数求均值定义了各向同性聚集体的弹性特征，用 $\overline{c_{33}}$ 与 $\overline{c_{44}}$ 表示，被称为"Voigt 平均"[77]。对于后一种情况，将矩阵进行倒置，分别得到 $\overline{s_{33}}$、$\overline{s_{44}}$ 与 $\overline{c_{33}}$、$\overline{c_{44}}$ 对应，这样可以将这两者的均值进行对比。

五种聚合物的对比结果如表 8.7 所示。对于 PET 与低密度聚乙烯，各向同性柔度测量值位于两种计算方法得到的值之间，表明对于这两种聚合物，分子取向确实是决定力学各向异性的关键因素。对于尼龙，柔度测量值恰好在计算边界值以外，表明虽然分子取向对于力学各向异性的影响很大，但是其他的结构因素也起着重要作用。最后，对于高密度聚乙烯和聚丙烯，各向同性柔度测量值 $\overline{s_{11}}=\overline{s_{33}}$ 远超出计算值的边界，表明除了取向以外的其他因素对于力学各向异性起到决

表 8.7　不同的非取向纤维材料拉伸与扭转柔度计算值与测量值之间的对比

（单位：0.1GPa^{-1}）

	拉伸柔度 $\overline{s_{11}}=\overline{s_{33}}$			扭转柔度 $\overline{s_{44}}$		
	Reuss 平均（计算值）	Voigt 平均（计算值）	测量值	Reuss 平均（计算值）	Voigt 平均（计算值）	测量值
低密度聚乙烯	139	26	81	416	80	238
高密度聚乙烯	10	2.1	17	30	6	26
聚丙烯	7.7	3.8	14	23	11	2.7
PET	10.4	3.0	4.4	25	7.6	11
尼龙	6.6	5.2	4.8	17	13	12

定性作用。对于聚丙烯，Pinnock 与 Ward[78] 的研究结果表明聚集态会随着分子运动发生变化，这两者都会影响力学性能。

8.6.3 力学各向异性随分子取向的演变

中等分子取向的纤维和薄膜一般是通过两步法加工得到的，第一步是制备一近似各向同性试样，然后进行单轴拉伸。聚集态模型可以扩展为拉伸比的函数来推断材料的力学各向异性。

这一理论的起点是：研究发现，有几种结晶聚合物的双折射-拉伸比曲线在形式上是相似的，这一点已经被很多学者证实（如 Crawford 与 Kolsky 对低密度聚乙烯[79] 的研究以及 Cannon 与 Chappel 对尼龙的研究[80]），对于这几种结晶聚合物，在低拉伸比的情况下，双折射指数迅速增加，但是当拉伸比超过 5 之后，双折射指数基本接近最大值。低密度聚乙烯的双折射-拉伸比关系曲线如图 8.24（a）所示。

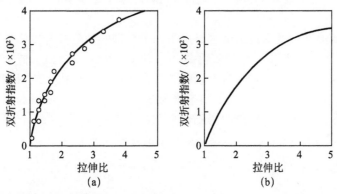

图 8.24 低密度聚乙烯双折射与拉伸比的函数关系曲线。(a) 试验结果；(b) 理论结果

Crawford 与 Kolsky 的研究结果表明，双折射与永久应变有直接关系，他们还提出了棒状单元沿着拉伸方向旋转的模型。这一理论中的基本数学模型如图 8.25 所示。每个单元被认为是横向各向同性的。因此单一一个单元的取向通过角 θ 与 Φ 进行定义，θ 为对称轴与拉伸方向之间的夹角，Φ 为对称轴在垂直于拉伸方向的平面内的投影与这一平面内任意方向的夹角。人们假设各向异性单元的对称轴与宏观材料体内连接两点之间的直线旋转行为是一致的，宏观材料体在恒定体积内产生单轴变形。这种假设与 Kuhn 以及 Grün 针对橡胶光学异性行为提出的仿射变形理论是类似的[81]（见 4.3.4 节对于"仿射变形"的定义），但是忽略了变形过程中单元长度的变化。因此，本书称这一理论为"假仿射"变形理论。实际上，Kuhn 与 Grün 确实考虑了这一因素，因此他们在讨论橡胶态行为的时候未对该理论进行详细阐述。因此，图 8.25 中的角 θ 变为 θ'，而 $\Phi=\Phi'$，能够得到

$$\tan\theta' = \frac{\tan\theta}{\lambda^{3/2}}$$

这里 λ 为拉伸比。这一关系式可以用于计算变形单元的取向分布与拉伸比之间的函数。

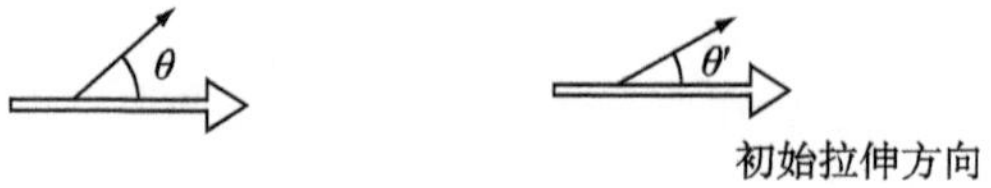

初始拉伸方向

图 8.25　"假仿射"变形理论示意图

在这个模型中，单轴取向聚合物的双折射指数变化 Δn 可以通过下式进行计算：

$$\Delta n = \Delta n_{\max}\left(1 - \frac{3}{2}\overline{\sin^2\theta}\right)$$

这里 $\overline{\sin^2\theta}$ 为单元聚集体 $\sin^2\theta$ 的平均值，$\Delta n_{\max}$ 为在完全取向时测定的最大双折射值。

假仿射变形理论为双折射数据给出了一个合理的一阶拟合方法，如低密度聚乙烯[79]、尼龙[80]、PET[82] 以及聚丙烯[78]。图 8.24（b）给出了低密度聚乙烯的结果。应该注意到这一双折射方程忽略了聚合物不同的结构组成（如结晶区与无序区）。基于这一认识，可以将聚集态模型进行扩展用于推测如 8.6.2 节中描述的力学各向异性行为。这样能够得到部分取向聚合物柔度常数 s'_{11}，s'_{12}，s'_{13}，s'_{33} 与 s'_{44} 以及刚度常数 c'_{11}，c'_{12}，c'_{13}，c'_{33} 与 c'_{44} 的计算公式：

$$s'_{11} = \frac{1}{8}(3I_2 + 2I_5 + 3)s_{11} + \frac{1}{4}(3I_3 + I_4)s_{13} + \frac{3}{8}I_1 s_{33} + \frac{1}{8}(3I_3 + I_4)s_{44}$$

$$c'_{11} = \frac{1}{8}(3I_2 + 2I_5 + 3)c_{11} + \frac{1}{4}(3I_3 + I_4)c_{13} + \frac{3}{8}I_1 c_{33} + \frac{1}{8}(3I_3 + I_4)c_{44}$$

$$s'_{12} = \frac{1}{8}(I_2 - 2I_5 + 1)s_{11} + I_5 s_{12} + \frac{1}{4}(I_3 + 3I_4)s_{13} + \frac{1}{8}I_1 s_{33} + \frac{1}{8}(I_3 - I_4)s_{44}$$

$$c'_{12} = \frac{1}{8}(I_2 - 2I_5 + 1)c_{11} + I_5 c_{12} + \frac{1}{4}(I_3 + 3I_4)c_{13} + \frac{1}{8}I_1 c_{33} + \frac{1}{2}(I_3 - I_4)c_{44}$$

$$s'_{13} = \frac{1}{2}I_3 s_{11} + \frac{1}{2}I_4 s_{12} + \frac{1}{2}(I_1 + I_2 + I_5)s_{13} + \frac{1}{2}I_3 s_{33} - \frac{1}{2}I_3 s_{44} \qquad (8.19)$$

$$c'_{13} = \frac{1}{2}I_3 c_{11} + \frac{1}{2}I_4 c_{12} + \frac{1}{2}(I_1 + I_2 + I_5)c_{13} + \frac{1}{2}I_3 c_{33} - 2I_3 c_{44}$$

$$s'_{33} = I_1 s_{11} + I_2 s_{33} + I_3(2s_{13} + s_{44})$$

$$c'_{33} = I_1 c_{11} + I_2 c_{33} + 2I_3(c_{13} + 2c_{44})$$

$$s'_{44} = (2I_3 + I_4)s_{11} - I_4 s_{12} - 4I_3 s_{13} + 2I_3 s_{33} + \frac{1}{2}(I_1 + I_2 - 2I_3 + I_5)s_{44}$$

$$c'_{44} = \frac{1}{4}(2I_3 + I_4)c_{11} - \frac{1}{4}I_4 c_{12} - I_3 c_{13} + \frac{1}{2}I_3 c_{33} + \frac{1}{2}(I_1 + I_2 - 2I_3 + I_5)c_{44}$$

在这些公式中，s_{11}，s_{12} 等为各向异性弹性单元的柔度常数，c_{11}，c_{12} 等为刚度常数，实际上它们代表了大部分高取向度聚合物材料参数。I_1，I_2，I_3，I_4，I_5 为取向函数，定义了聚集体 $\sin^4\theta$（I_1），$\cos^4\theta$（I_2），$\cos^2\theta\sin^2\theta$（I_3），$\sin^2\theta$（I_4），$\cos^2\theta$（I_5）这五个参数的平均值。可以看到这些取向函数中只有两个是独立的（如 $I_4=I_1+I_3$，$I_5=I_2+I_3$，$I_4+I_5=1$）。

取向函数可以通过假仿射变形理论进行计算，图 8.18～图 8.22 展示了聚集态模型并预测了力学各向异性的通用表达式。可以看出这些表达式用于预测低密度聚乙烯的 Reuss 平均曲线总体上是准确的，包括拉伸模量的最小值。原因如下：在假仿射变形理论中，$\overline{\sin^4\theta}$ 与 $\overline{\cos^4\theta}$ 随着拉伸比的增加分别单调减小和增加，而 $\overline{\sin^2\theta\cos^2\theta}$ 在拉伸比大约为 1.2 时达到最大值。因此，s'_{33} 随着拉伸比的增加会达到最大值（这时得到杨氏模量 E_0 的最小值），条件是 $(2s_{13}+s_{44})$ 远大于 s_{11} 与 s_{33}，s_{11} 与 s_{33} 值近似相等。这一理论假设这些单元的弹性常数与高取向度聚合物材料的测量结果是相同的。在低密度聚乙烯中，s_{44} 远远高于 s_{11} 与 s_{33}，s_{11} 与 s_{33} 值十分接近；因此，这些条件都是满足的，得到了异常的力学各向异性预测。

在较低的温度下，如前面讨论的（图 8.17），对于低密度聚乙烯，人们发现了一种更常规的力学各向异性行为。同时，模量的极坐标图产生了变化[41]（图 8.26），s_{44} 不再远高于其他的弹性常数。因此，这些结果与聚集态模型是吻合的。

图 8.18～图 8.22 的理论曲线不同于试验得到

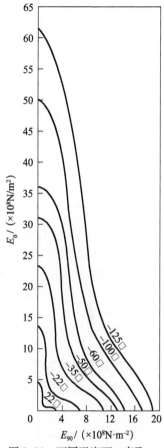

图 8.26 不同温度下，高取向度低密度聚乙烯片材的力学各向异性极坐标表示图

的曲线，主要体现在以下两方面。第一，有些细节特征（低密度聚乙烯的横向模量存在一很小的最低值，高密度聚乙烯的拉伸模量存在一很小的最小值）完全没有预测。有文献证实[83]这种效应可能与力学双生相关联。第二，力学各向异性随着拉伸比增加而变化的理论计算结果比试验结果变化慢很多。假仿射变形理论的不足之处是在预料之中的，是假设过程采取的简化处理造成的。$\overline{\sin^4\theta}$，$\overline{\cos^4\theta}$ 以及 $\overline{\sin^2\theta\cos^2\theta}$ 等量也可以通过广角 X 射线衍射和核磁共振方法进行测定[84-86]。对于低密度聚乙烯，用这种拟合的结果得到了很大的改进（图 8.27）。根据这些

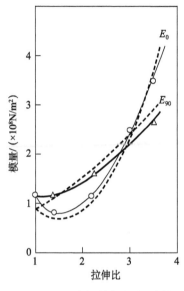

图 8.27　冷拉低密度聚乙烯的 E_0 与 E_{90} 变化曲线。（——）试验结果，（---）根核磁共振测量用取向方程通过聚集态模型拟合的结果

结果得到的结论是：①低密度聚乙烯的力学各向异性行为与结晶区的取向有关；②通过 Reuss 平均理论预测得到的结果具有很好的近似度。

聚集态模型的预测结果是弹性常数应该位于 Reuss 平均理论与 Voigt 平均理论得到的值之间。对于 PET，很明显，试验得到的柔度值基本为这两种方法得到的边界数值的中间值。对于冷拉纤维，研究结果表明这一中值方法几乎是完全适用的[87]。

对于低密度聚乙烯，Voigt 平均理论不能预测反常行为。但是 Reuss 平均理论可以，因此 Reuss 平均理论似乎能够更加精确地描述物理状态。Odajima 与 Maeda[60]得到了类似的结论，他们将聚乙烯单晶通过 Reuss 与 Voigt 平均理论得到的估算值与试验值进行了对比。

对于尼龙，Voigt 平均值与试验值最为接近。有趣的是，结果发现这两种平均理论都能够预测出扭转模量与拉伸比函数关系的最大值。

聚集态模型对于高密度聚乙烯和聚丙烯似乎不通用。研究表明对于聚丙烯聚集态模型似乎只适用于低拉伸比情况[78]。如前面讨论的，在高拉伸比情况下，结构形态和分子运动也同时发生变化。

有趣的是，在不同的聚合物中，Reuss 平均值或 Voigt 平均值或两种方法的平均值三者之一会与测量值最接近。这可能是由于这些结论与聚合物分子级别上应力与应变分布的确切性质有关，进一步与结构有关。

Kausch 已经将聚集态模型用于一系列结晶与非晶聚合物材料的研究中[88]，他们也发现，对于某些材料拉伸模量随着刚度增加的试验测量结果明显高于预测值，并证明这种结果可能是聚集体中每个单元内链段的额外取向造成的。另一种可能性是结晶聚合物刚度在更高的拉伸比下可能得到提高，由于在拉伸过程中更多晶粒间连接分子被拉直了。接着，Kausch[89]强调了用分子网络代替取向棒对模型进行重构是有意义的，分子网络形式更适合表示高应变性能。总之，很明显，虽然聚集体模型所用的假设采取了高度简化方法，但仍然为很多重要聚合物材料提供了合理的模型。对于这样的材料，精细的晶体结构对于力学各向异性的变化影响只是次要因素，变形本质上主要考虑单相织构或变形网络。

8.6.4 声速

Morgan[30] 与其他学者[28] 提出了声波模量（例如，用波传播技术获得高频下的拉伸模量）可以直接测量分子取向度，所用方法在某种程度上与双折射法得到的光学取向方程 $f_0 = \left(1 - \dfrac{3}{2}\overline{\sin^2\theta}\right)$ 类似。

考虑聚集体的拉伸模量方程：

$$s'_{33} = \overline{\sin^4\theta}s_{11} + \overline{\cos^4\theta}s_{33} + \overline{\sin^2\theta\cos^2\theta}(2s_{13} + s_{44})$$

表 8.1 总结了一系列聚合物材料的 s_{11}，s_{33} 以及 s_{44} 的测量值，如 Hadley，Pinnock 与 Ward 等[42] 获得的单丝数据。可以看出，除了低密度聚乙烯，其他所有材料的 s_{11} 与 s_{44} 值基本近似，s_{33} 相对较小。由于泊松比通常情况下接近 0.5，表明 s_{13} 也会相对较小。

这表明，除了较高的取向度值，$\overline{\cos^4\theta}s_{33}$ 与 $\overline{\sin^2\theta\cos^2\theta}s_{13}$ 值都会较小，可以近似成

$$s'_{11} = \overline{\sin^4\theta}s_{11} + \overline{\sin^2\theta\cos^2\theta}s_{44} \tag{8.20}$$

$$= \overline{(\sin^4\theta + \sin^2\theta\cos^2\theta)}s_{11} \tag{8.21}$$

$$= \overline{\sin^2\theta}s_{11}$$

由于双折射值通过以下公式给出：$\Delta n = \Delta n_{\max}\left(1 - \dfrac{3}{2}\overline{\sin^2\theta}\right)$，可以看出，拉伸柔度，即拉伸模量的倒数，通过 $\overline{\sin^2\theta}$ 与双折射值直接相关，而与分子取向机理无关[90]。为获得好的近似结果，有下列关系式：

$$s'_{33} = \frac{2}{3}s_{11}(\Delta n_{\max} - \Delta n) \tag{8.22}$$

因此，可以预测拉伸柔度 s'_{33} 与双折射指数 Δn 之间存在线性关系，在最大的双折射值时，拉伸柔度值可以外推至 0。

图 8.28 给出了 PET 与聚丙烯的结果，从图中可以看出，这是比较合理的近似结果。但是对于大多数高取向度纤维单丝，通过这些点获得的 s_{11} 值与试验测量值并不吻合，表明这种近似处理方法并不是十分可靠的。

Samuels[91] 认识到了结晶聚合物的两相本质，对声速分析进行了进一步研究。对公式（8.21）进行扩展得到

$$\frac{1}{E} = s'_{33} = \frac{\beta}{E^0_{t,c}}\overline{\sin^2\theta_c} + \frac{1-\beta}{E^0_{t,am}}\overline{\sin^2\theta_{am}} \tag{8.23}$$

这里 E 为试样的音波模量；$E^0_{t,c}$，$E^0_{t,am}$ 分别为结晶区与非晶区的横向模量；$\overline{\sin^2\theta_c}$，$\overline{\sin^2\theta_{am}}$ 分别为结晶区与非晶区的取向函数；β 为结晶材料百分数。

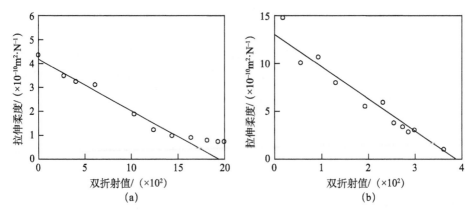

图 8.28 拉伸柔度与双折射值之间的试验曲线。（a）PET 纤维；（b）聚丙烯纤维

对于各向同性试样，$\overline{\sin^2 \theta_c} = \overline{\sin^2 \theta_{am}} = \dfrac{2}{3}$，各向同性声波模量 E_u 可以表示为

$$\frac{3}{2E_u} = \frac{\beta}{E_{t,c}^0} + \frac{1-\beta}{E_{t,am}^0} \tag{8.24}$$

这样结晶区与非晶区的取向平均值为

$$f_c = \frac{1}{2}(3\overline{\cos^2 \theta_c} - 1), \quad f_{am} = \frac{1}{2}(3\overline{\cos^2 \theta_{am}} - 1)$$

将公式（8.23）与公式（8.24）结合可以得到

$$\frac{3}{2}\left\{\frac{1}{E_u} - \frac{1}{E}\right\} = \frac{\beta f_c}{E_{t,c}^0} + \frac{(1-\beta) f_{am}}{E_{t,am}^0} \tag{8.25}$$

在各向同性试样中，声波模量与结晶度的关系如公式（8.24），并确定了 $E_{t,c}^0$ 与 $E_{t,am}^0$。取向试样声波模量由公式（8.25）给出，也给出了非晶区取向函数 f_{am} 的表示方法，同时 f_c 可以用其他方法获得，如广角 X 射线衍射。

Samuels[91] 通过将声波模量、X 射线衍射方法与双折射测量进行结合对上述公式进行了更加深入的分析。基于两相模型的聚合物双折射指数可以通过下面公式计算：

$$\Delta n = \Delta n_c^0 f_c + (1-\beta) \Delta n_{am}^0 \left(\frac{1-\beta}{\beta}\right) \frac{f_{am}}{f_c} \tag{8.26}$$

Samuels[91] 的研究结果表明 $\Delta n / \beta f_c$ 与 $\left(\dfrac{1-\beta}{\beta}\right) \dfrac{f_{am}}{f_c}$ 的函数关系曲线对于一系列聚丙烯试样都能得到很好的线性拟合关系。这支持了他的分析结论，这样 Δn_c^0，Δn_{am}^0 值也可以进行计算，Δn_c^0，Δn_{am}^0 分别为结晶区与非晶区的最大双折射值（例如对于完全取向状态）。然而，应该注意到的是这样的处理方法涉及几方面的假设，包括对于均匀应力的基本假设。

8.6.5 无定形聚合物

对于无定形聚合物的测量方法相对较少，无定形聚合物力学各向异性程度也比结晶聚合物低得多。早期研究包括 Hennig[92] 对聚氯乙烯、聚甲基丙烯酸甲酯以及聚苯乙烯的研究，Robertson 和 Buenker[93] 对双酚 A 聚碳酸酯的研究。这些研究结果在表 8.8 中进行了总结。Hennig 对于 s_{33} 以及 s_{11} 的测量是通过在 320Hz 下的动态测量获得的，s_{44} 在 1Hz 下进行测量。Robertson 和 Buenke 用振动片方法在 100～400Hz 的范围内测量。

表 8.8　取向无定形聚合物的拉伸柔度　　（单位：GPa^{-1}）

材料	拉伸比	s_{33}	s_{11}	s_{44}
聚氯乙烯	1	0.313	0.313	0.820
	1.5	0.276	0.319	0.794
	2.0	0.255	0.328	0.781
	2.5	0.243	0.337	0.769
	2.8	0.238	0.341	0.763
	∞	0.204	0.379	0.730
聚甲基丙烯酸甲酯	1	0.214	0.214	0.532
	1.5	0.208	0.215	0.524
	2.0	0.204	0.215	0.518
	2.5	0.200	0.216	0.510
	3.0	0.196	0.217	0.505
聚苯乙烯	1	0.303	0.303	0.769
	2.0	0.296	0.304	0.769
	3.0	0.289	0.305	0.769
聚碳酸酯	1	0.376	0.376	1.05
	1.3	0.314	0.408	0.980
	1.6	0.268	0.431	0.926

Wright 等[94] 用超声测量法对单轴取向聚甲基丙烯酸甲酯以及聚苯乙烯薄片进行了更加详细的研究。结果总结如图 8.29（a）与（b）所示，给出了刚度常数与双折射的函数关系曲线。Rawson 与 Rider[95] 同样报道了定向聚氯乙烯的超声数据，得到的各向异性结果与表 8.8 中 Hennig 得到的结果类似。

对于无定形聚合物，Ward 等[96] 与 Kausch[88] 以及后来的 Rawson 和 Rider[95]

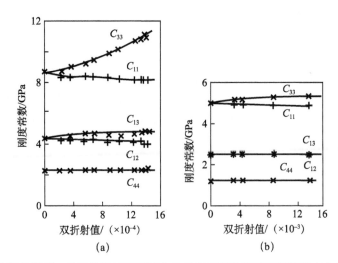

图 8.29 室温条件下，单轴拉伸无定形聚合物的刚度常数随着双折射值变化的函数曲线。
（a）聚甲基丙烯酸甲酯；（b）聚苯乙烯（Redrawn from Wright，H.，Faraday，C. S. N.，
White，E. F. T. et al. (1971) The elastic constants of oriented glassy polymers. J. Phys.
D，4，2002. Copyright (1971) Institute of Physics)

得出一致结论：力学各向异性与聚集态模型一致性很高。另外，各向异性随着拉伸比的变化通常可以用假仿射变形理论进行解释[94]。

8.6.6 具有斜方晶对称结构的定向 PET 薄片

单轴拉伸定向 PET 薄片的九个弹性常数都已经确定。该板材是通过在恒定宽度下拉伸各向同性薄片制得的。结果显示在拉伸方向上存在很高的链取向度，（100）结晶面在薄片面内优先取向，（100）结晶面主要反映分子链上对苯二甲酸基团的优先取向，这种取向被定义为同面轴。从弹性各向异性的观点来看，薄片包含三个对称的正交平面，可以被描述成拥有斜方晶对称结构。

九个柔度常数的结果总结如表 8.9。3 轴为初始拉伸方向，1 轴位于薄片平面内，符合图 8.2 中的定义。s_{11} 与 s_{33} 通过在一静载荷蠕变仪上测量拉伸蠕变性能获得，参考 0.1% 应变情况下 10s 时的响应。在试样表面印刷电子显微镜栅格，s_{13} 通过测量栅格变形来获取[97]。s_{12} 与 s_{23} 通过 Michelso 干涉仪法获得，s_{22} 在一压缩蠕变仪上不断增加长条状材料的压缩应变来求得[7]。s_{55} 通过长方形试样的扭转试验获得，长方形试样的长轴分别平行于 3 轴和 1 轴[18]。s_{44} 与 s_{66} 也通过这种方法对不同长径比的试样进行测量获得[18]。另外，s_{44} 与 s_{66} 也可以通过简单剪切方法获得[18,21]，表 8.9 中列出的数据是两种方法的加权平均值。

表 8.9　具有斜方晶对称结构的取向 PET 薄片的全套柔度数据[18]

柔度	数值/GPa^{-1}	柔度	数值/GPa^{-1}
s_{11}	0.361 ± 0.012	s_{23}	-0.037 ± 0.005
s_{22}	0.9 ± 0.16	s_{44}	9.7 ± 0.3
s_{33}	0.066 ± 0.001	s_{55}	0.564 ± 0.025
s_{12}	-0.38 ± 0.04	s_{66}	14.1 ± 0.8
s_{13}	-0.018 ± 0.001		

从表 8.9 中可以看出，薄片表现出很高的力学各向异性，因此，有必要对力学各向异性度与两个主要结构特征的关系进行研究：高的链轴线取向度以及对苯二甲酸基团的优先取向。红外测量结果表明在结晶区内很高的取向度与大量的乙二醇基团在拉伸链中的反式构象是相对应的，它们在拉伸方向上也高度取向[98]。拉伸柔度 s_{33} 的值较低，可以被解释成假设在这些拉伸链分子中，变形包括键伸缩与弯曲。这些分子可以是那些如 Peterlin[71] 提出的紧密连接分子。横向柔度 s_{12} 大约高一个数量级，与色散力相关。从这一现象可以得出如果对聚合物施加垂直于拉伸方向的应力，收缩主要产生在垂直于拉伸方向（也就是方向 2）而不是平行于拉伸方向（方向 3）。因此，s_{12} 的量值比 s_{23} 大很多，如研究结果证实。s_{13} 值与 s_{23} 相近，与已有的论据是一致的，也就是方向 3 内的变形相对于方向 1 和 2 更难。泊松比反映了相同的观点，特别是 ν_{13} 的值非常小，大约为 0.05。

剪切柔度的各向异性也十分明显。s_{44} 与 s_{66} 都大于 s_{55}，表明在 23 和 12 平面内更容易产生剪切变形，这可能是由于平面内的对苯二甲酸链在相互滑动时只受到较弱的色散力作用。柔度 s_{55}，几何上与聚酯分子平面的变形有关，因此与 s_{11} 以及 s_{22} 具有相同的数量级。

将聚集态模型用于这些数据是有意义的，通过在薄片拉伸方向的法向平面内求薄片常数的平均值，计算"等效纤维"的弹性常数范围。需要对 8.6.2 节中的数学方法进行延伸处理，来解释斜方晶结构单元形成的横向同性聚集体。基本方程已经在其他文献中进行了详细描述[99]，这里只对主要结果进行总结。如果斜方晶结构单元常数为 s_{11}，s_{13}，$\cdots$，s_{66}（8.2.2 节），Reuss 平均纤维常数 s'_{33}，s'_{13}，$\cdots$，s'_{44} 通过在 12 平面内求平均值得到

$$s'_{33} = s_{33}$$

$$s'_{11} = \frac{3}{8}s_{11} + \frac{1}{4}s_{12} + \frac{3}{8}s_{22} + \frac{1}{8}s_{66}$$

$$s'_{12} = \frac{1}{8}s_{11} + \frac{3}{4}s_{12} + \frac{1}{8}s_{22} - \frac{1}{8}s_{66}$$

$$s'_{13} = \frac{1}{2}(s_{13} + s_{23})$$

$$s'_{44} = \frac{1}{2}(s_{44} + s_{55})$$

Voigt 平均纤维常数可以用类似的形式表示成 c'_{33}，c'_{13}，$\cdots$，c'_{44}，这里

$$c'_{33} = c_{33}$$

$$c'_{11} = \frac{3}{8}c_{11} + \frac{1}{4}c_{12} + \frac{3}{8}c_{22} + \frac{1}{8}c_{66}$$

$$c'_{12} = \frac{1}{8}c_{11} + \frac{3}{4}c_{12} + \frac{1}{8}c_{22} - \frac{1}{8}c_{66}$$

$$c'_{13} = \frac{1}{2}(c_{13} + c_{23})$$

$$c'_{44} = \frac{1}{2}(c_{44} + c_{55})$$

这一计算结果如表 8.10，并列出了高取向纤维单丝的试验值。虽然试验数据不都在预测范围内，但是都在合理的范围内。在表 8.10 中，基于薄片数据，给出了各向同性 PET 柔度常数计算值和测量值的对比结果。结果再次显示，测量值位于 Reuss 与 Voigt 平均值之间。考虑到很大的各向异性度和这些计算方法的简化本质，可以认为这些结果确实表明在一阶近似情况下，力学各向异性可以用单相聚集态模型来表示。

表 8.10　基于薄片柔度数据，PET 柔度常数（GPa^{-1}）的计算值和测量值的对比结果

柔度常数	计算值		测量值
	Reuss	Voigt	
高取向度纤维			
s_{11}	2.1	0.73	1.61
s_{12}	−1.9	−0.55	−0.58
s_{13}	−0.028	−0.025	−0.031
s_{33}	0.066	0.066	0.071
s_{44}	5.1	1.07	1.36
各向同性纤维			
s_{33}	1.8	0.24	0.44
s_{44}	5.3	0.64	1.1

8.7　伸直链聚乙烯和液晶聚合物的聚集态模型

在高温（$\sim$230$\sim$240℃）和高压下（$\sim$200MPa）对聚乙烯进行退火会产生伸直链结构，包含小的晶区，晶区内微晶厚度为$\sim$2μm，如小的、单元排列规整的聚集体。这样的结构可以通过静压力挤出得到，固体坯料通过一圆锥形口模挤出成型，得到的材料在取向方向上具有中等大小取向度，杨氏模量约 40GPa。因此，聚集态模型可以用于解释取向过程的演变，这一过程遵循假仿射变形理论，用于理解力学各向异性行为[100]。

对于柔度平均理论法，取向聚合物的拉伸模量 E_3 可以通过下式进行计算：

$$\frac{1}{E_3} = s'_{33} = s_{11}\overline{\sin^4\theta} + s_{33}\overline{\cos^4\theta} + (2s_{13} + s_{44})\overline{\sin^2\theta\cos^2\theta} \qquad (8.27)$$

如前面所述，θ 代表聚集体单元与总体轴线之间的夹角，$\overline{\sin^4\theta}$ 等表示平均值。

这些聚合物在很高的分子取向度情况下，$\overline{\sin^4\theta} \ll 1$，$\overline{\cos^4\theta} \approx \overline{\cos^2\theta} \approx 1$。公式 (8.27) 可以重新写成

$$\frac{1}{E_3} = s'_{33} = \frac{1}{E_c} + s_{44}\overline{\sin^2\theta} \qquad (8.28)$$

这里 E_c 为聚集单元的拉伸模量。为了得到相同的近似度，有

$$s'_{44} = s_{44} = \frac{1}{G} \qquad (8.29)$$

这里 G 为聚合物的剪切模量。

结合公式 (8.28) 与 (8.29)，得到

$$\frac{1}{E_3} = \frac{1}{E_c} + \frac{\overline{\sin^2\theta}}{G} \qquad (8.30)$$

图 8.30 给出了经压力退火的聚乙烯挤出成型后的 $1/E_3$ 与 $1/G$ 的关系曲线图，图中包含不同的挤出比（等于拉伸比）。可以看出拟合直线的斜率随着挤出比的增加而降低，由于取向参数 $\overline{\sin^2\theta}$ 降低，同时，这些直线都趋于一点，这个点的值 $E_c \sim 250\text{GPa}$，处于聚乙烯链模量的合理范围内。

聚集态模型也成功用于描述几种液晶聚合物的力学各向异性特征。Ward 和他的合作者们[101]验证了几种热塑性聚酯材料在很宽的温度范围内在拉伸和剪切情况下的动态力学行为，并用单相聚集态模型建立了拉伸模量与剪切模量随着温度升高而降低的定量关系。

图 8.31 给出了一高取向热塑性共聚酯材料拉伸模量与剪切模量的温度依赖性数据，图中为 $1/E_3$ 与 $1/G$ 的关系曲线图，基本为一条直线，拉伸模量外推至 173GPa，对应一聚集单元的模量。这个值与基于变形的键伸缩和键弯曲模型得到的理论估算值基本一致。

对于聚集态模型的第二个版本，Ward 和他的合作者们基于 X 射线衍射结果，假设聚集态单元将变形平均分布在 8~10 个单体单元上。这种情况下，链模量可以通过试验确定，通过测量施加应力情况下 X 射线衍射图案的变化，得到与温度相关的 E_c 值。通过重新表示公式 (8.30)，进一步得到 $\left(\frac{1}{E_3} - \frac{1}{E_c}\right)$ 与 $\frac{1}{G}$ 的关系图，如图 8.32，得到通过原点的很好的直线关系。

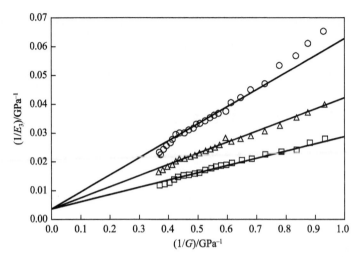

图 8.30　$1/E_3$ 与 $1/G$ 的关系曲线图，显示了聚集态模型—系列 R006‑60 挤出试样的
有效性，挤出原材料事先在 238℃，450MPa 下进行 15min 的压力退火。（□）10 ∶ 1；
（△）7 ∶ 1；（○）5 ∶ 1（Reproduced from Powell，A. K.，Craggs，G.，Ward，I. M.
(1990) The structure and properties of oriented chain-extended polyethylene J.
Mater. Sci.，25，3990. Copyright (1990) Springer Science and Business Media)

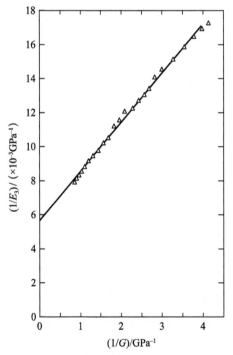

图 8.31　对于高取向度热塑性共聚酯，$1/E_3$ 与 $1/G$ 的关系曲线图

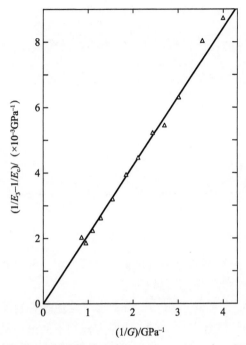

图 8.32　对于高取向度热塑性共聚酯，$(1/E_3-1/E_c)$ 与 $1/G$ 的关系曲线图

根据这条直线的斜率得到的 $\overline{\sin^2\theta}$ 值小于经图 8.31 拟合得到的值，$\overline{\sin^2\theta}$ 反映了沿着液晶聚合物链在长度方向上的不规整现象。由于聚合物链的弯曲特性，作者将这种效应称为"蜿蜒"。

Northolt 与 Van Aartsen[102] 用聚集态模型解释了 PPTA 纤维杨氏模量随着结晶取向度增加迅速增加的原因。PPTA 是一种溶致性液晶聚酯，其 X 射线衍射图谱显示其轴向微晶尺寸约为 70nm，横向为 5nm。

声波模量 E_{sonic} 和 $\overline{\sin^2\theta}$ 的 X 射线衍射数据拟合是基于假设 PPTA 纤维是很多小晶体的聚集体（类似于前面讨论的伸直链聚乙烯）。可以得到

$$\frac{1}{E_{\text{sonic}}}=\frac{1}{E_c}+A\,\overline{\sin^2\theta} \tag{8.31}$$

结果显示，E_c 与 A 的测量值与理论计算值具有很好的一致性。高取向度情况下，$A=1/G$。因此，公式（8.31）严格意义上与公式（8.30）是等同的。

在最近的研究中，Northolt 与 van der Hout[103] 提出了纤维弹性模量的详细理论模型，纤维包含硬棒状链的纤丝结构。这些模型把分子链起点看成平面折叠链。变形可以通过沿着硬质链段轴线方向的拉伸应变产生（如图 8.33 的 PQ 线），也可以通过剪切产生。纤维的拉伸柔度 s_{33} 可以通过下列公式计算：

$$s_{33} = \frac{1}{E_c} + \frac{\langle \sin^2\theta \rangle}{2G}$$

这里 E_c 为每根链的轴向杨氏模量，G 为纤维的剪切模量。

$$\langle \sin^2\theta \rangle = \frac{\displaystyle\int_0^{\pi/2} R'(\theta)\,\sin^2\theta\cos\theta\mathrm{d}\theta}{\displaystyle\int_0^{\pi/2} R(\theta_0)\cos\theta_0\,\mathrm{d}\theta_0}$$

图 8.33　基于 Northolt/Van Aartsen 模型的刚性链变形示意图

应该注意到这个方程不同于经典聚集态模型方程主要体现在以下两方面：

（1）第二项的分母为 $2G$ 而不是 G；

（2）$\langle \sin^2\theta \rangle$ 的定义不同于 $\overline{\sin^2\theta}$，由于求平均值是在链平面内进行而不是三维平均；$R(\theta_0)$ 为初始链分布，$R'(\theta)$ 为应力作用下的最终链分布。

8.8　拉胀材料：负泊松比

虽然泊松比为负值的材料已经从理论上证实是存在的，但也就是约 20 世纪 80 年代中期，这种材料才真正成为现实。这些材料在拉伸情况下会产生横向膨胀，而在压缩的时候会产生横向收缩，拉胀的英文 Auxetic 一词来自于经典希腊语，意思就是胀大。

泊松比为负值的材料的典型例子是基于凹形蜂窝结构的多孔泡沫，如图 8.34。在拉伸情况下，轴向纤丝伸直产生横向膨胀。之后人们对其他理论拉胀结构进行了研究，包括旋转菱面体[104]，旋转刚性平行四边形[105]，不同尺寸的刚性长方形[106]，可变形正方形[107] 以及内锁六边形[108]。Fozdar 等[109] 用 3D 打印制备出常规几何结构，单层与多层材料，并用试验研究了它们的拉胀性能。Liu和 Hu [110] 等对几何结构、模型与拉胀聚合物的关系进行了综述。

继 Lakes[111] 先驱性工作以后，出现了大量的拉胀型聚合物泡沫，最近的例子见参考文献 [112] ～ [114]。Evans 与他的同事们[115] 报道了在聚四氟乙烯（PTFE）内部如何获得包含椭球状结节和纤丝的各向异性微观结构，这样能够得到很大的负泊松比。如图 8.35 为多微孔结构 PTFE 的变形示意图。

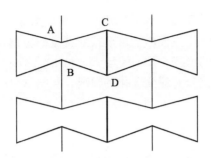

图 8.34 由可弯曲韧带构成的泊松比为负值的凹形蜂窝。如果在 A 与 B 点之间加一弹簧，用刚性韧带模型也可以得到类似的结构（Reproduced from Lakes，R. Deformation mechanisms in negative Poisson's ratio materials：structural aspects. J. Mater. Sci.，26，2287. Copyright (1991) Springer Science and Business Media）

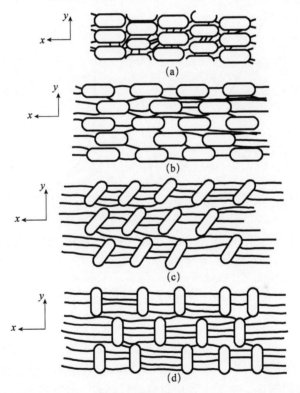

图 8.35 多微孔聚四氟乙烯在 x 轴方向施加拉伸载荷时产生的结构变化示意图。（a）初始密集微观结构；（b）纤丝中的应力导致各向异性椭球状结节粒子的横向位移并产生横向膨胀；（c）椭球状结节旋转产生进一步横向膨胀；（d）完全胀大结构，在进一步塑性变形前由椭球状结节破碎导致的（Reproduced from Evans，K. E. and Caddock，B. D. (1989) Microporous materials with negative Poisson's ratios. Ⅱ. Mechanisms and interpretation. J. Phys. D. Appl. Phys.，22，1883. Copyright (1989)）

　　起初纤丝在拉伸时，其轴向和横向均有膨胀，类似于图 8.34 中的凹形蜂窝结构的变形状态。然后会产生椭球状结节按照特定的方向旋转，如图 8.35 所示，于是产生了进一步的横向膨胀。Evans 与 Caddock[116]证实了图 8.35 中的两种模型能够很好地解释泊松比随着应变变化的情况，包括从 (a) 阶段到 (b) 阶段的平移模型，以及从 (b)，(c) 到 (d) 之间的旋转模型。他们的研究结果如图 8.36 所示，从图中可以看出，泊松比的试验值逐渐接近-12。

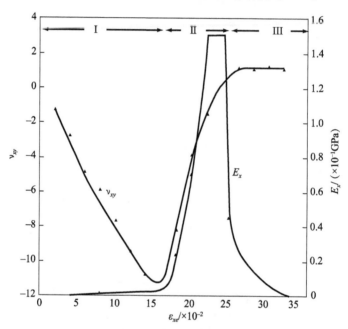

图 8.36　泊松比 ν_{xy} （＝ν_{12}） 与杨氏模量 E_x （＝E_1） 随着工程应变 ε_{xe} 的变化曲线，表现出三段式行为：Ⅰ 低模量；Ⅱ 增大模量；Ⅲ 塑性区[114]（Reproduced from Caddock, B. D. and Evans, K. E. (1989) Microporous materials with negative Poisson's ratios. I. Microstructure and mechanical properties. J. Phys. D. Appl. Phys. , 22, 1877. Copyright (1989) Institute of Physics)

　　在进一步研究中，Evans 与 Alderson[117−119]表明在 PTFE 与超高分子量聚乙烯 （UHMPE） 两种材料中，图 8.37 示意的椭球状结节与纤丝的各向同性微观结构可以引起负泊松比。本质上是由材料被拉伸时，纤丝拉长导致椭球状结节分离引起的。

　　对于具有微孔结构的拉胀聚合物的研究还在继续。Alderson 等[120]为了获得具有更好的实用价值的拉胀材料，用熔融纺丝的办法制备出拉胀聚丙烯纤维。人们通过研究拉胀型聚丙烯、聚酯与尼龙纤维的熔融纺丝加工参数，对这一工作进行了进一步研究[121]。Ravirala 等[122]用熔融挤出法制备了拉胀型聚丙烯膜。Al-

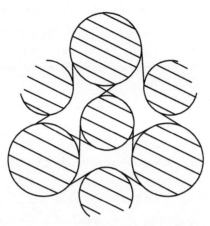

图 8.37　包含椭球状结节与纤丝的各向同性微观结构示意图，这种结构不管在什么方向拉伸都能够产生负的泊松比（Reproduced from Evans，K. E. and Alderson，K. L. (1992) The static and dynamic moduli of auxetic microporous polyethylene. J. Mater. Sci. Lett.，11，1721. Copyright (1992) Springer Science and Business Media）

derson 等[123]通过非常规的方法，结合粉末挤压和烧结的办法制备了拉胀型聚丙烯，省略了挤出过程。

作为一种制备泊松比为负值的材料的实用方法，人们提议在传统基体内用聚合物纤维的拉胀网络制备拉胀型复合结构。这里纤维本身不是传统拉胀型纤维，但是整体网络结构是拉胀型的。由纤维压缩在一起形成的薄片状材料，试验结果证实其面外泊松比为负值。Tatlier 与 Berhan[124]用有限元方法模拟了三维压缩纤维体系，模拟结果预测泊松比为负值。这种作用的物理基础是，在压缩成型过程中，最初的直线纤维变弯超过了接触点位置的其他不平行纤维；然后，在外加应力作用下，纤维产生变形回到其初始直线构型，于是产生了横向膨胀。在他们的模拟研究工作之后，Jayanty，Crowe 与 Berhan[125]将拉胀型烧结金属纤维网络与聚合物材料进行混合灌注，成功制备了一种拉胀型复合材料。同样，他们制备了纳碳米纤维树脂基复合材料，并证实也是拉胀型的，即使纤维最初不在熔融网络内。这是由于纤维相互靠近形成了有效的网络结构而不是真的接触。

参 考 文 献

[1] Biot，M. A. (1955) International Union of Theoretical and Applied Mechanics Colloquium (Madrid)，Springer-Verlag，Berlin，p. 251.

[2] Rogers，T. G. and Pipkin，A. C. (1963) Asymmetric relaxation and compliance matrices in linear viscoelasticity. J. Appl. Maths Phys.，14，334.

[3] Nye, J. F. (1957) Physical Properties of Crystals, Clarendon Press, Oxford, p. 138.

[4] Horgan, C. O. (1972) On Saint-Venant's principle in plane anisotropic elasticity. J. Elast., 2 (169), 335.

[5] Horgan, C. O. (1974) The axisymmetric end problem for transversely isotropic circular cylinders. Int. J. Solids Structure, 10, 837.

[6] Folkes, M. J. and Arridge, R. G. C. (1975) The measurement of shear modulus in highly anisotropic materials: the validity of St. Venant's principle. J. Phys. D, 8, 1053.

[7] Wilson, I., Cunningham, A., Duckett, R. A. et al. (1976) The determination of the extensional compliance perpendicular to the plane of sheet for thin polyethylene terephthalate sheets. J. Mater. Sci., 11, 2189.

[8] Ladizesky, N. H. and Ward, I. M. (1971) Determination of Poisson's ratio and Young's modulus of low-density polyethylene. J. Macromol. Sci. B, 5, 661.

[9] Clayton, D., Darlington, M. W. and Hall, M. M. (1973) Tensile creep modulus, creep lateral contraction ratio, and torsional creep measurements on small nonrigid specimens. J. Phys. E., 6, 218.

[10] Darlington, M. W. and Saunders, D. W. (1975) Anisotropic creep behaviour in Structure and Properties of Oriented Polymers (ed. I. M. Ward), Applied Science Publishers, London, Chap. 10.

[11] Dunn, C. M. R., Mills, W. H. and Turner, S. (1964) Creep in thermoplastics. Br. Plastics, 37, 386.

[12] Wilson, I., Cunningham, A. and Ward, I. M. (1976) Determination of Poissons ratio compliances for polyethylene terephthalate sheets using a Michelson interferometer. J. Mater. Sci., 11, 2181.

[13] Richardson, I. D. and Ward, I. M. (1978) Temperature-dependence of Poisson ratios in low-density polyethylene with parallel lamellas morphology. J. Polym. Sci. Polym. Phys., 16, 667.

[14] Raumann, G. (1962) The Anisotropy of the Shear Moduli of Drawn Polyethylene. Proc. Phys. Soc., 79, 1221.

[15] Lekhnitskii, S. G. (1981) Theory of Elasticity of an Anisotropic Elastic Body, Mir, Moscow.

[16] Ladizesky, N. H. and Ward, I. M. (1971) Measurement of shear moduli of oriented low-density polyethylene. J. Macromol. Sci. B, 5, 745.

[17] Ladizesky, N. H. and Ward, I. M. (1974) Deformation mechanisms of low density polyethylene with parallel lamellar morphology. J. Macromol. Sci. B, 9, 565.

[18] Lewis, E. L. V. and Ward, I. M. (1980) The measurement of shear compliances for oriented polyethylene terephthalate sheet. J. Mater. Sci., 15, 2354.

[19] Biot, M. A. (1939) Increase of Torsional Stiffness of a Prismatical Bar Due to Axial Tension. J. Appl. Phys., 10, 860.

[20] Timoshenko, S. P. and Goodier, J. N. (1970) Theory of Elasticity, 3rd edn, McGraw-Hill, New York, Chap. 10.

[21] Lewis, E. L. V., Richardson, I. D. and Ward, I. M. (1979) Hall-effect apparatus for the measurement of simple shear in polymers. J. Phys. E, 12, 189.

[22] Wakelin, J. H., Voong, E. T. L., Montgomery, D. J. et al. (1955) Vibroscope measurements of the elastic moduli of nylon 66 and dacron filaments of various draw ratios. J. Appl. Phys., 26, 786.

[23] Meredith, R. (1954) The torsional rigidity of textile fibers. J. Text. Inst., 45, 489.

[24] Hillier, K. W. and Kolsky, H. (1949) An investigation of the dynamic mechanical properties of some high polymers. Proc. Phys. Soc. B, 62, 111.

[25] Ballou, J. W. and Smith, J. C. (1949) Dynamic measurements of polymer physical properties. J. Appl. Phys., 20, 493.

[26] Nolle, A. W. (1950) Dynamic mechanical properties of rubberlike material. J. Polym. Sci., 5, 1.

[27] Hamburger, W. J. (1948) Mechanics of elastic performance of textile materials: II. The application of sonic techniques to the investigation of the effect of visco-elastic behavior upon stress-strain relationships in certain high polymers. Text. Res. J., 18, 705.

[28] Charch, W. H. and Moseley, W. W. (1959) Structure-property relationships in synthetic fibers: Part I: structure as revealed by sonic observations. Text. Res. J., 29, 525.

[29] Moseley, W. W. (1960) The measurement of molecular orientation in fibers by acoustic methods. J. Appl. Polym. Sci., 3, 266.

[30] Morgan, H. M. (1962) Correlation of molecular orientation measurements in fibers by optical birefringence and pulse velocity methods. Text. Res. J., 32, 866.

[31] Davis, V. V. (1959) A diffraction method for the measurement of diameter changes in strained fibres. J Text. Inst., 50, 688.

[32] Frank, F. I. and Ruoff, A. L. (1958) A method of measuring Poisson's ratio of fibers 1. Text. Res. J., 28, 213.

[33] Hadley, D. W., Ward, I. M. and Ward, J. (1965) Transverse compression of anisotropic fibre monofilaments. Proc. Roy. Soc. A, 285, 275.

[34] Pinnock, P. R., Ward, I. M. and Wolfe, J. M. (1966) Compression of anisotropic fibre monofilaments. 2. Proc. Roy. Soc. A, 291, 267.

[35] Hertz, H. (1896) Miscellaneous Papers, Macmillan, London, p. 146.

[36] McEwen, E. (1949) Stresses in elastic cylinders in contact along a generatrix (including the effect of tangential friction). Phil. Mag., 40, 454.

[37] Kotani, T., Sweeney, J. and Ward, I. M. (1994) The measurement of transverse mechanical properties of polymer fibres. J. Mater. Sci., 29, 5551.

[38] Abdul Jawad, S. and Ward, I. M. (1978) Transverse compression or oriented nylon and polyethylene extrudates. J. Mater. Sci., 13, 1381.

[39] Kawabata, S. (1990) Measurement of the transverse mechanical properties of high performance fibres. J. Text. Inst. , 81, 432.

[40] Raumann, G. and Saunders, D. W. (1961) The anisotropy of Young's modulus in drawn polyethylene. Proc. Phys. Soc. , 77, 1028.

[41] Gupta, V. B. and Ward, I. M. (1967) Mechanical and optical anisotropy in low-density polyethylene. J. Macromol. Sci. B, 1, 373.

[42] Hadley, D. W. , Pinnock, P. R. and Ward, I. M. (1969) Anisotropy in oriented fibres from synthetic polymers. J. Mater. Sci. , 4, 152.

[43] Hine, P. J. and Ward, I. M. (1996) Measuring the elastic properties of high-modulus fibres. J. Mater. Sci. , 31, 371.

[44] Wilczynski, A. P. , Ward, I. M. and Hine, P. J. (1995) Bounds for the elastic constants of reinforcing fibres in polymeric composites. J. Mater. Sci. , 30, 5879.

[45] Brew, B. , Hine, P. J. and Ward, I. M. (1999) The properties of pipd-fibre/epoxy composites. Comp. Sci. Tech. , 59, 1109.

[46] Krüger, J. K. , Marx, A. , Peetz, L. et al. (1986) Simultaneous determination of elastic and optical properties of polymers by high performance Brillouin spectroscopy using different scattering geometries. Colloid. Polym. Sci. , 264, 403.

[47] Krüger, J. K. , Grammes, C. , Stockem, K. et al. (1991) Nonlinear elastic properties of solid polymers as revealed by Brillouin spectroscopy. Colloid. Polym. Sci. , 269, 764.

[48] Wang, C. H. , Liu, Q. -L. and Li, B. Y. (1987) Brillouin scattering of oriented films of poly (vinylidene fluoride) and poly (vinylidene fluoride) -poly (methyl methacrylate) blends. Polym. Phys. , 25, 485.

[49] Cavanagh, D. B. and Wang, C. H. (1982) Studies of the effect of orientation on the elastic constants of stretched and hydrostatically extruded polychlorotrifluoroethylene: a reorientational model in semicrystalline polymers. J. Polym. Sci. Polym. Phys. Edn. , 20, 1647.

[50] Kumar, S. R. , Renusch, D. P. and Grimsditch, M. (2000) Effect of molecular orientation on the elastic constants of polypropylene. Macromolecules, 33, 1819.

[51] Chan, O. K. , Chen, F. C. , Choy, C. L. et al. (1978) Elastic constants of extruded polypropylene and polyethylene terephthalate. J. Phys D: Appl. Phys. , 11, 617.

[52] Leung, W. P. , Chen, F. C. , Choy, C. L. et al. (1984) Ultrasonic measurements of the mechanical relaxations and complex stiffnesses in oriented linear polyethylene. Polymer, 25, 447.

[53] Choy, C. L. , Leung, W. P. , Ong, E. L. et al. (1988) Mechanical anisotropy in rolled nylon 66. Polym. Sci. B, Polym. Phys. Ed. , 26, 1569.

[54] Choy, C. L. , Leung, W. P. and Huang, C. E. (1983) Elastic moduli of highly oriented polyoxymethylene. Polym. Eng. Sci. , 23, 910.

[55] Choy, C. L. and Leung, W. P. (1985) Elastic moduli of ultradrawn polyethylene. J. Polym. Sci. Polym. Phys. Ed. , 23, 1759.

[56] Leung, W. P. and Choy, C. L. (1983) The elastic constants of ultradrawn polypropylene. J. Polym. Sci. Polym. Phys. Ed. , 21, 725.

[57] Materials Studio 5. Accelrys Inc. , San Diego, CA, USA.

[58] Treloar, L. R. G. (1960) Calculations of elastic moduli of polymer crystals: I. Polyethylene and nylon 66. Polymer, 1, 95.

[59] Born, M. and Huang, K. (1954) Dynamical Theory of Crystal Lattices, Clarendon Press, Oxford.

[60] Odajima, A. and Maeda, T. (1967) Calculation of the elastic constants and the lattice energy of the polyethylene crystal. J. Polym. Sci. Part C, 15, 55.

[61] Tashiro, K. (1993) Molecular theory of mechanical properties of crystalline polymers. Prog. Polym. Sci. , 18, 377.

[62] Rutledge, G. C. and Suter, U. W. (1991) Calculation of mechanical properties of poly (pphenyleneterephthalamide) by atomistic modeling. Polymer, 32, 2179.

[63] Nicholson, T. M. , Davies, G. R. and Ward, I. M. (1994) Conformations in poly (ethylene terephthalate): a molecular modelling study. Polymer, 35, 4259.

[64] Shachtschneider, J. H. and Snyder, R. G. (1963) Vibrational analysis of the n-paraffins-Ⅱ: Normal co-ordinate calculations. Spectrochem. Acta, 19, 117.

[65] Snyder, R. G. and Shachtschneider, J. H. (1965) A valence force field for saturated hydrocarbons. Spectrochem. Acta, 21, 169.

[66] Snyder, R. G. and Zerbi, G. (1967) Vibrational analysis of ten simple aliphatic ethers: spectra, assignments, valence force field and molecular conformations. Spectrochem. Acta, A 23, 391.

[67] Karasawa, N. , Dasgupta, S. and Goddard, W. A. (1991) Mechanical properties and force field parameters for polyethylene crystal. J. Phys. Chem. , 95, 2260.

[68] Sorenson, R. A. , Liau, W. B. , Kesner, L. et al. (1988) Prediction of polymer crystal structures and properties: polyethylene and poly (oxymethylene) . Macromolecules, 21, 200.

[69] Tashiro, K. , Kobayashi, M. and Tadokoro, H. (1978) Calculation of three-dimensional elastic constants of polymer crystals. 2. Application to orthorhombic polyethylene and poly (vinyl alcohol) . Macromolecules, 11, 914.

[70] Wobser, G. , Blasenbrey, S. (1970) Structural and conformational calculation in polymers. 2. Ideal crystal and defective state (bundle model) in polyethylene. Kolloidzeitschrift, 241, 985.

[71] Peterlin, A. (1979) Mechanical properties of fibrous structure, in Ultra-High Modulus Polymers (eds A. Ciferri and I. M. Ward), Applied Science Publishers, London, Chap. 10.

[72] Ward, I. M. (1962) Optical and mechanical anisotropy in crystalline polymers. Proc. Phys. Soc. , 80, 1176.

[73] Pinnock, P. R. and Ward, I. M. (1963) Dynamic mechanical measurements on polyethylene terephthalate. Proc. Phys. Soc. , 81, 260.

[74] Kausch, H. H. (1970) Über die Zusammenhänge von makroskopischer und molekularer Anisotropie in Hochpolymeren. Kolloidzeitschrift, 237, 251.

[75] Bishop, J. and Hill, R. (1951) A theory of the plastic distortion of a polycrystalline aggregate under combined stresses. Phil. Mag. , 42, (414), 1248.

[76] Reuss, A. (1929) Berechnung der Flie β grenze von Mischkristallen auf Grund der Plastizitätsbedingung für Einkristalle. Zeit. Angew. Math. Mcch. , 9, 49.

[77] Voigt, W. (1928) Lehrbuch der Kristallphysik, Teubuer, Leipzig, p. 410.

[78] Pinnock, P. R. and Ward, I. M. (1966) Mechanical and optical anisotropy in polypropylene fibres. Br. J. Appl. Phys. , 17, 575.

[79] Crawford, S. M. and Kolsky, H. (1951) Stress birefringence in polyethylene. Proc. Phys. Soc. B, 64, 119.

[80] Cannon, C. G. and Chappel, F. C. (1959) Effect of temperature and moisture content on the orientation produced by the drawing of nylon 66. Br. J. Appl. Phys. , 10, 68.

[81] Kuhn, W. and Grün, F. (1942) Relations between elastic constants and the strain birefringence of high-elastic substances. Kolloid-zeitschrift, 101, 248.

[82] Pinnock P. R. and Ward I. M. (1964) Mechanical and optical anisotropy in polyethylene terephthalate fibres. Br. J. Appl. Phys. , 15, 1559.

[83] Frank, F. C. , Gupta, V. B. and Ward, I. M. (1970) Effect of mechanical twinning on tensile modulus of polyethylene. Phil. Mag. , 21, 1127.

[84] Gupta, V. B. , Keller, A. and Ward, I. M. (1968) The effect of crystallite orientation on mechanical anisotropy in low-density polyethylene. J. Macromol. Sci. B, 2, 139.

[85] Gupta, V. B. and Ward, I. M. (1970) Crystallite orientation in low-density polyethylene and its effect on mechanical anisotropy. J. Macromol. Sci. B, 4, 453.

[86] McBrierty, V. J. and Ward, I. M. (1968) Investigation of the orientation distribution functions in drawn polyethylene by broad line nuclear magnetic resonance. J Phys D: Appl. Phys. , 1, 1529.

[87] Allison, S. W. and Ward, I. M. (1967) The cold drawing of polyethylene terephthalate. Br. J. Appl. Phys. , 18, 1151.

[88] Kausch, H. H. (1967) Elastic properties of anisotropic heterogeneous materials. J. Appl. Phys. , 38, 4213; (1969) Kolloidzeitschrift, 234, 1148; (1970) 237, 251; (1978) Polymer Fracture, Springer, Berlin, p. 33.

[89] Kausch, H. H. (1971) Elastic and ultimate behavior of amorphous polymer networks. J. Macromol. Sci. B. , 5, 269.

[90] Ward, I. M. (1964) The correlation of molecular orientation parameters derived from optical birefringence and sonic velocity methods. Text. Res. J. , 34, 806.

[91] Samuels, R. J. (1974) Structured Polymer Composites, John Wiley & Sons, New York.

[92] Hennig, J. (1964) Anisotropie des dynamischen Elastizitätsmodulus in einachsig verstreck-ten amorphen Hochpolymeren. Kolloidzeitschrift, 200, 46.

[93] Robertson, R. E. and Buenker, R. J. (1964) Some elastic moduli of bisphenol A polycar-bonate. J. Polym. Sci. , A2 (2), 4889.

[94] Wright, H. , Faraday, C. S. N. , White, E. F. T. et al. (1971) The elastic constants of oriented glassy polymers. J Phys. D, 4, 2002.

[95] Rawson, F. F. and Rider, J. G. (1974) The elastic constants of oriented polyvinyl chlo-ride. J. Phys. D, 7, 41.

[96] Kashiwagi, M. , Folkes, M. J. and Ward, I. M. (1971) The measurement of molecular orientation in drawn poly (methyl methacrylate) by broad line nuclear magnetic resonance. Polymer, 12, 691 - 697.

[97] Wilson, I. , Ladizesky, N. H. and Ward, I. M. (1976) Determination of Poissons ratio and extensional modulus for polyethylene terephthalate sheets by an optical technique. J. Mater. Sci. , 11, 2177.

[98] Cunningham, A. , Ward, I. M. , Willis, H. A. et al. (1974) An infra-red spectroscopic study of molecular orientation and conformational changes in poly (ethylene terephthalate). Polymer, 15, 749.

[99] Cunningham, A. (1974) The structure and properties of oriented polyethylene tereph-thalate. Ph. D. thesis. Leeds University.

[100] Maxwell, A. S. , Unwin, A. P. and Ward, I. M. (1996) The mechanical behaviour of oriented high-pressure annealed polyethylene. Polymer, 37, 3283.

[101] Davies, G. R. and Ward, I. M. (1988) Structure and properties of oriented thermotropic liquid crystal polymers in the solid state, in High Modulus Polymers (eds A. E. Zacharia-des and R. S. Porter), Marcel Dekker, New York, Chap. 2; Troughton, M. J. , Da-vies, G. R. and Ward, I. M. (1989) Dynamic mechanical properties of random copolyes-ters of 4-hydroxybenzoic acid and 2-hydroxy 6-naphthoic acid. Polymer, 30, 58; Green, D. I. , Unwin, A. P. , Davies, G. R. and Ward, I. M. (1990) An aggregate model for random liquid crystalline copolyesters. Polymer, 31, 579.

[102] Northolt, M. G. and Van Aartsen, J. J. (1977) Chain orientation distribution and elastic properties of poly (p-phenylene terephthalamide), a "rigid rod" polymer. J. Polym. Sci. Polym. Symp. , 58, 283.

[103] Northolt, M. G. and van der Hout, R. (1985) Elastic extension of an oriented crystalline fibre. Polymer, 26, 310.

[104] Attard, D. and Grima, J. N. (2008) Auxetic behaviour from rotating rhombi. Phys. Status Solidi B, 245 (Special Issue S1), 2395 - 2404.

[105] Attard, D. , Manicaro, E. and Grima, J. N. (2009) On rotating rigid parallelograms and their potential for exhibiting auxetic behaviour. Phys. Status Solidi B, 246, 2033 - 2044.

[106] Grima, J. N. , Manicaro, E. and Attard, D. (2011) Auxetic behaviour from connected

different-sized squares and rectangles. Proc. R. Soc. A, 467, 439 – 458.

[107] Grima, J. N., Farrugia, P. S., Caruana, C. et al. (2008) Auxetic behaviour from stretching connected squares. J. Mater. Sci., 43, 5962 – 5971.

[108] Ravirala, N., Alderson, A. and Alderson, K. L. (2007) Interlocking hexagons model for auxetic behaviour. J. Mater. Sci., 42, 7433 – 7445.

[109] Fozdar, D. Y., Soman, P., Lee, J. W. et al. (2011) Three-dimensional polymer constructs exhibiting a tunable negative Poisson's ratio. Adv. Funct. Mater., 21, 2712 – 2720.

[110] Liu, Y. and Hu, H. (2010) A review on auxetic structures and polymeric materials. Sci. Res. Essays, 5, 1052 – 1063.

[111] Lakes, R. S. (1987) Foam structures with a negative Poisson's ratio. Science, 235, 1038.

[112] Bianchi, M., Scarpa, F. L. and Smith, C. W. (2008) Stiffness and energy dissipation in polyurethane auxetic foams. J. Mater. Sci., 43, 5851 – 5860.

[113] Bianchi, M., Scarpa, F. L. and Smith, C. W. (2010) Shape memory behaviour in auxetic foams: Mechanical properties. Acta Materiala, 58, 858 – 865.

[114] Xu, T. and Li, G. Q. (2011) A shape memory polymer based syntactic foam with negative Poisson's ratio. Mater. Sci. Eng. A - Struct. Mater.: Properties, Microstructure and Processing, 528, 6804 – 6811.

[115] Caddock, B. D. and Evans, K. E. (1989) Microporous materials with negative Poisson's ratios. I. Microstructure and mechanical properties. J. Phys. D. Appl. Phys., 22, 1877.

[116] Evans, K. E. and Caddock, B. D. (1989) Microporous materials with negative Poisson's ratios. II. Mechanisms and interpretation. J. Phys. D. Appl. Phys., 22, 1883.

[117] Alderson, K. L. and Evans, K. E. (1992) The fabrication of microporous polyethylene having a negative Poisson's ratio. Polymer, 33, 4435.

[118] Evans, K. E. and Alderson, K. L. (1992) The static and dynamic moduli of auxetic microporous polyethylene. J. Mater. Sci. Lett., 11, 1721.

[119] Neale, P. J., Pickles, A. P., Alderson, K. L. et al. (1995) The effect of the processing parameters on the fabrication of auxetic polyethylene. J. Mater. Sci., 30, 4087.

[120] Alderson, K. L., Alderson, A., Smart, G. et al. (2002) Auxetic polypropylene fibres: part 1-manufacture and characterization. Plast. Rubber Compos., 31 (8), 344 – 349.

[121] Alderson, K. L., Alderson, A., Davies, P. J. et al. (2007) The effect of processing parameters on the mechanical properties of auxetic polymeric fibers. J. Mater. Sci., 42, 7991.

[122] Ravirala, N., Alderson, A., Alderson, K. L. et al. (2005) Auxetic polypropylene films. Polym. Eng. Sci., 45, 517 – 528.

[123] Alderson, K. L., Webber, R. S., Kettle, A. P. et al. (2005) Novel fabrication route for auxetic polyethylene. Part 1. Processing and microstructure. Polym. Eng. Sci., 45, 568 – 578.

[124] Tatlier, M. and Berhan, L. (2009) Modelling the negative Poisson's ratio of compressed fused fibre networks. Phys. Status Solidi B, 246, 2018 - 2024.

[125] Jayanty, S. , Crowe, J. and Berhan, L. (2011) Auxetic fibre networks and their composites. Phys. Status Solidi B, 248, 73 - 81.

第9章　聚合物基复合材料：宏观与微观

本章中，将对不同组分形成的复合材料的优势进行简要综述，这些复合材料性能相反但是互补，例如，韧性纤维增强脆性基体材料。然后讨论这些通用方法的两个不同应用：宏观复合材料，在聚合物基体中加入了第二组分；微观复合材料，用于模拟部分结晶聚合物的形态。

9.1　复合材料：概述

很多有用的工程材料都具有非均相的成分，例如，金属通常以合金的形式使用。加入较少百分含量的其他金属，如铜、镁和锰，能够有效阻止铝在低应力下产生塑性变形。碳含量从 0.1% 增加到 3% 是决定铁合金是低碳钢还是铸铁的关键因素。混凝土和铸铁一样，有较好的压缩性能但是拉伸性能不佳，结构特征包含一硬的聚集体嵌入一金属硅酸盐网络中。

动物与植物均依赖于天然复合材料。骨头要有刚性，才能吸收足够多的能量而不断裂；它们也给肌肉提供了固定点，也属于复合材料。植物的骨架材料，如典型的木材结构，就具备了复合材料的典型结构特点。为了简化整体讨论，其结构可以看成一系列相对刚度较大的纤维嵌入一柔性基体中。基体允许应力在纤维中进行重新分布，阻止应力集中区域产生起始裂纹。木头在压缩过程中当其内部纤维产生弯曲时会产生断裂。在拉伸情况下断裂应力会变大，因为要将纤维拉出基体要做大量的功。

钢筋混凝土作为建筑材料应用的历史已经有一个世纪。连续钢筋，在拉伸作用下产生预应力，能将应力全部传递给每一个结构单元，使材料既能够承受拉应力也能够承受压应力，因此得到一种结合体，结合了每种组分的性能优势。

复合材料的另一种形式是第二组分作为一种填料。例如，炭黑在汽车轮胎中就是作为一种填料以获得所需性能。每个碳粒给很多橡胶分子提供了固定点，有助于应力的重新分布；炭黑对于改善轮胎迟滞行为和耐磨性也是十分重要的。一个更加简单的填料应用实例是在热固性塑料中添加锯末或其他便宜的粉末获得模塑制品。虽然基体材料的力学性能变差了（可能除了抗冲击性能），但是能够满足应用过程需要，而且制造成本降低了。在后续的讨论中将不考虑填料。

复合材料的另一个性能优势是柔性聚合物基体给脆性增强纤维提供保护作用，这里不进一步讨论。玻璃和其他脆性材料在拉伸应力作用下，材料中的既有裂纹会加深，进而导致材料产生断裂。由于不存在塑性流动（不同于第 13 章中讨论的聚合物材料），因此不会产生裂纹尖端钝化，应力将很快达到断裂应力。如果将玻璃纤维包入软的塑料基体中，表面划伤的可能性降低，从而断裂应力增大。纤维与基体之间良好的附着力有利于降低应力集中，横向裂纹扩展穿透纤维复合材料的难度变大。

9.2 聚合物复合材料的力学各向异性

9.2.1 薄片结构的力学各向异性

以模拟一理想的薄片状复合材料作为起点，讨论聚合物复合材料的力学行为是合理的，这种薄片状复合材料也包含一高模量层和一柔性基体层。假设层与层之间的接合是完美没有缺陷的，则每种组分的体积分数（而非每一层的厚度）就是重要因素。如 8.6 节中讨论的聚集态模型，根据不同组分是并联结构还是串联结构，会得到不同的总体刚度，分别产生 Voigt 或 Reuss 平均模量。

当在平行于层间方向施加一单轴应力时将得到最大刚度，如图 9.1 所示。假设在所有的复合材料层内应变都是相同的，这种载荷被称为等应变（或均匀应变）情况。

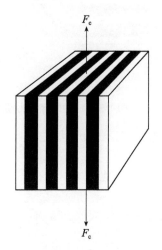

图 9.1 多层复合材料的等应变情况

施加在复合材料上的载荷（F_c）等于施加在纤维层与基体层的应力之和：

$$F_c = F_f + F_m \tag{9.1}$$

载荷等于应力乘以面积，因此，

$$\sigma_c A_c = \sigma_f A_f + \sigma_m A_m$$

A_f，A_m 为每种组分所占的端面面积。由于两种组分的长度均为 l，面积可以用体积或者体积分数 V_f 和 V_m 来表示。复合材料中两组分的体积分数（V_c）是固定的。因此，

$$\sigma_c V_c = \sigma_f V_f + \sigma_m V_m \tag{9.2}$$

在均匀应变情况下，这一表达式可以用杨氏模量（E）的形式重新写为

$$E_c = E_f V_f + E_m V_m \tag{9.3}$$

也就是 Voigt 平均模量（见 8.6.1 节）。

　　但是，模量在多层结构横截面方向上要低很多（图 9.2）。在这种情况下，每一层承受的载荷是相同的，因此，产生的应力是相同的，由于堆积后受力面积是恒定的。这种载荷形式被称为等应力情况（或者均匀应力）。

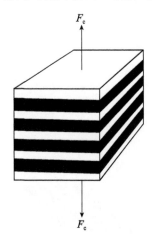

图 9.2　多层复合材料的等应力情况

　　总变形量 δl_c 等于每种组分产生的变形量之和：

$$\delta l_c = \delta l_f + \delta l_m$$

长度变化可以通过公式 $\varepsilon = \varepsilon l / l$ 转化成应变，那么，

$$\varepsilon_c l_c = \varepsilon_f l_f + \varepsilon_m l_m \tag{9.4}$$

　　由于模量 E 等于应力与应变之比，可以得到

$$\frac{\sigma l_c}{E_c} = \frac{\sigma l_f}{E_f} + \frac{\sigma l_m}{E_m}$$

　　由于复合材料的横截面积被认为是均一的，各组分的长度与其体积分数成正比。另外，将 V_c 视为单位 1，得到

$$\frac{1}{E_c} = \frac{V_f}{E_f} + \frac{V_m}{E_m} \tag{9.5}$$

这一表达式可以被重新写成

$$E_c = \frac{E_f E_m}{E_m V_f + E_f V_m} \tag{9.6}$$

这是 Reuss 平均模量（见 8.6.1 节）。

9.2.2 高取向纤维复合材料的弹性常数

相对于半结晶聚合物，层状复合材料具有重要的研究价值，纤维复合材料中聚合物基体用刚度大、强度大的纤维进行增强，具有很重要的商业价值，因此成为大量理论模拟的研究对象。由于有序排列纤维复合材料和高取向度结晶聚合物之间有很多相似之处，因此首先介绍高取向度结晶聚合物的力学行为对于讨论纤维复合材料的力学行为是有意义的。

接着 9.2.1 节继续进行讨论。在传统的纤维复合材料中，具有中等刚度（～1GPa）的基体用刚度大、强度大的纤维（模量～100GPa）进行增强。通常为玻璃纤维或者碳纤维，但也常会用到高强度纤维，如聚芳酰胺纤维以及聚乙烯纤维。

进行不定向纤维复合材料弹性常数计算是有必要的，不定向纤维复合材料包含无限长的完美取向纤维，并假设纤维与基体之间是完美接合的。

最简单的办法是扩展公式（9.3）与（9.5）的假设。选择纤维方向为轴 3 方向，假设方向 3 上为均匀应变，而方向 1 上为均匀应力，用 8.2.2 节中的命名法，这五个独立的弹性常数（E_1^c，E_3^c，ν_{13}^c，ν_{12}^c，G_4^c）可以通过下列公式给出：

$$\frac{1}{E_1^c} = \frac{V_f}{E_1^f} + \frac{V_m}{E^m} \tag{9.7a}$$

$$E_3^c = V_f E_3^f + V_m E^m \tag{9.7b}$$

$$\nu_{12}^c = \frac{V_f \nu_{12}^f E^m + V_m \nu^m E_1^f}{V_f E^m + V_m E_1^f} \tag{9.7c}$$

$$\nu_{13}^c = V_f \nu_{13}^f + V_m \nu^m \tag{9.7d}$$

$$\frac{1}{G_4^c} = \frac{V_f}{G_4^f} + \frac{V_m}{G^m} \tag{9.7e}$$

这里 V_f 与 V_m 分别为纤维与基体的体积分数，E_1^f，E_3^f，ν_{13}^f，ν_{12}^f 以及 G_4^f 为纤维的弹性常数，E^m，G^m 与 G_4^f 为各向同性基体的弹性常数。公式（9.7b）与（9.7d）对轴向杨氏模量 E_3^c 以及轴向泊松比 ν_{13}^c 进行了很好的预测，但是简单的等应力方程对于横向弹性常数 E_1^c、ν_{12}^c 以及纵向剪切模量是不适用的，因为纤维具有很高的轴向刚度，这些公式没有考虑系统规定参数。但是可以通过假设纤维的杨氏模量 E_3^f 远高于基体的杨氏模量 E^m 进行计算，在垂直于纤维方向上施加应力时在纤维方向上不会产生应变。

针对完全规整排列纤维复合材料，在模量为 E^m，泊松比为 ν^m 的各向同性基体中用刚度无限大的各向同性纤维进行增强。对于聚合物基体可以得到

$$e_1 = V_m \left\{ \frac{\sigma_1}{E^m} - \frac{\nu^m \sigma_2}{E^m} - \frac{\nu^m \sigma_3}{E^m} \right\}$$

$$e_2 = V_m \left\{ -\frac{\nu^m \sigma_1}{E^m} + \frac{\sigma_2}{E^m} - \frac{\nu^m \sigma_3}{E^m} \right\}$$

$$e_3 = V_m \left\{ -\frac{\nu^m \sigma_1}{E^m} - \frac{\nu^m \sigma_2}{E^m} + \frac{\sigma_3}{E^m} \right\}$$

在平面应变的情况下，

$$e_3 = 0, \qquad \sigma_3 = \nu^m (\sigma_1 + \sigma_2)$$

对于在 1 方向上施加的应力 σ_1，得到 $\sigma_1 = 0$，$\sigma_3 = \nu^m \sigma_1$，那么

$$\sigma_3 = \nu^m \left\{ \frac{\sigma_1}{E^m} - \frac{(\nu^m)^2 \sigma_1}{E^m} \right\}$$

而 1 方向上的杨氏模量 E_1^c，可以通过下式给出：

$$E_1^c = \frac{E^m}{V_m (1 - (\nu^m)^2)} \tag{9.8}$$

这一结果与公式（9.7a）明显不同，但仍然能够看出纤维横向方向上的模量远远小于纤维方向上的模量。

Wilczynski 等[1-3]得到了纤维复合材料（无限长完全规整排列纤维）的所有弹性常数的准确表达式，并通过有限元计算方法进行了确认[4,5]。但是，用 Halpin 和 Kardos[6]提出的公式是通常惯例，这一公式基于 Hermans[7]的连续有序排列纤维复合材料的普适自洽模型。对于 Halpin-Tsai 公式，E_3^c，ν_{13}^c 等同于公式（9.7b）与（9.7d）中的，但是横向模量 E_1^c 与纵向剪切模量 G_4^c 明显不同。这两个量可以通过下述公式计算：

$$\frac{E_1^c}{E^m} = \frac{1 + 2\eta_1 V_f}{1 - \eta_1 V_f}$$

$$\frac{G_4^c}{G^m} = \frac{1 + 2\eta_2 V_f}{1 - \eta_2 V_f}$$

这里，

$$\eta_1 = \frac{E_1^f / E^m - 1}{E_1^f / E^m + 1}$$

$$\eta_2 = \frac{G_4^f / G^m - 1}{G_4^f / G^m + 1}$$

对于玻璃纤维，E_1^f 与 G_4^f 远高于 E^m 与 G^m，这些公式可以简化为

$$\frac{E_1^c}{E^m} = \frac{1 + 2V_f}{1 - V_f} \tag{9.9a}$$

$$\frac{G_4^c}{G^m} = \frac{1 + V_f}{1 - V_f} \tag{9.9b}$$

值得注意的是公式（9.9a）与（9.9b）表明 E_1^c 与 G_4^c 值高于用简化均匀应力

法计算所得到的值，于是可以得到

$$E_1^c = E^m/(1-V_f)$$
$$G_4^c = G^m/(1-V_f)$$

假设 $E_1^c \gg E^m$，且 $G_4^c \gg G^m$。

自 Eshelby[8]发表的原创性文章开始，有大量文献都对复合材料进行了研究，Eshelby 的研究考虑了一无限基体中椭球形填料本身及其周围的弹性场。他的理论假设只有一个单一粒子处于一无限基体中，因此，只适用于低体积含量填料体系（～1%）。Mori 与 Tanaka[9]进行了高含量填料体系的研究，他们的方法被 Tandon 与 Weng[10]用来推算规整排列纤维复合材料的弹性常数。这一模型的复合模量为

$$\frac{E_1^c}{E^m} = \frac{2A}{2A + V_f(-2\nu^m A_3 + (1-\nu^m)A_4 + (1+\nu^m)A_5 A)} \tag{9.10a}$$

$$\frac{E_3^c}{E^m} = \frac{A}{A + V_f(A_1 + 2\nu^m A_2)} \tag{9.10b}$$

这里，A，A_1，A_2，A_4 与 A_5 分别是 Eshelby 张量、基体的力学性能、增强体的力学性能、填料含量以及填料粒子的长径比这五个量的函数。

在大多数情况下，Halpin-Tsai 公式能够给出很好的近似。然而，Mori-Tanaka 方法对于高长径比的填料体系来说更加精确。读者可以参考 Tucker 与 Liang[11]最近发表的文章进行更深入的了解。

9.2.3 单轴规整排列纤维复合材料的力学各向异性与强度

前面列出的理论公式表明，单轴规整排列纤维复合材料会表现出很高的力学各向异性度，例如，$E_3^c > E_1^c \sim G_4^c$。例如，对于一玻璃纤维/聚合物树脂复合材料，玻璃单丝的体积分数为 0.6，拉伸模量为 70GPa。基体树脂的模量为 5GPa，泊松比为 0.35，公式（9.7a）计算得到的轴向杨氏模量 E_3^c 为 44GPa，公式（9.8）计算得到横向杨氏模量 E_1^c 为 14.2GPa。这一复合材料具有很高的各向异性刚度，刚度在与增强纤维排列方向呈很小夹角的方向上迅速变小。由于这种原因，在制备单轴取向纤维预浸料薄板零件时一般采用 0°/90°交叉铺层的方式进行，或者采用更加优化的排列方式。

本书中进行这些计算的重要性在于书中阐述了高规整度纤维复合材料与高取向度聚合物之间的类似之处，高取向度聚合物中高度取向的分子具有很高的链模量（对于聚乙烯约为 280GPa），于是充当了玻璃纤维或碳纤维的角色，它们之间的相似特征将在后面章节中进行详细阐述。

9.3　短纤维复合材料

虽然连续纤丝复合材料具有十分重要的商业应用价值，但是其制造过程十分复杂，因此，人们通过混合长度较小的纤维与热塑性聚合物材料，开发了一种成本低但是力学性能稍差的产品。

制备这种复合材料的首要要求是纤维与基体之间要实现良好接合，这取决于化学键与表面洁净程度，还有力学因素。纤维的比表面积应该尽量高。例如，长度为 l 半径为 r 的圆柱体：

面积 $A=2\pi r^2+2\pi rl$，体积 $V=\pi r^2 l$，因此：

$$\frac{A}{V}=\frac{2}{l}+\frac{2}{r} \tag{9.11}$$

用长径比 $a=l/2r$ 的形式，上述公式可以写成

$$\frac{A}{V}=\left(\frac{2\pi}{V}\right)^{1/3}(a^{-2/3}+2a^{1/3}) \tag{9.12}$$

因此，可以看出，要实现最佳接合，要么长径比很小，这样，$a^{-2/3}$ 变得很大，相当于很薄的平板（矿物如滑石或云母以及纳米尺寸的黏土粒子，见 9.4 节）；或者长径比很高，这样 $a^{1/3}$ 变得很大，相当于纤维。本书将对后者进行重点阐述。

9.3.1　纤维长度影响：剪切滞后理论

考虑长度较小的纤维沿着拉伸方向排列。刚性纤维将会抑制基体材料的变形，因此基体会在其与纤维的界面上产生剪切应力，剪切应力在纤维末端最大而在中间位置最小（图 9.3（a））。这样剪切应力会将拉伸应力传递给纤维，但是由于纤维-基体之间的接合在纤维末端终止，因此在纤维末端无法传递基体上的载荷。因此，在每根纤维的末端，拉伸应力为 0，并在一临界长度 $l_0/2$ 处增大到一中间最大值或平台值（图 9.3（b））。为了得到有效增强，纤维长度必须大于临界长度 l_0，否则应力将小于期望达到的最大值。

在每根纤维末端，拉伸应力的减小无疑会导致拉伸模量相对于连续纤丝明显降低。考虑一规整排列但不连续的纤维复合材料，在垂直于应力方向上进行平面拉伸，如图 9.4，每根纤丝在其长度方向上的任意位置一定存在截断点。因此，这种复合材料所承载的应力必然小于那种连续纤丝的情况，并且承受应力的大小依赖于每根纤维的长度。Cox[12] 考虑了纤维长度的有限性，对轴向上的拉伸模量预测了一校正因子 η_1，这样公式（9.3）经修正后可以写成

$$E=\eta_1 E^f V_f + E^m V_m \tag{9.13}$$

这里，

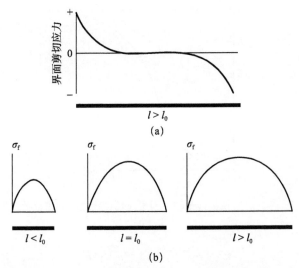

图 9.3 界面剪切应力 (a) 与纤维拉伸应力 (b) 随着纤维长度变化的函数示意图

图 9.4 不连续纤维复合材料示意图

（为了清晰，所绘纤维比例非常低）

$$\eta_l = 1 - \frac{\tanh ax}{ax} \tag{9.14}$$

这里 a 为长径比 $l/2r$，x 为无量纲因子

$$x = \left[\frac{2G^m}{E^f \ln (R/r)} \right] \tag{9.15}$$

这里，G^m 为基体的剪切模量，R 为距离最近纤丝的一半长度。这一表达式的基本点是假设整个复合材料的变形可以被模拟成单根纤维嵌入半径为 R 的圆柱体基体的结构。

因子 x（公式（9.15））依赖于两个关键比例：一个是 G^m/E^f，典型大小为 0.01～0.02；另一个是 R/r，其值稍大于 1。图 9.5 表明长度校正因子在 ax 值小于 10 的情况下是十分重要的。实际上，为了得到有效增强，相应的长径比通常要大于 100。

Tucker 与 Liang[11]指出为了得到与自洽模型相一致的结果，公式（9.13）

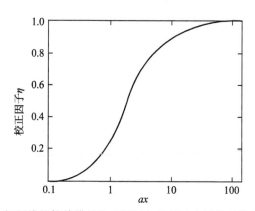

图 9.5　短纤维的拉伸模量校正因子与长径比之间的函数关系曲线

应该被修正成

$$E^c = \eta_1 E^f V_f + (1 - \eta_1 V_f) E^m$$

如果想进一步了解这一理论，读者可以参考 Kelly[13] 以及 Hull 与 Clyne[14] 的论著。

9.3.2　脱黏与拉出

复合材料的失效或断裂通常是由纤维与基体之间脱黏造成的。新的界面形成，就会产生能量的耗散，第 13 章将进行讨论。最基本的方法是先模拟单根纤维嵌入一大块基体材料中，深度为 x，可以看到当 x 等于临界长度的 1/2 时，脱黏能量达到最大值。如果嵌入长度小于 $l_0/2$，纤维将从基体中拉出而不产生断裂，因此将进一步消耗能量。

应力-应变曲线可以通过拉伸载荷-伸长量测量获得，如图 9.6。脱黏能量可以通过计算 OAB 区域面积得到，通常较大的拉出能量对应 $OBCD$ 区域面积。一根强度很高的纤维，在发生部分脱黏后还没有断裂，能够在裂纹产生的同时将新形成的表面连接起来，阻止裂纹张开。这样的增强作用与半结晶聚合物中拉伸链形成的连接纤丝具有微观相似性。

9.3.3　部分取向纤维复合材料

对于部分取向短纤维增强复合材料弹性常数的理论估算可以通过简单假设它是结构单元构成的聚集体，并且每个结构单元都包含完全规整排列的短纤维复合材料。这种方法与 8.6.1 节中取向聚合物的聚集态模型是类似的，这一理论最初由 Brody 与 Ward[15] 提出，然后是 Advani 与 Tucker[16]，这些人都列出了弹性常数的张量方程，如 8.6.3 节中描述的。

最近，Ward，Hine，Lusti 与 Gusev 的研究成果表明这种方法是切实可行的，

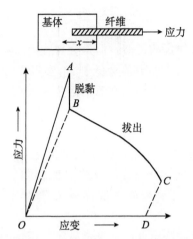

图 9.6 拉出试验以及得到的应力-应变曲线。可以看出脱黏能量（OAB 区域面积）与
拔出能量（$OBCD$ 区域面积）大小的区别（Reproduced from Anderson J. C. et al.
(1990) Materials Science，4th edn，Chapman and Hall，London. Copyright
(1990) Taylor and Francis)

因此，这里对他们的结论进行了总结。

这些计算中的第一步是对完整取向短纤维复合材料的弹性常数进行估算。
Hine，Lusti 与 Gusev[5]对其他方法进行了综述。Tucker 与 Liang[11]之后，他们
得出的结论是，用 Tandon 与 Weng[10]的方法获得的结构单元弹性常数的表达式
是合理的。另一种可行的办法是用 Cox 剪切滞后理论（见 9.3.1 节）来确定 E_c^1，
并用连续纤维模型确定其他四个弹性常数，这几种模型中 Wilczynsk 模型[1]被认
为是最好的。另外，Halpin-Tsai 方程给出了这一系列弹性常数的近似方法，只
要将轴向杨氏模量 E_3^c 书写成下列形式：

$$\frac{E_3^c}{E_m}=\frac{1+\xi\eta V_f}{1-\eta V_f} \tag{9.16}$$

这里，

$$\eta=\frac{E_f/E_m-1}{E_f/E_m+\xi}$$

且

$$\xi=l/r=2a$$

用这种方法得到的 E_3^c 值与基于剪切滞后理论获得的值基本类似。Hine，
Lusti 以及 Gusev[5]已经指出，用 Halpin-Tsai 方程的缺陷在于对 E_{11}^c 与 V_{12}^c 的计算
过程。

研究结果发现：

$$\frac{E_{11}^{c}}{E_{m}}=\frac{1+\xi\eta V_{f}}{1-\eta V_{f}}$$

当 $\xi=2$ 时，对 E_{11}^{c} 有很好的近似，但是会导致 V_{12}^{c} 高于实际值，然而，取 $\xi=1$ 时对 V_{12}^{c} 有很好的近似，但是估算值会低于 E_{11}^{c} 实际值。

Brody 与 Ward 在 1971 年发表的文章中用公式（（9.7a）～（9.7e））对含有玻璃纤维或碳纤维的短纤维复合材料的试验数据进行拟合获得结构单元的弹性常数与取向度平均值，这种方法基于有效拉伸比和假仿射变形理论。在这些理论中，只考虑很低的纤维体积分数，而在很多情况下，试验得到的模量值更接近于 Reuss 估算边界值，而与 Voigt 估算边界值相差较大。人们得出结论：为了有效利用高模量纤维，纤维最好能够高度规整排列，且聚合物模量不应该太低。

随着直接有限元计算方法出现以及光学成像分析技术在纤维取向测量方面的技术进步，对于短纤维复合材料的弹性常数理论估算有了更大的深度和更高的精度。

最近的研究涉及短玻璃纤维增强的聚丙烯复合材料，用传统的注射成型或剪切控制注射成型方法（SCORIM）制备[17,18]，并用图像分析确定了纤维取向度。聚集态模型结合了 Wilczynski[1]，Tandon 与 Weng[10] 或者 Gusev[19] 的有限元数学模型，表明基于 Voigt 理论上限能够得到弹性常数准确的估算值。对于单向玻璃纤维/环氧树脂复合材料[20]可以得到类似的结果。进一步的详细研究讨论了短纤维复合材料的弹性各向异性和热膨胀行为，在短纤维复合材料中，纤维（碳纤维）与聚合物基体（液晶聚合物）都具有各向异性材料特性[21]。单元特性采用的模型是 Tandon 与 Weng 模型，Qui 与 Weng[22]对不连续纤维增强复合材料进行了修正。在所有这些情况下，试验结果与 Voigt 恒定应变估算结果最为接近。值得注意的是，在这些系统中，纤维长度的最佳度量是数值平均纤维长度[5]。

9.4　纳米复合材料

聚合物纳米复合材料包含聚合物基体并加入填料粒子，且填料粒子至少在一个维度上尺度为纳米级（如 $1\sim100\text{nm}$），远远小于前面描述的传统聚合物复合材料。纳米粒子填充可以明显改善其力学性能，如模量、屈服应力和断裂韧性，即使填料的重量含量只有几个百分数。这种比例远远低于传统聚合物复合材料，如图 9.7 所示，对聚丙烯基体分别用云母增强和黏土纳米颗粒增强进行了对比。云母被认为是传统增强填料，颗粒直径尺寸范围为 $1\sim10\,\mu\text{m}$，厚度约是直径的 $1/20$，而黏土颗粒的长度约为 100nm，厚度低于 1nm。黏土一般以薄片的形式存在，被广泛用作纳米填料。最初成功应用的例子是将其用于尼龙 6 增强[23]，其他的报道也研究了其他的聚合物基体，如聚烯烃[24]、环氧树脂[25]以及聚酯[26]。现在一系列纳米填料被用于增强聚合物基体，最重要的一种是碳纳米管（CNT），比黏土表现出更好的增强作用。Hussain，Jojjati 以及 Okamoto[27]对很多现有的聚合物纳米复合材料体系的科学理论与工程技术进行了综述。

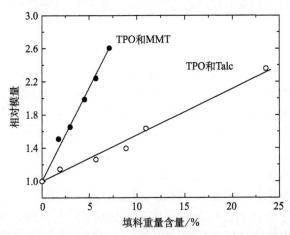

图 9.7 云母增强与纳米黏土（蒙脱土）增强的对比结果，以复合材料模量与基体模量之比的形式进行表示。基体材料为聚丙烯与热塑性弹性体（TPO）的混合物（Reproduced from Lee H-S. et al. (2005) TPO based nanocomposites. Part 1. Morphology and mechanical properties Polymer，46，11673-11689. Copyright (2005) Elsevier Ltd)

从图 9.7 中可以看出，传统复合材料与纳米复合材料的增强效果存在巨大差异，显然公式（9.3）与（9.6）的基础复合材料理论不能同时用于这两种复合材料体系。根据这些模型，复合材料模量只取决于各组分的模量与填料含量。如果填料粒子的模量值相近，那么图 9.7 中两条曲线的斜率应该是相同的。因此需要一种更精准的方法来体现增强组分的本质影响。其中一个区分传统复合材料与纳米增强体系的特征是粒子的长径比，这一特征量在前面的 Cox 模型以及用于描述部分取向纤维复合材料的 Halpin-Tsai 方程（9.16）中已经有所体现，并在公式（9.10）的 Mori-Tanaka 理论中出现过。在图 9.7 的例子中，纳米黏土颗粒的长径比超过 100，而云母颗粒长径比约为 20。在此基础上，复合材料理论在描述纳米复合材料性能提高方面具有潜在的优势，在公式中体现为具有很高长径比的填料颗粒。

然而，有些研究人员得出的结论是性能提高不能通过复合材料理论进行解释，还需要其他的现象支撑，这种现象被定义为"纳米效应"[28]。最常用的物理学解释是纳米颗粒会对周围的分子链有限制作用。这种作用能够降低纳米颗粒周围聚合物基体材料的玻璃化转变温度，因此在纳米颗粒周围产生了一刚性较大的材料区域，称为"中间相"，尺寸大于纳米颗粒的尺寸。人们发现纳米颗粒产生的分子固定作用可以用热效应测得，例如，Rittigstein 与 Torkelson[29]对聚苯乙烯/二氧化硅纳米复合材料体系进行了测量；Sargsyan，Tonoyan 与 Davtyan[30]对 PMMA/二氧化硅体系进行了测量。Fertig 与 Garnich[31]假设刚性中间相的存在，并将其纳入结构的理想有限元模型中，以对宏观弹性模量进行理想计算。

第一种方法——用精细但传统的微观力学模型——已经证实是成功的。Sheng，Boyce 与 Parks[32]已经用 Halpin-Tsai 方程、Mori-Tanaka 模型以及有限元模拟方法来模拟聚合物/黏土体系，分别用无定形与半结晶基体模型。通过考虑增强颗粒的精确几何尺寸和在半结晶基体情况下黏土颗粒周围的各向异性结晶层，他们能够对复合材料刚度进行理想预测，并排除分子限制理论的争议。Fornes 与 Paul 研究了尼龙 6/黏土体系，表明增强作用可以用复合材料理论进行解释，只要模拟过程考虑到足够多的细节。他们得出的结论是，对黏土纳米复合材料进行有效模拟的一个必要因素是要考虑到三维效应，因此对微小薄片可以用二维尺度下的增强作用来表示。例如，在微小薄片平面内沿着两个垂直方向轴的增强作用，与平面应力分析中用的单轴方法相反。Hbaieb，Wang 与 Chia[34]针对二维模拟的无效性也得出了类似的结论。

但是这种效应的物理学起源在某种程度上依然是未知的，在获得更加有效的纳米复合材料方面不断有新的技术进展。在聚合物/黏土体系中，人们最为强调的是如何获得黏土薄片的最大表面积，如图 9.8（a）为常见的几种薄片堆积结构。理想情况下，堆积结构应该被完全打乱，得到完全剥离型模型，如图 9.8（c）所示。中间排列状态是堆积结构基本上被保留下来了，但是两个微小薄片之间填充了聚合物基体材料——这是相互穿插模型，如图 9.8（b）。实际上，一般情况下很难获得完全片状剥离结构，但是互相穿插结构也是有价值的。堆积尺寸对复合材料刚度的影响已经通过随机存在结构的有限元模拟方法进行了分析[35]。这种效应的定量化分析有助于材料加工工作者确定是否需要进一步尝试以获得更高的薄片剥离程度。

另一个重要问题是聚合物基体与填料之间的黏合度。尼龙 6/蒙脱土体系的先驱性研究工作利用了化学作用的优势，这种化学作用存在于极性聚合物与亲水性黏土之间。对于非极性聚合物如聚烯烃，需要在系统中加入合适的添加剂如增溶剂例如含有极性官能团的低聚物[36]，以产生有效接合[37]，需要研究确定最佳添加量。例如，在增容的聚丙烯/黏土体系中，5%的黏土加入量可以使其弹性模量提高 35%[38]。

其他力学性能（如强度与断裂韧性）也受到纳米填料的影响，通常比刚度影响更复杂。刚度增加通常伴随着屈服应力的增加，结果会导致塑性区变小，脆性增加，韧性降低。另一种可能是如果这种结构导致裂纹表面积增大，则裂纹扩展

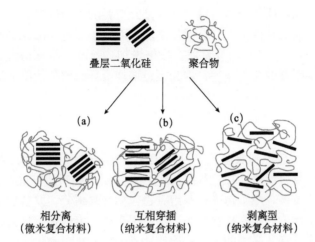

图 9.8 纳米黏土填料结构示意图（Reproduced from Hussain, F., Jojjati, M., Okamoto, M. et al. (2006) Review article: polymer-matrix nanocomposites, processing, manufacturing, and application: an overview. J. Compos. Mater., 40, 1511-1575. Copyright (2006) Sahe Publications）

会在很大程度上受到结构的影响。这些因素在不同情况下可能既有正面作用也有负面作用。因此，在聚酰胺/黏土体系中，黏土含量对断裂韧性与断裂能的影响完全是负面的[39,40]，但是其他的研究人员发现对于环氧树脂/黏土体系，黏土添加量很小也会明显改善其韧性[41,42]。

碳纳米管有很高的长径比，尤其是直径范围为 1~30nm，长度为几个微米的碳纳米管。虽然纳米黏土有很高的弹性模量，约为 180GPa，但是碳纳米管能够超过 1TPa。在此基础上，人们希望，在相同的添加量下，用碳纳米管得到的复合材料能够比纳米黏土复合材料具有更高的刚度，这在很多体系中都得到了成功验证。对于黏土，尼龙 6 被证实是一种有效的基体材料，不需要对填料进行表面修饰，以 Zhang, Shen 与 Phang[43] 的研究结果为例，通过简单的熔融混合，在 1% 填料含量时，就能使基体材料的刚度和强度提高一倍。

为了用聚烯烃得到有效的复合材料，对于碳纳米管同样必须解决与纳米黏土体系类似的问题。碳纳米管很容易团聚，因此分散时会产生问题，这个问题在 Szleifer 与 Yerushalmi-Rozen[44] 的综述中已经进行了阐述。对于黏土增强体系，如果不进行表面处理，用非极性聚合物如聚乙烯得到的体系黏合性较差，力学性能不是很好。然而，Gong 等[46] 研究证实了这种情况应用表面活性剂的优势。在 Khabashesku, Billups 与 Margreave[47] 的研究工作之后，Shofner, Khabashesku 与 Barrera[48] 以及 McIntosh, Khabashesku 与 Barrera[49] 证实了对碳纳米管侧壁进行氟化修饰对于聚乙烯和聚丙烯纳米复合材料的有效性。对于后者，表面功能化的功效通过对比功能化与原始碳纳米管复合材料的力学性能进行验证。未经功能化的填料，复合材料模量不会有明显增加，而对于侧壁功能化的碳纳米管，当填料含量为 5% 时，复合材料模量就会成倍增加，强度也明显增大。但是对于黏土增强体系没有明显的改善作用，因为模量增加会导致断裂性能下降。

9.5　半结晶聚合物的 Takayanagi 模型

Takayanagi[50] 意识到取向型高结晶度聚合物具有明显的薄片状结构，可以被模拟成双组分复合材料，在这种结构中，交替层分别对应结晶与无定形相[51]。这一模型后来经扩展，除了包含串联组分也包括并联组分，并首次用于描述具有两相结构的无定形聚合物的松弛行为，然后用于结晶聚合物，这时并联组分代表层间结晶桥键或贯穿非晶相的无定形连接分子。

9.5.1　简单 Takayanagi 模型

高密度聚乙烯经过单轴拉伸（如具有纤维对称性）然后退火会具有明显的薄片状结构，这里将证实薄片的取向完全不同于分子取向，在影响材料力学各向异性中起到关键作用。动态模量的同相分量（E_1）与异相分量（E_2），在平行于拉伸方向（∥）与垂直于拉伸方向（⊥）上随着温度变化的情况如图 9.9 所示，在较高温度下，平行方向模量（$E_0 = \parallel$）与垂直方向模量（$E_{90} = \perp$）相交；低于

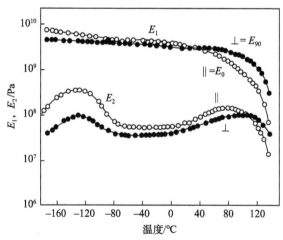

图 9.9　经退火的高密度聚乙烯试样的 E_1 与 E_2 的温度依赖性，动态模量分量包括平行于（∥）与垂直于（⊥）初始拉伸方向的模量（Reproduced from Takayanagi, M., Imada, I. and Kajiyama, T. (1966) Mechanical properties and fine structure of drawn polymers. J. Polym. Sci. Pol. Sym., 15, 263. Copyright (1966) John Wiley & Sons, Ltd)

交点温度时，$E_0 > E_{90}$，高于交点温度时，$E_{90} > E_0$。主要特征可以用无定形组分（A）与结晶组分（C）的简单两相模型进行阐述，两组分在拉伸方向上是串联关系，而在横向方向上是并联关系（图 9.10）。在取向方向上，两组分承受的应力是相同的，因此柔度是 Reuss 平均法进行的加和。这时，高于松弛转变温度的刚度主要由柔性非晶区决定（公式（9.6）），因此随着温度上升模量大幅下降。在垂直方向，平行组分所产生的应变是相同的，刚度是用 Voigt 理论进行的加和。在松弛转变温度以上结晶区承受施加的应力，因此能够保持相对较高的刚度。Takayanagi 及他的同事们认为模量的合理值是：$E^c(\parallel) = 100\text{GPa}$，$E^c(\perp) = 1\text{GPa}$，$E_A(\text{低 } T) = 1\text{GPa}$，$E_A(\text{高 } T) = 0.01\text{GPa}$。

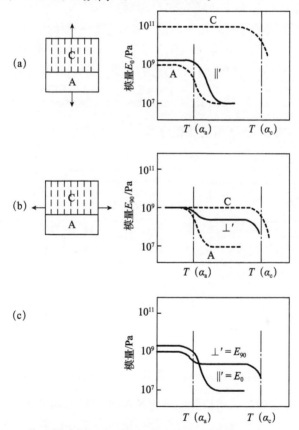

图 9.10 基于 Takayanagi 模型，模量 E 随温度变化的示意图，(a) $\parallel '$，(b) $\perp '$情况下分别对应 E_0 与 E_{90}。计算过程假设无定形松弛温度为 $T(\alpha_a)$，结晶松弛温度为 $T(\alpha_c)$。图 (c) 为组合结果。C 为结晶相；A 为无定形相（Reproduced from Takayanagi, M., Imada, I. and Kajiyama, T. (1966) Mechanical properties and fine structure of drawn polymers. J. Polym. Sci. Pol. Sym., 15, 263. Copyright (1966) John Wiley & Sons, Ltd)

9.5.2　分散相的 Takayanagi 模型

Takayanagi[50]设计了串-并联或并-串联模型辅助理解两种各向同性无定形聚合物混合物的黏弹性行为，就各组分的性能分别进行考虑。A 相分散在 B 相的体系中，应力传递存在两种极端可能性。为了在垂直于拉伸应力方向上实现有效的应力传递，可以应用串-并联模型（图 9.11（a）），在这个模型中，模量等于下面两个并联部分（公式（9.3））与上面的组分串联（公式（9.5））后得到的总模量

$$\frac{1}{E^*} = \frac{\phi}{\lambda E_A^* + (1-\lambda)E_B^*} + \frac{1-\phi}{E_B^*} \tag{9.17}$$

这里，E^* 表示动态试验得到的复合模量。如果穿过平面的应力（包括拉伸应力）传递很少，并-串联模型比较合理（图 9.11（b）），在此模型中，左侧两个结构组分先进行串联然后与右侧的结构组分进行并联（公式（9.5）），得到模量

$$E^* = \lambda \left(\frac{\phi}{E_A^*} + \frac{1-\phi}{E_B^*} \right)^{-1} + (1-\lambda)E_B^* \tag{9.18}$$

λ 与 ϕ 表示如图 9.11 所示的体积分数。

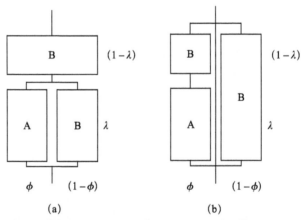

图 9.11　聚合物混合物的 Takayanagi 模型。（a）串-并联模型；（b）并-串联模型

随后针对聚氯乙烯与丁腈橡胶混合物制备的薄膜（图 9.12），对比了用这两个模型得到的预测结果与温度变化对于储存模量与损耗模量影响的测量结果。从图中可以看出，串-并联模型（a）的拟合效果更好。聚合物混合物的性能可以用串-并联模型进行准确预测，这一模型中 λ 与 ϕ 的相对值与分散相的形态有关：对于均匀分散结构，$\lambda = \phi$；对于拉伸聚集体形式的分散结构，$\lambda > \phi$。但是对于半结晶聚合物，通常情况下 A 与 B 分布代表结晶与非晶组分，试验得到的分散度通常高于预测值，表明部分无序材料不同于完全无定形结构聚合物。

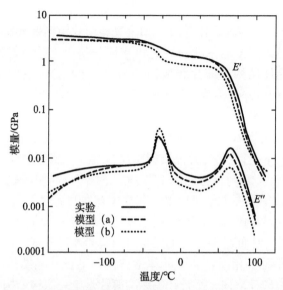

图 9.12 聚氯乙烯-丁腈橡胶混合物薄膜储存模量与损耗模量的温度依赖性。Takayanagi 模型类型（a）对试验结果具有更好的拟合效果（Reproduced from Takayanagi, M. (1963) Viscoelastic properties of crystalline polymers. Memoirs of the Faculty of Engineering Kyushu Univ., 23, 41. Copyright (1963) Kyushu University)

Gray 与 McCrum[52] 的研究将 Takayanagi 模型用于部分结晶聚合物，并反驳他的观点：如果力学松弛行为发生在无定形相，那么异相模量的峰值与无定形相的体积分数成正比。他们发现由于这一模型采用的是 Voigt 平均法，只能给出模量的上限值。结晶组分与非晶组分的应力与应变场必然不同，因此，Reuss 法获得的平均值同样是不适用的，因此在这两种方法得到的值之间必须引入一种校正方法。人们提出了一种经验对数混合假设公式作为合理的校正公式：

$$\log G^* = V_A \log G_A^* + V_C \log G_C^* \qquad (9.19)$$

这里 G^* 为复合剪切模量，V 为体积分数。聚合物的对数衰减（Λ）可以用两相的对数衰减加权和表示成

$$\Lambda = V_A \Lambda_A + V_C \Lambda_C \qquad (9.20)$$

这一公式为前面很多人研究成果的数学表达式。

9.5.3 具有单晶织构的模型聚合物

很明显，Takayanagi 模型对于结晶聚合物与聚合物混合物的动态力学行为能够给出简单的解释。模型的理论基础包含在 9.2 节公式（9.1）～公式（9.6）中，但是有以下两点不足：一，模型只考虑了拉伸变形而忽略了剪切变形；二，如第 8 章中强调的，Voigt 方案与 Reuss 方案（如并联与串联）只为真实力学行

为提供了边界。

　　这些不足在 Ward 与其合作者们[53]研究完整薄片织构聚合物材料的力学行为时表现得十分明显。Hay 与 Keller[54] 提出滚压与退火工艺能够使低密度聚乙烯薄片产生完整的晶体结构和薄片状取向行为（图 9.13），因此本书中介绍了如图 9.14 所示的三种特殊结构薄片的力学行为："bc 型薄片"，在这种薄片中，微晶的 c 轴与拉伸方向平行，b 轴在薄片所在平面内，a 轴垂直于薄片所在平面；"ab 型薄片"，在这种薄片中，a 轴与拉伸方向平行，b 轴在薄片所在平面内，c 轴垂直于薄片所在平面；"平行片晶结构薄片"，在这种结构中，片晶所在平面与初始拉伸方向平行，c 轴与该方向呈 45°夹角。对于 bc 与 ab 薄片结构试样，根据其四点小角 X 射线衍射图像，可以得到薄片中存在与 c 轴方向夹角约为 45°的片晶结构。这种结构对应图 9.13 中 bc 型薄片的形态结构示意图，在图中，固体块状物表示结晶片晶，中间的空间是无序材料与层间连接分子，连接分子在退火处理过程中会产生松弛。相反，关于晶体学方向，平行片晶结构薄片具有孪生结构，但是如果考虑薄片取向，平行片晶结构薄片是单一织构结构（只表现出具有两点、小角衍射的图案）。

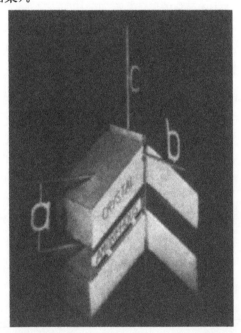

图 9.13　低密度聚乙烯取向与退火薄片的结晶态模型。该照片给出了 bc 型薄片的结构特征，a，b 与 c 轴表示结晶区的晶体学方向（Reproduced from Stachurski, Z. H. and Ward, I. M. (1968) Anisotropy of viscoelastic transitions in oriented polyethylenes. J. Polym. Sci. A2, 6, 1817. Copyright (1968) John Wiley & Sons, Ltd）

与 Takayanagi 模型（只考虑拉伸应变）相比，在非晶区内主应变过程还涉及剪切应变。刚性薄片在可变形基体中通过剪切产生相互滑动。这一过程被薄片表面的分解切应力 $\sigma\sin\gamma\cos\gamma$ 激活，这里 γ 为施加的拉应力 σ 与薄片平面法向方向的夹角，当 $\gamma=45°$ 时，分解切应力达到最大值（见第 12 章对塑性变形过程分解切应力的讨论）。

Gupta 与 Ward 发现 bc 型与 ac 型薄片的拉伸模量存在交点，这一点与 Takayanagi 对高密度聚乙烯的研究结果类似，这种现象对应较低温度下的 β 松弛行为（见第 10 章对松弛过程的讨论）。对于 bc 型薄片 c 轴方向上以及 ab 型薄片 a 方向上的模量降低可以归因于薄片间的剪切作用。由于薄片平面近似平行于 b 轴，在此方向上的拉伸应力将不会造成层间剪切作用，因此当温度高于松弛转变温度时，存在 $E_b > E_a \sim E_c$（图 9.14）。动态力学损耗谱对于低温下的 β 松弛和高温下的 α 松弛行为都表现出明显的力学各向异性，β 松弛对应前面讨论的拉伸模量交点，α 松弛过程涉及 c 轴方向上的剪切作用，c 轴方向位于微晶的 c 轴所在的平面上（c 剪切过程）。在 bc 型薄片内，$\tan\delta_{45}$ 大于 $\tan\delta_0$ 以及 $\tan\delta_{90}$（角度从起初拉伸方向开始测量），因为 $\tan\delta_{45}$ 表示在平行于 c 轴方向上存在最大分解切应力。同样，对于平行片晶结构薄片，当平行于初始拉伸方向施加应力时，α 松弛过程会产生最大的能量损失。最后，在 ab 型薄片内，α 松弛很小，这是由于在薄片平面内施加拉伸应力时，不存在包含 c 轴的平面（c 轴是指在施加拉伸应力时，能够在 c 方向上产生剪切的轴）。

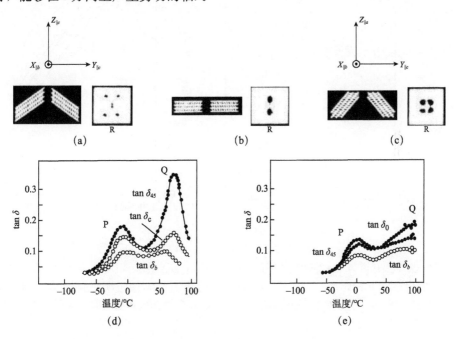

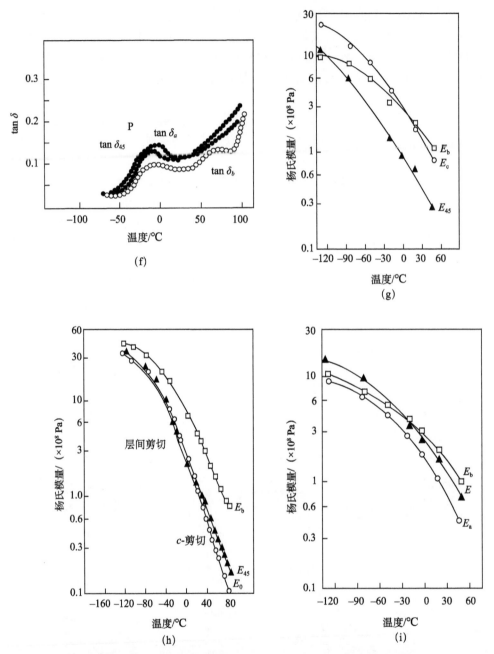

图 9.14　力学损耗谱与 10s 等时蠕变模量示意图。(a)，(d) 与 (g) 为 bc 型薄片；(b)，(e) 与 (h) 为平行片晶结构薄片；(c)，(f) 与 (i) 为 ab 型薄片。P. 层间剪切过程；Q. c 轴向剪切过程（注意在图 (f) 中不存在 c 轴向剪切过程）；R. 小角 X 射线衍射图谱，光束沿着 X 方向

Takayanagi 模型对于取向聚合物的其他应用还包括线型聚乙烯与尼龙薄片，线型聚乙烯为交联结构，然后在熔融状态下维持高拉伸应变进行慢速冷却[55]，尼龙薄片具有斜方晶弹性对称结构[56]。Ward[57]在本书的前一个版本中进行了全面讨论。

研究具有特殊取向结构的薄片材料的黏弹性行为对于揭示这些材料的复合材料本质以及定义薄片状织构影响力学各向异性的材料特性是有意义的，也有利于人们在简单的串/并联 Takayanagi 模型基础上更进一步理解这一理论。但是，可能也可以用复合叠层结构模型对力学各向异性行为进行更加定量的理解，对于杨氏模量的理解可能超出 Reuss 与 Voigt 的计算结果。

在最近的研究中，Al-Hussein，Davies 与 Ward[58]制备了取向低密度聚乙烯，具有平行薄片堆积结构，在此结构中，结晶片晶的 c 轴平行于薄片所在平面的法向方向。对于这种结构，能够得到弹性常数的简明计算公式，这些公式用结晶组分的体积分数、结晶片晶的弹性常数（c_{11}^c，c_{33}^c，c_{44}^c 等）以及无定形层的弹性常数（c_{11}^a，c_{33}^a，c_{44}^a 等）进行表示。

例如，假设横向尺寸很大，复合材料的弹性常数（c_{11}^u，c_{33}^u，c_{44}^u 等）计算公式为

$$c_{11}^u = Xc_{11}^c + (1-X)c_{11}^a - \frac{(c_{13}^c - c_{12}^a)^2}{[c_{33}^c/X + c_{33}^a/(1-X)]} \qquad (9.21a)$$

$$\frac{1}{c_{33}^u} = \frac{X}{c_{33}^c} + \frac{1-X}{c_{33}^a} \qquad (9.21b)$$

$$\frac{1}{c_{44}^u} = \frac{X}{c_{44}^c} + \frac{1-X}{c_{44}^a} \qquad (9.21c)$$

这里 X 为结晶组分体积分数。

通过复合材料模型能够导出很简单的公式（9.21），只要假设在横向上只有单一应变。无定形相较软，因此在轴向应力作用下延伸量比结晶相大。因此，对于橡胶弹性相，为了维持体积恒定，无定形相产生的横向收缩要远大于刚度较大的结晶相。但是人们假设无定形结构层与结晶片晶结构层是紧密连接在一起的。这就意味着复合材料中结晶相的横向收缩量要远远大于一个孤立晶体的理论预测值。Al-Hussein，Davies 与 Ward[58]用广角 X 射线衍射方法测量了复合材料平行片晶结构的晶体柔度 s_{13}^c，s_{23}^c，并表明测量结果确实远高于理论上完美晶体的值。

9.6　超高模量聚乙烯

传统拉伸过程，一般是指将聚合物材料夹持在两夹具之间，在不同的拉伸速率下进行拉伸，伸长率一般不超过 10（见第 12 章）。这些材料表现出来的拉伸模量只是链模量的很小一部分（～10%），而链模量较大是由于相对柔软的无序组

分起到了主要作用。但是，以聚乙烯为例，有可能制备出一种取向聚合物，其在低温下的杨氏模量接近于结晶链模量的理论值，约为 300GPa（相比之下，普通钢的杨氏模量约为 210GPa）。并运用了几种制备方法，包括溶液纺丝技术[59]与两步拉伸工艺[60]，在两步拉伸工艺中，初次拉伸的拉伸比为8.3，然后继续进行第二步拉伸，这样被拉伸材料变薄并达到最终拉伸比为 30 甚至以上。这些制备过程在某种程度上比传统方法慢，但是仍然能够得到具有特殊商业用途的高刚度聚乙烯。图 9.15 给出了一系列初始各向同性结构聚乙烯在 75℃下拉伸后的杨氏模量与拉伸比之间的函数关系曲线。可以看出，即使在室温下，模量也能够占到晶体模量很大的比例，这种比例大小只依赖于最终拉伸比而与相对分子量以及最初结构形态无关，因此，合理的模型应该是依赖于变形过程形成的结构而不是起始材料形态。

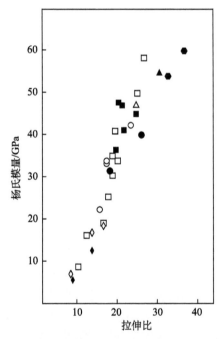

图 9.15　在室温下测量，10s 等时杨氏模量与拉伸比之间的函数关系，试样为一系列 75℃拉伸后经淬火（空心点）与慢冷却（实心点）得到的线型聚乙烯试样。（●）Rigidex 140-60；（△，▲），Rigidex 25；（□，■），Rigidex 50；（○，●），P40；（◇，◆），H020-54P（Reproduced from Capaccio, Crompton and Ward (1976) Drawing Behavior of Linear Polyethylene. 1. Rate of Drawing As a Function of Polymer Molecular-weight and Initial Thermal-treatment J. Polym. Sci., Polym. Phys. Ed., 14, 1641. Copyright (1976))

这里应该列举两个不同的模型用于解释高取向线型聚乙烯的弹性行为。两个模型都用宏观复合材料理论作为它们的起点，考虑结晶区的形态学研究结果，它们对结晶区在拉伸方向能够延伸到超过 100nm 的观点解释方式不同。

9.6.1 结晶纤丝模型

结晶纤丝模型是由布里斯托（Bristol）大学的某课题组提出的[61]，是更大规模模型的研究进展，这种模型可以用于解释某些特定共聚物的高力学各向异性度[62]。电子显微镜测量表明，当一种三嵌段共聚物聚苯乙烯-聚丁二烯-聚苯乙烯挤出模具后，玻璃态聚苯乙烯形成长的完全取向纤丝，直径约为 15nm，混杂在橡胶态基体的六边形对称结构中。虽然是宏观各向异性的，纵向杨氏模量与横向杨氏模量之比大约为 100∶1，但是两相结构均包含无规取向分子链。

高取向度聚乙烯模型同样假设高横纵比的纤维在一柔性基体中排列成六边形对称结构，但是这样，纤维的不连续本质就会成为拉伸模量的决定因素。在取向聚合物细薄片中存在的纤维经氯磺酸与乙酸铀酰染色后可以用于表示针状结晶相，具有聚乙烯链的理论刚度（$E^c \sim 300$GPa）。这些晶体嵌在一部分取向基体中，浓度（V_f）预计为 0.75，剪切模量 $G^m \sim 1$GPa（图 9.16），基体中同时含有无定形组分和结晶组分（图 9.16）。

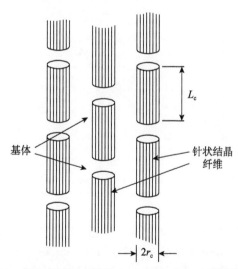

图 9.16 超高模量聚乙烯的 Barham 与 Arridge 模型示意图

用复合材料的 Cox 模型，在文献［12］中已经进行了讨论，并忽略了柔性基体的拉伸模量产生的很小的影响 $E^m V^m$，高取向度聚合物的拉伸模量 E 的计算公式变为

$$E = V_f E^c \left(1 - \frac{\tanh ax}{ax}\right) \tag{9.22}$$

这里 a 为纤维的长径比

$$\left(\frac{l_{\mathrm{c}}}{2r_{\mathrm{c}}}\right)$$

且

$$x=2\left(\frac{G^{\mathrm{m}}}{E^{\mathrm{c}}\ln 2\pi/\sqrt{3V_{\mathrm{f}}}}\right)$$

这是公式（9.15）的另外一种表达式。

　　颈缩后拉伸导致的刚度增加被认为是拉伸导致的结晶纤维的长径比增大造成的（从略微小于 2 到极限情况下大于 12），因此成为更加有效的增强组分。基于颈缩后拉伸在结构层面上被认为是均匀拉伸的假设，纤维呈放射状变形，初始长径比（$l_0/2r_0$）经拉伸后变成 $l_{\mathrm{c}}/2r_{\mathrm{c}}=(l_0/2r_0)\,t^{3/2}$，这里 t 为颈缩后的拉伸比。Barham 与 Arridge[61]研究模量随着拉伸比的变化情况表明公式（9.22）中的 x 应该依赖于 $t^{3/2}$。两者很好的吻合关系（图 9.17）为该模型的可行性提供了很好的论据。

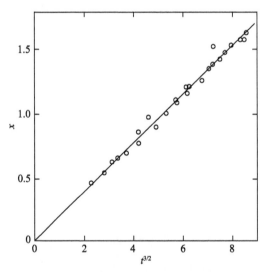

图 9.17　公式（9.22）中的参数 x 与拉伸比 $t^{3/2}$ 之间的函数关系曲线（Reproduced from Barham, P. J. and Arridge, R. G. C. (1977) A fiber composite model of highly oriented polyethylene. J. Polym. Sci. Polym. Phys., 15, 1177. Copyright (1977)）

9.6.2　结晶桥键模型

　　由 Gibson, Davies 与 Ward[63]提出的另一个方法[63]是基于 Takayanagi 模型的，经修正后这一方法包含一有效因子（剪切滞后因子），这一有效因子考虑了结晶增强组分的不连续本质。模型是通过对比传统拉伸聚乙烯与超高模量材料的微观结构产生的。在拉伸比约为 10 时，广角 X 射线衍射结果表明结晶组分具有很高的取向度，结合小角 X 射线衍射清晰的两点型衍射图案，表明结晶链段形成了周期性排列结构，其长度为了适应非晶区，小于长周期长度 L，如图 9.18 所示。随着拉伸比增加，小角 X 射线衍射图案仍然保持相同的周期性但是强度变小，多种测量方法的结果表明非晶材料的取向度随着拉伸比增加而增加。平均晶体长度增加至约 50nm，相对于恒定长周期长度约为 20nm。尺寸大于 100nm 的晶体浓度较低，与前面 9.6.1 节讨论的模型中的结晶纤维 100～1000nm 推断长度的结论是相反的。造成这种差距的原因还未经过详细论证，可能是制备材料过程的特殊方法造成的，参考图 9.15 能够推断最终的拉伸过程相比于初始形态的差异起着更为重要的作用。

刚度的大幅增加被认为是相邻结晶序列通过结晶桥键连接的结果（图 9.18）。在此模型中，结晶桥键与之前 Peterlin[64] 提出的紧密连接分子起到的作用类似，而且等同于 Takayanagi 模型中的连续相。模量随着拉伸比变大而增加，被认为主要是纤维相材料比例的增加，而不是恒定比例纤维相长径比的变化。

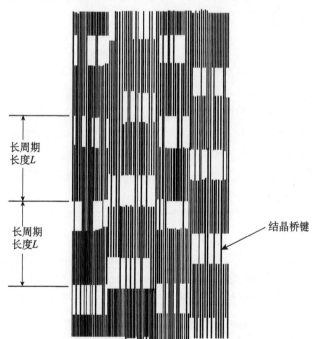

图 9.18 超高模量聚乙烯中结晶相结构示意图（按照 $p=0.4$ 构建）（Reproduced from Gibson, A. G., Davies, G. R. and Ward, I. M. (1978) Dynamic mechanical-behavior and longitudinal crystal thickness mea-surements on ultrahigh modulus linear polyethylene-quantitative model for elastic-modulus. Polymer, 19, 683. Copyright (1978) IPC Business Press Ltd)

在缺乏结晶桥键排列信息的情况下，人们假设它们是随机排列的，因此结晶序列穿越无序区以连接邻近结晶区域的概率可以用单一参数 p 的形式表示，定义为

$$p = \frac{\overline{L} - L}{\overline{L} + L}$$

这里 $\overline{L}$ 为用广角 X 射线衍射测得的平均晶体长度，L 为根据小角 X 射线散射获得的长周期长度。可以看出连续相 V_f 的体积分数可以用下述公式进行表示：

$$V_f = X p (2 - p)$$

这里 X 为用分数表示的结晶度。

在第一阶段，结晶桥键的作用被认为是 Takayanagi 模型的一个要素（在图 9.9（b）中为连续相），结晶桥键平行于由其他片晶结构材料与无定形组分形成的串联组合。于是杨氏模量可以表示成

$$E = E^c X p (2 - p) + E^a \frac{\{1 - X + X(1 - p)\}^2}{1 - X + X(1 - p)^2 E^a / E^c} \tag{9.23}$$

这个表达式中的第一项对应结晶桥键序列，紧接着会被处理成短纤维阵列，因此引入了剪切滞后（效率）因子 Φ，剪切滞后因子是结晶桥键有限的长径比的函数。于是与公式（9.22）类似的方程表示为

$$E = E^c X p (2 - p) \Phi' + E^a \frac{\{1 - X + X(1 - p)\}^2}{1 - X + X(1 - p)^2 E^a / E^c} \tag{9.24}$$

这里 Φ' 为纤维相中所有材料的平均剪切滞后因子。从一维 Takayanagi 模型转变成 Cox 短纤维模型的优势在于通过可测量的拉伸性能能够得到基体中剪切应力的变化信息（见 9.3.1 节）。特别地，能够看出对于按正弦变化的应变，拉伸模量 $E^{c'}$ 的不同相分量与基体剪切模量 $G^{m'}$ 的不同相分量通过一公式相关联，这一公式涉及纤维（如结晶桥键）的体积分数与纤维的长径比，以及 $G^{m'}$ 与 $E^{f'}$ 之比，$G^{m'}$ 为基体剪切模量的同相分量。对于一特定结构几何参数是恒定的，但是模量比随着温度变化，因为温度依赖于 $G^{m'}$。

纤维部分的长径比，作为结晶桥键的度量，不能够直接获取，但是可以通过剪切滞后因子 ϕ' 值进行推算，ϕ' 值要求使力学行为随着温度变化的函数关系理论预测与实测图谱实现最佳匹配。这一处理方法得到结晶桥键序列的半径为 1.5nm，表明每个桥键均包含几个延伸的聚合物链。模量在温度低于 −50℃ 下增大的具体考虑因素表明基体的模量随着拉伸比例的增加而增加，由于公式（9.24）中 E^a 的增加，对应非晶材料模量的增加。

9.7　结　　论

经过研究，人们建立了越来越成熟的模型用于根据其组成部分的特征预测复合

材料的弹性特征。这些模型包括简单的混合物法则，也包括 Halpin-Tsai 与 Mori-Tanaka 分析法，在后述的方法中，增强粒子的几何特征——本质上，长径比——已经被纳入考虑范围。这种方法在模拟极限长径比效应过程中具有潜在的应用价值，极限长径比在纳米复合材料中可以体现。微观结构的直接有限元模拟方法成为针对微米与纳米量级上一种可行性越来越大的研究方法。

如前面讨论过的，超高模量聚合物的主要应用是复合材料中的惰性增强纤维[65]。因此，对总体各向异性的精细分析需要微观和宏观尺度下合理的理论。但是，微观与宏观尺度之间存在着明显的重要差异。在宏观复合材料中，纤维与基体是不同的实体，只通过较弱的次级作用力连接在一起，但是取向半结晶共聚物的结晶与无定形相必须逐渐混合在一起：链折叠和链末端与微晶连接在一起，在这个过程中，规整度不高的材料会产生明显取向，连接微晶之间的连接分子（结晶桥键或连接分子）贯穿了无定形材料相。

即使对于嵌段共聚物，可以用电子显微镜辨别相分离现象，在匹配参数上仍然存在问题，如两组分的泊松比。但是简单的 Takayanagi 模型，尤其是通过扩展处理可以解释增强组分的有限长度时，能够用于描述静态与动态弹性行为的许多特征。

参 考 文 献

[1] Wilczynski, A. P. (1990) A basic theory of reinforcement for unidirectional fibrous composites. Comp Sci. Tech. , 38, 327.

[2] Ward, I. M. and Wilczynski, A. P. (1993) Bounds for the elastic constants of a unidirectional fibre composite: a new approach. J. Mater. Sci. , 28, 1973.

[3] Wilczynski, A. P. and Lewinski, J. (1995) Predicting the properties of unidirectional fibrous composites with monotropic reinforcement. Comp. Sci. Tech. , 55, 139.

[4] Hine, P. J. , Duckett, R. A. and Ward, I. M. (1993) Modelling the elastic properties of fibre-reinforced composites: II theoretical predictions. Comp. Sci. Tech. , 49, 13.

[5] Hine, P. J. , Lusti, H. R. and Gusev, A. A. (2002) Numerical simulation of the effects of volume fraction, aspect ratio and fibre length distribution on the elastic and thermoe-lastic properties of short fibre composites. Comp. Sci. Tech. , 62, 1445.

[6] Halpin, J. C. and Kardos, J. L. (1976) The Halpin-Tsai equations: A review. Polym. Eng. Sci. , 16, 344.

[7] Hermans, J. J. (1967) The elastic properties of fiber reinforced materials when the fibers are aligned. Proc. Kon. Ned. Akad. Wetensch. B. , 65, 1.

[8] Eshelby, J. D. (1957) The determination of the elastic field of an ellipsoidal inclusion, and related problems. Proc. Roy. Soc. A, 241, 376.

[9] Mori, T. and Tanaka, K. (1973) Average stress in matrix and average elastic energy of materials with misfitting inclusions. Acta. Metall. , 21, 571.

[10] Tandon, G. P. and Weng, G. J. (1984) Effect of aspect ratio of inclusions on the elastic properties of unidirectionally aligned composites. Polym. Comp. Sci. , 5, 327.

[11] Tucker, C. L. and Liang, E. (1999) Stiffness predictions for unidirectional short-fiber composites: review and evaluation. Comp. Sci. Tech. , 59, 655.

[12] Cox, H. L. (1952) The elasticity and strength of paper and other fibrous materials. Br. J. Appl. Phys. , 3, 72.

[13] Kelly, A. (1966) Strong Solids, Clarendon Press, Oxford.

[14] Hull, D. and Clyne, T. W. (1996) An Introduction to Composite Materials, 2nd edn, Cambridge University Press, Cambridge.

[15] Brody, H. and Ward, I. M. (1971) Modulus of short carbon and glass fiber reinforced composites. Polym. Eng. Sci. , 11, 139.

[16] Advani, S. G. and Tucker, C. L. (1987) The use of tensors to describe and predict fiber orientation in short fiber composites. J. Rheol. , 31, 751.

[17] Hine, P. J. , Duckett, R. A. , Ward, I. M. et al. (1996) A comparison of short glass fiber reinforced polypropylene plates made by conventional injection molding and using shear controlled injection molding. Polym. Composite. , 17, 400.

[18] Lusti, H. R. , Hine, P. J. and Gusev, A. A. (2002) Direct numerical predictions for the elastic and thermoelastic properties of short fibre composites. Comp. Sci. Tech. , 62, 1927.

[19] Gusev, A. A. (1997) Representative volume element size for elastic composites: a numerical study. J. Mech. Phy. Solids, 45, 1449.

[20] Gusev, A. A. , Hine, P. J. and Ward, I. M. (2000) Fiber packing and elastic properties of a transversely random unidirectional glass/epoxy composite. Comp. Sci. Tech. , 60, 535.

[21] Price, C. D. , Hine, P. J. , Whiteside, B. et al. (2006) Modelling the elastic and thermoe-plastic properties of short fibre composites with anisotropic phases. Comp. Sci. Tech. , 66, 69.

[22] Qui, Y. P. and Weng G. J. (1990) On the application of Mori-Tanaka's theory involving transversely isotropic spheroidal inclusions. Int. J. Eng. Sci. , 28, 1121.

[23] Okada, A. and Usuki, A. (2006) Twenty years of polymer-clay nanocomposites. Macromol. Mater. Eng. , 291, 1449 – 1476.

[24] Gopakumar, T. G. , Lee, J. A. , Kontopoulou, M. et al. (2002) Influence of clay exfoliation on the physical properties of montmorillonite/polyethylene composites. Polymer, 43, 5483.

[25] Kornmann, X. , Thomann, R. , Mülhaupt, R. et al. (2002) High performance epoxy-layered silicate nanocomposites. Polym. Eng. Sci. , 42, 1815 – 1826.

[26] Ke, Y. C., Yang, Z. B. and Zhu, C. F. (2002) Investigation of properties, nanostructure, and distribution in controlled polyester polymerization with layered silicate. J. Appl. Polym. Sci., 85, 2677 – 2691.

[27] Hussain, F., Jojjati, M., Okamoto, M. et al. (2006) Review article: polymer-matrix nanocomposites, processing, manufacturing, and application: an overview. J. Compos. Mater., 40, 1511 – 1575.

[28] Crosby, A. J. and Lee, Y. -J. (2007) Polymer nanocomposites: the "nano" effect on mechanical properties. Polym. Rev., 47, 217 – 229.

[29] Rittigstein, P. and Torkelson, J. M. (2006) Polymer-nanoparticle interfacial interactions in polymer nanocomposites: confinement effects on glass transition temperature and suppression of physical aging. J. Polym. Sci. Pol. Phys., 44, 2935 – 2943.

[30] Sargsyan, A., Tonoyan, A., Davtyan, S. et al. (2007) The amount of immobilized polymer in PMMA SiO_2 nanocomposites determined from calorimetric data. Eur. Polym. J., 43, 3113 – 3127.

[31] Fertig, R. S. and Garnich, M. R. (2004) Influence of constituent properties and microstructural parameters on the tensile modulus of a polymer/clay nanocomposite. Compos. Sci. Technol., 64, 2577.

[32] Sheng, N., Boyce, M. C., Parks, D. M. et al. (2004) Multiscale micromechanical modeling of polymer/clay nanocomposites and the effective clay particle. Polymer, 45, 487 – 506.

[33] Fornes, T. D. and Paul, D. R. (2003) Modeling properties of nylon 6/clay nanocomposites using composite theories. Polymer, 44, 4993.

[34] Hbaieb, K., Wang, Q. X., Chia, Y. H. J. et al. (2007) Modelling stiffness of polymer/clay nanocomposites. Polymer, 48, 901 – 909.

[35] Spencer, P. E. and Sweeney, J. (2009) Modelling polymer clay nanocomposites for a multiscale approach in Nano-and Micro-Mechanics of Polymer Blends and Composites, (eds J. Karger-Kocsis and F. Fakirov), Carl Hanser Verlag, Munich, Chap. 15.

[36] Kato, M., Usuki, A. and Okada, A. (1997) Synthesis of polypropylene oligomer-clay intercalation compounds. J. Appl. Polym. Sci., 66, 1781 – 1785.

[37] Chiu, F. -C., Lai, S. -M., Chen, J. -W. et al. (2004) Combined effects of clay modifications and compatibilizers on the formation and physical properties of melt-mixed polypropylene/clay nanocomposites. J. Polym. Sci. Polym. Phys., 42, 4139.

[38] Liu, X. and Wu, Q. (2001) PP/clay nanocomposites prepared by grafting-melt intercalation. Polymer, 42, 10013.

[39] Chen, L., Phang, I. Y., Wong, S. C. et al. (2006) Embrittlement mechanisms of nylon 66/organoclay nanocomposites prepared by melt-compounding process. Mater. Manuf. Process., 21, 153.

[40] He, C., Liu, T., Tjiu, W. C. et al. (2008) Microdeformation and fracture mechanisms in polyamide-6/organoclay nanocomposites. Macromolecules, 41, 193.

[41] Wang, K., Chen, L., Wu, J. S. et al. (2005) Epoxy nanocomposites with highly exfoliated clay: mechanical properties and fracture mechanisms. Macromolecules, 38, 788.

[42] Zerda, A. S. and Lesser, A. J. (2001) Intercalated clay nanocomposites: morphology, mechanics, and fracture behavior. J. Polym. Sci. Polym. Phys., 39, 1137.

[43] Zhang, W. D., Shen, L., Phang, I. Y. et al. (2004) Carbon nanotubes reinforced nylon-6 composite prepared by simple melt-compounding. Macromolecules, 37, 256.

[44] Szleifer, I. and Yerushalmi-Rozen, R. (2005) Polymers and carbon nanotubes-dimensionality, interactions and nanotechnology. Polymer, 46, 7803.

[45] McNally Pötschke, P., Halley, P., Murphy, M. et al. (2005) Polyethylene multiwalled carbon nanotube composites. Polymer, 46, 8222.

[46] Gong, X. Y., Liu, J., Baskaran, S. et al. (2000) Surfactant-assisted processing of carbon nanotube/polymer composites. Chem. Mater., 12, 1049.

[47] Khabasheku, V. N., Billups, W. E. and Margreave, J. L. (2002) Fluorination of single-wall carbon nanotubes and subsequent derivatization reactions. Acc. Chem. Res., 35, 1087.

[48] Shofner, M. L., Khabashesku, V. N. and Barrera, E. V. (2006) Processing and mechanical properties of fluorinated single-wall carbon nanotube-polyethylene composites. Chem. Mater., 18, 906.

[49] McIntosh, D., Khabashesku, V. N. and Barrera, E. V. (2006) Nanocomposite fiber systems processed from fluorinated single-walled carbon nanotubes and a polypropylene matrix. Chem. Mater., 18, 4561.

[50] Takayanagi, M. (1963) Viscoelastic properties of crystalline polymers. Mem. Fac. Eng. Kyushu Univ., 23, 41; Takayanagi, M., Imada, I. and Kajiyama, T. (1966) Mechanical properties and fine structure of drawn polymers. J. Polym. Sci. Pol. Sym., 15, 263.

[51] Wu, C. T. D. and McCullough, R. C. (1977) Constitutive relationships for heterogeneous materials in Developments in Composite Materials, (ed G. S. Holister), Applied Science Publishers, London, pp. 119–187.

[52] Gray, R. W. and McCrum, N. G. (1969) Origin of the γ relaxations in polyethylene and polytetrafluoroethylene. J. Polym. Sci. A2, 7, 1329.

[53] Gupta, V. B. and Ward, I. M. (1968) The temperature dependence of tensile modulus in anisotropic polyethylene sheets. J. Macromol. Sci. B, 2, 89; Stachurski, Z. H. and Ward, I. M. (1968) Anisotropy of viscoelastic transitions in oriented polyethylenes. J. Polym. Sci. A2, 6, 1083; Stachurski, Z. H. and Ward, I. M. (1969) Anisotropy of viscoelastic relaxation in low-density polyethylene in terms of an aggregate model. J. Macromol. Sci. B, 3, 427, 445; Stachurski, Z. H. and Ward, I. M. (1969) Mechanical relaxations in polyethylene. J. Macromol. Sci. B, 3, 445; Davies, G. R., Owen, A. J., Ward, I. M. et al. (1972) Interlamellar shear in anisotropic polyethylene sheets. J. Mac-

romol. Sci. B, 6, 215; Davies, G. R. and Ward, I. M. (1972) Anisotropy of mechanical and dielectric-relaxation in oriented poly(ethylene terephthalate). J. Polym. Sci. B, 6, 215.

[54] Hay, I. L. and Keller, A. (1966) A study on orientation effects in polyethylene in the light of crystalline texture. J. Mater. Sci., 1, 41.

[55] Kapuscinski, M., Ward, I. M. and Scanlan, J. (1975) Mechanical anisotropy of strain-crystallized linear polyethylenes. J. Macromol. Sci. B, 11, 475.

[56] Lewis, E. L. V. and Ward, I. M. (1980) Anisotropic mechanical-properties of Drawn Nylon-6. 2. The Gamma-phase. J. Macromol. Sci. B, 18, 1; (1981) 19, 75.

[57] Ward, I. M. (1983) Mechanical Properties of Solid Polymers, John Wiley & Sons, Chichester, Chap. 10.

[58] Al-Hussein, M., Davies, G. R. and Ward, I. M. (2000) Mechanical properties of oriented low-density polyethylene with an oriented lamellar-stack morphology. J. Polym. Sci. Polym. Phys., 38, 755.

[59] Zwijnenburg, A. and Pennings, A. J. (1976) Longitudinal growth of polymer crystals from flowing solutions. IV. The mechanical properties of fibrillar polyethylene crystals. J. Polym. Sci. Polym. Lett., 14, 339; Smith, P. and Lemstra, P. J. (1980) Ultra-high-strength polyethylene filaments by solution spinning/drawing. J. Mater. Sci., 15, 505.

[60] Capaccio, G. and Ward, I. M. (1973) Properties of ultra-high modulus linear polyethylenes. Nature Phys. Sci., 243, 143; (1974) Preparation of Ultrahigh Modulus Linear Polyethylenes-Effect of Molecular-weight and Molecular-weight Distribution on Drawing Behavior and Mechanical-properties. Polymer, 15, 223.

[61] Arridge, R. G. C., Barham, P. J. and Keller, A. (1977) Self-hardening of highly oriented polyethylene. J. Polym. Sci. Polym. Phys., 15, 389; Barham, P. J. and Arridge, R. G. C. (1977) A fiber composite model of highly oriented polyethylene. J. Polym. Sci. Polym. Phys., 15, 1177.

[62] Arridge, R. G. C. and Folkes, M. J. (1972) The mechanical properties of a 'single crystal' of SBS copolymer—a novel composite material. J. Phys. D., 5, 344.

[63] Gibson, A. G., Davies, G. R. and Ward, I. M. (1978) Dynamic mechanical-behavior and longitudinal crystal thickness measurements on ultrahigh modulus linear polyethylene-quantitative model for elastic-modulus. Polymer, 19, 683.

[64] Peterlin, A. (1979) Mechanical properties of fibrous structure in Ultra-High Modulus Polymers, (eds A. Ciferri and I. M. Ward), Applied Science Publishers, London, Chap. 10.

[65] Ladizesky, N. H. and Ward, I. M. (1985) Ultra high modulus polyethylene composites. Pure Appl. Chem., 57, 1641.

其他参考资料

Bucknall, C. P. (1977) Toughened Plastics, Applied Science Publishers, London.

第 10 章　松弛转变：试验行为与分子学解释

本章将讨论黏弹性松弛行为的形成机理，在分子意义上针对分子中的不同化学基团，在物理意义上针对结晶区与非晶区内分子的运动特征。由于无定形聚合物比半结晶态聚合物表现出更弱的结构依赖性，应该用这些相对简单的材料来描述松弛行为的一些常见特性。

10.1　无定形聚合物：引言

习惯上人们会按照字母表中的顺序 α、β、γ、δ 松弛等定义聚合物随着温度提高产生的松弛转变行为。在聚甲基丙烯酸甲酯（PMMA）中，就存在这四种转变中的三种：

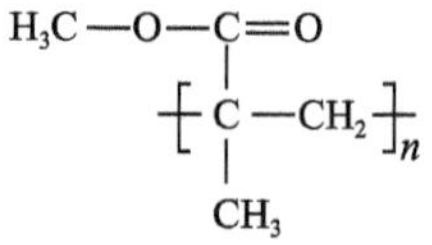

$$H_3C-O-C=O$$
$$\left[\!\begin{array}{c} C-CH_2 \end{array}\!\right]_n$$
$$CH_3$$

图 10.1 总结了用低频扭摆仪得到的数据。最高温度下的松弛为 α 松弛，为玻璃化转变并伴随着模量的显著改变。结合核磁共振（NMR）与介电性能测试[1-6]，对类似聚合物的对比研究表明，β 松弛行为对应酯基侧链运动。γ 与 δ 松弛分别反映连接在主链与侧链上的甲基运动情况。

Monnerie，Lauprêtre 与 Halary[7] 对 β 松弛行为进行了更加深入细致的研究。得到的结论是含有侧链的聚合物材料，如 PMMA 的 β 松弛行为是由酯基沿着主链上的键产生的 π 翻转引起的。在松弛的低温部分这些反转是独立的，但是在高温部分会存在分子内协同作用。这些环形反转伴随着主链旋转角度的变化。人们也对马来酰亚胺和戊二酰亚胺 PMMA 共聚物的 β 松弛行为进行了研究。在所有情况下，分子运动的协同性都作用在分子内，而在马来酰亚胺共聚物中，马来酰亚胺的刚性会阻碍主链重排。

对于无定形聚对苯二甲酸乙二醇酯（PET），分子中没有侧链，在 10.3.2 节中将结合这一聚合物的半结晶状态进行讨论。值得一提的是反增塑剂的使用会导致复合 β 松弛行为[8,9]。在研究双酚 A（或四甲基双酚 A）聚碳酸酯时，与碳酸酯残基相关的分子内协同行为通过在苯环上引入甲基[10]表现出来，分子间的协同效应通过混合物的介电行为来表现[11]。分子间相互作用对于环运动的影响通

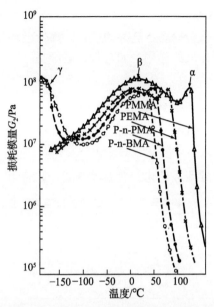

图 10.1 PMMA，聚甲基丙烯酸乙酯（PEMA），聚甲基丙烯酸正丙酯（P-n-PMA）与聚甲基丙烯酸正丁酯（P-n-BMA）四种聚合物材料损耗模量 G_2 的温度依赖性（Reproduced from Heijboer，J.（1965）Physics of Non-Crystalline Solids，North-Holland，Amsterdam，p. 231. Copyright（1965）Elsevier Ltd）

过质子核磁共振横向松弛时间的压力依赖性来进一步证明[12]。对于含有苯环而没有侧链的聚合物材料，如 PET 或双酚 A 聚碳酸酯，还有一个重要结论。对于线型聚合物 PET，在 β 松弛的高温部分发生的苯环 π 翻转只与分子内协同效应有关，而对于聚碳酸酯，还有分子间协同效应。

10.2 无定形聚合物玻璃化转变温度的影响因素

在无定形聚合物中，人们用两个不同的模型解释分子结构特征对于玻璃化转变温度的影响，如化学结构、分子量、交联与增塑剂。第一种方法考虑分子柔顺性变化，分子柔顺性的变化会导致构象改变。另一种方法是将这些效应与自由体积量相关联，并假设在玻璃化转变点达到临界值。

10.2.1 化学结构的影响

虽然这些因素在商业开发选择聚合物材料过程中至关重要，人们对这些因素已经进行了大量研究，但实际上很多理解都是基于经验的，主要因为很难区分分子内与分子间作用。但是很多常规特征是很明显的。

10.2.1.1　主链结构

柔性基团，如醚键，会提高主链柔韧度，并降低玻璃化转变温度，同样，引入非柔性基团会表现出相反的作用，如对苯二酸酯基。

10.2.1.2　侧基[13]

对于一系列带取代基的聚-α-烯烃：

$$\left[CH_2-CH\right]_n$$
$$|$$
$$R$$

庞大的、非柔性侧基将导致玻璃化转变温度升高，如表 10.1 所示。

表 10.1　某些聚乙烯类聚合物的玻璃化转变温度

聚合物	R	玻璃化转变温度（～1Hz）/℃
聚丙烯	CH_3	0
聚苯乙烯	C_6H_5	116
聚 N-乙烯基咔唑		211

资料来源：Reproduced with permission from Vincent, P. I. (1965) The Physics of Plastics (ed. P. D. Ritchie), Iliffe, London.

对于一系列聚乙烯基丁醚：

$$\left[CH_2-CH\right]_n$$
$$|$$
$$OR_1$$

刚性与柔性侧基作用的差别如表 10.2 所示。

表 10.2　某些聚乙烯基丁醚同分异构体的玻璃化转变温度

聚合物	R	玻璃化转变温度（～1Hz）/℃
聚乙烯基正丁醚	$CH_2CH_2CH_2CH_3$	−32
聚乙烯基异丁醚	$CH_2CH(CH_3)_2$	−1
聚乙烯基仲丁醚	$C(CH_3)_3$	+83

资料来源：Reproduced with permission from Vincent, P. I. (1965) The Physics of Plastics (ed. P. D. Ritchie), Iliffe, London.

所有这些聚合物侧基都具有相同的原子组成 OR_1（这里 R_1 代表丁基的不同异构体形式），但是更加紧凑的排列降低了分子的柔顺性，导致玻璃化转变温度明显提高。

增加柔性侧基的长度也能够降低玻璃化转变温度，如表 10.3 对比了一系列聚乙烯基醚的玻璃化转变温度：

$$\left[CH_2-CH\right]_n$$
$$|$$
$$OR_2$$

R_2 代表正烷基基团。这里，烷基基团长度的增加直接导致在一定温度下自由体积的增加。

表 10.3 某些聚乙烯基正烷基醚的玻璃化转变温度

聚合物	R_2	玻璃化转变温度（～1Hz）/℃
聚乙烯基甲醚	CH_3	—10
聚乙烯基乙醚	CH_2CH_3	—17
聚乙烯基正丙醚	$CH_2CH_2CH_3$	—27
聚乙烯基正丁醚	$CH_2CH_2CH_2CH_3$	—32

资料来源：Reproduced with permission from Vincent, P. I. (1965) The Physics of Plastics (ed. P. D. Ritchie), Iliffe, London.

10.2.1.3 主链极性

在一系列具有相同主链结构的聚合物中，玻璃化转变温度会随着侧链上连续—CH_2—或—CH_3 数目的增加而明显降低，如图 10.2 所示。很明显，玻璃化转变温度随着主链极性的增加而增加，人们假设主链极性增加会造成主链运动性能的降低，主链运动性能的降低是由于分子间作用力增加。特别是，人们表明聚氯代丙烯酸酯较高的玻璃化转变温度是氯原子的存在导致共价键力增加的结果。

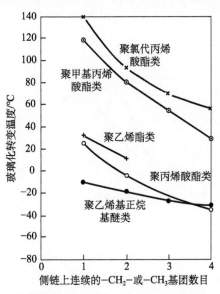

图 10.2 五种不同系列聚合物的极性对于玻璃化转变温度的影响（Reproduced from Vincent, P. I. (1965) The Physics of Plastics (ed. P. D. Ritchie), Iliffe, London. Copyright (1965) Plastics Institute）

10.2.2　分子量与交联的影响

主链长度不影响玻璃态下聚合物的动态力学性能，玻璃态下分子运动是受限的，但是玻璃化转变温度在很低的分子量下会降低，这是由于链末端比例增加会导致自由体积变大[14]。

如前面已经讨论的，见 7.1.1 节，分子量对玻璃化转变温度的范围影响很大，在玻璃化转变区内，由于较长分子链之间的缠结作用，黏性流动转变成橡胶态行为的平台区。

化学交联通过将邻近分子链距离拉近而降低了自由体积，因此导致玻璃化转变温度提高，如图 10.3 所示，为经六亚甲基四胺交联后得到不同交联度的酚醛树脂。玻璃化转变区域大幅度变宽[15]，因此对于很高交联度的材料，由于主链不可能产生大范围的链段运动，所以不存在玻璃化转变行为。

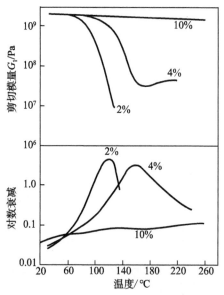

图 10.3　经六亚甲基四胺交联后得到不同交联度的酚醛树脂的剪切模量 G_1 与对数衰减随着温度变化的曲线（Reproduced from Drumm, M. F., Dodge, W. H. and Nielsen, L. E. (1956) Cross linking of a phenol-formaldehyde novolac-determination by dynamic mechanical measurements. Ind. Eng. Chem., 48, 76. Copyright (1956) American Chemical Society）

10.2.3　共混、接枝与共聚

共混与接枝聚合物的力学性能主要取决于两种共聚物材料的相容性。对于完全相容的聚合物，混合物性能与相同组分的无规共聚物性能类似，如图 10.4 所示，图中对比了聚醋酸乙烯酯与聚甲基丙烯酸酯 50：50 的混合物与相同比例的共聚物性能[15]。能够看出阻尼峰出现在 30℃，等于二者的平均值，聚甲基丙烯酸酯均聚物为 15℃，而聚醋酸乙烯酯均聚物为 45℃。

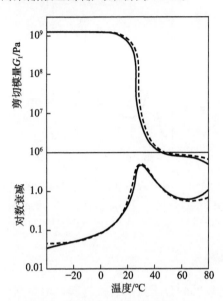

图 10.4　剪切模量 G_1 与对数衰减随着温度变化的曲线；（- - -）可以相容的聚醋酸乙烯酯与聚甲基丙烯酸酯混合物，（——）醋酸乙烯酯与甲基丙烯酸酯共聚物（Reproduced from Nielsen, L. E. (1962) Mechanical Properties of Polymers, Van Nostrand-Reinhold, New York. Copyright (1962) Taylor and Francis）

　　共聚物玻璃化转变温度的理论解释基于假设玻璃化转变发生时自由体积分数是恒定的。Gordon 与 Taylor[16] 假设在一理想的共聚物中，两组分各自的体积比容是恒定的，等于各自均聚物的体积比容。人们假设橡胶态与玻璃态下两组分的体积比容-温度系数无论在均聚物还是共聚物中都是保持恒定的，且与温度无关。因此，共聚物的玻璃化转变温度 T_g 可以通过下式进行计算[17]：

$$\frac{1}{T_g}=\frac{1}{w_1+Bw_2}\left[\frac{w_1}{T_{g1}}+\frac{Bw_2}{T_{g2}}\right]$$

这里 w_1 与 w_2 为两种单体的质量分数，其均聚物的玻璃化转变温度分别为 T_{g1}，T_{g2}，B 为一接近 1 的常数。

　　如果混合物中的两种聚合物不相容，它们以分离相形式存在，那么会存在两个玻璃化转变温度峰，如图 10.5 所示，为聚苯乙烯和苯乙烯-丁二烯橡胶的混合物[15]。两个损耗峰的位置分别与纯聚苯乙烯与纯苯乙烯-丁二烯橡胶的位置十分接近。

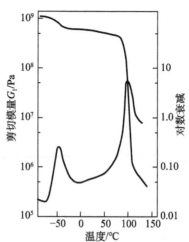

图 10.5　聚苯乙烯和苯乙烯-丁二烯橡胶的不相容混合物剪切模量 G_1 与对数衰减随着温度
的变化曲线 (Reproduced from Nielsen, L. E. (1962) Me-chanical Properties of Polymers,
Van Nostrand-Reinhold, New York. Copyright (1962) Taylor and Francis)

10.2.4　增塑剂的作用

增塑剂是具有相对较低的分子量的有机材料，增塑剂的添加能够使刚性聚合
物软化。增塑剂必须能够溶于聚合物，通常在高温下能够完全溶于聚合物中。如
图 10.6 为聚氯乙烯（PVC）经不同浓度的二（2-乙基己基）邻苯二甲酸酯增塑

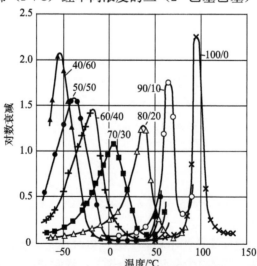

图 10.6　经不同浓度的二（2-乙基己基）邻苯二甲酸酯增塑后的 PVC 的对数衰减随温度变化的
曲线 (Reproduced from Wolf, K. (1951) Beziehungen zwischen mechanischem und elektrischem
Verhalten von Hochpolymeren. Kunststoffe, 41, 89. Copyright (1951))

后由玻璃化转变引起的损耗峰变化情况[18]。在此聚合物中，增塑剂具有重要的商业价值：刚性 PVC 可以用于替代窗框材料，而增塑的 PVC 可以用于制作柔性板材和价格便宜的鞋类材料。

增塑剂会导致分子构象发生改变，因此能够降低玻璃化转变温度。增塑剂也会导致损耗峰变宽，变宽的程度依赖于聚合物与增塑剂之间的相互作用性质。当增塑剂在聚合物中溶解度有限或趋于发生聚集时，会产生一个宽的衰减峰。对于增塑的 PVC，增塑剂充当了一种很差的溶剂，导致衰减峰宽度变宽，如图 10.7 所示[15]。邻苯二甲酸二乙酯（DEP）溶解性相对较好，邻苯二甲酸二丁酯（DBP）溶解性居中，而邻苯二甲酸二辛酯（DOP）溶解性很差。

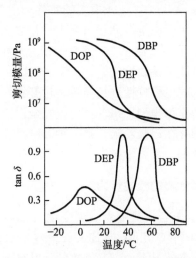

图 10.7 经 DEP、DBP 以及 DOP 增塑的 PVC 剪切模量与损耗因子 tanδ 随温度变化的曲线
(Reproduced from Neilsen, L. E. Buchdahl, R. and Levreault, R., (1950) Mechanical and electrical properties of plasticised vinyl chloride compositions. J. Appl. Phys., 21, 607. Copyright (1950) American Institute of Physics)

10.3　结晶聚合物的松弛转变

10.3.1　概述

相对于完全无定形聚合物，半结晶聚合物刚度随温度变化的敏感性较差，但是即使如此，对于给定材料在有效的使用范围内，刚度也会产生一个数量级的变化。另外，取向结晶聚合物可能在拉伸和剪切变形过程中表现出相反的刚度变化，而松弛强度也具有角度依赖性。

某些聚合物，特别是低密度聚乙烯（LDPE），表现出清晰的 α，β 与 γ 转变过程。高温 α 转变一般与结晶材料的含量有关，β 转变与变宽的玻璃态-橡胶态松弛过程有关，γ 转变至少部分与无定形相相关。其他材料——以 PET 为例进行简单讨论——只表现出两个松弛过程。在这些聚合物例子中，这三种松弛行为都比较明显，但是 α 松弛与 β 松弛过程类似。

在本书早期的版本中，可以看到结晶聚合物中黏弹性松弛行为的解释处于推测阶段，但是作为有效假设，人们假设相位角的正切（tanδ）或者其等同参数对数衰减（Λ）能够合理度量松弛强度。Boyd 在两篇重要的综述性文章中[19,20]阐明实际情况更加复杂。例如，松弛强度随着结晶度的表观变化趋势取决于选择哪个参数来记录松弛行为；例如，选择 tanδ 或模量的实部（同相变化）和虚部（不同相变化）（分别对应 G_1 与 G_2），或柔度的实部和虚部（J_1，J_2），数据的解释取决于复合材料模型，用于确定结晶相与无定形相之间的相互作用。但是，事实上 $tanδ_{max}$（但是不一定是 G''_{max} 或 J''_{max}）通常被认为与相态原点直接相关，虽然它与结晶度的关系曲线可能不是线性的。

我们将从对试验数据的主要特性进行简单讨论开始，然后考虑对这些特性进行解释。选择三种聚合物作为模型：PET，可以完全以无定形态的形式存在，也可以作为部分结晶聚合物存在；聚乙烯，是一种高结晶度聚合物；还有一种液晶聚合物，一种热致性共聚酯，其力学各向异性在 7.5.4 节中已经进行了讨论。

10.3.2　低结晶度聚合物的松弛行为

结晶度不同的 PET 的复合模量随着温度变化，Takayanagi[21]在 138Hz 拉伸模式下进行了研究（图 10.8），Illers 与 Breuer[22]在 ~1Hz 剪切模式下也进行了相关研究。在最低的结晶度情况下，α 转变过程会引起刚度突然大幅下降，这是无定形聚合物的典型特征。随着结晶度增加，由于刚度的变化幅度大大变小了，α 转变峰变宽。这一行为与复合材料的行为是一致的，对于复合材料只有一相软化，α 转变峰变宽是由于无定形相的长程链段运动受到了剩余结晶相的限制。Illers 与 Breuer 的研究结果表明，损耗模量（G_2）最大值对应的温度随着结晶度增加至 30％前会逐渐增大，随着结晶度继续增大，会稍有降低。小角 X 射线散射研究结果表明高结晶度样品比低结晶度样品不仅具有更厚的结晶层而且具有更厚的无定形层[23]。无定形层厚度变大将会减少由晶体表面造成的限制。

与 α 松弛过程相反，亚玻璃化 β 转变过程对应的峰形状与位置对结晶度变化不敏感。介电性能研究[24]得到了相同的结论。因此这一过程与局部分子运动相对应，与玻璃态-橡胶态转变 α 松弛过程中的长程链段运动受限行为相反。

Boyd[20]用结晶相与无定形相形成的复合材料模型分析了 PET 的动态力学行为。根据 Illers 与 Breuer 测试得到的剪切模量结果得到 α 与 β 松弛过程的松弛强度，结果显示松弛强度与结晶度相关，表明这两个松弛过程都与无定形区有关。

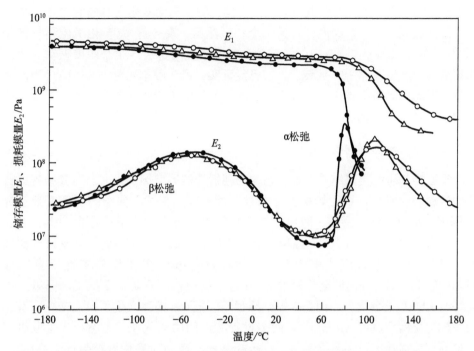

图 10.8　不同结晶度的 PET 样品，138Hz 测试条件下，储存模量 E_1 与损耗模量 E_2 随着温度变化的曲线（结晶度：●5%；△34%；○50%）(Reproduced from Takayanagi, M. (1964) Viscoelastic properties of crystalline polymers. Memoirs of the Faculty of Engineering Kyushu Univ., 23, 1. Copyright (1964))

对于 β 松弛过程，无定形相无论是在松弛状态还是非松弛状态，其剪切模量都位于上限（Voigt 估算值）与下限（Reuss 估算值）之间。但是，α 松弛过程似乎与下限值较为吻合。

　　虽然 Boyd 的现象学方法深入研究了动态力学行为，但是并不能明确给出松弛过程的分子学机理。在最近的文章中，Ward 与他的同事[8,9]的研究表明将动态力学、核磁共振（NMR）以及介电性能测试进行结合是明确分子学机理的必要方法，在这方面 NMR 图谱可能是最有利的方法。NMR 方法的主要优势是能够得到分子中不同链段的运动行为。用 NMR 方法研究 PET 的分子松弛行为已经有过数次报道。用选择性氘代试剂来区分 PET 上脂肪族基团和芳香族基团的分子运动情况，English[25]的研究表明在玻璃化转变温度时乙二醇单元表现出明显的运动行为，这种运动是由这些单元独特的顺式-邻位交叉运动造成的（图 1.7）。值得强调的是乙二醇单元对于 β 松弛过程没有任何贡献。这一研究结果与早前 Ward 对选择性氘代 PET 的 NMR 研究结果是一致的[26]，NMR 结果表明 PET 的 α 松弛明显同时包含脂肪族与芳香族部分链段的运动。

　　Maxwell 等[9]进行的介电与动态力学性能测试表明 β 松弛峰同时包含两个不同的松弛过程，一个在高温区，另一个在低温区。高分辨 C-13 化学位移与氘代 NMR 试验表明苯环与羰基在低于玻璃化转变温度时都会产生小角度振动，而且苯环基团会产生快速 180°翻转。人们已经证实，乙二醇单元对于 β 松弛过程没有贡献，因此可以得出结论：高温区域内的松弛是由于苯环的 180°翻转，低温区域内的松弛是由于羰基运动，羰基的活化能和活化熵都明显较低（见 7.3 节）。

10.3.3　聚乙烯的松弛过程

　　聚乙烯是研究更高结晶度聚合物的松弛行为的典型例子。人们对其结构进行了细致深入的研究，聚乙烯材料有两种不同的存在形式。典型的低密度聚乙烯（LDPE）每 100 个碳原子一般包含三个短侧链，每个大分子还包含一更长的支链。高密度聚乙烯（HDPE）结构上更接近纯的（CH_2）$_n$ 聚合物，且支链的比例通常是每 1000 个碳原子小于 5 个。两种材料 tanδ 的温度依赖性示意图如图 10.9。LDPE 表现出明显分开的 α，β 与 γ 损耗峰。而对于 HDPE，低温 γ 损耗峰与 LDPE 十分类似，但是 β 松弛峰很不明显，α 松弛产生了很大变化，看起来至少包含两个过程（α 与 α'），两个过程有不同的活化能。高温行为也取决于测量的量为损耗模量还是损耗角。曾经有学者质疑 HDPE 中 β 松弛行为的存在，但是人们选取了大量结构特征位于图 10.9 中的两种极端聚合物之间的聚合物进行研究，证实了 β 松弛过程的存在。

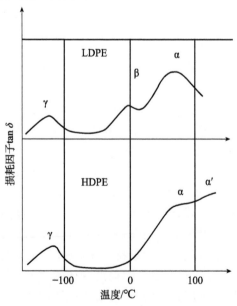

图 10.9　LDPE 与 HDPE 的 α，α'，β 与 γ 松弛过程示意图

　　这样可以得到结论：对于任何形式的聚乙烯都会发生 α，β 与 γ 松弛行为。分析过程的第一步是确定某一特定的松弛过程与结晶组分、非晶组分还是两相结构的相互作用有关。第二步是推导一种能够概括所有松弛过程的处理方法；最后必须进行松弛过程的分子机理模拟。

　　有两篇综述性文章阐述了这样的问题，Boyd[19,20] 给出了关于聚乙烯中 α、β 与 γ 松弛起源的两个主要结论的证据。首先，三种松弛行为的力学强度与无定形相的百分含量有关。其次，力学与介电性能测试结果表明 α 松弛峰位置取决于结晶片晶的厚度。这些结论可能看上去与 α 松弛行为冲突，但是 Ward 与他的同事们[27,28] 在最近的研究成果中回答了这一问题，并阐明了 LDPE 与 HDPE 松弛行为的关系，以及二者的分子学机理是否一致。同时需要开展两项试验来回答这一问题：对经特殊加工方法获得的取向聚合物进行动态力学行为测试；在很宽的频率范围内进行测试以便确定这些转变过程的活化能，如 7.3 节中讨论的结果。

　　LDPE 薄片力学各向异性的主要研究成果已经在 9.5.3 节中进行了讨论。取向与退火薄片可以被看成固体复合材料，在这一模型中，β 松弛过程是层间剪切过程，与 Boyd 关于无定形相转变过程的研究是一致的。图 10.10 是冷拉与退火 HDPE 的研究结果，未出现 β 松弛峰[29]。在这样的薄片中，结晶片晶与初始拉伸方向约成 40° 锐角[30]。那么沿着初始拉伸方向施加应力将会得到平行于片晶平面的最大分解切应力。从图 10.10 中可以看出，损耗值最大的是 $\tan\delta_0$，进一步确认了从宏观力学角度分析，HDPE 中的 α 松弛行为主要是层间剪切过程。

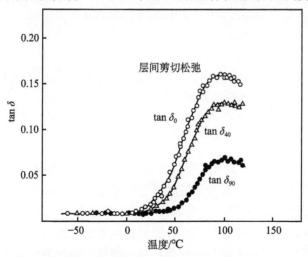

图 10.10　对于冷拉和退火 HDPE 薄片 50Hz 情况下不同方向内 tanδ 的温度依赖性
(Reproduced from Stachurski, Z. H. and Ward, I. M. (1969) Mechanical relaxations in polyethylene. J. Macromol. Sci. Phys. B, 3, 445. Copyright (1969) Taylor and Francis)

　　如果对 Stachurski 与 Ward[31] 的研究结果进行对比，情况会变得更加复杂，如图 10.11 为二者关于冷拉 (a) 与冷拉-退火 (b) LDPE 薄片的研究结果。对于冷拉薄片，在 0℃区域内，损耗最大值出现在与拉伸方向成 45°角方向，且只出现了一个损耗过程，表明松弛过程引起了各向异性行为，松弛过程是由平行于拉伸方向在包含拉伸方向的平面内的剪切作用引起的。这种材料没有表现出明显的片晶织构，因此将这一过程与 α 松弛过程相关联是合理的。在冷拉-退火薄片中，这一转变温度变成 70℃。这些结果，结合对特别取向薄片材料的测试结果，表明结晶区的拉伸取向或 c 轴取向是主要控制因素。因为松弛行为是由在包含 c 轴的平面内在 c 轴方向上的剪切作用造成的，被定义为 "c-剪切松弛"。退火 LDPE 薄片在 0℃以下也表现出 β 松弛过程，对应于层间剪切造成的各向异性行为，如 8.4.3 节中讨论的。

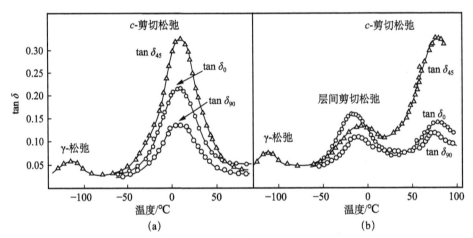

图 10.11　冷拉 (a) 与冷拉-退火 (b) LDPE 薄片在三个方向内 tanδ 的温度依赖性，测试
频率约为 500Hz (Reproduced from Stachurski, Z. H. and Ward, I. M. (1968) β
relaxations in polyethylenes and their anisotropy. J. Polym. Sci. A2, 6, 1817.
Copyright (1968) Taylor and Francis)

　　对于冷拉-退火 LDPE 薄片，将 α 松弛过程看作是 c-剪切松弛而将 β 松弛过程看作层间剪切的处理方法已经通过测试介电松弛行为的各向异性进行了很好的确认[32]。纯聚乙烯并不表现出介电响应，因此试验前要先通过氧化对样品进行少量偶极子修饰，由于氧化程度很小，因此整体松弛行为不会受到明显影响。介电松弛数据表现出明显的各向异性行为，与 c-剪切松弛行为的现象是一致的。但是 β 松弛未表现出各向异性行为，确认了力学各向异性行为与片晶织构有关而与分子水平上的各向异性无关。

　　人们依然存在明显疑惑，HDPE 的 α 松弛行为与层间剪切作用有关，而在

LDPE 中，是 *c*-剪切松弛行为。但是，Matthews 等[28]最近对这两种材料的活化能测试结果（表 10.4）表明[28]，两种聚合物的 α 松弛活化能均相对较低，这与分子水平上的 *c*-剪切松弛机理是一致的，也就是说 HDPE 与 LDPE 的 α 松弛行为具有类似的分子机理。因此，在 HDPE 力学 α 松弛过程中，层间剪切需要穿过片晶的分子链（*c*-剪切作用）与片晶表面的分子链产生耦合运动。相反，对于 LDPE，*c* 剪切和层间剪切是两个完全不同的力学松弛行为，层间剪切具有更高的活化能，类似于玻璃化转变。

表 10.4　对于 HDPE 与 LDPE α 与 β 松弛的活化能数据

样品名	β 松弛活化能/（kJ·mol⁻¹）	α 松弛活化能/（kJ·mol⁻¹）
各向同性 LDPE	430	120
取向 LDPE	500	110
各向同性 HDPE	无	120
取向 HDPE	无	80～90

Mansfield 与 Boyd[33]提出介电 α 松弛过程可以用长度约为 12 个—CH_2 的链段的扭转运动来表示。这种运动，每次只能使这些短扭曲错配区穿过单个结晶碳原子，与活化能对晶体厚度的依赖性是一致的，如图 10.12 所示。

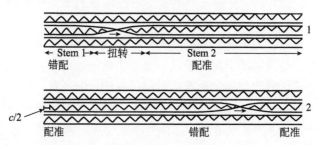

图 10.12　沿着链的局部光滑扭转扩展示意图。当扭转刚开始时（1）在扭转点后面引起平移错配。随着扭转扩展（2），在离扭曲点很远的地方，错配减弱，这是由分子主链上共价键键角和键长的弹性变形引起的（Reproduced with Mansfield, M. and Boyd, R. H. (1978) Molecular motions, the alpha-relaxation and chain transport in polyethylene crystals, J. Polymer Sci., Phys Ed., 16, 1227. Copyright (1978) John Wiley & Sons, Ltd)

在力学形式下，结晶过程的平移分量会导致晶体表面重组，因此会改变无定形分子链与晶体表面的连接形式。典型的例子如图 10.13 所示，图中修饰偶极子的平移运动（如图中横向箭头所示）会使图（a）中的紧密连接链伸长，因此会使无定形组分产生进一步变形。

部分结晶聚合物中的 β 松弛峰相对于完全无定形聚合物的 β 松弛峰宽度更大，是由于结晶相对于无定形相的固定作用。Boyd 强调最短松弛时间可能对应很松的折叠链和相对不能伸长的连接链的运动；相反，紧密折叠链不能产生松

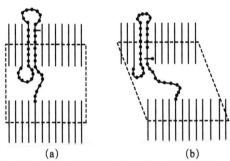

(a)　　　　　　　　　　(b)

图 10.13　晶体中的平移运动导致无定形组分的进一步松弛行为示意图。示意图中可以看出 (a) 图中的界面重排导致两个环变短，因此导致 (b) 图中紧密连接链的伸长，这样使无定形组分产生进一步变形，也表现出结晶体中修饰偶极子进行的一系列平移、旋转运动。一次这样的运动就足以产生介电运动 (Reproduced from Boyd，R. H. (1985) Relaxation processes in crystalline polymers-molecular interpretation-a review. Polymer，26，1123. Copyright (1985) Elsevier Ltd)

弛。LDPE 相对于 HDPE 具有更加明显的 β 松弛现象主要体现在 LDPE 的 β 松弛模量值更低，β 松弛模量值将增加 β 松弛峰的相对强度而降低 α 松弛峰的强度。在分子学基础上，LDPE 支化链会产生更加松弛排布的无定形组分，松弛模量接近更低的橡胶模量水平。

　　由于 γ 松弛发生在玻璃化转变温度以下，因此 γ 松弛主要是由简单的构象运动引起的，构象运动从本质上讲属于近程运动。近程运动不会对正在发生转变的分子键附近的分子主链产生很大影响；运动过程活化能不高，松弛过程产生的扫出体积也较小。根据 Willbourn[34] 的研究结果，在很多无定形和半结晶聚合物中 γ 松弛可以归因于主链的受限运动，这种受限运动至少涉及四个连续的—CH_2 基团，Schatzki[35] 与 Boyer[36] 都表明亚玻璃态松弛可以被模拟成所谓的 "曲轴" 机理，如图 10.14 所示。Schatzki 的五键机理指的是分子绕着键 1 和键 7 同时转动，因此中间的碳-碳键会产生曲轴运动。Boyer 的模型[19] 中间只包含三个碳-碳键，

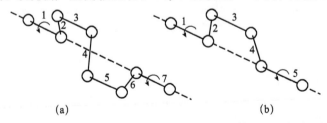

(a)　　　　　　　　　　(b)

图 10.14　Schatzki (a) 与 Boyer (b) 的 "曲轴" 机理示意图 (Reproduced from McCrum, N. G.，Read，B. E. and Williams，G. (1967) Anelastic and Dielectric Effects in Polymeric Solids，John Wiley & Sons，London. Copyright (1991) Dover Publications)

其机理是处于金刚石点阵上的四个连接分子能够实现的最简单的运动使相邻的主链碳-碳键处于合适的位置上。五键模型的内能不大，但是在玻璃态基体中产生运动的情况下，扫出体积会较大。对于三键转动模型，能够得到双能垒系统，且能量最小值不大不小，这两个能垒中的任何一个产生的运动均需要较大的自由体积，因此会受到基体的阻碍。虽然模型具有上述缺点，但是"曲轴"机理在聚乙烯中已经被证实与 γ 松弛有关。

　　Boyd[19]讨论了以三键机理为基础的一种运动形式，可以合理解释形状改变，而不会遇到自由体积引起的问题。讨论的是在一条其他全反式分子链上存在另一种构象序列 GTG′（G，G′代表邻近结构产生的扭曲变形）。从图 10.15 中可以看出这个变形过程，称为结节[37]，在平面锯齿状分子结构中取代部分反式结构，但是仍使主链结构保持相互平行。变换邻位交叉构象键可以得到

$$\cdots TTGTG'TT\cdots \longrightarrow \cdots TTG'TGTT\cdots$$

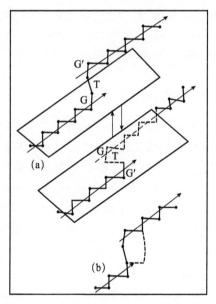

图 10.15　结节与结节翻转。（a）构象序列 ⋯TTTGTG′TTT⋯ 具有两条平行的偏置平面锯齿状分子主链（如箭头所示），两条分子轴分别位于 GTG′ 的两侧。TGTG′T→ TG′TGT 的转变（这里称为结节翻转）会导致结节沿着位移主轴产生镜像构象。（b）在结节位置产生三键曲轴运动（如虚线所示）。运动会使结节沿着链往前运动两个 CH₂ 单元（Reproduced from Boyd, R. H. (1985) Relaxation processes in crystalline polymers—molecular interpretation—a review. Polymer, 26, 1123. Copyright (1985) Elsevier Ltd）

　　将此结节转换成自身的镜像构象，如图 10.16 所示的结节转变过程，只需要很小的扫出体积，不需要太大的活化能。主链位移会导致局部形变，会作为剪切

应变沿着样品扩展。因此，结节翻转过程有可能是解释 γ 松弛的分子学模型基础，但是必须强调的是，没有直接的证据能够说明这一模型能够合理地模拟聚乙烯的转变行为。

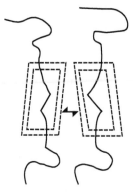

图 10.16　由主轴位移引起的应变场，主轴位移伴随着结节翻转（Reproduced from Boyd，R. H. (1985) Relaxation processes in crystalline polymers—molecular interpretation—a review. Polymer，26，1123. Copyright (1985) Elsevier Ltd)

10.3.4　液晶聚合物中的松弛过程

　　从结构的观点出发，液晶聚合物形成了另外一类聚合物。液晶聚合物可以从液晶聚合物溶液中制备（称为溶致液晶），也可以从液晶聚合物熔体中制备（称为热致液晶）。本节将讨论热致液晶聚合物，化学结构最简单的是那些由 Calundann[38]制备的液晶聚合物，为羟基苯甲酸（HBA）与羟基萘甲酸（HNA）的无规共聚物，如图 10.17。HBA 与 HNA 单元沿着主链无规排列，阻止了三维有序晶体结构的形成（虽然也有争论称会存在一定程度的三维有序区域[39]）。分子链有序排列可以通过熔融纺丝实现。这样能够得到取向的液晶结构（被称之为中间相），在这种结构中，分子链在轴向有序排列，经紧密堆积形成六方晶格或斜方晶格结构，而在这些分子链内部，沿着轴线方向没有任何规整性。

　　Yoon 与 Jaffe[40]，Blundell 与 Buckingham[41]以及 Ward 与他的同事们[42]均对这些取向 HBA/HNA 共聚物的动态力学性能进行了研究。对比只包含 HBA 与 HNA 两种单体的不同结构共聚物和同时含有对苯二酸（TA）、二羟基萘（DHN）与苯酚（BP）这三种单体中的两种形成的共聚物，是十分有意义的[43]。这四种共聚物的结构如表 10.5 所示。最有意义的是对比剪切模式下的动态力学损耗因子（图 10.18）与介电损耗数据（图 10.19）。从图中可以看出，存在三个松弛阶段，分别为 α，β，γ。由于这些聚合物本质上是单相结构，因此，用分子松弛过程的方法深入理解这些松弛过程是可行的。在 CO 30/70 聚合物中 β 松弛

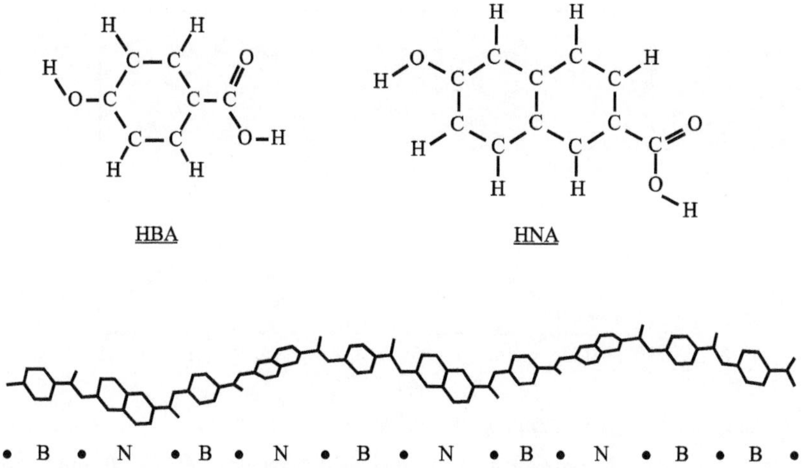

图 10.17 HBA 与 HNA 单体分子结构以及无规共聚链的投影结构图（Reproduced
from Davies, G. R. and Ward, I. M. (1988) High Modulus Polymers (eds A. E.
Zachariades and R. S. Porter), Marcel Dekker, New York, pp. 37 - 69.
Copyright (1988) Taylor and Francis)

峰强度相对较高是由于这时对应萘基的运动行为，CO 30/70 聚合物中萘基浓度
最高。通过与 CO 2,6 共聚物进行对比（在 CO 2,6 共聚物中萘基通过氧原子与
主链连接），可以明显看出松弛行为与萘基连在羰基还是醚氧基上无关。对于介
电松弛行为，则表现出不同的结果，图 10.19 表明 CO 2,6 共聚物没有表现出 β
松弛行为，在此共聚物中，羰基没有与苯环相连。

表 10.5 不同热致性液晶聚合物的化学组分

共聚物	组分/%（摩尔比）				
	HBA	HNA	TA	DHN	BP
CO 73/27	73	27			
CO 30/70	30	70			
CO 2,6	60		20	20	
COTBP	60	5	17.5		17.5

注：HBA：4-羟基苯甲酸；HNA：2-羟基 6-萘甲酸；TA：对苯二酸；DHN：2, 6-二羟基萘；
BP：4, 4'-对羟基联苯。

　　γ 松弛对应亚苯基基团的运动，这一点通过对比 CO 73/27 与 CO 30/70 共聚
物的介电松弛行为可以得到显著体现。这些结果表明羰基连接在芳香环基团上，
且存在强烈的耦合作用。因此在这种情况下，力学行为与介电松弛行为之间存在
直接联系。

　　进一步的信息通过在不同频率下测量这些松弛行为的活化能来获得。如
图 10.20 与表 10.6，测试频率范围为 $10^{-2} \sim 10^4$ Hz，结合动态力学与介电性能测试，

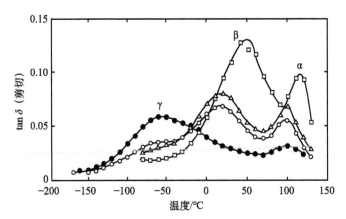

图 10.18　动态力学损耗因子（剪切），CO 30/70 (□)，CO 73/27 (△)，CO 2，6 (○) 和 COTBP (●) (Reproduced from Green，D. I.，Ahaj-Mohammed，M. H.，Abdul Jawad，S.，Davies，G. R. and Ward，I. M. (1990) Mechanical and dielectric relaxations in liquid crystalline copolyesters. Polym. Adv. Tech.，1，41. Copyright (1990) John Wiley & Sons，Ltd)

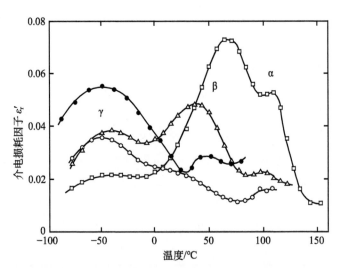

图 10.19　介电损耗曲线图，CO 73/27 (△)，CO 30/70 (□)，CO 2，6 (○) 和 COTBP (●) (Reproduced from Ward，I. M. (1993) Relaxation processes in oriented liquid crystalline polymers. Macromol. Chem. Macromol. Symp.，69，75. Copyright (1993) Hüthig & Wepf Verlag)

β 松弛行为的屈服活化能约为 $120 kJ \cdot mol^{-1}$，γ 松弛活化能大小类似，但是 α 松弛行为的活化能更高。这与将 α 松弛行为认定为玻璃化转变而其他松弛行为为局部变化过程是一致的。这些结论也通过 NMR 研究进行了进一步确认，包括

Ward 与他的同事们对氘代聚合物进行了测试[44]。

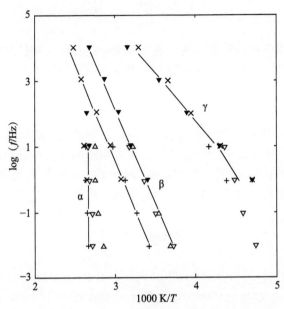

图 10.20　损耗最大值的位置分布图。取向聚合物的力学 tanδ 值：CO 73/27 U（△）；
CO 73/27 A（▽）；CO 30/70 A（＋）；各向同性聚合物样品的介电常数 ε″：CO 73/27（▼）；
CO 30/70（×）．（Re-produced from Troughton, M. J., Davies, G. R. and Ward, I. M.
(1989) Dynamic mechanical properties of random copolyesters of 4-hydroxybenzoic acid and
2-hydroxy-6-naphthoic acid. Polymer, 30, 58. Copyright (1989)
Elsevier Ltd）

表 10.6　通过力学与介电性能数据计算得到的活化能

样品	方法	活化能/（kJ·mol⁻¹）		
（U：未退火；A：退火）		α	β	γ
CO 73/27 U	拉伸 tan δ	460	130	
CO 73/27 A	拉伸 tan δ	880	110	160
CO 30/70 A	拉伸 tan δ	1600	130	
各向同性 CO 73/27 与 CO 30/70	介电常数 ε″	～700	100	50

针对这些热致液晶聚合物的松弛行为可以得出以下几个结论，这些结论都具
有广泛的意义。第一，松弛行为与分子结构之间存在很明确的相互关系。第二，
随着温度升高，拉伸与剪切模量大幅下降。模量下降会使分子链运动性更好以便
于熔融加工，不同于刚性链溶致液晶聚合物的溶液加工。最后，值得注意的是剪
切模量比较低（≈1GPa），导致压缩强度较低[45]。

10.4　结　论

从上面的阐述中可以看出，对于能够改变非结晶聚合物松弛行为的因素有几种理解。对于半结晶聚合物，通常将每一类松弛行为归因于结晶组分或者非晶组分，或结晶组分对取向度不高的聚合物链的运动限制作用。对于聚乙烯，在揭示复杂松弛过程方面已经取得了很大进步，虽然还不清楚是否由于两种或更多种机理同时作用，但是主要机理是取决于结构特征，如支化点的密度。对于其他聚合物松弛机理的研究也取得了一些进展，由于篇幅限制这里不进行详细介绍。相对于聚乙烯，这些材料的结构信息比较少，因此无法对松弛行为完全理解与覆盖。但是，这些研究聚乙烯松弛行为的方法对于指导将来的研究具有重要意义。

参 考 文 献

[1] Deutsch, K., Hoff, E. A. and Reddish, W. (1954) Relation between the structure of polymers and their dynamic mechanical and electrical properties. 1. Some alpha-substituted acrylic. J. Polym. Sci., 13, 565.

[2] Powles, J. G., Hunt, B. I. and Sandiford, D. J. H. (1964) Proton spin lattice relaxation and mechanical loss in a series of acrylic polymers. Polymer, 5, 505.

[3] Sinnott, K. M. (1960) Nuclear magnetic resonance and molecular motion in polymethyl acrylate, polymethyl methacrylate and polyethyl methacrylate. J. Polym. Sci., 42, 3.

[4] Heijboer, J. (1965) Physics of Non-Crystalline Solids, North-Holland, Amsterdam, p. 231.

[5] McCrum, N. G., Read, B. E. and Williams, G. (1967) Anelastic and Dielectric Effects in Polymeric Solids, John Wiley & Sons, London.

[6] Roberts, G. E. and White, E. F. T. (1973) The Physics of Glassy Polymers, Applied Science Publishers Ltd, London, p. 212.

[7] Monnerie, L., Lauprêtre, F. O. and Halary, J. L. (2005) Investigation of solid-state transitions in linear and crosslinked amorphous polymers. Adv. Polym. Sci., 187, 35 - 213; (2011) Polymer Materials: Macroscopic Properties and Molecular Interpretations, John Wiley & Sons, Hoboken, New Jersey.

[8] Maxwell, A. S., Ward, I. M., Lauprêtre, F. et al. (1998) Secondary relaxation processes in polyethylene terephthalate-additive blends: 1. N. m. r. investigation. Polymer, 39, 6835 - 6849.

[9] Maxwell, A. S., Monnerie, L. and Ward, I. M. (1998) Secondary relaxation processes in polyethylene terephthalate-additive blends: 2. Dynamic mechanical and dielectric investigations. Polymer, 39, 6851.

[10] Aoki, Y. and Brittain, J. O. (1977) Isothermal and nonisothermal dielectric relaxation

studies on polycarbonate. J. Polym. Sci. Polym. Phys. , 14, 1297.

[11] Katana, G. , Kremer, F. , Fischer, E. W. et al. (1993) Broad-band dielectric study on binary blends of bisphenol-a and tetramethylbisphenol-a polycarbonate. Macromolecules, 26, 3075 – 3080.

[12] Walton, J. H. , Lizak, M. J. , Conradi, M. S. et al. (1990) Hydrostatic pressure dependence of molecular motions in polycarbonates. Macromolecules, 23, 416 – 422.

[13] Vincent, P. I. (1965) The Physics of Plastics (ed. P. D. Ritchie), Iliffe, London.

[14] Fox, T. G. and Flory, P. J. (1950) 2nd-order transition temperatures and related properties of polystyrene. 1. Influence of molecular weight. J. Appl. Phys. , 21, 581; (1954) The glass temperature and related properties of polystyrene-influence of molecular weight. J. Polym. Sci. , 14, 315.

[15] Nielsen, L. E. (1962) Mechanical Properties of Polymers, Van Nostrand-Reinhold, New York.

[16] Gordon, M. and Taylor, J. S. (1952) Ideal copolymers and the 2nd-order transitions of synthetic rubbers. 1. Non-crystalline copolymers. J. Appl. Chem. , 2, 493.

[17] Mandelkern, L. , Martin, G. M. and Quinn, F. A. (1957) Glassy state transitions of poly- (chlorotrifluoroethylene), poly- (vinylidene fluoride), and their copolymers. J. Res. Natl. Bur. Stand. , 58, 137; Fox, T. G. and Loshaek, S. (1955) Influence of molecular weight and degree of crosslinking on the specific volume and glass temperature of polymers. J. Polym. Sci. , 15, 371.

[18] Wolf, K. (1951) Beziehungen zwischen mechanischem und elektrischem Verhalten von Hochpolymeren. Kunststoffe, 41, 89.

[19] Boyd, R. H. (1985) Relaxation processes in crystalline polymers-molecular interpretation-areview. Polymer, 26, 1123.

[20] Boyd, R. H. (1985) Relaxation processes in crystalline polymers-experimental behaviour-a review. Polymer, 26, 323.

[21] Takayanagi, M. (1963) Viscoelastic properties of crystalline polymers. Mem. Fac. Eng, Kyushu Univ. , 23, 1.

[22] Illers, K. H. and Breuer, H. (1963) Molecular motions in polyethylene terephthalate. J. Colloid. Sci. , 18, 1.

[23] Kilian, H. G. , Halboth, H. and Jenckel, E. (1960) X-ray photographic examination of the melting and crystallization behavior of poly (ethylene terephthalate) (PET) . Kolloid Z. , 176, 166.

[24] Coburn, J. C. (1984) PhD Dissertation. University of Utah.

[25] English, A. D. (1984) Macromolecular dynamics in solid poly (ethylene-terephthalate) -H-1 and C-13 solid-state NMR. Macromolecules, 17, 2182.

[26] Ward, I. M. (1960) Nuclear magnetic resonance studies of polyethylene terephthalate and related polyesters. Trans. Faraday Soc. , 56, 648.

[27] Matthews, R. G. , Ward, I. M. and Capaccio, G. (1999) Structural heterogeneity and dynamic mechanical relaxations of ethylene α -olefin copolymers. J. Macromol. Sci. Phys. , 37, 51.

[28] Matthews, R. G, Unwin, A. P. , Ward, I. M. et al. (1999) A comparison of the mechanical relaxation behavior of linear low and high density polyethylenes. J. Macromol. Sci. Phys. B, 38, 123.

[29] Stachurski, Z. H. and Ward, I. M. (1969) Mechanical relaxations in polyethylene. J. Macromol. Sci. Phys. B, 3, 445.

[30] Hay, I. L. and Keller, A. (1967) A study on orientation effects in polyethylene in the light of crystalline texture. J. Mater. Sci. , 2, 538; Seto, T. and Hara, T. (1967) Rep. Prog. Polym. Phys. (Japan), 7, 63.

[31] Stachurski, Z. H. and Ward, I. M. (1968) β relaxations in polyethylenes and their anisotropy. J. Polym. Sci. A2, 6, 1817.

[32] Davies, G. R. and Ward, I. M. (1969) The anisotropy of dielectric relaxation in oxidised low density polyethylene. J. Polym. Sci. , B7, 353.

[33] Mansfield, M. and Boyd, R. H. (1978) Molecular motions, alpha-relaxation and chain transport in polyethylene crystals. J. Polym. Sci. Phys. Ed. , 16, 1227.

[34] Willbourn, A. H. (1958) The glass transition in polymers with the $(CH_2)_n$ group. Trans. Faraday Soc. , 54, 717.

[35] Schatzki, T. F. (1962) Statistical computation of distribution functions of dimensions of macromolecules. J. Polym. Sci. , 57, 337.

[36] Boyer, R. F. (1963) The relation of transition temperatures to chemical structure in high polymers. Rubber Rev. , 36, 1303.

[37] Pechhold, W. , Blasenbrey, S. and Woerner, S. (1963) Eine Niedermolekulare Modellsubstanz fur Lineares Polyathylen-Vorschlag des Kinkenmodells zur Deutung des Gamma- und Alpha-Relaxationsprozesses. Kolloid-Z, Z. Polym. , 189, 14.

[38] Calundann, G. W. , British Patent 1, 585, 511 (priority 13 May 1976, USA) (US Patent 4067 852) .

[39] Donald, A. M. and Windle, A. H. (1992) Liquid Crystalline Polymers, Cambridge University Press, Cambridge, p. 162.

[40] Yoon, H. N. and Jaffe, M. Abstract Paper, 185th Am. Chem. Soc. Natl. Meet. , Seattle, WA, ANYL-72.

[41] Blundell, D. J. and Buckingham, K. A. (1985) The b-loss process in liquid-crystal polyesters containing 2, 6-naphthyl groups. Polymer, 26, 1623.

[42] Davies, G. R. and Ward, I. M. (1988) High Modulus Polymers (eds A. E. Zachariades and R. S. Porter), Marcel Dekker, New York, pp. 37 - 69.

[43] Ward, I. M. (1993) Relaxation processes in oriented liquid crystalline polymers. Makromol. Chem. Macromol. Symp. , 69, 75.

[44] Allen, R. A. and Ward, I. M. (1991) Nuclear magnetic resonance studies of highly orien-
ted liquid crystalline co-polyesters. Polymer, 32, 202.

[45] Ward, I. M. and Coates, P. D. (2001) in Solid Phase Processing of Polymers (eds I. M.
Ward, P. D. Coates and M. M. Dumoulin), Hanser, Munich, pp. 1 - 10.

第 11 章　非线性黏弹性行为

第 5 章已经介绍了线性黏弹性行为。在第 5 章的理论中，蠕变或应力松弛行为被看成材料的本征特征。蠕变柔度方程——蠕变应变 $e(t)$ 与恒定应力 σ 之间的比值——只是时间的函数，被定义为 $J(t)$。同样有必要将应力松弛模量，应力与恒定应变之间的比值定义为 $G(t)$。任何不适用这两个条件的系统都被定义为**非线性**。因此，与线性理论相关的许多有用的简单特征，例如 Boltzmann 叠加原理就不再适用，用于预测应力或应变的理论也只是近似估算，必须通过试验验证。

非线性理论的产生主要有以下几种原因。第一，线性理论是在小应变基础上发展起来的[1]，如果将线性理论推广到大应变情况需要对应变和应力进行合理定义，实际上必须应用新的理论。典型的聚合物在实际应用时可能需要材料应变超过 10%，而对于聚合物弹性体，应变可以高达百分之几百。第二，即使在小应变下，很多聚合物也可能表现出非线性行为。行为特征可能很丰富，聚合物可能在起初是线性的，但是在多次应用后变成非线性行为。

现在还没有任何一种非线性黏弹性方法能够对这种行为进行充分描述，并对这种行为的起源进行深入的物理学理解。非线性黏弹性行为是实验主义者与理论工作者存在最大分歧的一个话题。针对非线性黏弹性行为，实验主义者进行了大量的有限次试验，通过经验将得到的数据简化成一系列与应力、应变和时间相关的公式。虽然这些公式能够将试验数据减少到一个可操作的数量，但是它们通常并不能揭示非线性行为的本质，甚至会造成一些误解。

另一方面，理论工作者尝试得到一个最能反映通用本质的本构关系，并研究怎样通过一些材料性质，如"短时"记忆、材料对称性和刚体旋转不变量来确定这种本构关系的表达式。这种方法的劣势在于在很多情况下过于通俗。实验主义者会得出结论说这种本构关系与所需解释的问题没有关系，特别是这种本构关系似乎并不能说明任何物理学本质。

由于非线性黏弹性行为不能通过一个通用的方法满足所有的需要，人们考虑在不同情况下应用不同的方法，主要方法有以下三种：

（1）工程方法。设计工程师需要能够准确预测特定条件下聚合物的力学行

---

[1]　"小应变"指的是在应变-位移公式中必须为线性关系式（见 3.1.5 节）。

为，并将初始试验量降到最低。这种情况下，用经验公式来描述其力学行为就足够了，而且经验公式不需要具备任何物理意义。

（2）流变学方法。从 20 世纪 50 年代初起，人们就尝试用各种各样的方法对非线性力学行为进行描述。有一些利用了线性理论的通用化形式，例如有的类似于 Boltzmann 积分法——就是所谓的一次积分理论。更复杂的方法是应用多次积分。有少部分理论方法至今仍然在使用。为了前后连贯，本章将对历史研究进展进行简单介绍，然后进一步介绍人们在非线性黏弹性行为研究方面建立的其他理论。

（3）分子学方法。这种方法的起点是将热活化速率过程用于模型中的黏性组分。这种方法的优势在于其与分子机理具有一致性，并与结构机理相关联。虽然相对于正式的数学方法有一些不足，但在一定程度上这些不足被其在建立非线性行为与温度依赖性方面的优势抵消了。

教科书中对于该领域的覆盖面是有限的。Lockett[1] 在他的书中用专业的数学方法进行了理论综述，Turner[2] 从实际工程领域角度介绍了截然不同的方法。Ferry 的教科书[3] 则同时从理论与实用的角度阐述了聚合物的黏弹性。Lakes[4] 在最近的研究结果中阐述了非线性的部分内容。

11.1 工程方法

11.1.1 同步应力-应变曲线

这里研究的目的是用最少的试验数据预测材料在特定使用条件下的力学行为。非线性黏弹性聚合物的力学性能概图如图 11.1。可以得到应力、应变与时间的经验关系，这些关系式可以近似拟合图 11.1 的表面部分曲线，具有很好的实用价值。这些关系可能没有物理意义，而且应用过程可能也被限制在特殊的应力或应变过程中。通常情况下，蠕变曲线需要在尽可能长的时间内覆盖全范围应力。然而，Turner[2] 已经表明，如果应力与时间依赖性可以近似分开，在得到两条蠕变曲线，并获得固定时间内（如 100s）的应力-应变曲线（所谓的同步应力-应变曲线）的情况下，中间应力下的蠕变曲线可以通过在已知的两条蠕变曲线内进行插值得到，如图 11.2 中垂直方向的并排曲线。但是，这些数据不能对非线性行为进行精确预测。例如，当施加在聚合物样品上的应变速率产生突然变化时，在应力-应变曲线上应力也会产生瞬间变化；这种情况在图 11.1 中的光滑曲线上是无法复现的。

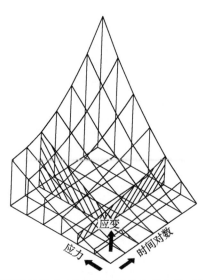

图 11.1　在蠕变条件下得到的应力-应变与时间的关系曲线（Reproduced from Turner, S.（1966）The strain response of plastics to complex stress histories. Polym. Eng. Sci., 6, 306. Copyright（1966）Society of Plastics Engineers）

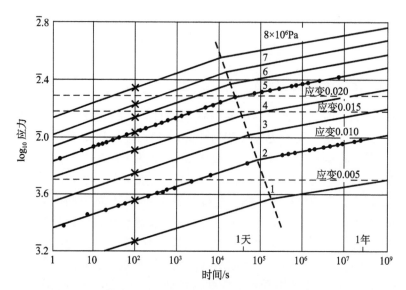

图 11.2　60℃条件下聚丙烯的拉伸蠕变曲线。应力与时间依赖性可以近似分开，因此，在中间应力下的蠕变曲线可以根据已知的两条蠕变曲线（●）与同步应力-应变关系（×），用插值的方法得到（Reproduced from Turner, S.（1966）The strain response of plastics to complex stress histories. Polym. Eng. Sci., 6, 306. Copyright（1966）Society of Plastics Engineers）

11.1.2 幂律方法

为了描述玻璃化或刚性聚合物的蠕变行为，其中涉及的蠕变应变较小，如 $\sim 5\%$，不同于弹性体变形量很大（如能够达到 $\sim 100\%$），提出了独立的应力与时间函数。

Pao 与 Marin[5,6] 沿用了最初由 Marin 与其他人[7] 提出的金属理论，在金属理论中，总蠕变应变 e 被认为由三个独立部分组成，一个是弹性应变 e_1，一个是瞬时可回复黏弹性应变 e_2 以及一个永久塑性变形应变 e_3。在恒定应力下，弹性应变通过公式 $e_1 = \sigma/E$ 进行计算，这里 E 为杨氏模量。黏弹性应变通过求瞬时蠕变的积分函数获得，瞬时蠕变是应力 σ 与瞬时蠕变应变的函数，也就是 $de_2/dt = f(e_2, \sigma)$。塑性应变通过求塑性应变率的积分函数获得，塑性应变率只是应力的函数。为了简化起见，黏弹性和塑性应变的应力函数被假设成应力的简单幂律函数，一般情况下，采用相同的幂律函数。

在一恒定应力 σ 下的总蠕变应变可以被假设成

$$e = \frac{\sigma}{E} + K\sigma^n(1 - e^{-qt}) + B\sigma^n t \tag{11.1}$$

这里 K，n，q 与 B 为材料常数。

Findley 与他的同事们[8] 尝试了将许多塑料与塑料复合材料的蠕变行为进行拟合得到与金属类似的分析关系[9]。结果发现在时间 t 的蠕变应变 e_c 可以通过以下公式进行计算：

$$e_c(t) = e_0 + m t^n$$

这里，对于给定材料 e_0 与 m 为应力的函数，n 为材料常数。进一步研究表明应力函数可以表示成

$$e_c(\sigma, t) = e_0' \sinh \frac{\sigma}{\sigma_e} + m't^n \sinh \frac{\sigma}{\sigma_m}$$

这里 m'，σ_e 与 σ_m 为材料常数。这一公式对于单步蠕变数据具有很好的拟合效果，因此能够代表 Turner 在图 11.1 中的应力-应变时间表面。而且研究表明这一公式能够对石墨-环氧树脂复合材料的蠕变数据实现精确拟合[10]。

Van Holde[11] 在对硝化纤维的蠕变研究中得到了类似的关系。他提出：

$$e_c(t) = e_0 + m't^{1/3}\sin\alpha\sigma$$

这里 α 为常数。由于在恒定应力下 m' 与 $\sin\alpha\sigma$ 均为常数，在蠕变条件下，这一关系式可以简化成类似于金属的 Andrade 蠕变法则[12]：

$$e_c(t) = e_0 + \beta't^{1/3}$$

这里 β' 为一常数。如果 e_0 和 β' 与应力成正比，这一公式与线性黏弹性行为一致。Plazek 与他的同事们[13] 提出，Andrade 蠕变法则对于很多聚合物和凝胶体系都是

成立的，虽然在长周期下与线性行为有差异。

　　Findley 经验公式在恒定应力情况下对设计工程师是很有用的，因为这些公式可以预测给定材料的蠕变行为，只要所需的材料参数已知。

　　至今人们提出的经验方法有两个主要局限性：

　　(1) 这些经验方法不能对蠕变、回复以及复杂载荷作用下的力学行为做出通用表示；

　　(2) 这些公式中的蠕变数据不能与应力松弛以及动态力学数据进行简单关联。

11.2　流变学方法

11.2.1　非线性黏弹性理论的历史进展

　　非线性黏弹性理论的发展历程很复杂。一方面，很明显没有确切的数学方法能够很容易地得到结果。另一方面，发展具有实际应用价值的方法是有技术需求的。复杂性与实用性之间的竞争产生了一些有意义的方法，这些方法在高度形式主义与高度实用主义之间变化。在过去的几十年里，经过不断选择，一些起初比较有应用价值的理论已经不再应用，从本质上讲已经被淘汰了，但是还有部分理论仍在继续使用。这个过程受到理论所需试验方法的影响，也受到数值方法广泛应用的影响，因此，部分理论得到了更好的应用。因此，可以看到复杂的多重积分模型被相对忽略了，而速率依赖性塑性方法的实际应用得到了发展。

　　Wineman[14]最近对非线性黏弹性领域进行了综述，阐述了其四十年的发展历史和到目前为止还比较有限的工程应用。Drapaca、Sivaloganathan 与 Tenti[15]也进行了相应的综述，在此综述中他们阐述了大量不同的且看似不相关的理论。

11.2.1.1　对线性理论进行修正

　　线性黏弹性行为的微分方法可以通过修正用于非线性理论。用这种方法人们进行了两种重要尝试，并产生了重要影响。第一，Smith[16]将线性理论推广到大应变情况，所用的分析方法可以被看成是 Maxwell 模型的进一步推广。Kitagawa、Mori 与 Matsutani[17]用了相反的方法，其研究方法从标准线性固体的微分方程开始。这两种方法都为非线性黏弹性理论做出了重要贡献，在后续章节中将进行进一步讨论。

　　非线性黏弹性理论也可以通过将 Boltzmann 叠加原理（见第 5 章）进一步推广得到。Leaderman[18]通过对聚合物纤维进行研究，首次尝试概括 Boltzmann 叠加原理；Findley 与 Lai[19]也用了类似的方法，通过将应变或应力依赖性纳入被积函数，非线性被引入到 Boltzmann 积分方程中。对于施加一定的应力历史产生

的应变，Leaderman 积分方程可以写成

$$e(t) = \int_{-\infty}^{t} J(t-\tau)\,\frac{\mathrm{d}}{\mathrm{d}\tau}f\{\sigma(\tau)\}\mathrm{d}\tau \tag{11.2}$$

这里，f 为一待定函数，对于每一种聚合物需要通过试验进行确定。被积函数的形式表明已经假设蠕变柔度可以分解成时间和应力的函数。蠕变柔度的特殊可分解性（或者同样的，应力松弛模量可以被分解成应变和时间函数）定义了不同的单重积分模型。最通用的形式，假设是不可分解的，是由 Pipkin 与 Rogers[20] 提出的，是后面章节讨论的多重积分形式的第一种表达式。这些单重积分形式仍然在继续发展和使用，在本章中将进一步讨论。它们可以被看成**非线性**叠加原理的表达式，与 Boltzmann 线性叠加原理相反。

11.2.1.2 多重积分理论——Green 与 Rivlin，Pipkin 与 Rogers

Green 与 Rivlin[21] 进行了最少的物理假设，大体意思是：

(1) 应力是"客观的"，因此，不同的学者得到的结果是一致的；

(2) 应力只依赖于应变历史，或者相同的应变只依赖于应力历史。

将一纯粹的数学方法用于上述（2）的理论，用多重积分的 Frèchet 系列公式进行表示。在一维情况下，对于在时间 t 内的应变 e，以应力历史 σ 的形式可以表示为

$$e(t) = \int_{-\infty}^{t} J_1(t-\tau_1)\,\sigma(\dot{\tau}_1)\mathrm{d}\tau_1 + \iint_{-\infty}^{t} J_2(t-\tau_1,t-\tau_2)\,\sigma(\dot{\tau}_1)\,\sigma(\dot{\tau}_2)\mathrm{d}\tau_1\mathrm{d}\tau_2$$

$$+ \iint\int_{-\infty}^{t} J_3(t-\tau_1,t-\tau_2,t-\tau_3)\,\sigma(\dot{\tau}_1)\,\sigma(\dot{\tau}_2)\,\sigma(\dot{\tau}_3)\mathrm{d}\tau_1\mathrm{d}\tau_2\mathrm{d}\tau_3 + \cdots$$

$$\tag{11.3}$$

如果用应变历史进行应力的无限积分表达式也能得到类似的形式。在这两种情况下，第一个表达式可以被看成 Boltzmann 积分（见第 5 章）。

为了应用这一理论，有必要得到足够多的方程 J_i，"核函数"实质上是材料参数，以便可以通过这一系列计算对应力和应变进行预测，并能得到可接受的精确度。在提出这一理论的很多年内，对于聚合物有了很多特殊应用。大多数讨论主要集中在以下几个问题上：推导 J_i 所需的试验程序的数目；它的物理学意义；实际计算过程中这些公式能不能具有足够的精确性以及级数（11.3）的收敛性。Haddad[22] 对这一观点进行了简单讨论。

早期应用是针对相对简单的应力或应变历史。Ward 与 Onat[23] 研究了取向聚丙烯的蠕变行为，并指出 Leaderman 方法在表达结果时的不足。一个重要的方面是 Leaderman 最初预测的线弹性响应在聚丙烯的研究结果中并没有得到反映。另

外，Leaderman 对积分核函数的形式进行了严格假设——假设其可以分解成应力和时间的关系方程——这样在相同的应力下对蠕变和回复曲线的预测结果是类似的，相对于聚丙烯的研究结果具有本质的差别。这也是他们探索 Green-Rivlin 理论的原因。他们的研究结果表明只需要公式（11.3）中的第一项和第三项就能充分表达。然而，随后 Hadley 与 Ward[24]也对聚丙烯进行了研究，并得出结论：通常情况下，需要更多的表达项，这取决于载荷水平和每一步载荷的持续时间。

关于多重积分表达式的实用性，Turner[2]强调通常情况下很难定义出合适的试验程序来确定核函数。Lockett[1,25]对试验程序的数量进行了定量计算，结果表明通常情况下即使在一维情况下，试验量也是大得不切实际的。在三维情况下，已经对不可压缩材料进行了简化，他估算要想得到一个满意的表达式需要 287 个试验。他强调"这证实了数学理论的无效之处，由于数学理论没有考虑到后续的试验需求"（见参考文献［1］95 页）。

另一个与实用性相关的因素是试验所需达到的精确度。Gradowczyk[26]已经证实核函数对试验误差十分敏感，而且随着表达式中项数增加，高次项的误差会呈指数增加。因此，人们达成了一致的观点：与其增加一个高次项造成误差增大，不如保留原有计算值的不确定性。

11.2.1.3　隐式方程法

Brereton 等[27]对于多重积分理论提出了一个基本方法，他们认识到对于应力除了如公式（11.3）的表达式外，可能还有其他的计算公式，对于应变也存在类似的情况。他们考虑了一个隐式方程，经简化后可以象征性地写成下列形式：

$$a\sigma + be + c\sigma e = 0 \tag{11.4}$$

其中，第一项、第二项和第三项分别为应力、应变和应力与应变乘积的积分式。在隐式表达式中应用了级数简化，对于特定的应变或应力输入，可以得到应力对于应变历史的显式表达式以及应变对于应力历史的显式表达式，于是避免了如公式（11.3）的级数展开。对核函数进行模拟后，对三种不同聚合物的应力松弛、蠕变以及在一系列恒定应变速率下的力学行为也进行了预测。结果表明，无论短时间还是长时间内蠕变柔度与应力的线性关系还是相应的应力松弛模量与应变的线性关系，都能得到十分准确的预测结果。

11.2.1.4　Pipkin 和 Rogers

人们对于 Green-Rivlin 扩展式中的各项物理意义已经进行了讨论。第一项对应的是线性黏弹性，因此即使不与特定机理关联也可以认为具有一定的物理意义。否则，由于在这一理论中没有明确的物理机理，可能无法得到直接的物理学解释。这种情况与用多项式方程拟合非线弹性应力-应变曲线的方法类似。线性项对应线弹性区域，其他高次项与物理机理之间的关联纯属巧合。这实际上是

Yannas 与 Haskell[28] 根据 Green-Rivlin 理论得出的结论，除了第一项，核函数对于每一个存在项都有对应关系。

为了阐明上述关于 Green-Rivlin 理论的一些缺陷和难点，Pipkin 与 Rogers[20] 介绍了另一个多重积分扩展式。用应变历史表示应力的形式为

$$\sigma(t) = \int_{-\infty}^{t} \mathrm{d}_{e(\tau_1)} R_1\big[e(\tau_1), t-\tau_1\big] + \frac{1}{2!} \int \int_{-\infty}^{t} \mathrm{d}_{e(\tau_1)} \mathrm{d}_{e(\tau_2)} R_2\big[e(\tau_1), t-\tau_1; e(\tau_2), t-\tau_2\big]$$

$$+ \frac{1}{3!} \iint \int_{-\infty}^{t} \mathrm{d}_{e(\tau_1)} \mathrm{d}_{e(\tau_2)} \mathrm{d}_{e(\tau_3)} R_3\big[e(\tau_1), t-\tau_1; e(\tau_2), t-\tau_2; e(\tau_3), t-\tau_3\big] + \cdots$$

(11.5)

核函数与试验得到的应力松弛结果关联。在第一项中，R_1 (e, t) 量表示应力松弛过程中应变为 e 时对应的应力。该项包含非线性行为，并且是上述 Leaderman 积分的扩展式；这是一个通用表达式，在这一表达式中，假设核函数不再能被分解成应变和时间的函数。第一项代表非线性叠加，并可以精确再现单步应力松弛行为的试验结果。也可以对两步应力松弛试验结果进行近似估算。第二项进行必要的修正可以得到两步松弛试验的精确结果。因此，在系列公式中每增加一项都对应所需的试验程序。于是，这一理论就有了物理解释，由于公示制的每一项是非线性的，相对于 Green-Rivlin 方法，Pipkin 与 Rogers 法所需的项数较少。Pipkin-Rogers 理论的大部分应用只涉及第一项的计算，但是 Mittal 与 Singh[29] 已经将该理论用于尼龙 6 的二阶计算。

但是，也有人对这一方法的实用性进行了批判。Stafford[30] 指出第二项需要对含有四个变量的函数进行求解，这种方法相对于 Green 与 Rivlin 方程（第二项中只有两个变量），试验操作难度更大。但是，Pipkin 与 Rogers 表明他们的展开式的第一项比 Green-Rivlin 的三变量模型更加有效。Pipkin-Rogers 模型从过去到现在一直都是一项重要的理论进展，正如 Drapaca，Sivaloganathan 以及 Tenti[31] 所说的，其他很多方法都可以看作是这一理论的特例。

11.2.1.5 多重积分模型的解释

Kinder 与 Sternstein[32] 对多重积分模型给出了进一步解释。他们介绍了不同载荷或者应变加载过程相互作用的概念。假设一恒定应力施加在试样上经过一定的时间，然后应力水平突然发生改变——也就是两步蠕变试验。对于线性材料，第二步应力产生的应变等于分别施加两步应力产生的应变之和。这一理论也同样适用于遵循非线性叠加理论的材料。对于真实非线性黏弹性材料，总应变不是准确等于各组分应变之和，这是两步应力相互作用的结果；第二步应力的施加改变了应变率，不同于第一步应力产生的应变率。他们发现在 Green-Rivlin 系列公式

中，每一个多重积分项都可以被分解成多项：一项代表非线性叠加，其他项代表相互作用。例如，第二项可以被重新写为

$$\int_0^t J_2(t-\tau, t-\tau)\,\mathrm{d}\sigma^2\,\mathrm{d}\tau - \iint_0^t [J_2(t-\tau, t-\tau) - J_2(t-\tau, t-\xi)]\,\mathrm{d}\sigma(\xi)\,\mathrm{d}\sigma(\tau)$$

$$\iint_0^t [J_2(t-\tau, t-\tau) - J_2(t-\xi, t-\tau)]\,\mathrm{d}\sigma(\xi)\,\mathrm{d}\sigma(\tau) \tag{11.6}$$

这里第一项积分式对应非线性叠加而其他项对应相互作用。Green-Rivlin 系列式中的每一项都可以用相同的形式进行重写，也就是写成一个单重积分项加其他的多重积分项。当将所有的 Green-Rivlin 系列表达式（写成公式（11.6）的形式）进行相加时，这些单重积分式相加变成了一个非线性单重积分项，代表非线性叠加，其他一系列多重积分式代表相互作用。现在单重积分项可以看成是 Pipkin-Rogers 扩展式的第一项，以应力历史的形式表示应变，将这两个公式划等号，公式（11.6）中的高次项同样近似等于 Pipkin-Rogers 的高次项。Kinder 与 Sternstein 得出结论说 Pipkin-Rogers 扩展式中的所有高次项都是相互作用项，这些项都是以 0 为渐近值的瞬态项。这应该是目前得到的多重积分表达式的最佳物理解释。

11.2.1.6 当前应用

现在有可能将这些复杂的非线性理论用于工程应用中的有限元分析。多重积分理论对该领域没有影响，主要是由于试验方面的困难，还有进行数值方法研究的复杂性。本书中讨论的其他形式的本构方程为开发数值研究方法提出了更宽的领域需求。在某种程度上，积分模型的数值应用相对于微分和速率理论，是更具挑战的计算问题。对于速率模型，任何时间下的应变速率都是根据现在的应变与前一时间段结束时的应变来计算的，因此，只需存储前一个时间段的瞬时应变即可。对于单重积分模型，需要存储前面每一步产生的应变，这就需要更大的存储空间。虽然随着计算机技术的不断发展，速率模型更加有效，但这种考虑的重要性变得越来越不重要。最近的研究[33]验证了这一点，在该研究中，单重积分模型被用于研究聚甲醛的长期变形行为，为了在有限元方法中应用该模型。

11.2.2 线性理论的修正——微分模型

11.2.2.1 弹性体的大应变行为

人们认为可以将线性弹簧与黏壶模型方程经过适当修正用于非线性情况。因此，Smith[16]将线性 Maxwell 单元作为研究起点，描述了弹性体的大应变行为。将公式（5.15）进行重写，可以得到

$$\frac{\mathrm{d}e}{\mathrm{d}t} = \frac{\sigma}{\eta} + \frac{1}{E}\frac{\mathrm{d}\sigma}{\mathrm{d}t}$$

施加一恒定的应变速率 $de/dt=R$，便可以得到（见 5.2.6 节）

$$\sigma = R\tau(1-e^{-t/\tau})$$

这里 $\tau=\eta/E$，同样，

$$\sigma = R\tau E(1-e^{-t/\tau})$$

对于松弛时间的连续分布函数 $H(\tau)$，等于 Maxwell 单元的无限平行阵列，总应力可以通过积分的方法计算得到

$$\sigma = R\int_{-\infty}^{\infty} \tau H(\tau)(1-e^{-t/\tau})\mathrm{d}\ln\tau$$

假设 $R=e/t$，这个公式变成

$$\frac{\sigma}{e} = \frac{1}{t}\int_{-\infty}^{\infty} \tau H(\tau)(1-e^{-t/\tau})\mathrm{d}\ln\tau + E_e$$

这里，E_e 项等于一额外的平行弹性元素，称为平衡模量。很明显，参量 $\frac{\sigma}{e} = \frac{\sigma(e,t)}{e}$ 只是时间的函数，被称为**恒定应变速率模量** $F(t)$。当推广到大应变时，这一理论将变成非线性，F 将同时是应变和时间的函数。Smith 假设 F 可以被分解成应变和时间的函数，那么，

$$F(t) = \frac{g(e)\sigma(e,t)}{e}$$

也可以写成

$$\log F(t) = \log\left(\frac{g(e)}{e}\right) + \log\sigma(e,t) \tag{11.7}$$

为了回归线性黏弹性，要求在小应变下 $g(e)$ 接近 1。Smith SBR 硫化橡胶材料的应力-应变数据如图 11.3（a）。在固定应变情况下，应力对数与时间对数曲线如图 11.3（b），可以看到，不同应变率下的曲线呈平行直线关系。公式（11.7）表明 $g(e)/e$ 与时间无关。人们发现当拉伸比例达到 2 时，$g(e)\cong 1$，只要 σ 表示真实应力。在较高的应变下，可以用下面的经验方程：

$$g(e) = \lambda\exp\left(\frac{1}{\lambda}-\lambda\right)$$

等同于 Martin，Roth 与 Stiehler[34] 提出的经验方程。

在这种方法中，非线性被认为是大应变结果。不能期望该理论能够适用于任何聚合物，因为有时候在小应变情况下也会存在非线性行为。但是，Guth、Wak 与 Anthony[35] 以及 Tobolsky 与 Andrews[36] 证实类似的方法可以用于橡胶材料。

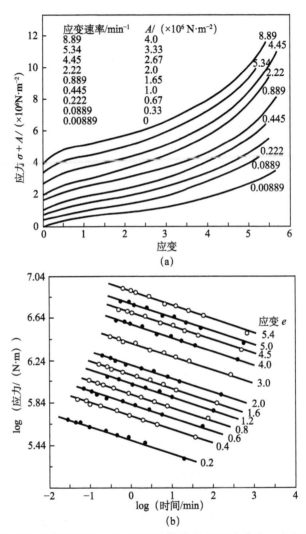

图 11.3　（a）SBR 硫化橡胶在−34.4℃下的拉伸应力-应变曲线，应变速率为 8.89×
10^{-3}～8.89min^{-1}。为了明确，应力纵坐标都进行了向上平移。（b）不同应变量下，根据图
（a）得到的应力对数值随着时间对数值的变化曲线。每条直线的应变值在图中进行了标示
（Reproduced from Smith，T. L. (1962) Nonlinear viscoelastic response of amorphouselastomers
to constant strain rates. Trans. Soc. Rheol.，6，61. Copyright (1962) Society of Rheology）

11.2.2.2　增塑聚氯乙烯的蠕变与回复行为

Leaderman[37]将 Smith 的分析方法做了进一步推广，用于分析增塑聚氯乙烯
（PVC）样品的蠕变与回复行为。这里得到的重要结果是从给定载荷下回复的初
始速率高于在该载荷下的初始蠕变速率（见 11.4 节）。这种情况如图 11.4 所示。

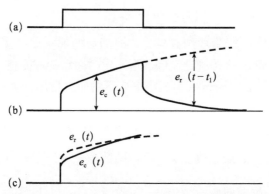

图 11.4　　(a) 施加载荷谱；(b) 变形行为；(c) 对于一种非线性黏弹性固体，蠕变应变
e_c (t) 与回复应变 e_r (t) 的对比结果

Leaderman 研究表明，如果将 $\frac{1}{3}$ ($\lambda - 1/\lambda^2$) 用于衡量变形量，蠕变、回复
以及不同载荷水平下的蠕变曲线，均可以通过一个时间依赖性函数进行描述。这
种理论用图 11.5 (a) 与 (b) 进行了说明。数值 $\frac{1}{3}$ ($\lambda - 1/\lambda^2$) 与有限弹性理论
中 Lagrangian 应变测量值是相同的。

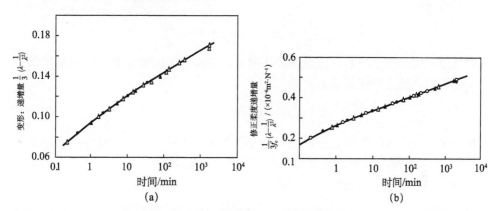

图 11.5　　(a) 在恒定名义应力 0.355MPa 条件下，增塑聚氯乙烯的蠕变（△）与回复（▲）
行为对比图；(b) 增塑聚氯乙烯在不同的恒定应力情况下的蠕变行为：（○）f_0 = 0.444MPa；
（●）f_0 = 0.355MPa；（△）f_0 = 0.267MPa；（▲）f_0 = 0.178MPa (Redrawn from Leaderman
(1962) Trans. Soc. Rheol. , 6, 361. Copyright (1962) Society of Rheology)

现在讨论为什么用 $\frac{1}{3}$ ($\lambda - 1/\lambda^2$) 来表示变形量会导致蠕变与回复曲线重合。
如 Leaderman 定义的，回复（这里不同于本书之前的定义）量的表达式为

$$\frac{1}{3}\left(\lambda_1 - \frac{1}{\lambda_1^2}\right) - \frac{1}{3}\left(\lambda_2 - \frac{1}{\lambda_2^2}\right)$$

λ_1 为卸载时的伸长率，λ_2 为在卸载后一定时间后的伸长率。如果 e_1 为传统定义卸载时的应变量，而 e_2 为传统定义卸载后一定时间后的应变量，那么存在：$\lambda_1 = 1 + e_1$，$\lambda_2 = 1 + e_2$，Leaderman 定义小应变下的回复量用传统应变的形式表示为 $e_1 - e_2$。

那么，在较大伸长率 λ 情况下（例如在回复情况下，λ_1 将变成 λ_2），相对于较小的应变情况（如果是蠕变 $\lambda \approx 1$），函数值 $\frac{1}{3}$ $(\lambda - 1/\lambda^2)$ 的改变会导致传统应变 $e_1 - e_2$ 产生更大的改变。因此，当用 $\frac{1}{3}$ $(\lambda - 1/\lambda^2)$ 作为应变度量时，回复曲线与蠕变曲线是重合的，而在传统应变表达式中，回复曲线高于蠕变曲线。

11.2.2.3 超应力理论

虽然上述 Smith 分析方法用 Maxwell 模型作为起点，另一种有用的方法是以标准线性固体作为基础。这是 Kitagawa、Mori 与 Matsutani[17] 对聚丙烯以及 Kitagawa 与 Takagi[38] 对聚乙烯的研究方法。标准线性固体的微分方程通过公式 (5.18) 进行计算：

$$\sigma + \tau \frac{d\sigma}{dt} = E_a e + (E_m + E_a)\tau \frac{de}{dt}$$

右边的第一项是经过很长一段时间后的应力，或者等于以无限慢的速率施加载荷产生的应力。该方程经过推算得到

$$\sigma + K \frac{d\sigma}{dt} = f(e) + M \frac{de}{dt} \tag{11.8}$$

这里 $f(e)$ 为材料在无限小应变速率下的应力响应函数，这个函数不要求是线性的。M 与 K 通常是应力、应变与其时间导数的函数，因此，公式 (11.8) 定义了一种非线性材料，经过整理可以得到

$$\sigma - f(e) = +M \frac{de}{dt} - K \frac{d\sigma}{dt} \tag{11.9}$$

左侧的量 $\sigma - f(e)$ 为实际应力与极小应变速率下的应力之差，被定义为"超应力"；用这种方法建立的理论被定义为"超应力理论"。Lui 与 Krempl[39] 已经将这种方法用于金属材料，他们用"黏塑性"术语来分类他们的模型。从公式 (11.8) 可以看出，方程 K 可以通过应力松弛测试获得 $\left(\frac{de}{dt} = 0\right)$，或方程 M 可以用蠕变测试获得 $\left(\frac{d\sigma}{dt} = 0\right)$。其他信息可以根据小应变、高应变速率试验获得，在

这些试验中，模型的响应被假设成线弹性的。在这些情况下，可以转到公式（5.18）并发现，对于快速加载，时间导数变成主导项，因此，标准线性固体的弹性响应可以通过弹性模量 $E_a + E_m$ 进行表征。那么，对公式（11.8）进行分析可以看出：对于小应变和快速载荷，瞬时模量 E 可以通过下列公式进行计算：

$$E = \frac{M}{K} \tag{11.10}$$

如果假设公式（11.10）可以适用于任何情况，那么模型可以简化，因此，K 与 M 具有相同的函数形式；Lui 和 Krempl[39]，Kitagawa 等[17] 以及 Kitagawa 和 Takagi[38] 采用了这种方法。

Kitagawa 等在对聚丙烯的研究以及 Kitagawa 和 Takagi 对聚乙烯的研究中用了扭转试验方法。他们用剪切应力和剪切应变的形式得到与公式（11.9）类似的公式：

$$\tau - f(\gamma) = M\frac{d\gamma}{dt} - K\frac{d\tau}{dt} \tag{11.11}$$

那么公式（11.10）变成

$$G = \frac{M}{K} \tag{11.12}$$

这里 G 为剪切模量。在这两种情况下，人们发现 K 取决于过应力与应变，可以表示成

$$K = K_0 \exp(-K_1(\gamma)(\tau - f(\gamma))) \tag{11.13}$$

这里 K_0 为常数，并且

$$K_1(\gamma) = p_0 + \frac{p_1}{p_2 + \gamma} \tag{11.14}$$

且 p_0，p_1，p_2 均为材料常数。

人们用应力松弛试验来计算 K。根据公式（11.3）

$$\ln K = \ln K_0 - K_1(\gamma)(\tau - f(\gamma)) \tag{11.15}$$

这一公式表明 $\log K$ 与过应力的关系曲线在恒定剪切应变下呈线性。图 11.6 根据此公式给出了聚丙烯的数据曲线[17]，曲线在一系列不同应变下获得。这些曲线有很好的近似线性关系，具有共同的交点对应量 K_0 的恒定值。这一模型在预测扭转应力-应变曲线过程中的应用如图 11.7 所示。这里，应变速率最初是恒定的，但是会突然变成不同的恒定速率，因此会产生瞬时应力。这样对模型进行了正规验证，表明模型是合理的。

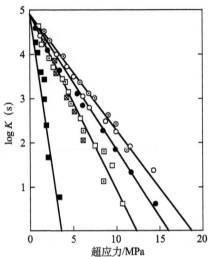

图 11.6　公式 (11.11) 与公式 (11.13) 中聚丙烯的 K 值函数,通过不同应变下的应力松弛研究获得,且应变速率不同。(■) 应变 0.01,应变速率 $1.4×10^{-3}\,\mathrm{s^{-1}}$;(▣) 应变 0.045,应变速率 $1.4×10^{-3}\,\mathrm{s^{-1}}$;(⊠) 应变 0.055,应变速率 $1.4×10^{-3}\,\mathrm{s^{-1}}$;(□) 应变 0.053,应变速率 $1.4×10^{-2}\,\mathrm{s^{-1}}$;(●) 应变 0.108,应变速率 $1.4×10^{-3}\,\mathrm{s^{-1}}$;(⊙) 应变 0.253,应变速率 $1.4×10^{-4}\,\mathrm{s^{-1}}$;(○) 应变 0.267,应变速率 $1.4×10^{-3}\,\mathrm{s^{-1}}$ (Reproduced from Kitagawa, M., Mori, T. and Matsutani, T. (1989) Rate-dependent nonlinear constitutive equation of polypropylene. J. Polym. Sci. B, 27, 85. Copyright (1989) John Wiley & Sons, Ltd)

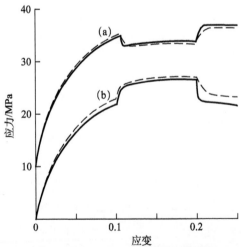

图 11.7　应变速率产生逐步改变时,应力-应变模拟曲线图。(a) $1.1×10^{-2}\,\mathrm{s^{-1}}$→$1.4×10^{-3}\,\mathrm{s^{-1}}$→$1.4×10^{-2}\,\mathrm{s^{-1}}$。(b) $1.0×10^{-3}\,\mathrm{s^{-1}}$→$1.4×10^{-2}\,\mathrm{s^{-1}}$→$6×10^{-4}\,\mathrm{s^{-1}}$。曲线 (b) 相对于曲线 (a) 在纵轴方向产生了 10MPa 的平移 (Reproduced from Kitagawa, M., Mori, T. and Matsutani, T. (1989) Rate-dependent nonlinear constitutive equation of polypropylene. J. Polym. Sci. B, 27, 85. Copyright (1989) John Wiley & Sons, Ltd)

人们对聚乙烯进行了类似的研究[38]得到了类似的精确度。Zhang 与 Moore[40,41]也将微分方法用于高密度聚乙烯研究。Brusselle-Dupend 等[42]将该方法扩展得到了更加复杂的模型，能同时涵盖聚丙烯的卸载与加载行为。

11.2.3 线性理论的修正——积分模型

在对织物纤维蠕变与回复行为的大量研究中，Leaderman[18]成为第一批意识到线性黏弹性的简单假设即使在小应变条件下可能也不完全成立的人。对于尼龙与纤维素纤维，他发现虽然蠕变与回复曲线在一定的应力水平下可能是重合的——这是与线性黏弹性行为相关的一种现象——但是蠕变柔度曲线表明随着应力增加，材料产生了软化现象，除非在很短的时间内（图 11.8）。因此，蠕变柔度是时间和应力的函数。对于聚丙烯单丝这样的材料，如图 11.9 所示，非线性行为可能更明显；在给定应力下，瞬时回复大于瞬时弹性形变，虽然延迟回复比前面研究的蠕变行为变化速度慢。

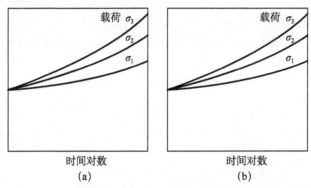

图 11.8 对于遵循 Leaderman 修正 Boltzmann 叠加原理的非线性黏弹性材料，在三个不同的载荷水平 σ_1，σ_2，σ_3 下，蠕变柔度（a）与回复柔度（b）的对比曲线图。可以看到在给定载荷水平下，蠕变与回复曲线是类似的

Leaderman 方法，如前面 11.2.1 节中描述的，是修正线性黏弹性高分子材料的基本 Boltzmann 叠加原理，因此，公式（11.2）给出了应变公式，这里再次展示：

$$e(t) = \int_{-\infty}^{t} J(t-\tau) \frac{\mathrm{d}}{\mathrm{d}\tau} f\{\sigma(\tau)\} \mathrm{d}\tau$$

这里 $f(\sigma)$ 为应力的一个经验函数，与测试纤维关系不大。这一经验公式不足以描述比蠕变和回复更加复杂的载荷形式下的力学行为，并且强调对于非线性黏弹性问题还没有通用的处理方法。

Findley 与 Lai 对 Boltzmann 叠加原理进行了另外的简单调整[19]，他们对聚

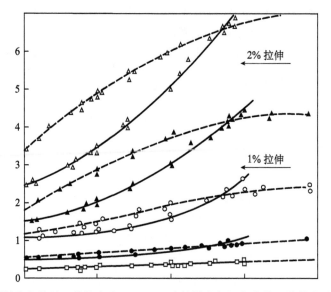

图 11.9　聚丙烯取向单丝，总长度为 302mm，连续蠕变与回复曲线。载荷水平为 587g（△），
401.8g（▲），281g（●），67.7g（□）（Reproduced with permision from Ward，I. M. and
Onat，E. T.（1963）Non-linear mechanical behaviour of oriented polypropylene. J. Mech.
Phys. Solids，11，217－219. Copyright（1963））

氯乙烯样品施加了多步应力历史。针对常规应力应变历史，Pipkin 与 Rogers[20]
对这一理论进行了改写。Pipkin 与 Rogers 将非线性应力松弛模量 $R(t，e)$ 用微
分形式表示为

$$R(t,e) = \frac{\partial \sigma(t,e)}{\partial e} \qquad (11.16)$$

用应变历史的形式表示应力，Pipkin 与 Rogers 积分形式为

$$\sigma(t) = \int_{-\infty}^{t} \frac{de}{d\tau}(\tau)R(t-\tau,e(\tau))d\tau \qquad (11.17)$$

同样的，用应力历史的形式表示应变，蠕变方程 C 可以定义为

$$C(t,\sigma) = \frac{\partial e(t,\sigma)}{\partial \sigma} \qquad (11.18)$$

得到相应的积分公式为

$$e(t) = \int_{-\infty}^{t} \frac{d\sigma}{d\tau}(\tau)C(t-\tau,\sigma(\tau))d\tau \qquad (11.19)$$

　　Pipkin 与 Rogers 用聚氯乙烯多步蠕变试验的已公开数据对他们的模型
（11.19）进行了验证。测试程序包括多个过程：首先用恒定应力先作用一段时
间，然后在第二个时间段突然改变应力值，等等（图 5.6）；这个测试过程比恒

应变速率测试对该理论具有更加严格的验证作用。如图 11.10 （a）与（b），为五步应力历史的测试结果示意图。

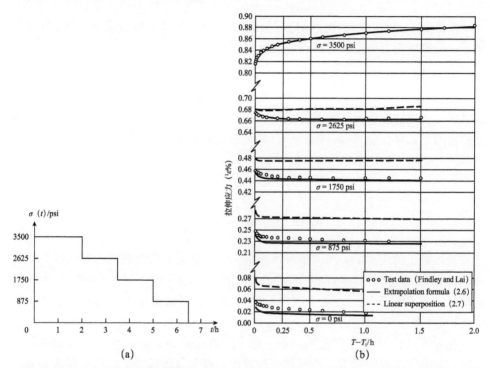

图 11.10 （a）应力加载历史（译者注：1psi＝0.155 cm⁻²）。（b）由（a）图中施加的应力历史产生的应变。连续施加的应力步骤在图中从上到下排布（Reproduced from Pipkin，A. C. andRogers，T. G.（1968）A non-linear integral representation for viscoelastic behaviour. J. Mech. Phys. Solids，16，59－72. Copyright（1968））

Leaderman 与 Pipkin、Rogers 方法的最大区别在于：对于前者，材料响应可以被分解成时间和应力的函数。因此，公式（11.2）中包含一个应力的函数 f 乘以一个时间的函数 J。相反，在公式（11.9）中，C 很明显是两个变量的函数，可能可以也可能不可以用这种方式进行拆分。因此，Pipkin 和 Rogers 方法更加通用，被认为能够模拟更多种材料的力学性能。

11.2.4　更复杂的单重积分表达式

11.2.4.1　Schapery 理论

Schapery[43,44]基于不可逆过程的热力学理论建立了一个模型，可以被看成 Leaderman 理论的进一步扩展。Schapery 继续了 Leaderman 的方法，在重叠积分函数中用应力函数 $f(\sigma)$ 代替应力，并用一个时间函数代替时间，称为**约化时**

间 ψ。材料在小应变情况下被认为是线性黏弹性的，蠕变柔度函数的形式为[44]

$$J(t) = \frac{e(t)}{\sigma} = D_0 + \Delta D(t) \tag{11.20}$$

常数项 D_0 对应瞬时弹性响应（公式（5.22）中的未松弛柔度 J_u）。通常情况下，应变以应力历史的形式可以表示成

$$e(t) = g_0 D_0 \sigma + g_1 \int_0^t \Delta D(\psi - \psi') \frac{\mathrm{d}g_2}{\mathrm{d}\tau} \mathrm{d}\tau \tag{11.21}$$

这里应力历史被认为是从零时开始的。g_0，g_1 与 g_2 为应力依赖性参数，在足够小的应力下，存在 $g_0 = g_1 = g_2 = 1$。约化时间被定义为

$$\psi = \psi(t) = \int_0^t \frac{\mathrm{d}\,t'}{a_\sigma(\sigma(t'))}$$

$$\psi' = \psi'(t) = \int_0^t \frac{\mathrm{d}\,t'}{a_\sigma(\sigma(t'))} \tag{11.22}$$

在足够小的应力下，应力依赖因子 $a_\sigma = 1$。单位小应力值确保在这些条件下可以回归到线性 Boltzmann 积分。当 $g_0 = g_1 = a_\sigma = 1$ 时，根据 Leaderman 的理论结果，g_2 依赖于应力。对于应力松弛行为能够得到完全类似的系列公式，用应变历史的形式获得应力[44]。

在公式（11.21）的理论中，用了四个应力公式 g_0，g_1，g_2 以及 a_σ 来表征非线性，且必须在规定的应力范围内进行评价。涉及恒定应力阶段的试验过程被证明是有效的，在恒定应力阶段中函数为恒定的。对于时间 $t = 0$ 时施加应力 σ 进行的单步蠕变测试，可以用公式（11.21）进行求解，可以看到公式中包含一个如公式（5.3）的 Duhamel 积分

$$e(t) = g_0 D_0 \sigma + g_1 g_2 \Delta D\left(\frac{t}{a_\sigma}\right)\sigma \tag{11.23}$$

这里应用了公式（11.22）。很明显，即使已知根据 D_0 与 ΔD 定义的低应力线性行为，蠕变试验也没有考虑到函数 g_1，g_2 以及 a_σ 的分离现象。Schapery[44] 研究了怎样将两步蠕变试验进行叠加，包括蠕变与回复试验（回复试验在 0 应力下进行），得到这些参数的不同值。可以用蠕变柔度函数的幂律近似法进行求解，因此，

$$\Delta D(\psi) = D_1 \psi^n \tag{11.24}$$

说明了在不同应力水平下获得的回复应变与时间的双对数函数，这些函数可以通过添加转换因子进行相互关联；那么这些转换因子可以与 g_1 以及 a_σ 进行联系。Crook[45]、Lai 与 Bakker[46] 也用了逐步施加载荷并结合公式（11.23）的方法。Schapery 模型已经被用于硝化纤维，纤维增强酚醛树脂以及聚异丁烯[44]；聚碳酸酯[45]；高密度聚乙烯[46] 以及石墨-环氧树脂复合材料[10]。

11.2.4.2 BKZ 理论

Bernstein、Kearsley 与 Zapas[47]理论及其发展（如 Zapas 与 Craft[48]）——因此被称为 BKZ 理论——主要针对大变形行为。橡胶弹性的 Gaussian 模型告诉我们，在单轴拉伸情况下，真实应力 σ 的表达式为

$$\sigma = C(\lambda^2 - 1/\lambda) \tag{11.25}$$

这里 C 为常数，λ 为拉伸比。这一公式是由公式（3.41）与（4.31）推导出来的，公式（3.41）与（4.31）是名义应力或工程应力的表达式；当名义应力在满足不可压缩条件时被真实应力所代替，便可得到公式（11.25）。公式（11.25）表明：参量 $\sigma/(\lambda^2-1/\lambda)$ 起主要作用的理论尤其适合于大应变情况。

或许能够将 BKZ 模型与迄今为止讨论的其他模型进行区别的最重要的特性就是应变测量方法的选择。到目前为止，所有材料都被假设成固体，因此，其初始状态都是无形变、无应力的，其他应变状态的测量均以这种状态作为参考。在 BKZ 理论中，不存在这种特殊状态，因此材料可能被分类为液体。在任何"目前"时间 t，应变状态的测量都在参考前一时间 τ 的应变状态。这种方法通过采用应变测量量 $\lambda(t)/\lambda(\tau)$ 来实现。前面章节的表达式反映出，参量 $\dfrac{\lambda^2(t)}{\lambda^2(\tau)}-\dfrac{\lambda(\tau)}{\lambda(t)}$ 对于应力依赖应变历史理论的重要性。在单轴拉伸情况下，Zapas 与 Craft 得到的 BKZ 表达式为

$$\sigma(t) = \int_{-\infty}^{t} \left(\frac{\lambda^2(t)}{\lambda^2(\tau)} - \frac{\lambda(\tau)}{\lambda(t)}\right) h\left(\frac{\lambda(\tau)}{\lambda(t)}, t-\tau\right) \mathrm{d}\tau \tag{11.26}$$

由于 τ 贯穿了时间 t 之前的所有值，在时间 t 时应力依赖于之前所有应变状态下测量的应变。对于一个在时间 $t=0$ 之前无变形的试样，在时间小于 0 时发生的应变历史对于正时间时的应力是有部分贡献的。在这方面，这一理论不用于至今提到的其他理论。将公式（11.26）中的积分形式拆分成 0 时间前与 0 时间后的两部分，并假设 $\tau<0$ 情况下，$\lambda(\tau)=1$，我们可以得到

$$\sigma(t) = (\lambda^2(t) - 1/\lambda(t))\int_{-\infty}^{0} h(\lambda(t), t-\tau)\mathrm{d}\tau$$

$$+ \int_{0}^{t} \left(\frac{\lambda^2(t)}{\lambda^2(\tau)} - \frac{\lambda(\tau)}{\lambda(t)}\right) h\left(\frac{\lambda(\tau)}{\lambda(t)}, t-\tau\right)\mathrm{d}\tau \tag{11.27}$$

特别地，对于从 0 时间开始的应力松弛行为，第二项为 0。那么我们可以写成

$$\sigma(t) = (\lambda^2 - 1/\lambda)H(\lambda, t) \tag{11.28}$$

这里，

$$h(\lambda,t) = -\frac{\partial H}{\partial t}(\lambda,t) \tag{11.29}$$

人们假设函数 h 在大时间尺度下为 0。这种假设对于液体是合理的，而且在任何情况下，都不会影响其通用性。从公式（11.28）与（11.29）中可以明显看出函数 h 完全是通过单步应力松弛试验确定的。因此，一旦在合适的应变范围内采集了应力松弛数据，就可以计算总体应变历史下的应力。目前没有相应的以应力历史表达应变的表达式。

在文献 [47] 中，作者报道了对增塑聚氯乙烯、硫化丁基橡胶以及聚异丁烯的单轴拉伸试验研究。当拉伸比达到约 5 倍时还能够得到很理想的预测结果。Zapas 与 Craft[48] 将他们的公式用于增塑聚氯乙烯与聚异丁烯多步应力松弛与蠕变和回复行为研究。McKenna 与 Zapas 将这一模型经修订后用于 PMMA 的扭转变形研究中[49]。McKenna 与 Zapas[50] 已经将该模型用于分析炭黑填充丁基橡胶的拉伸行为。

11.2.5　单重积分模型对比

当前存在的三个主要单重积分理论是 Pipkin 与 Rogers 理论，Schapery 热力学理论以及 BKZ 模型。前两个模型主要针对固体材料，其中 Pipkin 与 Rogers 理论是较简单的一个。Schapery 理论比较复杂是由于该理论是以热力学为基础的，而 Pipkin 与 Rogers 理论完全是一个连续模型，实质上缺乏物理意义。BKZ 液体模型在大应变下才有意义。Smart 与 Williams[51] 比较了三个模型在聚丙烯与聚氯乙烯纤维拉伸时的行为，但只达到中等应变（～4%）。BKZ 模型在这些应变下几乎是没有意义的。Pipkin 与 Rogers 方法，比 Schapery 理论简单，但是应用准确性比前者差。

11.3　蠕变和应力松弛作为热活化过程

5.2.7 节中已经说明了标准线性固体，用一个三组分弹簧和黏壶模型能够对线性黏弹性行为进行一级近似。Eyring 及其课题组成员[52] 假设聚合物的变形行为是一个热活化率过程，涉及分子链段运动越过势垒的过程，并且对标准线性固体进行了修正，因此黏壶运动是由活化过程控制的。这个模型表示非线性黏弹性行为是很有用的，由于其参数包括活化能和活化体积，这些参数可以表示基本的分子机理。活化速率过程也可以为蠕变和屈服行为奠定一定的基础。

11.3.1　Eyring 方程

后文将简要阐述 Eyring 方程在力学行为研究中的应用，并说明 Eyring 方程是怎样重现黏弹性行为的基本现象的，实际上就是非线性行为。本书将在第 12

章讨论更详细的物理解释和在弹性-塑性模拟过程中的应用。宏观变形被假设成是分子间（如分子链滑动）或分子内（如分子链构象的改变）的变化过程，其频率 ν 取决于分子链段越过大小为 ΔH 的势垒的难易程度。在没有应力存在的情况下，存在动态平衡，因此，在任何方向上都存在相同数目的分子链段运动越过这一势垒，运动频率可以表示成

$$\nu = \nu_0 \exp\left(-\frac{\Delta H}{kT}\right) \tag{11.30}$$

公式（11.30）等同于公式（7.5），用于描述分子行为的频率，但是这里可以用 Boltzmann 常量 k 而不是空气常数 R，因为人们感兴趣的是分子行为的绝对数目而不是每摩尔材料的总效应。

假设施加应力 σ 会导致能垒产生对称的线性转换 $\beta\sigma$，如图 11.11，这里 β 包含体积大小。在施加应力方向上产生的流动可以表示为

$$\nu_1 = \nu_0 \exp\left[-\frac{(\Delta H - \beta\sigma)}{kT}\right]$$

相对来说，相反方向上的流动更小，可以表示为

$$\nu_2 = \nu_0 \exp\left[-\frac{(\Delta H + \beta\sigma)}{kT}\right]$$

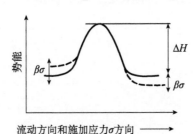

图 11.11 蠕变的 Eyring 模型

在向前方向上的净流动量为

$$\nu' = \nu_1 - \nu_2 = \nu_0 \exp\left(-\frac{\Delta H}{kT}\right)\left[\exp\left(\frac{\beta\sigma}{kT}\right) - \exp\left(-\frac{\beta\sigma}{kT}\right)\right] \tag{11.31}$$

值得注意的是大括弧里的项与 sinh 方程是类似的。

假设在向前方向上的净流动量与应变速率是直接相关的，可以得到

$$\frac{\mathrm{d}e}{\mathrm{d}t} = \dot{e} = \dot{e}_0 \exp\left(-\frac{\Delta H}{kT}\right)\sinh\left(\frac{V\sigma}{kT}\right) \tag{11.32}$$

这里，$\dot{e}_0$ 为一个恒定的指数前因子，V 取代了 β，被定义为分子运动的活化体积。

公式（11.32）中应变速率定义了"活化"黏度，成为标准线性固体模型中黏壶的一部分，这一公式定义的应力-应变关系比线性模型更复杂。用 Leaderman 数据针对几种纤维材料进行了活化黏壶模型的有效性测试[14]，通过对模型参数进行合理化选择，在给定应力水平下，在时间的四个数量级范围内可以得到

很好的拟合结果。

随后，人们认识到了简单黏弹性模型的局限性，并且认为对数据进行精确拟合需要一松弛时间谱或迟滞时间谱，因此，必须研究为什么活化黏壶模型会这么有效。虽然以时间对数为横坐标得到的蠕变曲线是反曲型的，但是在很长的中间时间范围内这些曲线近似为直线。这个模型预测的蠕变表达式为 $e = a' + b' \log t$，这一表达式对于中间区域是适用的。

11.3.2 Eyring 方程在蠕变行为中的应用

Sherby 与 Dorn[53]研究了玻璃态 PMMA 在恒定应力下不同温度时的蠕变行为，温度改变是逐步施加的，得到了在给定应力水平下蠕变速率与总蠕变应变的关系曲线，如图 11.12。只要假设在每个应力水平下的温度依赖性遵循一活化定律，这些数据可以通过平移重合，得到一条连续的应变速率与应变的关系曲线，如图 11.13。温度转换用活化过程方法进行解释，在活化过程中活化能与应力增加呈线性，得到的蠕变速率表达式为

$$\dot{e} \exp[(\Delta H - V)/kT] = F(e) \tag{11.33}$$

这是 Eyring 方程的高应力近似方法，在公式中 $\sinh x \approx \frac{1}{2} \exp x$，$V$ 为活化体积。

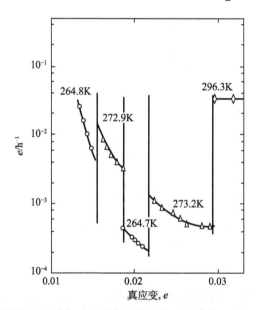

图 11.12 PMMA 材料蠕变速率与总蠕变应变的函数关系曲线，应力水平为 56MPa，测试
温度如图中标示（Reproduced from Sherby, O. D. and Dorn, J. B. (1958) Anelastic creep
of polymethyl methacrylate. J. Mech. Phys. Solids, 6, 145. Copyright (1958) Elsevier Ltd）

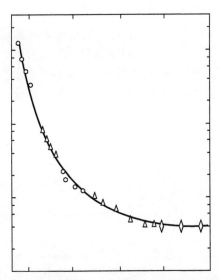

图 11.13 应力水平在 56MPa 情况下，不同温度下 PMMA 材料蠕变数据的重合曲线
(Reproduced from Sherby，O. D. and Dorn，J. B. (1958) Anelastic creep of polymethyl
methacrylate. J. Mech. Phys. Solids，6，145. Copyright (1958) Elsevier Ltd)

Mindel 与 Brown[54] 对聚碳酸酯的压缩蠕变数据进行了 Sherby-Dorn 分析。用类似于公式（11.33）的形式在活化体积 $5.7nm^3$ 下得到了重合曲线，$5.7nm^3$ 与通过测量屈服应力的应变速率依赖性得到的活化体积值非常接近，见 12.5.1 节。

这些结果表明，蠕变速率可以用下列形式的通用公式进行表示：

$$\dot{e} = f_1(T)\, f_2(\sigma/T)\, f_3(e) \tag{11.34}$$

这里 $f_1(T)$，$f_2(\sigma/T)$，$f_3(e)$ 分别为变量 T，σ 与 e 的独立方程。虽然 $f_1(T)$ 属于热活化过程的指数形式，但是 $f_2(\sigma/T)$ 指数形式经过修正后考虑了应力中的静水压力部分，对于拉伸、剪切和压缩测量将产生不同的活化体积。Mindel 与 Brown 的研究也表明，在蠕变速率随着应变增加迅速降低的区域内，$f_3(e)$ 可以表示成

$$f_3(e) = 常数 \times \exp(-ce_R)$$

这里 e_R 为蠕变应变中的可回复组分，c 为常数。那么可以得到

$$\dot{e} = \dot{e}_0 \exp[-(\Delta H - \tau V + p\Omega)/kT]\exp(-ce_R) \tag{11.35}$$

这里，τ 与 p 分别为应力的剪切与静水压力组分，V 与 Ω 为剪切与压缩活化体积，第 12 章对这两种不同的活化体积分别进行了考虑。方程可以被重新写成

$$\dot{e} = \dot{e}_0 \exp[-(\Delta H - \{\tau - \tau_i\}V + p\Omega)/kT] \tag{11.36}$$

这里，$ceR = \tau_i V/kT$；τ_i 具有内应力的特征，随着应变增大而增加，且与绝对温

度成正比，被认为是橡胶态网络结构中的应力。

　　Wilding 与 Ward[55]已经用 Eyring 速率过程对超高模量聚乙烯的蠕变行为进行了模拟，结果表明，在高应变下，对应很长的蠕变时间，蠕变速率会达到一恒定值，叫做平台（或者平衡）蠕变速率（图 11.14）。对于相对分子量较低的聚合物，平衡蠕变速率的应力和温度依赖性可以用单一活化过程进行模拟，并假设活化体积为 0.08nm^3。用分子形式表示，活化体积消失了，由于一条单个分子链运动一定的距离便可穿过晶格。

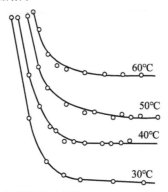

图 11.14　不同温度下超高模量聚乙烯的 Sherby-Dorn 蠕变曲线 （Reproduced from Wilding M. A. and Ward I. M. (1981) Routes to improved creep behaviour in drawn linear polyethylene. Plast. Rubber Proc. Appl. , 1, 167. Copyright (1981))

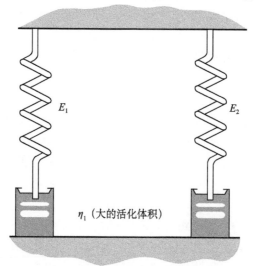

图 11.15　永久流动蠕变的双过程模型 (Reproduced from Wilding, M. A. and Ward, I. M. (1981) Routes to improved creep behaviour in drawn linear polyethylene. Plast. Rubber Proc. Appl. , 1, 167. Copyright (1981))

对于分子量更高的聚合物或共聚物,只有在很高的应力水平下才会产生永久流动,也就说明这个过程存在两个平行的 Eyring 过程,如图 11.15 所示。这种方法类似于文献 [56] ~ [58] 提出的聚合物屈服应力与应变速率依赖性表达式。过程 A 具有较小的拉伸活化体积($\sim 0.05 \mathrm{nm}^3$)和较大的前指数因子,只有在较高的应力水平下才能被活化。过程 B 具有较大的拉伸活化体积($\sim 1 \mathrm{nm}^3$),但是前指数因子较小,在较低的应力水平下就可以被活化。在低应力水平下,基本不会产生永久流动,因为 B 过程承担了几乎所有的载荷。虽然总体蠕变与回复行为可以用两个活化黏壶的模型来表示,但是仍需要建立一个松弛时间谱,以便在全部时间和应变范围内都能对试验数据进行精确拟合。

11.3.3 Eyring 方程在应力松弛行为中的应用

Guiu 与 Pratt[59]已经在他们的文章中说明了怎样用一个由 Eyring 黏壶和一个弹性原件串联构成的模型推导得到简单方程来表示拉伸过程中的应力松弛曲线。假设在图 11.16 的系统中产生总应变 e,总应变 e 包含弹性部分 e_E 和 Eyring 或黏性部分 e_V,因此,

$$e = e_E + e_V \tag{11.37}$$

对时间进行微分得到

$$\dot{e} = \dot{e}_E + \dot{e}_V \tag{11.38}$$

现在用公式(11.32)高应力下的改写公式替代黏性应变速率 $\dot{e}_V$,可以得到

$$\dot{e}_V = \dot{e}_0 \exp\left(-\frac{\Delta H}{kT}\right) \frac{1}{2} \exp\left(\frac{V\sigma}{kT}\right) = A \exp(B\sigma) \tag{11.39}$$

图 11.16 弹簧与 Eyring 黏壶串联模型

为了简化,引入常数 A 与 B。假设弹性组分为线性关系,模量为 E,可以对公式(11.38)进行重写,这样公式右边只出现应力项:

$$\dot{e} = \frac{\dot{\sigma}}{E} + A\exp(B\sigma)$$

在应力松弛情况下，总应变速率为 0，应力衰减遵循以下关系：

$$0 = \frac{\dot{\sigma}}{E} + A\exp(B\sigma) \tag{11.40}$$

通过分解变量对方程进行求解可以得到应力的表达式为

$$\sigma_0 - \sigma = \frac{1}{B}\ln\left(1 + \frac{t}{c}\right) \tag{11.41}$$

σ_0 为时间 $t=0$ 时的应力大小，c 为常数。

式（11.41），Guiu 与 Pratt 公式，已经被证明在表示聚合物的应力松弛曲线方面是十分有效的。Escaig[60]讨论了其通用方法。Sweeney 与 Ward[61]成功将该表达式用于高取向度聚乙烯纤维小应变情况下的松弛行为研究。他们的研究结果也表明，两过程模型在很多情况下能够得到近似 Guiu-Pratt 曲线的应力松弛预测模型，对于总体力学行为具有更好的模拟效果。

11.3.4　Eyring 方程在屈服行为研究中的应用

假设图 11.16 是从零载荷开始在恒定总应变速率 $\dot{e}$ 下得到的。起初，应力较低，在 Eyring 黏壶中只产生较小的应变速率，弹性弹簧被拉伸。弹簧的持续伸长导致应力增加，于是 Eyring 黏壶的应变速率$\dot{e}_V$也增大，直到最后黏壶的应变速率与施加的总应变速率 $\dot{e}$ 相等。这时，弹簧停止伸长，弹簧的应力恒定，等于系统施加的总应力。因此，预测了类似于屈服的行为。很明显，屈服应力依赖于应变速率。采用前面章节的表示方法，一旦弹簧到达恒定应变状态，$\dot{e}_E=0$。那么，用公式（11.38）得到

$$\dot{e} = \dot{e}_V$$

根据公式（11.39），可以得到

$$\dot{e} = A\exp(B\sigma_Y) \tag{11.42}$$

σ_Y 表示屈服应力。经过改写可以得到

$$\sigma_Y = \frac{1}{B}\ln\left(\frac{\dot{e}}{A}\right)$$

将公式（11.39）中 A 与 B 的表达式代入上式，可以得到

$$\sigma_Y = \frac{RT}{\nu}\ln\left[\frac{2\dot{e}}{\dot{e}_0}\exp\left(\frac{\Delta H}{kT}\right)\right] \tag{11.43}$$

这些公式表明$\frac{\sigma_Y}{T}$与 $\ln(\dot{e})$ 之间存在线性关系。这一理论在很多聚合物中都得到了证实。例如，Bauwens-Crowet 等[57]对于聚碳酸酯的研究工作，如图 11.17 所示。

这些应力-应变行为模型（如图 11.16 中的模型）可以用数学方法求解相关

方程进行研究。在 Sweeney 等对于 PET 纤维的研究工作中[62]，就用这种方法获得了一个类似于图 11.16 的模型，但是模型中的 Eyring 黏壶受到 Gaussian 网络的限制。这一模型对屈服时的应变、应力-应变曲线的总体形状以及变形的稳定性进行了预测，得到的结果与试验结果具有很好的吻合性。

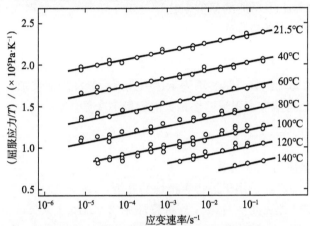

图 11.17 聚碳酸酯屈服应力与温度比随应变速率变化的曲线图。这一系列平行直线是通过公式 (11.43) 计算得到的 (Reproduced from Bauwens-Crowet, C., Bauwens, J. C. and Hom'es, G. (1969) Tensile yield-stress behavior of poly (vinyl chloride) and polycarbonate in the glass transition region. J. Polymer Sci. A2, 7, 735. Copyright (1969) John Wiley & Sons, Ltd)

11.4 多轴形变：三维非线性黏弹性

本书至今的讨论都主要集中于一维变形行为，反映的是最方便最通俗的材料测试方法。但是，任何工程应用都是在三维空间中发生的，所受应力为多轴应力。因此，应该用非线性黏弹性模型进行结构分析，这也是将黏弹性理论推广至二维或三维空间的原因。

在塑性理论中熟知且很有价值的方法是将应力分成静水压力分量和偏量分量，分别对应体积应变和剪切应变。一般理论认为蠕变是由分子间相互穿梭产生剪切作用引起的，因此，可以认为蠕变只与偏应力有关。因此，偏应力 Σ' 可以通过从应力张量 Σ 中减掉静水压力分量得到

$$\Sigma' = \Sigma - \bar{\sigma}$$

这里 $\bar{\sigma}$ 为平均应力：

$$\bar{\sigma} = \frac{1}{3}(\sigma_{11} + \sigma_{22} + \sigma_{33})$$

公式右边的各项是应力张量的对角分量。因此，在主方向 Ⅰ，Ⅱ，Ⅲ 上应力偏量的对角分量表达式为

$$\frac{1}{3}(2\sigma_{\mathrm{I}} - \sigma_{\mathrm{II}} - \sigma_{\mathrm{III}})$$

在 Pao 与 Marin[6]早期的研究工作中，对于单轴蠕变方程（11.1），在三维拉伸情况下主方向上的应变表达式为

$$e_{\mathrm{I}} = \frac{1}{E}(\sigma_{\mathrm{I}} - \nu(\sigma_{\mathrm{II}} + \sigma_{\mathrm{III}})) + \frac{1}{2}(2\sigma_{\mathrm{I}} - \sigma_{\mathrm{II}} - \sigma_{\mathrm{III}})J_2^{(n-1)/2}(K(1 - \mathrm{e}^{-qt}) + Bt)$$

第一项表示弹性组分，第二项表示黏弹性组分。在后面那项，偏应力部分很明显。J_2 是一个与偏应力张量密切相关的标量不变量：

$$J_2 = \frac{1}{2}((\sigma_{\mathrm{I}} - \sigma_{\mathrm{II}})^2 + (\sigma_{\mathrm{II}} - \sigma_{\mathrm{III}})^2 + (\sigma_{\mathrm{III}} - \sigma_{\mathrm{I}})^2)$$

因此，J_2 与当量应力 $\sqrt{J_2}$ 相关。

这种基本方法已经被用于进行更精确的分析，Lai 与 Bakker[63]以及 Beijer 与 Spoormakerb[64]已经在商业有限元分析程序中（MARC）将 Schapery 模型的三维形式进行了应用。在这些公式中，假设体积响应是线弹性的，Schapery 积分定义的偏量项包括有效应力。Lai 与 Bakker 将他们的有限元方法用于高密度聚乙烯结构。例如，一个饮料瓶板条箱受到垂直载荷作用模拟堆积作用，产生的结果如图 11.18，用沿着载荷方向应力的形式表示，可以理想预测卷曲变形。

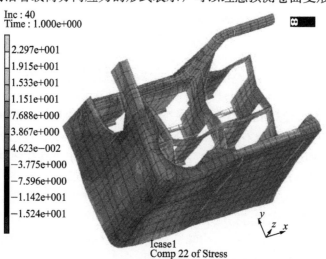

图 11.18　饮料瓶板条箱受到沿着 z 轴压缩载荷时的四分之一模型。等高线表示沿着 z 轴的法向应力，单位 MPa（Reproduced from Beijer, J. G. J. and Spoormakerb, J. L. (2002) Solution strategies for FEM analysis with nonlinear viscoelastic polymers. Computers & Structures，80，1213-1229. Copyright（2002）Elsevier Ltd）

Karamanou 等[65]用有限元方法对大应变进行模拟，模拟热压成型工艺，在热压成型工艺中，聚合物薄片通过空气压力产生膨胀。他们使用的模型包括超弹性组分和线性黏性组分。用薄壳分析法能够对吹塑成型薄膜进行理想预测。

包含非线性速率依赖性塑性单元的模型，如 Eyring 模型——因此称之为黏塑性模型——也已经被用于有限元分析过程。进一步讨论见第 12 章。

参 考 文 献

[1] Lockett, F. J. (1972) Non-Linear Viscoelastic Solids, Academic Press, London.

[2] Turner, S. (1966) The strain response of plastics to complex stress histories. Polym. Eng. Sci., 6, 306.

[3] Ferry, J. D. (1980) Viscoelastic Properties of Solids, John Wiley & Sons, New York, ISBN 0-471-04894-1.

[4] Lakes, R. S. (1999) Viscoelastic Solids, CRC Press, Boca Raton, Florida USA, ISBN 0-8493-9658-1.

[5] Pao, Y. H. and Marin, J. (1952) Deflection and stresses in beams subjected to bending and creep. J. Appl. Mech., 19, 478.

[6] Pao, Y. H. and Marin, J. (1953) An analytical theory of the creep deformation of materials. J. Appl. Mech., 20, 245.

[7] Marin, J. (1937) Design of members subjected to creep at high temperatures. J. Appl. Mech. Trans. ASME, 59, A21.

[8] Findley, W. N. and Khosla, G. (1955) Application of the superposition principle and theories of mechanical equation of state, strain, and time hardening to creep of plastics under changing loads. J. Appl. Phys., 26, 821.

[9] Nutting P. G. (1943) A general stress-strain-time formula. J. Franklin Inst., 235, 513.

[10] Dillard, D. A., Straight, M. R. and Brinson, H. F. (1987) The nonlinear viscoelastic characterization of graphite/epoxy composites. Polymer Engineering and Science, 27, 116 - 123.

[11] Van Holde, K. (1957) A study of the creep of nitrocellulose. J. Polym. Sci., 24, 417.

[12] Andrade, E. N. da C. (1910) On the viscous flow in metals, and allied phenomena. Proc. Roy. Soc. A, 84, 1.

[13] Plazek, D. J. (1960) Dynamic mechanical and creep properties of a 23% cellulose nitrate solution; Andrade creep in polymeric systems. J. Colloid. Sci., 15, 50.

[14] Wineman, A. (2009) Nonlinear viscoelastic solids—a review. Mathematics and Mechanics of Solids, 14, 300 - 366.

[15] Drapaca, C. S., Sivaloganathan, S. and Tenti, G. (2007) Nonlinear Constitutive Laws in Viscoelasticity. Mathematics and Mechanics of Solids, 12, 475 - 501.

[16] Smith, T. L. (1962) Nonlinear viscoelastic response of amorphous elastomers to constant strain rates. Trans. Soc. Rheol., 6, 61.

[17] Kitagawa, M., Mori, T. and Matsutani, T. (1989) Rate-dependent nonlinear constitutive equation of polypropylene. J. Polym. Sci. B, 27, 85.

[18] Leaderman, H. (1943) Elastic and Creep Properties of Filamentous Materials and Other High Polymers, Textile Foundation, Washington, DC.

[19] Findley, W. N. and Lai, J. S. Y. (1967) A modified superposition principle applied to creep of nonlinear viscoelastic material under abrupt changes in state of combined stress. Trans. Soc. Rheol., 11, 361 – 381.

[20] Pipkin, A. C. and Rogers, T. G. (1968) A non-linear integral representation for viscoelastic behaviour. J. Mech. Phys. Solids, 16, 59 – 72.

[21] Green, A. E. and Rivlin, R. S. (1957) The mechanics of non-linear materials with memory - Part I. Arch. Ration Mech. Anal., 1, 1 – 21.

[22] Haddad, Y. M. (1995) Viscoelasticity of Engineering Materials, Chapter 6, Chapman and Hall, London.

[23] Ward, I. M. and Onat, E. T. (1963) Non-linear mechanical behaviour of oriented polypropylene. J. Mech. Phys. Solids, 11, 217 – 219.

[24] Hadley, D. W. and Ward, I. M. (1965) Non-linear creep and recovery behaviour of polypropylene fibres. J. Mech. Phys. Solids, 13, 397 – 411.

[25] Lockett, F. J. (1965) Creep and stress-relaxation experiments for non-linear materials. Int. J. Eng. Sci., 3, 59 – 75.

[26] Gradowczyk, M. H. (1969) On the accuracy of the Green-Rivlin representation for viscoelastic materials. Int. J. Solids Structures, 5, 873 – 877.

[27] Brereton, M. G., Croll, S. G., Duckett, R. A. and Ward, I. M. (1974) Non-linear viscoelastic behaviour of polymers: an implicit equation approach. J. Mech. Phys. Solids, 22, 97 – 125.

[28] Yannas, I. V. and Haskell, V. C. (1971) Utility of the Green-Rivlin theory in polymer mechanics. J. Appl. Phys., 42 (2), 610 – 613.

[29] Mittal, R. K. and Singh, I. P. (1986) Time-dependent behavior of Nylon-6 under uniaxial and biaxial loadings at constant rate. Polym. Eng. Sci., 26, 318 – 325.

[30] Stafford, R. O. (1969) On mathematical forms for the material functions in nonlinear viscoelasticity. J. Mech. Phys. Solids, 17, 339 – 358.

[31] Drapaca, C. S., Sivaloganathan, S. and Tenti, G. (2007) Nonlinear constitutive laws in viscoelasticity. Mathematics and Mechanics of Solids, 12, 475 – 501.

[32] Kinder, D. F. and Sternstein, S. S. (1976) A path-dependent variable approach to non-linear viscoelastic behavior. Trans. Soc. Rheol., 20, 119-140.

[33] Dean, G., McCartney, L. N., Crocker, L. and Mera, R. (2009) Modelling long term deformation behaviour of polymers for finite element analysis. Plastics, Rubber and Composites, 38, 433 – 443.

[34] Martin, G. M., Roth, F. L. and Stiehler, R. D. (1956) Behavior of "pure gum" rubber

vulcanizates in tension. Trans. Inst. Rubber Ind. , 32, 189.

[35] Guth, E. , Wak, P. E. and Anthony, R. L. (1946) Significance of the equation of state for rubber. J. Appl. Phys. , 17, 347.

[36] Tobolsky, A. V. and Andrews, R. D. (1945) Systems manifesting superposed elastic and viscous behavior. J. Chem. Phys. , 13, 3.

[37] Leaderman, H. (1962) Large longitudinal retarded elastic deformation of rubberlike network polymers. Trans. Soc. Rheol. , 6, 361.

[38] Kitagawa, M. and Takagi, H. (1990) Nonlinear constitutive equation for polyethylene under combined tension and torsion. J. Polym. Sci. B, 28, 1943.

[39] Lui, M. C. M. and Krempl, E. (1979) A uniaxial viscoplastic model based on total strain and overstres. J. Mech. Phys. Solids, 27, 377.

[40] Zhang, C. and Moore, I. D. (1997) Nonlinear mechanical response of high density polyethylene. Part I: Experimental investigation and model evaluation. Polym. Eng. Sci. , 37, 404.

[41] Zhang, C. and Moore, I. D. (1997) Nonlinear mechanical response of high density polyethylene. Part Ⅱ: Uniaxial constitutive modeling. Polym. Eng. Sci. , 37, 414.

[42] Brusselle-Dupend, N. , Lai, D. , Feaugas, X. et al. (2003) Mechanical behavior of a semicrystalline polymer before necking. Part Ⅱ: Modeling of uniaxial behavior. Polym. Eng. Sci. , 43, 501 – 518.

[43] Schapery, R. A. (1966) A engineering theory of nonlinear viscoelasticity with applications. Int. J. Solids. Structures, 2, 407.

[44] Schapery, R. A. (1969) On the characterization of nonlinear viscoelastic materials. Polym. Eng. Sci. , 9, 295.

[45] Crook, R. A. (1993) Damage and the nonlinear viscoelastic response of glassy polycarbonate and LaRC-TPI. Polym. Eng. Sci. , 33, 56.

[46] Lai, J. and Bakker, A. (1995) An integral constitutive equation for nonlinear plasto-viscoelastic behavior of high-density polyethylene. Polym. Eng. Sci. , 35, 1339.

[47] Bernstein, B. , Kearsley, B. A. and Zapas, L. J. (1963) A study of stress relaxation with finite strain. Trans. Soc. Rheol. , 7, 391.

[48] Zapas, L. J. and Craft, T. (1965) Correlation of large longitudinal deformations with different strain histories. J. Res. Nat. Bur. Stand A. , 69, 541.

[49] McKenna, G. B. and Zapas, L. J. (1979) Nonlinear viscoelastic behavior of poly (methyl methacrylate) in torsion. J. Rheol. , 23, 151.

[50] McKenna, G. B. and Zapas, L. J. (1981) Response of carbon black filled butyl rubber to cyclic loading. Rubber Chemistry and Technology, 54, 718.

[51] Smart, J. and Williams, J. G. (1972) A comparison of single-integral non-linear viscoelasticity theories. J. Mech. Phys. Solids, 20, 313.

[52] Halsey, G. , White, H. J. and Eyring, H. (1945) Mechanical properties of textiles, I.

Text Res. J. , 15, 295.

[53] Sherby, O. D. and Dorn, J. B. (1958) Anelastic creep of polymethyl methacrylate. J. Mech. Phys. Solids, 6, 145.

[54] Mindel, M. J. and Brown, N. (1973) Creep and recovery of polycarbonate. J. Mater. Sci. , 8, 863.

[55] Wilding, M. A. and Ward, I. M. (1978) Tensile creep and recovery in ultrahigh modulus linear polyethylenes. Polymer, 19, 969; Creep and recovery of ultrahigh modulus polyethylene. Polymer, 22, 870 (1981) .

[56] Roetling, J. A. (1965) Yield stress behaviour of polymethylmethacrylate. Polymer, 6, 311.

[57] Bauwens-Crowet, C. , Bauwens, J. C. and Homès, G. (1969) Tensile yield-stress behavior of poly (vinyl chloride) and polycarbonate in the glass transition region. J. Polymer Sci. A2, 7, 735.

[58] Robertson, R. E. (1963) On the cold-drawing of plastics. J. Appl. Polymer Sci. , 7, 443.

[59] Guiu, F. and Pratt, P. L. (1964) Stress relaxation and the plastic deformation of solids. Phys. Status Solidi, 6, 111.

[60] Escaig, B. (1982) Kinetics and thermodynamics of plastic flow in polymeric glasses, in Plastic Deformation of Amorphous and Semi-Crystalline Materials, (eds B. Escaig and C. G'Sell), Les'Editions de Physique, Les Ulis, France, pp. 187 - 225.

[61] Sweeney, J. and Ward, I. M. (1990) A unified model of stress relaxation and creep applied to oriented polyethylene. J. Mater. Sci. , 25, 697 - 705.

[62] Sweeney, J. , Shirataki, H. , Unwin, A. P. and Ward, I. M. (1999) Application of a necking criterion to PET fibers in tension. J. Appl. Polym. Sci. , 74, 3331 - 3341.

[63] Lai, J. and Bakker, A. (1996) 3-D schapery representation for non-linear viscoelasticity and finite element implementation. Computational Mechanics, 18, 182-191.

[64] Beijer, J. G. J. and Spoormakerb, J. L. (2002) Solution strategies for FEM analysis with nonlinear viscoelastic polymers. Computers & Structures, 80, 1213 - 1229.

[65] Karamanou, M. , Warby, M. K. and Whiteman, J. R. (2006) Computational modelling of thermoforming processes in the case of finite viscoelastic materials. Computer Methods in Applied Mechanics and Engineering, 195, 5220.

其他参考资料

Brinson, H. F. and Brinson, L. C. (2008) Polymer Engineering Science and Viscoelasticity: An Introduction, Springer, New York.

Shaw, M. T. and MacKnight, W. J. (2005) Introduction to Polymer Viscoelasticity, 3rd edn, John Wiley and Sons, Ltd, Hoboken, New Jersey.

第 12 章　聚合物的屈服与失稳行为

如第 11 章末已经观察到的，以 Eyring 模型为代表的聚合物非线性行为，会产生类似于屈服的现象。所观察到的最大应力可以作为屈服应力处理，虽然公式 (11.41) 表明屈服应力依赖于应变速率。Wineman 与 Waldron[1] 指出模拟聚合物屈服行为的方法有两种：应用非线性黏弹性或直接用金属塑性。Eyring 模型是前一种方法的典型例子。描述塑性的相对简单理论，没有速率依赖性，在金属领域是适用的。这些理论包括塑性理论的经典概念，对于聚合物材料仍然是有效的，例如，应变速率变化较小的情况下。

与屈服相关的是聚合物的不稳定性。在拉伸过程中试样产生颈缩就是失稳的例子，这是由材料潜在的屈服特性引起的。屈服时应力会到达最大值，然后试样应变会继续增大，但是应力不增加——失稳状态。应该注意到屈服与失稳本质上是不同的现象，屈服是材料的本质特性，而失稳是受载物体几何形状和加载条件的函数。

屈服行为受到很多不同参数的影响。第一，已经公认塑性的经典概念与聚合物成型、滚压和拉伸过程有关；第二，人们对聚合物的"滑移带"和"扭结带"开展了大量重要的试验研究，结果表明聚合物的变形过程可能与结晶材料，如金属和陶瓷的变形行为类似。最后，很明显人们发现了不同的屈服点，在聚合物科学领域参照其他的方法对这些屈服点进行理解是很有意义的。

本章的首要任务是讨论经典塑性理论与聚合物屈服行为之间的关系。虽然屈服行为是有温度和应变速率依赖性的，但结果表明只要测试条件设置得合理，是可以测得能满足传统屈服准则的屈服应力的。温度和时间依赖性通常掩盖了屈服行为的普适性。例如，人们可能得出结论，一部分聚合物会表现出颈缩和冷拉，而其他聚合物是脆性的，会产生突然断裂。但是另一类聚合物（橡胶）会产生同步伸长直至断裂。很重要的一点是在通常情况下，根据不同的测试条件（图 13.1），聚合物会表现出所有的力学行为，与它们的化学性质和物理结构无关。因此，屈服行为的解释，可能涉及微晶破碎、片晶滑移或无定形结构运动，与特定聚合物种类有关。例如，对于线性黏弹性行为或橡胶弹性行为，必须先解释相关现象学特征，然后确定合适的可测量参数，最后找出本构关系的分子学解释。

12.1   关于拉伸试验中载荷-伸长率曲线的讨论

在拉伸试验中，屈服现象最显著的结果是产生颈缩或者变形带，如图 12.1，可以看出塑性变形完全或者主要集中在试样的小区域范围内。塑性变形的本质取决于试样几何和施加应力的类型，将在后面章节中进行更全面的讨论。

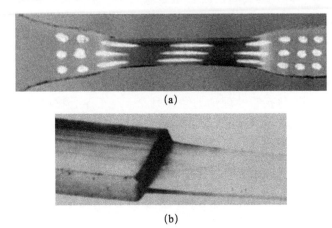

图 12.1   (a) 各向同性聚丙烯与 (b) 取向聚乙烯在拉伸过程中形成的颈缩现象照片

特征性颈缩与冷拉行为如下。在试样最初拉伸时，会产生均匀变形，因此传统的载荷-伸长量曲线中载荷随着伸长率的增加而稳定变大（图 12.2 AB 段）。在点 B 处试样开始变细，在某个位置截面积变小，就形成了颈缩。继续伸长会导致载荷下降。继续拉伸会导致颈缩位置沿着试样延伸，试样会从最初截面往拉伸截面逐渐变细。有限伸长比或自然伸长比是聚合物变形的一个重要方面，将在 12.6 节中进行讨论。聚合物的韧性行为不一定会得到稳定的颈缩现象，因此，产生颈缩与冷拉的条件需要进一步讨论。

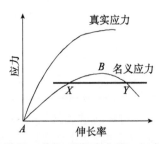

图 12.2   名义应力-伸长率曲线（载荷-伸长率曲线）与真实应力-伸长率曲线对比图

12.1.1　颈缩与极限应力

正确区分名义应力与真实应力是十分重要的，名义应力是变形过程中任何时间下的载荷除以试样的初始截面积，而真实应力是载荷除以对应时间下的实际截面积。试样的截面积随着试样伸长而减小，因此，真实应力可能会增加，即使表观或传统应力或载荷保持不变甚至减小。Nadai[2]与 Orowan[3]对这一现象已经进行了细致讨论。

考虑韧性材料的常规应力-应变曲线或载荷伸长率曲线（图 12.2）。纵坐标表示名义应力，等于载荷 P 除以试样的初始截面积 A_0：

$$\sigma_a = P/A_0$$

这样得到了图中显示的应力-应变曲线。在试样停止均匀伸长的时间点，载荷达到最大值。在这一伸长量之后，试样开始颈缩，导致载荷下降，如应力-应变曲线最后一段所示。最终试样在颈缩后的最窄部位发生断裂。

实际上，有必要绘制任何伸长量下的真实拉伸应力曲线而不是名义应力曲线 σ_a。真实应力可以通过公式 $\sigma = P/A$ 进行计算，这里 A 为任意时间下的实际截面积。现在假设，通常对于塑性变形，变形过程中总体积是恒定的。那么，存在 $Al = A_0 l_0$，如果设定 $l/l_0 = \lambda$，这里 λ 为伸长率，

$$A = \frac{A_0\, l_0}{l} = \frac{A_0}{\lambda}$$

那么真实应力可以通过下列公式进行计算：

$$\sigma = \frac{P}{A} = \frac{\lambda P}{A_0} = \lambda \sigma_a \tag{12.1}$$

因此，如果知道 σ_a，那么真实应力与 λ 的函数关系式，也就是真实应力-应变曲线就可以通过计算得到。名义应力-应变曲线与真实应力-应变曲线对比如图 12.2所示。

对名义应力的考虑会引导人们对颈缩产生的力学失稳进行深入研究。对于一个起初均匀截面的拉伸试样，载荷均匀确保了名义应力 σ_a 在长度方向都是相同的。因此，当应力 σ_a 与伸长率 λ 关系曲线存在最大值时，如图 12.2 所示，在相同的应力下，同时存在一个小应变点（X 点）和一个大应变点（Y 点）。点 X 对应试样的未颈缩区域，点 Y 对应颈缩起始的某个区域。如果试样经拉伸至相同的伸长率而不产生颈缩，在应变点 X 与 Y 之间的某个位置应变将是恒定的。很明显这个应变状态对应的名义应力高于直线 XY 大小，因此，对应的应变能也高于颈缩试样的应变能。在此基础上，将首选颈缩状态进行讨论，因为其对应较低的应变能。

上述讨论是基于假设应力-应变曲线能够完全定义材料性能。而实际上，由

于聚合物应力依赖于应变速率，而且因为颈缩会伴随着局部的应变速率增加，问题会变得更加复杂。应力对应变速率的严重依赖会阻止颈缩现象发生，即使名义应力已经到达最大值；应力最大值的存在是颈缩的必要条件，但不是充分条件。Sweeney 等[4]已经对速率依赖性材料的颈缩行为进行了讨论。

能量/平衡理论的另一方面，一开始看似有问题，是探索材料如何从未颈缩状态 X 点拉伸至颈缩状态 Y 点而不破坏平衡的。很明显，中间应变状态（图 12.2）比 X 点和 Y 点具有较高的名义应力。然而，随着颈缩现象的发展，材料从一个状态进入另一个状态，截面积变得不均匀，因此，真实应力沿着颈缩方向变化。于是平衡方程表明拉伸过程中存在剪切应力，因此，材料不再处于单轴应力或应变状态。所以，材料中间过渡状态应力-应变曲线无法在图 12.2 中体现。法向应力和剪切应力的结合状态是为了维持平衡。Vincent[5]对这一理论进行了解释，人们对金属材料的相关研究已经体现了颈缩部分应力场分布的复杂性[6]。

用数学形式表示，能够产生颈缩的应力最大值为

$$\frac{\mathrm{d}\,\sigma_a}{\mathrm{d}\lambda} = 0 \tag{12.2}$$

这一公式可以用真实应力 σ 的形式进行重新表示。根据公式（12.1），公式（12.2）可以写成

$$\frac{\mathrm{d}}{\mathrm{d}\lambda}\left(\frac{\sigma}{\lambda}\right) = 0$$

这样变成

$$\frac{1}{\lambda}\frac{\mathrm{d}\sigma}{\mathrm{d}\lambda} - \frac{\sigma}{\lambda^2} = 0$$

于是

$$\frac{\mathrm{d}\sigma}{\mathrm{d}\lambda} = \frac{\sigma}{\lambda} \tag{12.3}$$

公式（12.3）定义了真实应力-应变曲线的几何条件，对应 Considère 的简单方程如图 12.3。在伸长率轴上 $\lambda = 0$ 的位置对真实应力-应变曲线作切线，通过正切 $\mathrm{d}\sigma/\mathrm{d}\lambda$ 值可以得到极限应力大小。图 12.3 中的角度 α 定义为

$$\tan\alpha = \frac{\mathrm{d}\sigma}{\mathrm{d}\lambda}$$

因为极限应力是决定聚合物在拉伸过程中是产生颈缩还是冷拉的关键因素，所以，极限应力对聚合物的影响比对金属材料的意义更大。

这一阶段理论的重要性与塑料在韧性状态下的断裂有关。Orowan[3]首先指出韧性材料的极限应力完全取决于应力-应变曲线，例如，由材料的

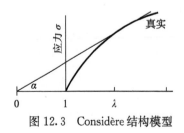

图 12.3　Considère 结构模型

塑性行为决定，与其断裂性能无关，只要在载荷达到最大值前不发生断裂，也就是 $d\sigma/d\lambda = \sigma/\lambda$。因此，屈服应力对于很多塑料材料是一个重要性能，对于材料力学行为的实际应用限制比断裂应力更有意义，除非塑料在屈服前发生脆性断裂。

12.1.2　颈缩与冷拉：现象学讨论

如图 12.4，对于一个典型的冷拉聚合物材料，其名义应力-应变曲线存在四个明显不同的区域。

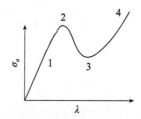

图 12.4　颈缩拉伸试样的名义应力-应变曲线图

（1）在曲线最初阶段，应力随着施加应变的增加呈近似线性增加。

（2）名义应力达到最大值。随后应力减小，开始产生颈缩。图 12.4 中这一点的应变对应颈缩产生的中心位置。

（3）名义应力达到最小值。这一点的应变对应自然伸长率。在拉伸过程中，应力会近似保持在这一恒定水平一段时间，由于颈缩会沿着试样扩展，试样继续被拉伸——这一现象被称为"稳定颈缩"。

（4）试样尺寸有限，因此在某个阶段，颈缩扩展至整个试样——于是到达拉伸试样两端的夹具位置。进一步拉伸会导致应变增加，同样，名义应力也会增加，这时分子链被拉长了——根据现象学定义，这个过程可以被定义为"应变硬化"。

在某些材料中，尤其是金属材料，不存在最小值区域 3，应力会持续减小。不存在稳定颈缩过程，试样的工作段被持续拉伸变细直到断裂。

上述提到的最大值，如区域 2 对应公式（12.2）。这一条件只涉及名义应力，真实应力是否存在最大值至今还没有物理理论据具体说明。人们发现真实应力是否存在最大值，主要取决于聚合物种类和测试条件，这在 Amoedo 与 Lee[7] 的研究中做了详细说明。图 12.5 给出了两组拉伸真实应力-应变曲线，一组是聚碳酸酯的数据，另一组是聚丙烯的数据。可以看出聚碳酸酯明显存在应力最大值，同样很明显聚丙烯不存在应力最大值。这一结果的重要意义是对无定形聚合物（聚碳酸酯）和半结晶聚合物（聚丙烯）进行了对比。

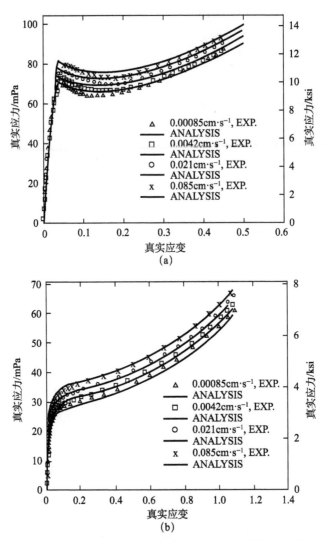

图 12.5　室温下聚碳酸酯（a）与聚丙烯（b）的真实应力-应变曲线（译者注：1ksi＝6.89476×
10^6 Pa）（Reproduced from Amoedo，J. and Lee，D.（1992）Modeling the uniaxial rate and
temperature dependent behavior of amorphous and semi-crystalline polymers. Polym.
Eng. Sci.，32，1055-1065. Copyright（1992）John Wiley & Sons，Ltd）

　　有两种方法可以引起颈缩。第一，试样的横截面不均匀，可能是由缺陷引起
的，有效截面积最小的部分将会承受最大真实应力，因此，将会比试样上的其他
部分提前到达屈服点。第二，材料性能波动可能会造成某一部分屈服应力局部降
低，因此这一部分在较低载荷下就到达屈服点。而且当这一部分到达屈服点后，
更容易继续产生完全变形，因为其流动刚度比周围材料低。因此，试样的进一步

变形只是某一区域应变造成的，同样会出现颈缩现象。

12.1.3 Considère 表达式的应用

与上述描述名义应力-应变曲线的四个区域一样，对真实应力也可以进行相同的描述。区域 2 和区域 3 中对应的最大值和最小值用应力应变曲线的正切值代替，与公式（12.3）对应。如图 12.6，从 $\lambda = 0$ 位置对真实应力-应变曲线画了两条正切线。通过图中可以看出，正切线 $\dfrac{d\sigma}{d\lambda}$ 的斜率与公式（12.3）中一致。区域 1~4 同样与图 12.4 中的四个区域相对应。如果曲线是这种类型的，就能够对区域 2 做正切线，聚合物就存在颈缩的可能；区域 3 正切线的存在表明聚合物具有稳定颈缩和冷拉的可能性。通过图 12.4 名义应力-应变曲线中最大值和最小值的出现可以做出类似的推断。

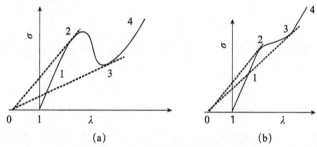

图 12.6 Considère 正切。（a）真实应力存在最大值，而（b）中不存在最大值

如图 12.7（a），曲率一直变大的应力-应变曲线就不存在 Considère 正切。在图 12.7（b）中，可以做一条正切线，这一点对应颈缩，但是不存在第二条正切线，也就是没有稳定颈缩阶段。能够产生颈缩然后应变硬化和稳定颈缩现象的典型聚合物行为都与图 12.6 的曲线类似。

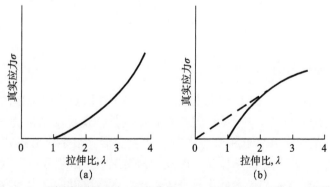

图 12.7 不同类型的应力-应变曲线。（a）不存在 Considère 正切线；
（b）只能画出一条正切线，对应颈缩起始位置

12.1.4　屈服应力的定义

屈服应力最简单的定义是在施加应力过程中，能够产生永久应变的最小应力。虽然这样定义对于金属材料是合理的，因为金属材料弹性可回复变形与塑性不可回复形变之间存在明显差异。但是在聚合物材料中，差别并不这么明显。在很多情况下，如上述讨论的拉伸试验，屈服对应载荷-伸长率曲线上的载荷最大值。于是屈服应力可以被定义为最大载荷下的真实应力，如图 12.8（a）。由于屈服应力是在相对较小的伸长率下得到的，通常情况下，用屈服应力的工程定义即可满足使用需求，即载荷最大值除以初始截面积。

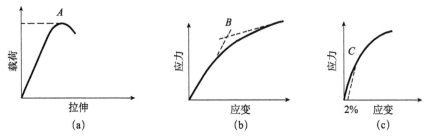

图 12.8　（a）屈服应力定义为 A 点处的载荷除以试样的截面积；
（b）屈服应力定义为 B 点处的应力；（c）屈服应力定义为 C 点处的应力

在某些情况下，不存在明显的载荷下降，于是需要重新定义屈服应力。其中一种方法是取载荷-伸长率曲线上起始部分和末尾部分的切线交点所对应的应力值，如图 12.8（b）。

还有一种方法是先定义应力-应变曲线上起点处的斜率直线，然后在应变为 2‰处画该直线的平行线。这条平行线与应力应变曲线的交点就定义为偏移应力或弹性极限应力，这一应力被认为就是屈服应力，如图 12.8（c）。

12.2　理想塑性行为

12.2.1　屈服准则：概述

最简单的塑性理论不考虑时间变量，并忽略了屈服点之前发生的所有特征行为。换句话说就是假设了一种硬-塑性材料，其拉伸情况下的应力-应变关系如图 12.9所示。施加应力小于屈服应力时不产生变形。很多应力形式都可以导致材料产生屈服，不仅仅是简单拉伸。因此通常情况下，必须假设屈服条件依赖于某个三维应力场函数。在笛卡儿坐标系下，这个函数可以用应力的六个分量进行定义，即 σ_{11}，σ_{22}，σ_{33}，σ_{12}，σ_{23} 以及 σ_{31}。但是，这些分量的数值大小取决于坐标系的取向，关键是屈服准则与研究者的选择角度无关；屈服准则随着坐标系的改变必须保持不变，通常用主应力进行表示比较方便。如果材料本身屈服与应力方向无关——也就是说如果材料是各向同性的——那么屈服准则就只是主应力的函数：

$$f(\sigma_{\mathrm{I}}, \sigma_{\mathrm{II}}, \sigma_{\mathrm{III}}) = 常数$$

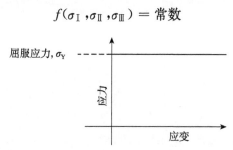

图 12.9 一种理想硬-塑性材料的应力-应变关系

12.2.2 Tresca 屈服准则

最早提出金属材料屈服准则的是 Tresca 理论，就是当最大剪切应力达到临界值时材料就会发生屈服[8]，

$$\sigma_{\mathrm{I}} - \sigma_{\mathrm{III}} = 常数$$

且 $\sigma_{\mathrm{I}} > \sigma_{\mathrm{II}} > \sigma_{\mathrm{III}}$ 。

用于金属单晶屈服行为研究的一种类似的方法是 Schmid 临界分解剪切应力法则[9]。

12.2.3 Coulomb 屈服准则

Tresca 屈服准则假设临界剪切应力与产生屈服的平面上的法向压力无关。虽然这一假设对于金属材料是有效的，但是探讨 Coulomb 屈服准则用于聚合物材料的可行性更有价值[10]，Coulomb 屈服准则表明在任何平面内产生屈服行为的临界剪切应力 τ 随着这个平面上的法向应力线性变化，也就是

$$\tau = \tau_{\mathrm{c}} - \mu \sigma_{\mathrm{N}} \tag{12.4}$$

Coulomb 屈服准则本来是针对土壤的失效行为提出的，τ_{c} 被定义为"内聚力"，μ 是内摩擦系数。对于压缩应力，σ_{N} 值为负值，因此，在任何平面内产生屈服行为的临界剪切应力 τ 随着施加在该平面法向上的压力线性增加。

于是 Coulomb 屈服准则通常写成

$$\tau = \tau_{\mathrm{c}} - \tan\phi \, \sigma_{\mathrm{N}} \tag{12.5}$$

这里，μ 被替代成 $\tan\phi$，原因也很明确。

现在讨论在一压缩应力 σ_1 下的单轴压缩行为。在这种情况下，产生屈服行

为的平面法向方向与施加应力 σ_1 的方向呈 θ 角，如图 12.10 所示。

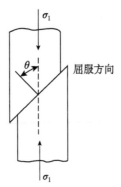

图 12.10　当材料遵循 Coulomb 屈服准则时，在压缩应力 σ_1 下的屈服方向

剪切应力为 $\tau_1 = \sigma\sin\theta\cos\theta$，法向应力 $\sigma_N = -\sigma_1\cos^2\theta$。当满足下列关系时，材料会产生屈服：

$$\sigma_1\sin\theta\cos\theta = \tau_c + \sigma_1\tan\phi\,\cos^2\theta$$

也就是

$$\sigma_1(\sin\theta\cos\theta - \tan\phi\,\cos^2\theta) = \tau_c$$

为了使产生屈服行为的应力 σ_1 达到最小值，必须得到 $(\sin\theta\cos\theta - \tan\phi\cos^2\theta)$ 的最大值，于是得到

$$\tan\phi\tan2\theta = -1 \quad 或 \quad \theta = \frac{\pi}{4} + \frac{\phi}{2} \tag{12.6}$$

因此，$\tan\phi$ 定义了屈服方向，相反，屈服方向可以用于定义角度 ϕ，这里 $\tan\phi$ 为摩擦系数。如果应力 σ_1 为拉伸应力，角度 θ 可以表示为

$$\theta = \frac{\pi}{4} - \frac{\phi}{2}$$

可以看出，Coulomb 屈服准则不仅定义了屈服行为发生的应力条件，而且定义了材料变形的方向。当变形带形成时，变形带的方向既不是塑性变形引起的旋转方向也不是扭转方向，因为取向代表变形带方向，并证实了变形带中的变形部分与其他未变形部分的材料连续性。如果体积是守恒的，那么在简单剪切行为中变形带方向就是剪切方向（通过定义剪切应变）。因此，对于 Coulomb 屈服准则，变形带方向通过公式（12.6）进行定义。

12.2.4　von Mises 屈服准则

von Mises 屈服准则[11]假设屈服行为与静水压力无关，且在简单拉伸与压缩应力作用下屈服应力是相同的。最简单的方法是用主应力分量表示，可以得到

$$(\sigma_{\mathrm{I}} - \sigma_{\mathrm{II}})^2 + (\sigma_{\mathrm{II}} - \sigma_{\mathrm{III}})^2 + (\sigma_{\mathrm{III}} - \sigma_{\mathrm{I}})^2 = 常数 \tag{12.7}$$

公式（12.7）中的常数项可以用单轴拉伸试验中屈服应力 σ_Y 表示。那么可以指定值 $\sigma_{\mathrm{I}} = \sigma_Y$，$\sigma_{\mathrm{II}} = \sigma_{\mathrm{III}} = 0$，公式右边的常数等于 $2\sigma_Y^2$。

以更加准确的形式，von Mises 屈服准则假设屈服准则只依赖于偏应力张量分量，偏应力张量分量通过将总应力张量扣除静水压力分量得到。以主应力分量的形式表示偏应力张量为

$$\begin{bmatrix} \sigma_{\mathrm{I}}' & 0 & 0 \\ 0 & \sigma_{\mathrm{II}}' & 0 \\ 0 & 0 & \sigma_{\mathrm{III}}' \end{bmatrix} = \begin{bmatrix} \sigma_{\mathrm{I}} + p & 0 & 0 \\ 0 & \sigma_{\mathrm{II}} + p & 0 \\ 0 & 0 & \sigma_{\mathrm{III}} + p \end{bmatrix}$$

这里 $p = -\frac{1}{3}(\sigma_{\mathrm{I}} + \sigma_{\mathrm{II}} + \sigma_{\mathrm{III}})$，代表静水压力。那么 von Mises 屈服准则可以写成

$$\sigma_{\mathrm{I}}'^2 + \sigma_{\mathrm{II}}'^2 + \sigma_{\mathrm{III}}'^2 = 常数 \tag{12.8}$$

von Mises 屈服准则通常以八面体剪切应力 τ_{oct} 的形式表示为

$$\tau_{\mathrm{oct}} = \frac{1}{3}\left\{(\sigma_{\mathrm{I}} - \sigma_{\mathrm{II}})^2 + (\sigma_{\mathrm{II}} - \sigma_{\mathrm{III}})^2 + (\sigma_{\mathrm{III}} - \sigma_{\mathrm{I}})^2\right\}^{\frac{1}{2}}$$

得到的屈服准则为 $\tau_{\mathrm{oct}} = 常数$。

在任意的 1-2-3 坐标系下，屈服准则用恒定式表示为

$$(\sigma_{11} - \sigma_{22})^2 + (\sigma_{22} - \sigma_{33})^2 + (\sigma_{33} - \sigma_{11})^2 + 2(\sigma_{12}^2 + \sigma_{23}^2 + \sigma_{31}^2) = 常数 \tag{12.9}$$

可以看到，Coulomb 屈服准则不仅定义了屈服所需应力大小而且定义了材料变形的方向。对于 von Mises 屈服准则，需要对这一理论进行进一步发展以预测塑性变形开始的方向。

认识到塑性行为在本质上不同于弹性行为是十分重要的。在弹性行为中，应力与应变之间存在特定关系，并用模量或刚度常数进行定义。一旦得到了理想刚性-塑性材料中产生屈服行为所需的应力组合式，那么不改变应力也可以继续产生变形，且变形量可以通过外部夹具的移动进行测定，例如，在拉伸试验中用引伸计两端位移确定。这就意味着应力与总塑性变形之间不存在特定关系。相反，应力与塑性变形增量确实存在一确定关系，这一观点是由 St Venant 首次提出的，他表明对于一种各向同性材料，应变增量的主轴与应力主轴是平行的。

如果假设材料在屈服行为发生后仍然保持各向同性，那么应变与变形或应力历史无关。此外，如果假设屈服行为与应力的静水压力分量无关，那么应变增量主轴平行于偏应力张量主轴。

Levy[12] 与 von Mises[11] 分别提出了应变增量张量的主分量表达式：

$$\begin{bmatrix} \mathrm{d}e_{\mathrm{I}} & 0 & 0 \\ 0 & \mathrm{d}e_{\mathrm{II}} & 0 \\ 0 & 0 & \mathrm{d}e_{\mathrm{III}} \end{bmatrix}$$

偏应力张量为

$$\begin{bmatrix} \sigma'_{\text{I}} & 0 & 0 \\ 0 & \sigma'_{\text{II}} & 0 \\ 0 & 0 & \sigma'_{\text{III}} \end{bmatrix}$$

二者是成比例的，也就是

$$\frac{\mathrm{d}e_{\text{I}}}{\sigma'_{\text{I}}} = \frac{\mathrm{d}e_{\text{II}}}{\sigma'_{\text{II}}} = \frac{\mathrm{d}e_{\text{III}}}{\sigma'_{\text{III}}} = \mathrm{d}\lambda \tag{12.10}$$

这里 $\mathrm{d}\lambda$ 不是材料常数，而是通过对材料变形程度的测量来确定的，例如，通过引伸计两夹持端的位移确定。

每个应力偏量可以重新写成

$$\sigma'_{\text{I}} = \sigma_{\text{I}} + p$$
$$\sigma'_{\text{II}} = \sigma_{\text{II}} + p$$
$$\sigma'_{\text{III}} = \sigma_{\text{III}} + p$$

将它们求和，得到

$$\sigma'_{\text{I}} + \sigma'_{\text{II}} + \sigma'_{\text{III}} = \sigma_{\text{I}} + \sigma_{\text{II}} + \sigma_{\text{III}} - 3 \times \frac{1}{3}(\sigma_{\text{I}} + \sigma_{\text{II}} + \sigma_{\text{III}}) = 0$$

通过公式 (12.10)，可以得到以下三个关系式：

$$\sigma'_{\text{I}} = \frac{\mathrm{d}e_{\text{I}}}{\mathrm{d}\lambda}, \quad \sigma'_{\text{II}} = \frac{\mathrm{d}e_{\text{II}}}{\mathrm{d}\lambda}, \quad \sigma'_{\text{III}} = \frac{\mathrm{d}e_{\text{III}}}{\mathrm{d}\lambda}$$

进行加和，可以得到

$$\sigma'_{\text{I}} + \sigma'_{\text{II}} + \sigma'_{\text{III}} = \frac{\mathrm{d}e_{\text{I}} + \mathrm{d}e_{\text{II}} + \mathrm{d}e_{\text{III}}}{\mathrm{d}\lambda}$$

于是可以得到：$\mathrm{d}e_{\text{I}} + \mathrm{d}e_{\text{II}} + \mathrm{d}e_{\text{III}} = 0$，这是在恒定体积下产生的形变。

对于主轴以外的其他应力-应变关系，可以得到

$$\mathrm{d}e_{ij} = \sigma'_{ij}\mathrm{d}\lambda \quad (i,j = 1,2,3)$$

也就是

$$\frac{\mathrm{d}e_{11}}{\mathrm{d}\sigma'_{11}} = \frac{\mathrm{d}e_{22}}{\mathrm{d}\sigma'_{22}} = \frac{\mathrm{d}e_{33}}{\mathrm{d}\sigma'_{33}} = \frac{\mathrm{d}e_{23}}{\mathrm{d}\sigma'_{23}} = \frac{\mathrm{d}e_{31}}{\mathrm{d}\sigma'_{31}} = \frac{\mathrm{d}e_{12}}{\mathrm{d}\sigma'_{12}} = \mathrm{d}\lambda$$

这些公式被称为 Levy-Mises 公式。

12.2.5　Tresca、von Mises 与 Coulomb 屈服准则的几何表达

如果假设材料是各向同性的，那么 σ_{I}，σ_{II}，σ_{III} 是可以互换的，这表明如果用主应力的形式表示，Tresca 与 von Mises 屈服准则可以表示成很简单的解析公式。因此，屈服准则在主应力空间内形成表面，在主应力空间内笛卡儿直角坐标轴平行于主应力方向。距离坐标原点比屈服表面近的这些点不会产生屈服的应力组

合；而在屈服表面上或者屈服表面以外的点表示能够产生屈服行为的应力组合。

由于屈服准则与应力的静水压力分量无关，可以分别用 $\sigma_{\text{I}}+p$，$\sigma_{\text{II}}+p$，$\sigma_{\text{III}}+p$ 代替 σ_{I}，σ_{II}，σ_{III}，而不影响与屈服有关的材料状态。因此，如果在主应力空间内的点（σ_{I}，σ_{II}，σ_{III}）位于屈服表面上，那么点（$\sigma_{\text{I}}+p$，$\sigma_{\text{II}}+p$，$\sigma_{\text{III}}+p$）也在该平面上。这表明屈服表面一定平行于 {111} 方向，如图 12.11 所示。材料各向同性表明 σ_{I}，σ_{II} 与 σ_{III} 相等，因此，截面沿着 {111} 对称轴具有三重对称结构。如果假设拉伸和压缩作用下的屈服行为是相同的，那么 σ_{I} 与 $-\sigma_{\text{I}}$ 必然是相等的，其他结果类似，因此，最终可以得到沿着 {111} 对称轴的六重对称结构。这种现象在图 12.11 中 Tresca 屈服表面上十分明确。

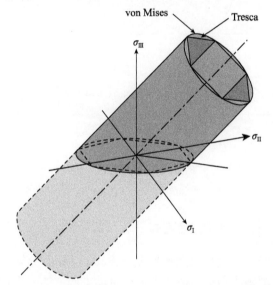

图 12.11　主应力空间内，Tresca 与 von Mises 屈服表面

12.2.6　复合应力态

在二维情况下对复合应力态进行分析，Mohr 圆周图表是比较有效的（见标准文件 [13]），法向应力沿着轴 1 方向，剪切应力沿着轴 2 方向，因此 Mohr 圆周代表了一种应力状态，上面的每个点表示一个特定平面上的应力。法向平面方向通过主应力方向得到，方法是在实空间内顺时针旋转 θ 角，对应 Mohr 圆周空间内逆时针旋转 2θ 角。在图 12.12（a）中，两种产生屈服的应力状态主应力分别为 σ_1 和 σ_2，σ_3 和 σ_4，用两个半径相同的圆表示，这两个圆与屈服表面相切。这种情况下的屈服准则被认为是 Tresca 准则，屈服表面在二维情况下退化为两条平行于法向应力轴的直线。

满足 Coulomb 屈服准则，能够使材料产生屈服的两种应力状态如图 12.12（b）

中 σ_5 和 σ_6，σ_7 和 σ_8。在这种情况下，屈服应力取决于法向应力（或反向法向应力），因此，Mohr 圆周直径会随着施加应力大小发生变化，随着施加的压缩应力场变大而增加。两个 Mohr 圆的正切线代表 Coulomb 屈服表面，随着法向拉应力变大，临界剪切屈服应力变小。可以看到，这些切线与法向应力轴呈 ϕ 夹角，而 $\tan\phi$ 为摩擦系数，如 12.2.3 节中定义。

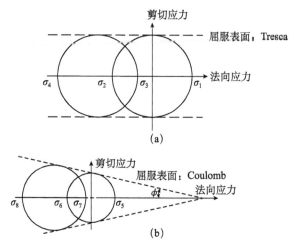

图 12.12　两种应力状态下的 Mohr 圆周图，导致材料产生屈服分别满足
（a）Tresca 屈服准则和（b）Coulomb 屈服准则

12.2.7　各向异性材料的屈服准则

各向异性材料的一个简单屈服准则是 Schmid[14] 临界分解切应力准则，与晶体滑动有关。这一准则表明，当滑动平面内滑动方向上的分解切应力到达临界值时，就会产生屈服。虽然这一准则在金属材料塑性行为研究中广泛应用，但在聚合物材料中应用有限。

Hill[15] 针对 von Mises 准则在各向异性材料中的应用进行了普适化。各向异性是针对材料中某些特定轴定义的，在正交各向异性材料中，这些轴是相互垂直的。那么，可以选择一个平行于正交各向异性方向的 1-2-3 轴系，并用这个坐标系内的应力来定义屈服准则。这样能够避免使用主应力，由于主应力方向通常与正交各向异性方向不重合。因此，Hill's 准则是公式（12.9）的归纳：

$$F(\sigma_{22}-\sigma_{33})^2 + G(\sigma_{33}-\sigma_{11})^2 + H(\sigma_{11}-\sigma_{22})^2 + 2(L\sigma_{23}^2 + M\sigma_{31}^2 + N\sigma_{12}^2) = 1$$

$$(12.11)$$

这里 F，G，H，L，M 及 N 为定义各向异性的材料参数。当这些参数都等于 1 时，这一准则就可以简化成 von Mises 准则。很明显，根据这一准则得到的拉伸屈服应力取决于应力方向。这个准则最近被 Van Dommelen 与 Meijer[16] 用于颗粒填充聚合物材料研究，他们用方向依赖性屈服应力来拟合他们的模型。

12.2.7.1 背应力与 Bauschinger 效应

当一种聚合物优先在某个方向取向时，发现沿着取向方向的拉伸屈服应力大于在其他方向的屈服应力，也大于压缩屈服应力。后一现象被称为 Bauschinger 效应，很多年前对于玻璃化和半结晶取向聚合物就已经发现了这种效应，如 Brownet 等[17]和 Duckett 等[18] 阐述的。为了表示这一效应，并改进屈服各向异性的研究方法，Brown 等[17]提出了内应力或背应力 σ_i 概念。内应力或背应力可以被认为是材料中的压应力，用于平衡分子链在拉伸方向伸长产生的张力，压应力在拉伸屈服过程开始前是必须被克服的。内应力的提出是对 Hill 准则的修正，对于一种在 1 方向上取向的材料来说，Hill 准则变成

$$F(\sigma_{22}-\sigma_{33})^2 + G(\sigma_{33}-\sigma_{11}+\sigma_i)^2 + H(\sigma_{11}-\sigma_i-\sigma_{22})^2$$
$$+2(L\sigma_{23}^2+M\sigma_{31}^2+N\sigma_{12}^2)=1 \tag{12.12}$$

Brown 等研究表明对于取向聚碳酸酯的简单剪切屈服行为，这一修正版本能够比公式（12.11）得到更好的拟合结果。在试验过程中剪切方向随着取向轴变化的情况下，剪切屈服应力结果如图 12.13。背应力的出现使理论拟合结果表现出不同大小的最大值，与试验结果是一致的。

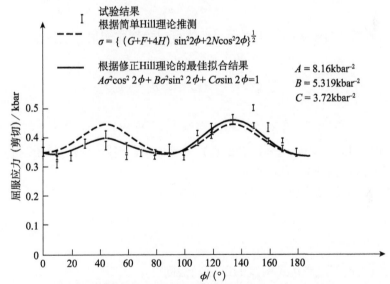

图 12.13 Hill 准则与考虑内应力后的修正结果的有效性对比（译者注：1bar=10^5Pa）

(Redrawn with permission from Brown, N., Duckett, R. A. and Ward, I. M.

(1968) The yield behaviour of oriented polyethylene terephthalate.

Phil. Mag., 18, 483. Copyright (1968))

　　本书目前还未阐述内应力的物理起源。修正的 Hill 准则不是完整的材料本构模型。理想情况下，这一模型的产生可以用于探索其另外的含义及其在拉伸过程中的演化。但是这一过程是熵值控制还是能量控制并没有说明。这些问题将在 12.8 节中进一步讨论。

12.2.8　塑性势

　　Levy-Mises 方程定义了众多流动法则中的一个，可以通过深入讨论塑性势得到。Hill[15] 已经对这一观点进行了讨论。他们假设塑性应变增加张量的分量与塑性势的偏导数成正比，塑性势的偏导数是应力的标量函数。因此，流动法则可以通过这一微分过程导出。可以假设，对于某一特定的屈服准则表达式，塑性势与屈服准则应该具有类似的函数形式；那么，得到的流动法则是与屈服准则相关联的（或者称为缔合流动法则）。但是，这一假设不是必要的，当这一假设不成立时，将同时应用屈服准则和非缔合流动法则。这一点 de Souza Neto 等[19] 进行了深入讨论。

　　举例说明，假设塑性势方程 f 与 von Mises 屈服准则具有相同的方程形式。那么假设在主应变方向上满足：

$$f = \frac{\mathrm{d}\lambda}{6}\left((\sigma_{\mathrm{I}} - \sigma_{\mathrm{II}})^2 + (\sigma_{\mathrm{II}} - \sigma_{\mathrm{III}})^2 + (\sigma_{\mathrm{III}} - \sigma_{\mathrm{I}})^2\right)$$

这里 $\mathrm{d}\lambda$ 为常数。对于每一个主方向，都能得到塑性应变增量表达式。以 1 方向为例，

$$\mathrm{d}e_{\mathrm{I}} = \frac{\partial f}{\partial \sigma_{\mathrm{I}}} = \frac{\mathrm{d}\lambda}{6}(2(\sigma_{\mathrm{I}} - \sigma_{\mathrm{II}}) - 2(\sigma_{\mathrm{III}} - \sigma_{\mathrm{I}}))$$

$$= \mathrm{d}\lambda(\sigma_{\mathrm{I}} - \frac{1}{3}(\sigma_{\mathrm{I}} + \sigma_{\mathrm{II}} + \sigma_{\mathrm{III}})) = \mathrm{d}\lambda(\sigma_{\mathrm{I}} - \bar{\sigma}) = \mathrm{d}\lambda\, \sigma_{\mathrm{I}}'$$

　　这重现了 Levy-Mises 公式（12.10）的第一项。因此，Levy-Mises 流动法则与 von Mises 屈服准则是相关联的。

　　同样，基于公式（12.11）推导 Hill 准则的塑性势：

$$f = \frac{\mathrm{d}\lambda}{2}\left[F(\sigma_{22} - \sigma_{33})^2 + G(\sigma_{33} - \sigma_{11})^2 + H(\sigma_{11} - \sigma_{22})^2 + 2(L\sigma_{23}^2 + M\sigma_{31}^2 + N\sigma_{12}^2)\right]$$

　　那么，可以通过下述表达式构建 Hill 流动法则[15]：

$$\mathrm{d}e_{ij} = \frac{\partial f}{\partial \sigma_{ij}} \quad (i,j = 1,2,3)$$

这样可以得到

$$\mathrm{d}e_{11} = \mathrm{d}\lambda\left[H(\sigma_{11} - \sigma_{22}) + G(\sigma_{11} - \sigma_{33})\right]$$

$$\mathrm{d}e_{22} = \mathrm{d}\lambda\left[F(\sigma_{22} - \sigma_{33}) + H(\sigma_{22} - \sigma_{11})\right]$$

$$de_{33} = d\lambda[G(\sigma_{33} - \sigma_{11}) + H(\sigma_{33} - \sigma_{22})] \tag{12.13}$$
$$de_{23} = d\lambda L \sigma_{23}$$
$$de_{13} = d\lambda M \sigma_{13}$$
$$de_{23} = d\lambda N \sigma_{12}$$

12.3　对屈服过程的认识发展历程

已经看到，屈服过程通常伴随着载荷-伸长量曲线上的载荷降低，而且在真实应力-应变曲线上总是表现出斜率改变。载荷降低有时候认为是由试样的绝热加热或颈缩导致试样横截面积减小引起的。现在的理解水平得到的结论是屈服行为是材料的内在性能，而温度升高与颈缩只是次要结果。这一观点得到了前面章节的支持（见 11.3.4 节），其中说明 Eyring 过程给出了聚合物屈服行为的统一模型。局部或几何效应可能与这一分子模型无关。但是，屈服过程中出现了温度和几何效应，而且如果想正确理解屈服现象就必须先理解温度和几何效应。

12.3.1　绝热加热

在传统冷拉情况下，试样在 $10^{-2}\,s^{-1}$ 或更高数量级的应变率下进行拉伸，在颈缩区域会产生大幅度的温度上升。Müller[21] 之后，Marshall 与 Thompson[20] 提出冷拉伴随着局部温度升高，且颈缩现象的产生是由于应变软化，应变软化是温度升高导致流动应力下降造成的。那么拉伸过程的稳定性取决于热量在颈缩位置传递的局部稳定性，整个颈缩部分在恒定张力下产生延伸。

后来，Hookway[22] 试图用基本类似的理论解释尼龙- 66 的冷拉现象，研究表明由于静力拉伸与温度的共同作用，颈缩位置可能会存在局部熔融现象。

毫无疑问，在传统的拉伸速率下，确实会产生明显的温度升高现象，Marshall 与 Thompson 理论对纤维拉伸复杂情况理解大有裨益。但是，Brauer 与 Müller[23] 热量测试表明在较低的拉伸速率下，温度的升高幅度也很小（~10℃），因此不足以对颈缩、冷拉以及在绝热情况下的冷拉行为进行解释。另外，Lazurkin[24] 表明在准静态情况下也会发生颈缩现象，如在玻璃化转变温度以下的弹性体，在很低的速度下也能产生冷拉行为。Vincent[5] 对半结晶聚乙烯室温下在很低的拉伸速率下的冷拉行为进行了研究，得出了类似的结果。

绝热加热的解释至少部分是因为认为起初的屈服过程与拉伸过程是没有区别的。现在人们认识到在屈服点前，试样变形是均匀的，而且通常情况下应变量很小。但是一旦产生颈缩，变形将变得不均匀，而且在颈缩位置会产生很大的应变。塑性变形功会导致颈缩位置温度大幅度增加。例如，图 12.14 中给出了 PET

的冷拉行为[25]，图中分别给出了屈服应力和拉伸应力对应变速率的函数图。可以看出，屈服应力随着应变速率的增加不断增大，应变速率超过一定值时，拉伸应力明显下降。人们认为如果试样在很低的应变速率下进行拉伸，那么产生的热量会有足够的时间从颈缩位置扩散出去，因此不会产生明显的温度升高。随着应变速率增加，拉伸过程变得几乎是绝热的，于是拉伸过程的实际温度高于理论温度。特别需要说明的是，热量传播到试样的未屈服部分，降低了未变形材料的屈服应力，因此导致产生颈缩所需的拉力变小。

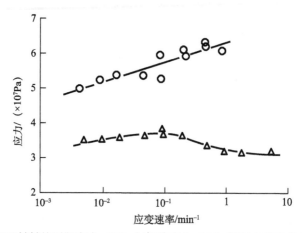

图 12.14   PET 材料的屈服应力（○）与拉伸应力（△）随着应变速率变化的曲线图

人们发现如果假设结晶行为不产生热量，那么在颈缩位置的温度升高与根据拉伸功计算得到的结果基本是一致的。对于 PET，冷拉纤维的 X 射线衍射图谱表明基本不产生结晶现象。

单位体积做的功通过 $W = \sigma_D (\lambda_N - 1)$ 进行计算，这里 σ_D 为拉伸应力，λ_N 为自然拉伸比（见 12.1 节及 12.6 节）。从结果可以得到当 $\lambda_N = 3.6$ 时，$\sigma_D = 23\mathrm{MPa}$，$W = 4.7\mathrm{MJ \cdot m^{-3}}$。对于 PET，比热为 $67\mathrm{J \cdot kg^{-1} \cdot K^{-1}}$，密度为 $1.38\mathrm{Mg \cdot m^{-3}}$，计算得到的温度升高为 57℃，而实际测量结果为 42℃。

12.3.2   等温屈服过程：载荷变小的原因

毫无疑问，在很多测试条件下，冷拉过程确实会产生温度升高。但是，人们发现有很好的证据能够证明在准静态拉伸情况下，即使不产生大幅度的温度升高，仍会产生颈缩现象。因此，Vincent[5]提出载荷降低是几何效应，由于应变硬化的程度不足以补偿拉伸过程中由截面积减小造成的载荷降低。这种现象被称为应变软化，对应应力-应变曲线随着应变增加斜率变小的部分。

与上述用几何软化解释载荷降低的方法相反，Whitney 与 Andrews[26]的研究结果发现对于聚苯乙烯和 PMMA 的压缩过程也存在屈服应力降低，但是不存在几何尺寸软化。Brown 与 Ward[27] 对 PET 的屈服应力降低行为进行了细致研究，分别研究了各向同性与取向试样的拉伸、剪切与压缩行为。他们发现大部分情况下，很明显存在固有的应力屈服降低，也就是聚合物也存在真实应力的降低，与金属类似。Amoedo 与 Lee[7] 的研究工作就体现了这一点，如图 12.5（a）中所示。从 12.1.1 节中关于能量的阐述中发现固有的屈服应力降低在物理意义上是伴随着颈缩行为的。

但是，聚合物与许多金属的屈服行为存在明显不同。对于聚合物，如图 12.2 所示，在载荷-伸长量曲线中只存在一个最大值，这与某些金属的行为相反（如图 12.15 的低碳钢），其典型的载荷-伸长量曲线中通常存在两个峰值。第一个峰值（图 12.15 中的点 A）被称为上屈服点，代表真实应力的降低，是固有载荷降低，对应塑性应变量的突然增加，通过这样的变化释放应力。从 B 点到 C 点，Lüders 谱带沿着试样传播。人们在聚合物中也发现了 Lüders 谱带[25]。在 C 点，试样被均匀拉伸，由于材料产生均匀硬化，应力开始变大。接着在 D 点出现了第二个峰值，这个点对应试样颈缩的起始点。随着金属被拉伸，应变增大，当应变硬化作用被横截面积减小造成的几何软化行为抵消时，颈缩现象就会产生，这就是 12.1.1 节中的 Orowan-Vincent 结论。

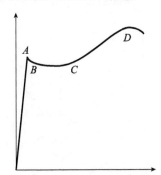

图 12.15　低碳钢拉伸过程载荷-伸长量曲线

如果绘制真实应力-应变曲线而不是载荷-伸长量曲线，将不会出现前面看到的第二个峰值。另一方面，第一个峰值在真实应力-应变曲线上会依然存在。因此被称为固有屈服点，与材料的本征特性有关。

对于聚合物，如之前强调的，在载荷-伸长量曲线上只存在一个峰值。Whitney 与 Andrews[26] 以及 Brown 与 Ward[27] 的研究表明这个最大值同时考虑了几何尺寸变化与固有载荷降低的影响，而不能单纯归因于几何变化。特别是，冷拉行为不能通过真实应力-应变曲线斜率降低来解释，如 Vincent 研究证明的。很重要的一点是不是每种材料都遵循同样的应力-应变曲线，由于屈服引发的应力大于屈服扩展的应力，因此证实了在真实应力-应变曲线上，不可能以 Considère 的形式对颈缩或冷拉做出完整解释（11.1.3 节中已经证实）。

12.4　聚合物材料中屈服行为的试验证明

对于聚合物屈服行为的许多研究都回避了应变速率和温度的问题，试图建立一个如 12.2 节中讨论的屈服准则。在最通常的情况下，这些研究分为两类：①基于不同的应力状态产生的屈服行为定义一个屈服准则；②将试验研究局限于解释静水压力对屈服行为的影响。

12.4.1　Coulomb 屈服准则在屈服行为研究中的应用

从早期对聚合物的屈服行为研究中选择一个典型例子，就是 Bowden 与 Jukes[28] 对 PMMA 进行的平面应变压缩试验。

试验装置如图 12.16。这一方法的典型优势是在材料压缩过程中可以观察到屈服行为，而在拉伸试验中会产生断裂。在这种情况下，PMMA 是在室温下进行研究的，低于拉伸模式下的脆性-韧性转变温度。

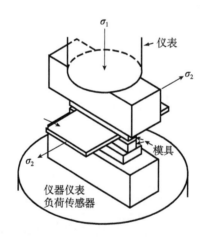

图 12.16　平面应变压缩试验（Reproduced from Bowden, P. B. and Jukes, J. A. (1968)
The plastic yield behaviour of polymethylmethacrylate. J. Mater. Sci., 3, 183.
Copyright (1968) Springer Science and Business Media)

在施加不同大小的拉伸应力 σ_2 情况下，测试了压缩方向上屈服点应力 σ_1。结果如图 12.17，可以得到 $\sigma_1 = -110 + 13.65\sigma_2$，这里 σ_1 与 σ_2 均表示真实应力，单位为 MPa。因此，结果明显不符合 Tresca 准则，Tresca 准则中屈服点位置 $\sigma_1 - \sigma_2 =$ 常数；同样不满足 von Mises 准则。但是，测试结果与 Coulomb 屈服准则是吻合的，且 $\tau = 47.4 - 1.58\sigma_N$。

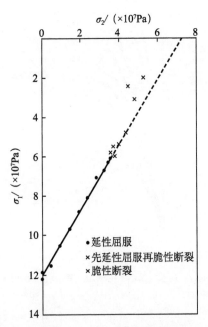

图 12.17 压缩屈服应力 σ_1（真实应力）与施加的拉伸应力 σ_2（名义应力）之间的关系曲线。实心圆点代表延性屈服；叉号代表脆性断裂，两者结合点代表先发生延性屈服，紧接着产生脆性断裂（Reproduced from Bowden，P. B. and Jukes，J. A. (1968) The plastic yield behaviour of polymethylmethacrylate. J. Mater. Sci.，3，183. Copyright (1968) Springer Science and Business Media）

12.4.2 静水压力对于屈服行为影响的直接证据

针对静水压力对于屈服行为的影响，人们已经开展了大量的细致研究[29-35]。由于相关研究清楚阐明了由静水压力确定的屈服准则与 Coulomb 屈服准则之间的关系，因此，本节将讨论 Rabinowitz，Ward 与 Parry 对各向同性 PMMA 在高达 700MPa 静水压力下的扭转应力-应变行为试验。试验结果如图 12.18所示。

在静水压力达到约 300MPa 时，剪切屈服应力会明显增加。在此压力之后将产生脆性断裂，除非用液压液体对试样进行保护阻止断裂[36]（例如，用一层固化的橡胶溶液进行保护）。在压力与拉力共同作用下对聚乙烯的研究表明直到压力高达 850MPa，聚乙烯的屈服应力基本呈线性增加[37]。屈服应变也随着压力的增加而增大，与压力作用下的拉伸行为研究结果类似。剪切屈服应力随着施加压力的增加呈很好的近似线性关系（图 12.19）。

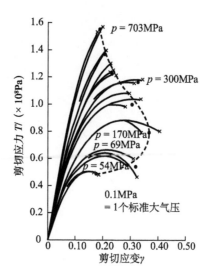

图 12.18　PMMA 的剪切应力-应变曲线，显示出了断裂包线（Reproduced with permission from Rabinowitz, S., Ward, I. M. and Parry, J. S. C. (1970) The effect of hydro-static pressure on the shear yield behaviour of polymers. J. Mater. Sci., 5, 29 Copyright (1970) Springer Science and Business Media)

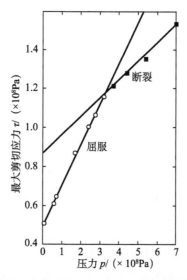

图 12.19　PMMA 最大剪切应力 τ 与静水压力 p 之间的函数关系曲线。（○）屈服；（■）断裂（Reproduced with permission from Rabinowitz, S., Ward, I. M. and Parry, J. S. C. (1970) The effect of hydrostatic pressure on the shear yield behaviour of polymers. J. Mater. Sci., 5, 29. Copyright (1970) Springer Science and Business Media)

还有其他两种情况也出现了这些结果。第一，回顾 12.2.6 节与图 12.12，通过所得数据可以构建 Mohr 环形图，如图 12.20 所示，Bowden 与 Jukes 的结果如图中叉号（×）。根据这一图表能够自然导出 Coulomb 屈服准则。

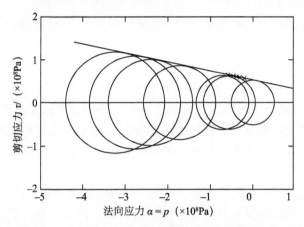

图 12.20 Rabinowitz，Ward 与 Parry 研究得到 PMMA 屈服行为的 Mohr 环。叉号（×）为 Bowden 与 Jukes 的研究结果（Reproduced with permission from Rabinowitz, S., Ward, I. M. and Parry, J. S. C. (1970) The effect of hydrostatic pressure on the shear yield behaviour of polymers. J. Mater. Sci., 5, 29. Copyright (1970) Springer Science and Business Media）

同样直接用下列公式解释图 12.19 也是合理的

$$\tau = \tau_0 + \alpha p \tag{12.14}$$

这里 τ 为压力 p 情况下的剪切应力，τ_0 为大气压力下的剪切屈服应力，α 为剪切屈服应力随着静水压力增加的增加系数。

可以看到这个简单的基于静水压力的屈服准则表达式，经过推演后能够同时阐明温度和应变速率对屈服行为的影响，比 Coulomb 屈服准则更令人满意。在物理术语中，静水压力可以看作是通过压缩聚合物改变聚合物的状态，不同于金属，其总体模量很高（~100GPa，远大于聚合物~5GPa）。虽然当前的试验证据在这方面并不明确，但是似乎聚合物在静水压力作用下的屈服准则仍然可以用公式（12.9）表示，也就是说压力是造成屈服应力增加的唯一因素。

最近对于屈服行为的研究，用了各种多轴应力加载试验，都可以用公式（12.14）进行普适化概括归纳，例如，普适化的 von Mises 方程，其中 τ 用八面剪切应力代替（见 12.5.1 节中的详细说明）。

最后，可以注意到公式（12.14）中参数 α 依赖于试验温度，且在黏弹性转变区域附近会明显变大。Briscoe 与 Tabor[38] 指出在滑动摩擦过程中，α 等于摩擦系数 μ，而且根据屈服应力/压力测试得到的 α 与 μ 值之间具有很好的一致性。

12.5　屈服行为的分子学解释

人们主要用两种方法模拟聚合物的屈服行为。第一种方法阐述了屈服应力的温度和应变速率依赖性，对于热活化过程以 Eyring 方程的形式进行表示[39]。这种方法被用于很多无定形和结晶聚合物研究（见 12.5.1 节），并建立了这种方法与分子松弛过程（通过动态力学和介电性能测试获得）以及非线性黏弹性行为（通过蠕变和应力松弛进行表示）之间的关系。Eyring 方法假设屈服过程是由速度控制的，如屈服过程与当前的热活化过程有关，当施加的屈服应力能够使塑性变形速率达到宏观应变速率时，热活化过程被加速。这种方法已经被成功用于模拟聚合物在相对较高温度下的屈服行为[40,41]。

第二种方法基于经典的结晶塑性理论。这一理论认为屈服需要施加一临界应力引起位错位移或旋转位移。由于这一原因，屈服被认为是由晶核形成控制的。这一方法最初是由 Bowden 与 Raha[42] 以及 Argon[43] 提出的，并由 Young[44]，Argon[43] 与其他学者分别用于研究无定形和结晶聚合物的屈服行为。Young 通过假设在结晶聚合物的结晶片晶中，屈服应力与成核螺旋位错所需要的能量有关，对结晶塑性理论进行了发展。Ward 及其合作者[45] 以及 Crist 等[46] 已经证实 Young 理论对于−60℃甚至更低温度下聚丙烯低应变速率下的屈服行为是有效的。进一步的结构研究确实表明在较高的温度下会产生层间剪切作用，虽然 Young 与其合作者[44,47] 以及 Darras 与 Seguela[48] 已经将结晶塑性理论成功用于模拟更高温度下块体结晶与退火半结晶聚合物的屈服行为。

12.5.1　屈服作为活化率过程

在 11.3.4 节中已经看到，屈服行为可以用 Eyring 法进行模拟。很多研究人员[19,49−56] 都认为外加应力会导致分子流动大多沿着 Eyring 黏度理论线的方向，在 Eyring 理论中，内部黏度随着应力的增加而降低。在拉伸应力 σ 下，塑性应变率的基本方程类似于公式（11.31），写成

$$\dot{e} = \dot{e}_0 \exp\left(-\frac{\Delta H}{kT}\right) \sinh\left(\frac{V\sigma}{kT}\right) \qquad (12.15)$$

基于这一观点，屈服应力对应内部黏度值降低至施加应变率与塑性应变率 $\dot{e}_p$ 相等的应力点，塑性应变率可以用 Eyring 方程进行计算。将指数近似用于双曲正弦方程得到

$$\dot{e} = \frac{\dot{e}_0}{2} \exp\left[-\left(\frac{\Delta H - V\sigma}{kT}\right)\right] \qquad (12.16)$$

那么对 11.3.4 节进行分析表明屈服应力与应变率之间存在线性关系，与 Bauwens 及其合作者[52]的研究成果是一致的。

在早期的研究中，Lazurkin[24] 反对 Hookway[22] 以及 Horsley 与 Nancar-row[57]提出的观点，他们认为分子流动是施加应力导致晶体熔点下降引起的，强调结晶与非晶聚合物存在类似行为，无论是结晶还是非晶聚合物，屈服应力与应变率均存在对数关系。

Haward 与 Thackray[55]对比了根据屈服应力得到的 Eyring 活化体积与"统计自由链"体积。后者从溶液研究中得到，通过假设真实分子链可以用一条特定长度的自由链接分子链等效表示。表 12.1 是基于 Haward 与 Thackray 校正的数据，从表中可以看出，在分子结构中自由体积很大，是统计自由链体积的 2～10 倍。结果表明，相对于稀溶液中构象改变需要产生运动的分子链段数目，屈服涉及更多分子链段的协同运动。

表 12.1　在溶液中测得的聚合物统计链段体积与根据 Eyring 理论得到的流动体积之间的对比结果（引自 Haward 与 Thackray[55]的结果）

聚合物种类	溶液中统计自由链体积/nm³	Eyring 流动体积/nm³
聚氯乙烯	0.38	8.6
聚碳酸酯	0.48	6.4
PMMA	0.91	4.6
聚苯乙烯	1.22	9.6
醋酸纤维素	2.06	8.8
三硝酸纤维素	2.62	6.1

12.5.1.1　压力依赖性

已经发现，压力对于聚合物剪切屈服应力的影响可以用公式（12.14）很好地表示：

$$\tau = \tau_0 + \alpha p$$

这说明 Eyring 方程的近似形式（12.16）可以通过简单修正[58]后使其包括应力 p 的静力分量作用：

$$\dot{e} = \frac{\dot{e}_0}{2}\exp\left[-\left(\frac{\Delta H - \tau V + p\Omega}{kT}\right)\right] \tag{12.17}$$

这里 V 与 Ω 分别为剪切活化体积与压缩自由体积，τ 为剪切应力。这一公式从可操作性方面描述拉伸行为是有效的。为了重新建立类似于公式（12.15）的非近似形式，需要考虑压力 p 的物理作用。如 11.3.1 节中讨论的，拉伸应力影响分子链段运动，因此在施加应力的方向上，较大的塑性应变会导致偏置现象。在施加应力的方向以及其反方向上应变均表现为双曲正弦函数。但是，正向静水压力会减小自由体积，因此会同时降低其两个方向上的应变速率。因此，双曲正弦函数不能用于表达静水压力，这种情况下仍保留指数函数形式。对公式（12.17）进行普适化，得到类似于（12.15）的公式[59]：

$$\dot{e} = \dot{e}_0 \exp\left[-\left(\frac{\Delta H + p\Omega}{kT}\right)\right]\sinh\left(\frac{\tau V}{kT}\right) \tag{12.18}$$

Bauwens[60]通过分别考虑偏应力（导致应变产生）与静应力（导致孔洞形成以适应分子链段运动）的作用得到了类似公式。

公式（12.17）与（12.18）可以用于三维应力分析，由于这些公式可以计算塑性应变的标量速率，塑性应变的标量速率可以通过流动法则转化成张量应变速率分量。剪切应力 τ 用主应力的形式定义为八面剪切应力：

$$\tau_{\text{oct}} = \frac{1}{3}\left[(\sigma_{\text{I}} - \sigma_{\text{II}})^2 + (\sigma_{\text{II}} - \sigma_{\text{III}})^2 + (\sigma_{\text{III}} - \sigma_{\text{I}})^2\right]^{1/2} \tag{12.19}$$

标量应变速率被定义为八面应变速率，对于小应变情况可以得到

$$\dot{\gamma}_{\text{oct}} = \frac{2}{3}\left[(\dot{e}_{\text{I}} - \dot{e}_{\text{II}})^2 + (\dot{e}_{\text{II}} - \dot{e}_{\text{III}})^2 + (\dot{e}_{\text{III}} - \dot{e}_{\text{I}})^2\right]^{1/2} \tag{12.20}$$

对于所有应力场都适用的情况，公式（12.18）应表示成

$$\dot{\gamma}_{\text{oct}} = \dot{\gamma}_0 \exp\left[-\left(\frac{\Delta H + p\Omega}{kT}\right)\right]\sinh\left(\frac{\tau_{\text{oct}} V}{kT}\right) \tag{12.21}$$

可以再次用指数估算，对于恒应变速率测试，能够得到

$$\Delta H - \tau_{\text{oct}} + p\Omega = 常数$$

根据这一公式可以得到一个与公式（12.14）类似的表达式：

$$\tau_{\text{oct}} = (\tau_{\text{oct}})_0 + \alpha p$$

这里 $\alpha = \Omega/V$。图 12.21 为常压下聚碳酸酯分别在扭转、拉伸和压缩应力作用下的曲线图。从图中可以看出，通过分别将 τ_{oct} 求平均值，τ_{oct} 大小存在压缩应力＞扭转应力＞拉伸应力。因此，这些差别与已知的 τ_{oct} 与压力存在线性依赖性的结论是一致的，这一结论在 12.4.2 节中对一系列静水压力作用下的扭转屈服应力测试进行了验证，而且这两种测试方法具有很好的数值一致性。

12.5.1.2 两步 Eyring 过程表达式

Roetling 与 Bauwens 对有机玻璃（PMMA）与聚碳酸酯（PC）的屈服行为，在很宽的应变速率与温度范围内进行了大量的研究工作，研究结果表明屈服应力在低温和高应变率下随着应变率增加和温度降低变大的速度远大于高温和低应变率下随着应变率增加和温度降低变大的速度。因此，在 Ree 与 Eyring[39,62]的研究之后，人们提出将活化速率过程方法进行扩展，通过假设具有相同移动速率的众多流动单元存在不止一个活化速率过程，而应力会产生加和作用。对于 PMMA，PVC 与 PC，人们的研究结果表明屈服行为可以用两活化过程进行表示。通过重新排列公式（12.15）与公式（12.16）可以得到应力与应变速

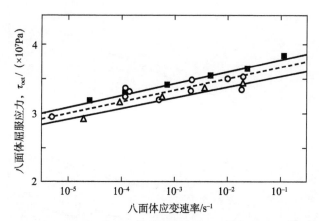

图 12.21 常压下，在不同载荷模式下八面体屈服应力与应变速率之间的曲线关系图。（○）扭转；（△）拉伸；（■）压缩（Reproduced with permission from Duckett, R. A., Goswami, B. C., Smith, L. S. A. et al. (1978) Yielding and crazing behaviour of polycarbonate in torsion under superposed hydrostatic-pressure. Brit. Polym. J., 10, 11. Copyright (1978) Society of Chemical Industry)

率的函数关系，将这两个过程加和可以得到

$$\sigma = \frac{kT}{v_1}\left[\frac{\Delta H_1}{kT} + \ln\frac{\dot{e}}{\dot{e}_{01}}\right] + \frac{kT}{v_2}\sinh^{-1}\left[\frac{\dot{e}}{\dot{e}_{02}}\exp\frac{\Delta H_2}{kT}\right] \tag{12.22}$$

这里假设对每个过程施加了相同的应变速率，分别用角标 1 和 2 表示。在高温和低应变速率下，过程 1 占主导地位，公式对应变速率的依赖性相对较低（这时 v_1 较大）。因此，可以使用近似方法：$\sinh x = \frac{1}{2}\exp(x)$。而在低温和高应变速率下，过程 2 逐渐占主导地位，于是应变速率依赖性变强（这时 v_2 相对于 v_1 较小）。sinh 表达式仍然用于表示中间温度与应变速率，这时过程 2 对总屈服应力的贡献较小。图 12.22 给出了用公式（12.22）对 PVC 试验数据进行拟合得到的曲线[52]。对于聚碳酸酯得到了类似的结果，但在后面针对有机玻璃研究的文献中[63]表明：只有在近似计算公式 $\sinh x = \frac{1}{2}\exp x$ 成立的范围内，Ree-Eyring 方程才能对试验数据实现较好的拟合。其他的研究结果表明对这一理论进行修正使其包含松弛时间分布影响，不仅能得到更好的理论拟合结果，而且能建立过程 2 与动态力学 β 松弛之间的定量关系。

12.5.1.3 聚乙烯的双重屈服行为

如前面讨论的结果，应变速率依赖性确实表明屈服行为通常表现出两个热活化过程。在某些情况下，尤其是聚乙烯，研究结果显示出两个屈服点。Ward 及

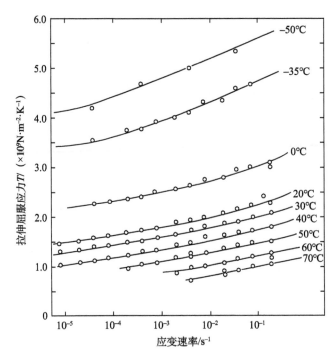

图 12.22　不同温度下，聚氯乙烯拉伸屈服应力与应变速率对数值的函数关系曲线。这一系列平行曲线根据公式 (12.22) 计算得到 (Redrawn from Bauwens-Crowet, C., Bauwens, J. A. and Homès, G. (1969) Tensile yield-stress behavior of glassy polymers. J. Polym. Sci. A2, 7, 735. Copyright (1969) John Wiley & Sons, Inc)

其合作者[64]，Seguala 与 Darras[65] 以及 Gupta 与 Rose[66] 也支持这一观点：这两个变形过程实际上分别是层间剪切与层内剪切（或者 c 滑动）。这两个过程与10.7.1 节中讨论的特殊取向聚乙烯薄片的动态力学松弛过程类似，Seguala 与Darras 将这两个过程联系到 Takayanagi[67] 报道的 α_1 与 α_2 转变行为。这样屈服与黏弹性行为之间就建立了直接联系。

12.5.1.4　屈服与蠕变的关系

如 11.3.1 节中讨论的，Eyring 及其合作者已经考虑将活化速率理论用于聚合物的蠕变行为研究。对于 PMMA，Sherby 与 Dorn[68] 表明蠕变速率可以拟合成以下形式的公式：

$$\dot{e} = A(e)\exp\left[-\frac{\Delta H - B\sigma}{kT}\right] \tag{12.23}$$

这里 B 为常数（等于公式 (12.15) 中的活化体积 V），$A(e)$ 为蠕变应变的函数。

Mindel 与 Brown[69] 在之后的研究中，提出对于蠕变曲线的最初部分，可以认为对数蠕变速率随着应变增大线性减小。那么，

$$\dot{e} = \dot{e}_0 \exp\left[-\frac{\Delta H - B\sigma}{kT}\right]\exp(-ce_R)$$

这里指定初始区域应变为 e_R，可回复应变与 c 为常数。可以将上式写成

$$\dot{e} = \dot{e}_0 \exp\left[-\frac{\Delta H}{kT}\right]\exp\left[\frac{(\sigma-\sigma_{int})\ V}{kT}\right]$$

这里 $\sigma_{int} V/kT = ce_R$ 定义了橡胶态内应力 σ_{int}，与绝对温度 T 成正比（进一步讨论见 11.3.2 节）。

在早期的研究中，Haward 与 Thackray[55] 提出了一个十分类似的表达式用于描述聚合物材料的屈服行为。他们的模型示意图如图 12.23。应力-应变曲线的最初部分被模拟成胡克弹簧 E 与屈服点，然后由 Eyring 黏壶和 Langevin 弹簧共同作用产生应变硬化行为。Haward 与 Thackray 将总应变 e 以及活化黏壶产生的塑性应变 e_A 与名义应力 σ_n（施加载荷与初始横截面积之比）相关联。可以得到

$$e = \frac{\sigma_n(1+e)}{E} + e_A \tag{12.24}$$

$$\frac{d[\ln(1+e_A)]}{dt} = \dot{e}_A\exp\left[-\frac{\Delta H}{kT}\right]\sinh\frac{V(\sigma_n-\sigma_R)}{kT} \tag{12.25}$$

这里 σ_R 为橡胶态内应力，可以根据橡胶弹性理论进行计算（见公式（4.41）），因此，

$$\sigma_R = \frac{1}{3}NkTn^{1/2}\left[L^{-1}\left(\frac{1+e_A}{n^{1/2}}\right)\right.$$

$$\left. -(1+e_A)^{-3/2}L^{-1}\left(\frac{1}{(1+e_A)^{1/2}n^{1/2}}\right)\right] \tag{12.26}$$

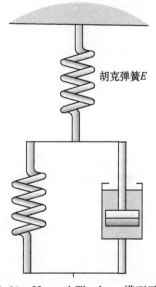

图 12.23　Haward-Thackray 模型示意图

这里 L^{-1} 为反 Langevin 方程，N 为单位体积内两个交联点之间的分子链数目，n 为每个链上自由连接点的平均数目。

接着用公式（12.24）和（12.26）对公式（12.25）进行数值积分，就得到如图 12.24 所示的结果。从图中可以看出，Haward-Thackray 能够重现应力-应变曲线的主要特征，并能对试验数据进行半定量拟合。但是，人们可能会想起活化体积的尺寸相对于单个分子链段尺寸大很多。

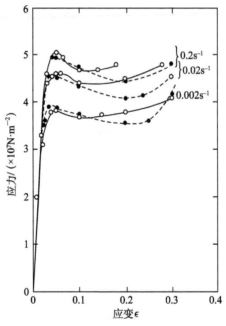

图 12.24　23℃硝酸纤维素的应力-应变曲线。（○）试验结果曲线；（●）Langevin 模型计算结果曲线。$n\ 1/2=0.30$，$N=1.57\times10^{26}$ 条链/m³ （Redrawn from Haward, R. N. and Thackray, G. (1968) The use of a mathematical model to describe isothermal stress-strain curves in glassy thermoplastics. Proc. Roy. Soc. A, 302, 453. Copyright (1968)）

Fotheringham 与 Cherry[70] 采用了与 Haward-Thackray 类似的表达式，用应力-瞬时下落试验测定内应力 σ_R 以及作用在 Eyring 黏壶上的有效应力 σ_N-σ_R。Fotheringham 与 Cherry 基于协同 Eyring 过程提出了一个模型，这一模型可以模拟同时发生 n 次转变的协同过程。那么，

$$\dot{e} = \dot{e}_0 \exp\left[-\frac{n\Delta H}{kT}\right] \sinh^n\left(\frac{V\tau}{2kT}\right)$$

对聚线性乙烯的计算结果进行拟合可以得到 n 值大约为 3，活化体积为 0.5nm³，这一体积与材料中某一缺陷穿越晶片造成单元位移的空穴体积大小相当。

　　最近对于取向聚合物的回复行为研究（称之为形状记忆高分子），更多的关注点是对内应力的本质研究，对于这些材料最初的塑性变形可以通过加热至温度高于最初变形温度实现部分或全部回复。很明显，这一应力不能简单地被认为与橡胶态应力类似，因为其与温度和应变速率相关的力学行为与橡胶的力学行为不能够建立定量关系。

12.5.1.5　Robertson 理论

　　Robertson[71]建立了更加复杂的 Eyring 黏性理论。为了简化，人们认为只有两个旋转构象，反式低能量状态与顺式高能量状态，顺式态又被 Robertson 定义为"卷曲态"。施加一剪切应力 τ 将造成每个分子键两个稳定构象状态的能量差从 ΔU 变成（$\Delta U - \tau V\cos\theta$）。$\tau V\cos\theta$ 表示这两个状态转变过程中剪切应力做的功，θ 为结构中某一单元取向与剪切应力之间的夹角。

　　在施加应力前，处于高能量状态的单元比例为

$$X_i = \frac{\exp\{-\Delta U/k\theta_g\}}{1+\exp\{-\Delta U/k\theta_g\}}$$

这里，如果测试温度 $T < T_g$，则 $\theta_g = T_g$；如果 $T > T_g$，则 $\theta_g = T$。例如，在 T_g 温度以下，构象态处于"冻结"状态，与玻璃化转变温度时的状态一样。当在温度 T 施加一剪切应力 τ 时，处于高能态取向角为 θ 的单元比例计算公式为

$$X_f(\theta) = \frac{\exp\{-(\Delta U - \tau V\cos\theta)/kT\}}{1+\exp\{-(\Delta U - \tau V\cos\theta)/kT\}}$$

很明显由取向引起的卷曲单元比例增加应满足：

$$\frac{\Delta U - \tau V\cos\theta}{kT} \leqslant \frac{\Delta U}{k\theta_g}$$

　　对于结构单元分布的一部分，施加应力会产生一种更多卷曲键的平衡状态，被认为对应温度上升。对于结构单元分布的其他部分，应力的作用被认为会导致温度降低。目前，Robertson 表明构象改变速率与温度有很大的关系（例如 WLF 方程）。因此，对于这些施加应力会产生卷曲的单元，达到平衡的速率要快很多，因此，在计算最大卷曲键比例时，其他单元的变化可以忽略。这个最大值对应温度上升至 θ_1。在 θ_1 温度下应变速率 $\dot{e}$ 用 WLF 方程表示为

$$\dot{e} = \frac{\tau}{\eta_g}\exp\left\{-2.303\left[\left(\frac{C_1^g C_2^g}{\theta_1 - T_g + C_2^g}\right)\frac{\theta_1}{T} - C_1^g\right]\right\}$$

其中 C_1^g 与 C_2^g 为广义 WLF 参数（见 7.4.1 节），η_g 为玻璃态聚合物在 T_g 温度时的广义黏度。

　　Duckett，Rabinowitz 与 Ward[72]对 Robertson 模型进行了修正，使其包含应力 p 的静力分量因素。人们提出 p 在活化过程中也能起到作用，因此这两种状态的能量差可以表示为

$$\Delta U - \tau V\cos\theta + p\Omega$$

这里 Ω 为压力活化体积。图 12.25 表明在上述修正式下，对于 PMMA，Robert-son 模型模拟拉伸与压缩模式下的屈服数据结果，与测试得到的静力影响结果是一致的。

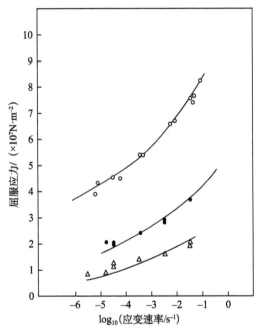

图 12.25　PMMA 屈服应力与应变速率之间的函数关系曲线。（○）23℃压缩应力作用下；（△）90℃拉伸应力作用下；（●）60℃拉伸应力作用下。曲线表示最佳理论拟合结果

12.5.2　与位错或旋转运动相关的屈服行为

众所周知[73]，当施加剪切应力导致一个原子平面滑动穿过另一个原子平面时，晶体中会产生塑性变形，由于在晶体晶格中的某一点上，这些邻近平面之间会存在失配现象。这些失配点被称为位错[74]，通过电子衍射技术进行表征可以与特定的晶体缺陷相关联。Peterman 与 Gleiter[75] 在聚乙烯晶体中就发现了位错现象，并且证实结晶聚合物中的屈服行为可以用类似于金属领域结晶体的方法进行研究。

本节讨论的起点是用 Frenkel 理论计算晶体的最大理论剪切强度[73,76]。对于一个具有相同原子，原子间重复距离为 b 的简单晶格，在剪切方向内间距为 h 的两个平面上，最简单的是剪切应力 τ 与剪切位移 x 的关系服从正弦曲线：

$$\tau = k\sin 2\pi \frac{x}{b} \tag{12.27}$$

当每个原子处于一个平衡位置与下一个平衡位置的中间位置时，剪切应力为 0，也就是 $x = \dfrac{b}{2}$，这时剪切应变为 0.5。在最简单的情况下，一个平面的滑移将导致 $x = b$ 的运动。这种特征滑动距离 b 被称之为 Burgers 矢量。

对于小应变：

$$\tau = 2\pi k \frac{x}{b} \tag{12.28}$$

剪切应变为

$$\gamma = \frac{x}{h}$$

那么剪切模量 G 为

$$\frac{\tau}{\gamma} = 2\pi k \frac{h}{b} \tag{12.29}$$

最大剪切应力为

$$\tau_{\max} = \frac{\tau}{\gamma} = k = \frac{Gb}{2\pi h} \tag{12.30}$$

由于 $b \sim h$，于是最大剪切应力可以表示为

$$\tau_{\max} \sim \frac{G}{2\pi}$$

且当 $x = \dfrac{b}{4}$ 时，该公式成立，这时剪切应变 $\dfrac{x}{h} = \dfrac{x}{b} = 0.25$。

对于这种方法，屈服被认为是晶核控制的，以便与黏弹性方法进行区分，黏弹性方法被认为是黏度控制的。这表明剪切模量与剪切屈服应力之间存在直接联系。Brown[77] 提出这一假设具有很好的经验依据，而且之前其他的学者也进行了验证[25,78,79]，这一假设也是晶核控制屈服行为的重要组成部分，之前 Bowden 与 Raha[42]，Argon[43] 以及其他学者等均进行了研究。

到现在为止只考虑了规则晶格，但是 Bowden 与 Argon 提出在无定形聚合物的玻璃态下也可以得到类似的结论。根据 Li 与 Gilman[80] 的研究，将无定形聚合物中的位错现象类推至结晶聚合物中被称为旋转位移。

12.5.2.1 Young 理论

根据 Kelly[76]，Bowden 与 Raha[42]，Young[44] 以及其他学者的研究方法，对于一固体聚合物，在施加剪切应力 τ 下，由于 Burger 矢量 b 和半径 R 形成的位错环，剪切模量为 G，那么能量增加 U 可以表示成

$$U = 2\pi R \frac{Gb^2}{4\pi} \ln \frac{2R}{r_0} - \pi R^2 \tau b \tag{12.31}$$

这里 r_0 为位错的核半径。

随着 R 增加，位错环能量增加直到其在 R_c 处达到最大值 U_c。可以通过对公式（12.31）进行微分得到

$$U_c = \frac{Gb^2 R_c}{4}\left[\ln\frac{2R_c}{r_0} - 1\right] \tag{12.32}$$

这时

$$R_c = \frac{Gb}{4\pi\tau}\left[\ln\frac{2R_c}{r_0} + 1\right] \tag{12.33}$$

位错核半径 r_0 可以通过公式（12.27）~（12.30）的方法进行计算，其中 $\tau\sim\frac{G}{2\pi}$，得到 $r_0\sim b$。

到现在为止，讨论关注的是不产生热量波动情况下晶体的理论剪切应力。Frank[81]认为局部热量波动是必然存在的，一定要予以考虑。在任何温度 T 下，在试验时施加高达 50kT 的能量，产生热量波动的概率很大。另外，这一讨论只将屈服应力与弹性能建立联系，而 U 为活化焓。类似于位模型理论（见 7.3 节），应该讨论 Gibbs 自由能 ΔG，$\Delta G = T\Delta S$，且剪切应变速率为

$$\dot{\gamma} = \exp\left(-\frac{\Delta G}{kT}\right) = \exp\left(-\frac{U}{kT}\right)\exp\left(\frac{\Delta S}{k}\right) \tag{12.34}$$

Frank 的假设等于是在施加的应变速率下，设定 $\frac{\Delta S}{k}=1$，且 U=50kT，对于典型试验，应变速率为 $10^{-3}\mathrm{s}^{-1}$。

Young 也应用了这些观点，将结晶聚合物的屈服行为与片晶厚度进行关联。在 Shadrake 与 Guiu[82]的研究之后，Young 发现 Gibbs 自由能变化 ΔG_a 伴随着厚度为 d 的片晶中螺旋位错的晶核形成，若在链方向上 Burgers 矢量大小为 b，那么剪切屈服应力计算公式为

$$\tau_y = \frac{K}{4\pi}\exp\left[-\left(\frac{2\pi\Delta G_a}{dKb^2} + 1\right)\right] \tag{12.35}$$

这里 $K=(c_{44}c_{55})^{1/2}$，c_{44}，c_{55} 为剪切模量。

d 被解释为分子主链长度更加合理（如结晶片晶横穿聚合物链的长度）而不是片晶厚度。于是屈服应力取决于分子主链长度、温度以及应变速率，通过剪切模量 K 反映出来。根据 Frank 假设，ΔG_a 假设为 50kT。

12.5.2.2　Argon 理论

基于分子水平的变形包含在分子结节对形成过程中这一理论，Argon[43]提出了一种玻璃态聚合物屈服理论。变形的单元过程如图 12.26。双分子结节形成的阻力被认为主要来源于分子链与其邻近分子链之间的弹性相互作用，例如，来源于分子间作用力，与 Robertson 理论相反，在 Robertson 理论中分子内作用力是主要因素。由于分子双结节引起的分子间能量变化可以通过将其模拟为两个楔形

向错回线进行计算，如 Li 与 Gilman[80] 提出的方法（图 12.27）。

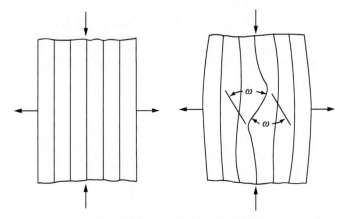

图 12.26 包含分子链段伸直与弯曲的变形单元变化过程示意图

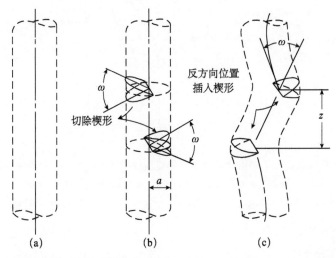

(a) (b) (c)

图 12.27 用两个楔形向错回线模拟分子结节对的方法示意图。（a）处于邻近分子构成的弹性环境中的聚合物链轮廓图；（b）分别画距离为 $2a$，半径为 a 的两个环形掏槽，并在上面切除角度为 ω 的楔形；（c）将切掉的楔形插入相反方向的相应位置，并将所有部分组合在一起（Redrawn from Argon, A. S. (1973) A theory for the low-temperature plastic deformation of glassy polymers. Phil. Mag., 28, 839 Copyright (1973) Taylor and Francis）

在剪切应力 τ 下，分子结节对形成所需的活化能（严格意义上是活化熵）计算公式为

$$\Delta H^* = \frac{3\pi G \omega^2 a^3}{16(1-\nu)}\left[1 - 6.75\,(1-\nu)^{5/6}\left(\frac{\tau}{G}\right)^{5/6}\right] \qquad (12.36)$$

这里 G，ν 分别为剪切模量与泊松比；a 为分子半径；ω 为分子链段的旋转角（图 12.28）。那么剪切应变速率为

$$\dot{\gamma} = \gamma_0 \Omega C \nu_{\mathrm{a}} \exp\left[-\frac{\Delta H^*}{kT}\right] \tag{12.37}$$

这里 γ_0 为局部体积 $\Omega = \pi a^2 z_{\mathrm{eq}}$ 中的剪切应变（z_{eq} 为平衡分子链段长度），C 为聚合物中能够转动的链段的总体积密度，ν_{a} 为与原子频率具有相同数量级的频率因子（稍微小于原子频率）。

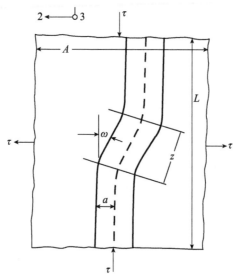

图 12.28 在聚合物分子中由分子结节对形成造成的塑性应变增加示意图（Redrawn from Argon，A. S. (1973) A theory for the low-temperature plastic deformation of glassy polymers. Phil. Mag.，，28，839. Copyright (1973) Taylor and Francis）

可以看到，当把公式（12.36）代入公式（12.37），得到的公式在形式上与 Eyring 公式十分类似：

$$\dot{\gamma} = \dot{\gamma}_0 \exp\left[-\left(\frac{\Delta H - \tau \nu}{kT}\right)\right]$$

根据公式（12.37）得到的剪切屈服应力 τ 为

$$\tau = \frac{0.102G}{1-\nu}\left[1 - \frac{16(1-\nu)}{3\pi G \omega^2 a^3} kT \ln \frac{\dot{\gamma}_0}{\dot{\gamma}}\right]^{6/5} \tag{12.38}$$

这里 $\dot{\gamma}_0 = \gamma_0 \nu_{\mathrm{a}} \Omega C$。

12.5.2.3 基于晶核理论的试验研究

基于晶核理论的试验研究首先是针对玻璃态聚合物进行的。Bowden 与 Raha[42] 假设上面针对结晶固体提出的位错环理论可以用于模拟小体积无定形固体

聚合物的行为。公式（12.38）中的两个核心变量是剪切模量与 Burgers 矢量 b。Bowden 与 Raha 用了文献中的剪切模量值，并对 b 值进行了假设，能够对剪切应力的温度依赖性给出合理拟合。Argon[43] 进一步发展了 Li 与 Gilman 理论对旋转位移理论进行解释，并对 Ward 及其同事对 PET 的研究结果进行拟合。

如图 12.29，Argon 对一系列 PET 数据进行了拟合。拟合结果不错，但是能够注意到如果将公式（12.36）中的指数 6/5 替换为 1，会导致较小的数值变化，但是公式将会简化成

$$\tau = \frac{0.102G}{1-\nu} - \frac{16 \times 0.102kT}{3\pi\omega^2 a^3} \ln \frac{\dot{\gamma_0}}{\dot{\gamma}} \qquad (12.39)$$

这一公式与 Eying 公式类似：

$$\tau = \frac{\Delta H}{V} - \frac{kT}{V} \ln \frac{\dot{\gamma_0}}{\dot{\gamma}} \qquad (12.40)$$

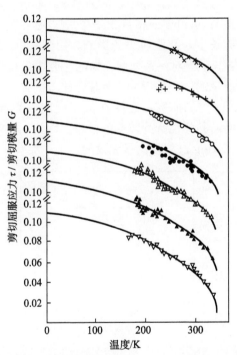

图 12.29 对于无定形 PET，在不同的应变速率下，剪切屈服应力与剪切模量之比随温度的变化曲线 （Points from unpublished data of Foot and Ward, curves from Argon theory）

应变速率：（×）$1.02 \times 10^2 \text{s}^{-1}$；（+）$21.4 \text{s}^{-1}$；（○）$1.96 \text{ s}^{-1}$；（●）$9 \times 10^{-2} \text{s}^{-1}$；（△）$9 \times 10^{-3} \text{s}^{-1}$；（▲）$9 \times 10^{-4} \text{s}^{-1}$；（▽）$9 \times 10^{-3} \text{s}^{-1}$

因此，对于拟合曲线下，Argon 与 Eyring 这两种方法没有明显差别。对于

Argon 理论，0K 温度下的剪切屈服应力只是剪切模量与泊松比的函数。这与其他人的研究结果是一致的，也就是聚合物的屈服应力与模量成正比，这一结论首先由 Vincent[79] 提出，然后经过后人的研究得到了进一步验证[25,77]。Argon 也用他自己的理论计算了剪切活化体积为 $5.3\omega^2a^3$。将简化公式（12.40）与公式（12.39）进行对比，得到

$$\nu = \frac{3\pi\omega^2 a^3}{16 \times 0.102} = 5.77\omega^2 a^3 \approx 10a^3$$

（由于 $\omega \sim 1$）因此，Argon 剪切活化体积大小与根据 Eyring 理论拟合得到的结果类似，通常大小约为 1nm³ 或者更大。屈服过程不仅涉及双结节形成或多个单条分子链运动，如图 12.26 假设的，还必须通过多个邻近分子链的协同变化才能实现。当然这一结论与 12.5.1 节中得到的结论类似。

　　Young 及其同事[44,47,83] 同时对结晶聚合物进行了研究，包括聚乙烯和聚丙烯。Young 提出临界参数是结晶片晶中晶体的厚度，或者更准确地是片晶中分子链的主链长度。这明显与 Shadrake 和 Guiu[82] 的观点是一致的。图 12.30 展示了聚乙烯在 −60℃下主链长度对屈服应力的影响，用公式（12.35）也实现了很好的拟合。Ward 及其合作者[84] 对一系列聚乙烯的研究成果也证实了这种方法的有效性。但是，如前面所说的，根据 Ward 及其合作者[85-87]，Nikolov 与 Raabe[88] 以及 Brooks 与 Mukhtar[89] 的研究，表明在低于层间剪切起始温度的某一温度下，确实存在从弹塑性向黏弹性行为转变的过程。因此，这些结果不代表在较高温度下使用速度控制 Eyring 过程理论是无效的。

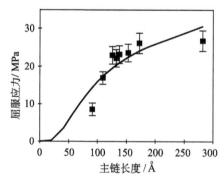

图 12.30　−20℃情况下，聚乙烯的屈服应力与主链长度之间的关系曲线图（Reproduced from Brooks，N. W. J. and Mukhtar，M. Temperature and stem length dependence of the yield stress of polyethylene. (2000) Polymer，41，1475 Copyright (2000) Elsevier Ltd)

　　也有观点认为，基于 Argon 理论，模量改变是自动包含在内的。从现象学分析，这能够解释该理论对于单一活化过程拟合数据的有效性，然而，Eyring 方程通常需要同时用两种方法，处理的数据覆盖很宽的温度和应变速率范围。可以

断定 Argon 理论也包含其他类似的理论[42,90]，是任何屈服行为分子理论的重要组成部分，在这些理论中，模量与屈服应力之间存在不可分开的关系。

最后要讨论的是 Argon 理论从根本上是将屈服看成是成核过程控制的，类似于晶体中由于施加应力产生位错的应力活化过程，通过热量波动被激发。另一方面，Eyring 理论的应用表明屈服与最初变形过程无关，只与施加应力造成的变形速率改变有关，直到变形速率等于外界施加的应变变化速率。Eyring 法与以下观点是一致的：变形机理实际是在 0 应力时出现的，类似于线性黏弹性测试得到的结果（见 7.3.1 节中位置模型分析）。这里，施加很低的应力只能观察到热活化过程，而不改变聚合物结构。

现在，这两种方法看似都可以用于处理聚合物的屈服行为。可以认为 Eyring 方程更适合温度较高的情况，而 Argon 及其他类似理论更适合很低温度下的力学行为。在这方面，可以回想起前面的结论，如果接近绝对零度，屈服应力与模量之比会接近某一极限值，这与经典理论剪切强度是一致的。

已经明确，聚合物的力学行为随着温度降低或者应变速率增加而迅速变化。Brooks 等证明对于聚乙烯，在低于室温的某个温度下，屈服应变会产生一突变，确切温度取决于试样形态。图 12.31 给出了线型聚乙烯的测试结果。可以看出，这一温度对应聚合物从经典弹塑性行为向温度依赖黏弹性行为的转变温度，这时屈服试样将产生层间剪切。低于转变温度，屈服行为与 Bowden，Young 以及其他学者提出的成核控制屈服理论是一致的，而且屈服应力与层间主链厚度密切相关。

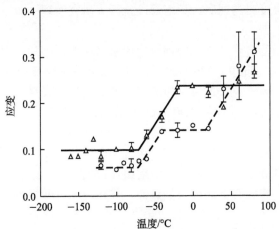

图 12.31　PE 屈服应变随温度变化情况，应变速率分别为：（△）$2.08 \times 10^{-3} \mathrm{s}^{-1}$；（○）$8.3 \mathrm{s}^{-1}$（Reproduced with permission from Brooks, N. W., Unwin, A. P., Duckett, R. A. et al. (1997) Temperature and strain rate dependence of yield strain and deformation behavior in polyethylene. J. Polym. Sci. B: Phys. Edn., 35, 545. Copyright (1997) John Wiley & Sons, Inc)

12.6　冷拉，应变硬化与真实应力-应变曲线

12.6.1　概述

人们已经看到应变硬化是冷拉的必要前提（见 12.1.2 节）。应变硬化可能存在两种原因：

（1）拉伸导致分子取向，因此，拉伸应力（通常称为流动应力）增加。这是通常现象，对于结晶和无定形聚合物均适用（注意 8.6 节与 8.7 节中阐述的力学各向异性理论适用于最终被拉材料，与应变硬化效应没有直接关系）。

（2）在冷拉过程中伸长率较高时，可能会产生应变诱导结晶现象。类似于橡胶在高伸长率情况下产生的结晶现象（见 4.4.6 节中）。从形态学角度分析，这可能涉及伸长链结晶或形成了串晶结构。

12.6.2　冷拉和自然拉伸比

在 12.1 节中提到冷拉产生颈缩会导致颈缩扩展以满足更多材料伸长至自然拉伸比。冷拉都在玻璃化转变温度以下产生，有的时候要低于玻璃化转变温度约 150℃。Andrews 及其他学者已经证实屈服和后续的冷拉过程不涉及长程分子流动，但是伴随着缠结点或交联点之间的分子重排。这一观点与高交联度橡胶在低于其玻璃化转变温度时的屈服、颈缩及冷拉行为研究发现一致。很明显，交联不会阻止分子重排。

无定形聚合物的自然拉伸比与预取向度紧密相关，例如，在冷拉前聚合物的分子取向。关于这一现象，Marshall 与 Thompson[20]对 PET 进行了研究报道，Whitney 与 Andrews[26]对 PMMA 和聚苯乙烯也进行了研究。

人们提出[78]自然拉伸比对预取向的敏感性源于以下几方面。将无定形聚合物拉伸至其自然拉伸比被认为等同于将一个分子网络拉伸至其极限延伸量。极限延伸量是分子网络初始几何尺寸和其所包含的交联点性能的函数。

在纤维纺丝过程中，纤维从针孔中射出在挤出点以下迅速形成分子网络，接着纤维在冷却前的橡胶态下被进一步拉伸，并在冷冻拉伸橡胶态下收集起来。定量应力-光学测试已经证实了这部分假设[91]。然后冷拉将分子网络拉伸至其极限伸长量。分子网络被拉伸长度与原始长度之比是一常数，与纺丝、热拉或者冷拉过程中引起的延伸量差异无关，只要连接分子网络的连接点不被拉断，且分子链上的交联点不产生断裂。

无应变分子网络的尺寸可以通过将预取向纤维回缩至 0 应变状态的方法进行测量，也就是各向同性状态[78]。于是这些结果可以与自然拉伸比测量结果进行

结合，得到分子网络的最大伸长率。

考虑长度为 l_1 的试样的冷拉过程，如图 12.32。如果允许纤维回缩至各向同性状态，也就是长度 l_0，那么收缩率 s 可以表示为

$$s = \frac{l_1 - l_0}{l_1} \tag{12.41}$$

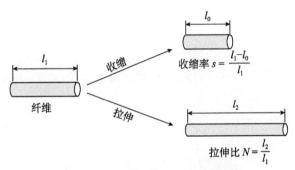

图 12.32 收缩与拉伸过程示意图

拉伸至长度 l_2，可以得到自然拉伸比：

$$N = \frac{l_2}{l_1} \tag{12.42}$$

结合公式 (12.41) 与 (12.42)，得到

$$\frac{l_2}{l_0} = \frac{N}{1-s} \tag{12.43}$$

表 12.2 给出了一系列 PET 纤丝的测试结果。从表中可以看出当 N 从 4.25 变为 2.58 时，s 从 0.042 变为 0.378，但是根据公式 (11.42) 计算得到的 l_2/l_0 基本保持不变，值约为 4.0.

表 12.2 不同预取向度的 PET 试样的 $l_2/l_0 = N/(1-s)$ 数据表

初始双折射值/（×10^3）	自然拉伸比 N	收缩率 s	$1-s$	$N/(1-s)$
0.65	4.25	0.042	0.958	4.44
1.6	3.70	0.094	0.906	4.08
2.85	3.32	0.160	0.840	3.96
4.2	3.05	0.202	0.798	3.83
7.2	2.72	0.320	0.680	4.01
9.2	2.58	0.378	0.622	4.14

当然，也可以直接通过应变硬化参数确定自然拉伸比。这与冷拉涉及分子网络拉伸的假设是不冲突的，但是表明当分子网络到达其极限延伸量后应变硬化现象将迅速增加。

12.6.3　真实应力-真实应变曲线以及网络拉伸比的概念

1960 年，Vincent[5]基于下面的试验研究，针对韧性聚合物的塑性变形提出了真实应力-真实应变曲线的概念。首先，聚合物伸长量大于屈服点但是未产生断裂。然后撤去载荷聚合物产生松弛，之后重复这一载荷过程，并在断裂前停止拉伸。对这一过程进行重复，每一次加载都使试样更接近断裂。如图 12.33，可以看出，每一次重复加载得到的新真实应力-真实应变曲线经过平移后与直接将试样通过一次试验拉断得到的曲线是重合的。因此，绘制真实应力（载荷除以实时横截面积）-真实应变（试样自然伸长量除以起始长度的对数值）的曲线是十分重要的。

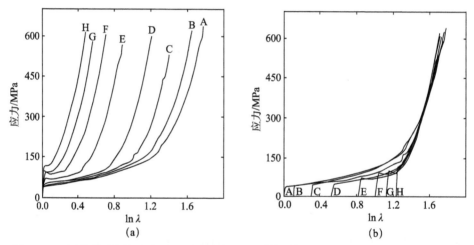

图 12.33　用曲线叠加方法得到聚酯纤维的分子网络拉伸比（Reproduced with permission from Long，S. D. and Ward，I. M. (1991) Shrinkage force studies of oriented polyethylene terephthalate. J. Appl. Polym. Sci.，42，1921. Copyright (1991) John Wiley & Sons，Inc)

另一个很重要的观点是拉伸涉及聚合物网络伸长，聚合物网络的连接点是通过物理缠结形成的。即使产生结晶，聚合物网络变形决定着宏观变形的总体受限情况，宏观变形发生在纤维或者薄膜挤出以及后续的拉伸或模拉过程中。分子取向的演变是物理性能演变的主要影响因素，如拉伸模量、拉伸强度，因此与分子网络变形有关。

从实际聚合物加工的观点出发，众所周知，纤维和薄膜性能与拉伸比存在经验关系，但是，有必要认识到真正的相关关系与总网络拉伸比有关，总的网络拉伸比是从第一个分子网络形成点开始计算的，将被拉伸材料的结构和性能与分子网络拉伸比相关联是十分重要的。

Long 与 Ward[92]研究说明了如何将真实应力-应变曲线的概念与分子网络的

概念联系在一起，以便更好地理解取向聚合物性能与加工方法之间的关系。人们假设对于多步加工，聚合物的这些性能与网络拉伸比有关，即使形态发生很大的改变。另外就是通过真实应力-真实应变曲线叠加来确定每一阶段的网络拉伸比。曲线叠加首先是由 Brody[93] 提出的，而且纤维加工工艺人员[94] 已经进行了应用。Long 与 Ward 研究了传统两步加工法制备取向聚酯纤维，先用熔融纺丝然后在玻璃化转变温度以上进行拉伸（不用 12.1 节中提到的冷拉工艺）。在熔融纺丝阶段，分子网络拉伸比通过曲线叠加的方法确定，如图 12.33，总网络拉伸比 λ_{net} 用公式 $\lambda_{net}=\lambda_s\lambda_{ha}$ 进行计算，这里，λ_{ha} 为熔融纺丝产物在玻璃化转变温度 T_g 以上仍处于固态时，施加牵引力引起的拉伸比。如图 12.34 与图 12.35[92]，取向纤维的双折射与模量值与分子网络拉伸比有很好的相关性。

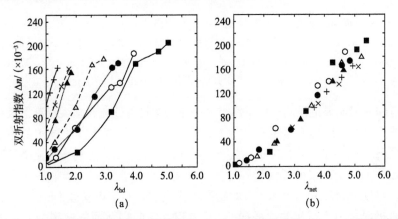

图 12.34　聚酯纤维双折射指数与总拉伸比（λ_{hd}）和网络拉伸比（λ_{net}）之间的关系曲线
(Reproduced with permission from Long，S. D. and Ward，I. M. (1991) Shrinkage force studies of oriented polyethylene terephthalate. J. Appl. Polym. Sci.，42，1921. Copyright (1991) John Wiley & Sons，Inc)

对于聚合物材料塑性变形包含分子网络拉伸比的假设，经过进一步推演可以用于预测取向聚合物的性能。人们认识到对于纤维和薄膜，双折射大小与拉伸比有关。对于冷拉，如 8.6.3 节中讨论的，分子取向遵循准仿射变形理论，可以定量计算双折射值。假设一种聚集态模型，各向异性力学性能也可以进行预测。对于高于玻璃化转变温度 T_g 的拉伸行为，在商业塑料加工行业中更常见，可以假设这一过程与拉伸橡胶网络类似。人们习惯上用 Kuhn 与 Grün[95] 模型，在该模型中，实际网络被一个具有相同分子链构成的等效网络所代替，这些分子链上都包含自由连接点。这被称为仿射变形理论，因为网络连接点与宏观聚合物上的标记点位移大小相同（见 8.6.3 节）。近期的研究成果通过更加合理的分子模拟方法完善了这一半现象学方法，模拟过程涉及旋转异构态计算[96]。

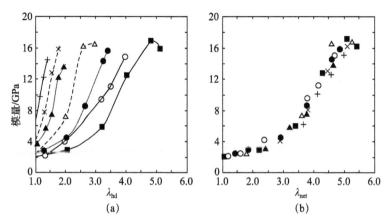

图 12.35 聚酯纤维模量与总拉伸比（λ_{hd}）和网络拉伸比（λ_{net}）之间的关系曲线

(Reproduced with permission from Long, S. D. and Ward, I. M. (1991) Shrinkage force
studies of oriented polyethylene terephthalate. J. Appl. Polym. Sci., 42, 1921.

Copyright (1991) John Wiley & Sons, Inc)

最近的研究成果也强调了以下两点。一是宏观拉伸比能在多大程度上反映分子网络拉伸比，分子级别上是否存在滑移现象。虽然曲线匹配方法试图回答这一问题，但是还需要进行更深入的分子学研究，例如，通过扫描近场光学显微镜[97]。

二是关于分子网络的任何松弛行为，如对取向聚合物进一步加热就会产生分子松弛。早期 Pinnock 与 Ward[91] 的研究工作表明，对于电纺丝 PET 纤维，收缩应力与双折射之间密切相关，根据 WLF 方程，各向同性回复速率与时温等效方程具有很好的相关性。Hine 及其合作者[98] 在最近的研究工作中表明，在取向聚苯乙烯中，可以辨别与不同应力松弛模式（针对缠结网络）相关的松弛过程（见7.6 节）。真实应力-真实应变-应变速率三维表面概念也可以用于预测取向聚乙烯的蠕变失效行为，如 13.6.3 节中讨论的。

12.6.4 应变硬化与应变速率敏感性

对真实应力-真实应变曲线以及分子网络拉伸比的讨论明显与分子网络概念是一致的，这为工程师提供了应变硬化现象的一种物理学解释方法，而且表明与慢裂纹扩展行为有关（见 13.6.3 节）。

但是，上述理论也能够解释聚合物的塑性流动是 Eyring 提出的热活化过程决定的（见 12.5.1 节）。

因此，流动应力可以用平行于分子网络应力的黏性应力来表示，类似于5.2.5 节中的 Voigt 或 Kelvin 模型。因此，应变（总的网络变形量）与应变速率对流动应力 σ 的影响可以表示成

$$d\sigma = \left(\frac{\partial \sigma}{\partial e}\right)_{\dot{e}} de + \left(\frac{\partial \sigma}{\partial \dot{e}}\right)_{e} d\dot{e} \tag{12.44}$$

这里，$\left(\frac{\partial \sigma}{\partial e}\right)_{\dot{e}}$ 表示应变硬化弹簧模量 E_v；$\left(\frac{\partial \sigma}{\partial \dot{e}}\right)_{e}$ 表示应变速率敏感性黏壶 η_v。

就应变硬化模量而言，这是通过利用 Kuhn 与 Grün 模型以及 Kratky 模型来联系分子取向与力学各向异性的发展而发展起来的（见 8.6.3 节）。考虑应变速率敏感性，依赖于应变速率的黏度通过研究蠕变与屈服行为获得（见 11.3 节与 12.5.1 节）。

12.6.5 加工流动应力方法

真实应力-真实应变曲线的概念已经被扩展考虑了应变速率的影响，为聚合物加工过程的定量模拟提供基础，包括张力拉伸、压力挤出以及模拉。有必要考虑变形速率的影响，这在前面的分析中被忽略了。主要假设当前的流动应力只依赖于总塑性应变（与分子网络变形有关的应变硬化）和当前的应变速率（相应的应变速率敏感性）。如前面所述，与分子网络拉伸比有关的性能，有时候称为有效拉伸比。因此，可以认为任何工程的加工过程都是聚合物经过某个特定路径穿过了流动应力-应变-应变速率表面。图 12.36 为 Ward 与 Coates 得到的聚乙烯在 100℃时的流动应力-应变-应变速率表面，从图中可以看到流动应力随应变和应变速率的主要增加[99]。图 12.37 给出了张力拉伸和压力挤出所经历的两个典型的流动过程路径。可以看到，在张力拉伸过程中会形成颈缩（见 12.1.2 节），在颈缩位置应变速率较高，流动应力会到达峰值，而在压力挤出过程中，应变与应变速率都单调增加，在圆锥形模头出口处达到最大值。

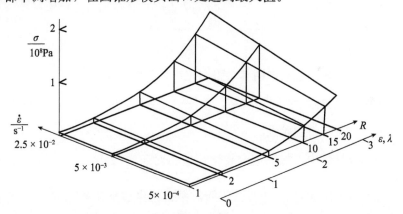

图 12.36　高密度聚乙烯在 100℃拉伸时得到的真实应力-真实应变-应变速率表面
(Reproduced with permission from Hope, P. S. and Ward, I. M. (1981) An activated rate theory approach to the hydrostatic extrusion of polymers. J. Mater. Sci. , 16, 1511. Copyright (2000) Hanser Publications)

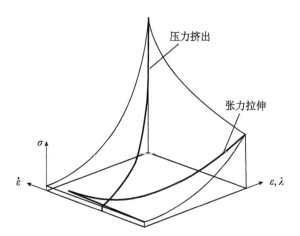

图 12.37　压力挤出和模拉的加工流动应力变化曲线 （Reproduced with permission from Hope, P. S. and Ward, I. M. (1981) An activated rate theory approach to the hydrostatic extrusion of polymers. J. Mater. Sci. , 16, 1511. Copyright (2000) Hanser Publications)

　　Ward 及其合作者对这些理论进行了深入研究，对一系列聚合物压力挤出和模拉过程的力学行为进行定量分析[100−103]。

12.6.6　颈缩剖面图

　　Coates 与 Ward 表明，在张力拉伸过程中通过颈缩部位应变速率场确定的颈缩剖面图可以通过公式（12.44）与应变硬化及应变速率敏感性建立联系。这个公式可以重新写成

$$\frac{\partial \dot{e}}{\partial \lambda} = \frac{\dfrac{\mathrm{d}\sigma}{\mathrm{d}\lambda} - \left(\dfrac{\partial \sigma}{\partial \lambda}\right)_{\dot{e}}}{\left(\dfrac{\partial \sigma}{\partial \dot{e}}\right)_{\lambda}}$$

这里用拉伸比 λ 代替应变来说明其与张力拉伸过程的关系。

　　尖锐的颈缩现象暗示 $\left(\dfrac{\partial \dot{e}}{\partial \lambda}\right)$ 较高，而 $\left(\dfrac{\partial \dot{e}}{\partial \lambda}\right)$ 表示穿过真实应力、应变（λ）与应变速率平面的某一特定路线。

　　在一小部分材料中，如果应变硬化现象相对于 $\dfrac{\mathrm{d}\sigma}{\mathrm{d}\lambda}$ 较小（实际上是 Considère 直线）且应变速率敏感性 $\left(\dfrac{\partial \sigma}{\partial \dot{e}}\right)_{\lambda}$ 也较低，那么在穿过加工平面时应变速率将大幅增加。这样将会产生很尖锐的颈缩现象。

　　这些结论在其他研究中已经进行了进一步研究[101−103]。

12.6.7　结晶聚合物

人们对于结晶聚合物的塑性变形，特别是聚乙烯从形态学角度进行了十分广泛的研究。在这一领域做出突出贡献的人主要有 Keller 及其合作者以及 Peterlin，Geil 等[104−106]。很明显在形态学角度上产生了明显的重排现象，随着塑性变形量变大，结构会从球粒结构往纤维状结构变化。分子重新取向过程与仿射或准仿射现象相差甚远，在晶体中会产生机械孪晶。然而力学各向异性的某些观点是相互联系的，但是都必须进行适当修正。

在一些高结晶度聚合物中，特别是高密度聚乙烯，极大的拉伸比如～30 或更大，可以通过优化聚合物的化学结构和拉伸条件实现[107,108]。高拉伸比会造成取向聚合物产生很高的杨氏模量，如 9.6 节中讨论的。虽然结晶聚合物的变形过程更加复杂，人们得出结论说[109]在确定应变硬化行为与能够实现的极限拉伸比时，分子拓扑结构和分子网络变形依然是最重要的因素。对于高分子量、高密度聚乙烯，主要网络连接点是物理缠结点，如无定形聚合物中。对于低分子量、高密度聚乙烯，物理缠结与微晶都会提供分子网络缠结点，这种情况下，物理缠结与微晶均包含不止一个分子链。微晶中的连接点是临时的。很高的拉伸比会造成晶体结构破坏和分子链解缠结，因此，针对无定形聚合物提出的简单分子网络理论必须进行延伸和修正。

12.7　剪　切　带

如 12.1 节中已经提到的，有时候聚合物的张力拉伸会导致局部化应变。至今人们假设局部应变表现为颈缩现象，但是也可能存在其他的几何形式——剪切带。在单轴应变过程中，局部应变发生在一个很窄的条带内，与施加应力方向呈一斜角，如图 12.38 所示。剪切带在很多韧性材料中都存在。例如，Nadai[2]在低碳钢材料中对这一现象进行了讨论。Bowden[110]针对聚合物的这一现象也进行了描述。

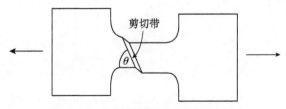

图 12.38　在拉伸试样中剪切带示意图

假设剪切带是在各向同性聚合物单轴拉伸过程中形成的，可以用简单的分析方法来预测剪切带与应变方向之间的夹角。文献［2］中假设在剪切带内的材料是塑性的，而剪切带之外的材料仍是弹性。对于不可压缩材料和各向同性材

• 344 •   第 12 章 聚合物的屈服与失稳行为

料，轴向应变 e 产生的同时会伴随着横向应变 $-e/2$；这与 Levy-Mises 流动准则一致。在与轴线方向呈某一夹角上，法向应变必须为 0。人们认为剪切带是在这一夹角下形成的，由于这一夹角下对于剪切带材料没有其他的作用，因此，应力最小。剪切带内的应变通常比周围弹性材料的应变大很多，但是，在这一角度下，剪切带内的零塑性应变必须与周围未屈服材料产生的小弹性应变是一致的。对于图中夹角 θ，法向应变 e_n 计算公式如下：

$$e_n(\theta) = e \cos^2\theta - (e/2) \sin^2\theta \, SD$$

因此，当 $e_n = 0$，$\tan\theta = \sqrt{2}$ 时，得到的角度为 54.7°。与低碳钢的试验结果一致[2]。早期 Bauwens[60] 对于聚氯乙烯的研究证明了这一结论。

如果得到一个包含流动法则的本构方程，那么数值模拟可以提供模拟剪切带的方法。Lu 与 Ravi-Chandar[111] 就这样使用了有限元方法，设计了一个简化的本构模型，没有应变速率依赖性。Wu 与 van der Giessen[112,113] 提出了一个更理想的本构模型，结合了 Argon 的塑性模型与熵值网络模型，对聚碳酸酯与聚苯乙烯的剪切带开展了有限元模拟。Sweeney 等[114] 发现了一种 Maxwell 型串联模型，结合了 Gaussian 弹性要素和 Eyring 过程（服从 Levy-Mises 流动法则），能够获得聚碳酸酯中的剪切带行为。拉伸试样的试验结果如图 12.39 所示。剪切带夹角与上述简单分析方法得到的结果是一致的。

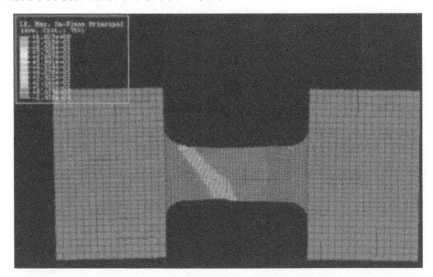

图 12.39 聚碳酸酯拉伸试样的剪切带有限元模型。分析用 ABAQUS 6.8 进行，图中也得到了
    最大主真实应变的分布图（Repro-duced with permission from Sweeney, J., Caton-Rose, P.,
    Spares, R. et al. (2007) A unified model of necking and shearbanding in amorphous and semicry-
    stalline polymers. J. Appl. Polym. Sci., 106, 1095. Copyright (2007) John Wiley & Sons, Inc)

当讨论失稳问题的时候，为什么有些情况下会产生颈缩，而在其他情况下形成剪切带。原因似乎要看哪种变形机理占主导地位。通常将弹性和塑性机理结合起来分析，塑性机理由流动法则控制，比较容易产生剪切带。在此基础上，人们认为如果总应变大部分是由塑性引起的，那么将会产生剪切带，否则失稳将以颈缩的形式表现出来。Sweeney 等[114]对这一问题进行了研究，通过改变 Eyring 与 Gaussian 机理的相对影响力。如果材料参数适合于聚碳酸酯，而且大部分应变是由 Eyring 过程引起的，那么可以预测出上述的剪切带。如果材料参数适合于聚丙烯，而且大部分变形是由弹性机理引起的，那么将会产生颈缩。这种相反的行为与试验结果是一致的。

上述结论适用于起初是各向同性的材料。在取向聚合物中也发现过剪切带。Brown 等[17]对取向 PET 同时进行了拉伸和简单剪切试验，并测试了得到的剪切带角度。为了预测剪切带角度，可以用相同的物理条件——沿着剪切带的法向应变为 0——与前面讨论的各向同性材料一致。但是，对于各向异性材料，Levy-Mises 流动法则不再适用。Brown 等用了 Hill 准则（见 12.2.7 节），根据公式(12.12) 对该准则修正后使其包含内应力以便适应 Bauschinger 效应。人们用这种方法成功模拟了剪切带角度，其中 Hill 系数是根据与拉伸方向成不同夹角情况下的屈服应力得到的。预测结果与试验结果对比如图 12.40。

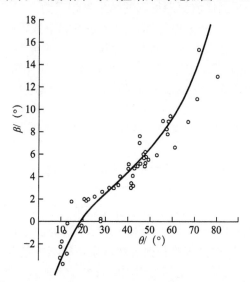

图 12.40 剪切带与拉伸方向的夹角 β 与张力方向与拉伸方向的夹角 θ 之间的关系曲线图 (Reproduced from Brown, N., Duckett, R. A. and Ward, I. M. (1968) The yield behaviour of oriented polyethylene terephthalate. Phil. Mag., 18, 483. Copyright (1968) Taylor and Francis)

12.8　黏弹性模拟背后的物理要素

弹性与黏性元素的结合如图 12.23，提前假设了某些方面的基础物理性能。特别是，应用熵值元素，例如在 Haward 与 Thackray 早期研究工作中提出的 Gaussian 弹簧[55]以及在之后很多研究中的熵值网络模型[114−118]，基本取决于单条分子链周围要有足够的自由体积，分子链可以形成自由构象，而且可以在熵值最大的构象附近摆动。根据定义，材料应该高于其玻璃化转变温度。但是，从最初，这些模型刚刚也是用于玻璃态材料的。这是由于在宏观情况下这些模型是有效的。这种作用——例如，在单轴拉伸过程中（$\lambda^2 - 1/\lambda$）对应力的依赖性——可能已经被用于应力的熵本质依据。这是一种错误逻辑，特别是，通常情况下，对于大应变，参数（$\lambda^2 - 1/\lambda$）与最大剪切应变是对应的，而不限于橡胶弹性（见 3.3 节）。

对于将熵值模型用于模拟玻璃态聚合物变形行为的研究还有其他不同观点。第一，对于给定的应变和应变速率，聚合物中的应力会随着温度增加而降低；结果，根据试验数据拟合得到的弹性网络，作为模型的一部分，其强度也会随着温度升高而降低。这与根据熵值原理得到的结果是相反的，在熵值原理中，应力大小取决于前乘因子 NkT，N 为单位体积内交联点的个数，k 为 Boltzmann 常量，T 为绝对温度。但是也有人主张，随着温度降低，自由体积变小会产生更多类似于交联点的链-链相互作用，因此，N 会明显增加，这样再次得到相反的观点，此时结构类似于玻璃。第二，在很多模型中，熵值机理是造成屈服后应变硬化现象的原因（应变硬化模量）。N 可以单独估算，一系列聚合物体系的对比[119−121]强烈表明，N 不是应变-硬化模量大小的决定因素。另外，得到的应变硬化模量太高，远远超过 NkT[119]。

毫无疑问，在取向聚合物体系中可以直接得到熵应力，以回缩应力或收缩应力的形式存在（在第 4 章中已经对这一现象进行了详细讨论）。那么，得到的应力与熵值理论是一致的[92]。试验与理论研究结果表明应变硬化和收缩应力的机理是不同的。这一现象用分子动力学模拟进行了研究。Hoy 与 Robbins[122]用一个粗粒珠子-弹簧聚合物模型来模拟聚合物玻璃，模型中包含了一些重要的特性，如共价主链，不包含体积、黏结相互作用以及分子链刚性。他们模拟了单轴和平面应变压缩行为，可以得到曲率逐渐变大的应力-应变曲线，这通常是由熵值因素引起的，但是结论表明熵值对应力的贡献很小，而主要是能量变化引起的。他们也模拟了收缩，并确认收缩是由熵值应力引起的，但是比应变硬化引起的熵值应力小。

最近人们关于聚合物的宏观应力-应变-应变速率行为的深入研究引起了对应

变硬化物理起因的重新考虑。Sweeney 等[123] 对起初各向同性超高分子量聚乙烯的研究结果发现了应变速率变化对于应力的依赖性。如图 12.41 所示,应力对应变速率的 Eyring 型曲线表明曲线的斜率随着应变增加而变大。这可以用活化体积进行解释,活化体积随着应变增加而减小,前面已经提出[102,124,125],虽然只有在取向方向上拉伸才会导致活化体积降低。但是,Eyring 过程在各向异性流动法则下是成立的,自身会表现出应变硬化行为,Sweeney 等[123] 发现,他们可以在不考虑熵值网络的情况下建立合适的材料本构模型。

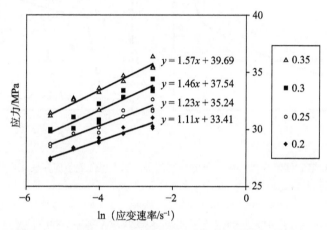

图 12.41 在一系列真实应变水平下,拉伸应力与应变速率对数的关系曲线 (Reproduced with permission from Sweeney, J., Naz, S. and Coates, P. D. (2011) Modeling the tensile behavior of ultra-high-molecular-weight polyethylene with a novel flow rule. J. Appl. Polym. Sci., 121, 2936. Copyright (2011) John Wiley & Sons, Inc)

用预取向聚丙烯胶带进行的简单试验发现,应力对应变速率的依赖性是预取向程度的函数[121,126]。在这种情况下,人们得出结论,可以认为应变硬化完全是由应变依赖 Eyring 过程引起的。

12.8.1 Bauschinger 效应

Bauschinger 效应用于定义材料在拉伸与压缩作用下屈服行为的不对称性。对于各向同性聚合物,这种效应很小(压缩作用下的屈服应力略高于拉伸作用下的屈服应力),可以看成是静水压力不同造成的。因此,在 Eyring 过程中引入压力活化体积足以对这种行为进行模拟。但是,对于取向聚合物,不对称性更明显(见前面 Duckett 等[18] 对于取向聚丙烯的研究结果,拉伸比为 5 将使屈服应力增加 8 倍)。

Senden 等[121] 的研究结果表明,传统材料模型结合了熵值应变硬化行为,对 Bauschinger 效应将会导致定性的错误预测,可以通过研究循环载荷效应进行阐述。对于双臂模型，如 Haward 与 Thackray 模型，施加拉伸载荷然后卸载，在卸载过程中，包含 Eyring 过程的臂上的应力变成负值，但总应力仍为正值。然后 Eyring 过程开始屈服，因此总应力表现出屈服行为，但仍然是拉伸应力。这种行为如图 12.42（a）所示，与图 12.42（b）的理想图像对比仍然是不理想的。

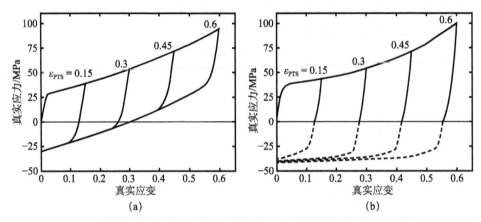

图 12.42　（a）聚碳酸酯在循环载荷下的行为预测，基于包含熵值应变硬化行为的本构模型。（b）理想卸载行为（Reproduced from Senden, D. J. A., van Dommelen, J. A. W. and Govaert, L. E. (2010) Strain hardening and its relation to Bauschinger effects in oriented polymers. J. Polym. Sci. Part B: Polym. Phys., 48, 1483. Copyright (2010) John Wiley & Sons, Ltd)

上述讨论介绍了应变硬化行为的另一个模型，应变依赖性 Eyring 过程。模型中如何包含这一本质的应变硬化臂，应变方向改变将很快导致这条臂上的应力改变。这与熵值机理行为是相反的，在熵值机理变形行为中要去除大的应变以便产生反向应力。因此，经修正的应变硬化理论提供了一种对 Bauschinger 效应进行理想预测的可行方法。但是，关于这一领域的研究仍然不完善。根据 Senden 等[121]的研究成果，对于聚碳酸酯，应变硬化过程最好用熵值模型与应变依赖性 Eyring 过程相结合的方法进行模拟。

12.9　形状记忆性聚合物

人们很早就认识到取向聚合物的回复行为具有重要的应用价值，尤其是医用领域[127-130]。形状记忆性聚合物就是这样的材料。

应力松弛行为用基于 Maxwell 与 Kelvin-Voigt 要素[131-134]的复合本构方程和较简单的模型进行表示。

最近，Bonner 等[135]证实了丙交酯系共聚物的回复行为可以通过 Kelvin-Voigt 模型进行预测（见第 5 章，5.2.5 节），其中弹簧的回复应力和黏壶黏度可以用 Fotheringham 与 Cherry [70] 的瞬时应力下降试验进行确定。回复应力 σ_R 通过内部分子网络拉伸过程的拉伸温度和拉伸比 λ 确定，因此：

$$\sigma_R = E(\lambda^2 - 1/\lambda)$$

这里 E 为有效模量。

黏性应力 σ_V 由回复温度和应变速率 $\dot{e}$ 来确定。那么黏度通过下列公式计算：

$$\eta = \frac{\sigma_V}{\dot{e}}$$

回复半衰期 τ 计算公式如下：

$$\tau = \frac{\eta}{E}$$

Heuchel 等[136]对这个简单模型的有效性进行了验证。

参 考 文 献

[1] Wineman, A. S. and Waldron, W. K. (1993) Interaction of nonhomogeneous shear, non-linear viscoelasticity, and yield of a solid polymer. Polym. Eng. Sci., 33, 1217 - 1228.

[2] Nadai, A. (1963) Theory of Flow and Fracture of Solids, McGraw-Hill, New York.

[3] Orowan, B. (1949) Fracture and strength of solids. Rept. Prog. Phys., 12, 185.

[4] Sweeney, J., Shirataki, H., Unwin, A. P. et al. (1999) Application of a necking criterion to PET fibers in tension. J. Appl. Polym. Sci., 74, 3331 - 3341.

[5] Vincent, P. I. (1960) The necking and cold-drawing of rigid plastics. Polymer, 1, 7.

[6] Bridgeman, P. W. (1952) Studies in Large Plastic Flow and Fracture, McGraw-Hill, New York.

[7] Amoedo, J. and Lee, D. (1992) Modeling the uniaxial rate and temperature dependent behavior of amorphous and semi-crystalline polymers. Polym. Eng. Sci., 32, 1055 - 1065.

[8] Tresca, H. (1864) Mémoire sur l'ecoulement des corps solides soumis a de fortes pressions. C. R. Acad. Sci. (Paris), 59, 754; 64, 809 (1867).

[9] Smith, W. F. (1996) Principles of Materials Science and Engineering, 3rd edn, McGraw-Hill, New York.

[10] Coulomb, C. A. (1776) Essai sur une application des règles des maximis et minimisà quelques problèmes de statique relatifsà l'architecture. Mem. Math. Phys., 7, 343.

[11] von Mises, R. (1913) Mechanik der festen Korper im plastisch deformablen Zustand. Gottinger Nach. Math. -Phys. Kl., 582.

[12] Levy, M. (1870) Mémoire sur leséquations générales des mouvements int érieurs des corps ductiles au delà des limites en élasticité pourrait les ramener à leur premier état. C. R. Acad. Sci. (Paris), 70, 1323.

[13] Timoshenko, S. P. and Goodier, J. N. (1970) Theory of Elasticity, 3rd edn, McGraw-Hill International Editions, New York.

[14] Gottstein, G. (2004) Physical Foundations of Materials Science, Springer, Berlin.

[15] Hill, R. (1985) The Mathematical Theory of Plasticity, Oxford University Press, New York.

[16] Van Dommelen, J. A. W. and Meijer, H. E. H. (2005) Micromechanics of particle-modified semi-crystalline polymers: influence of anisotropy due to transcrystallinity and/or flow, in Mechanical Properties of Polymers Based on Nanostructure and Mor-phology, (eds G. H. Michler and F. J. Balt'a-Calleja), Taylor and Francis, Florida.

[17] Brown, N., Duckett, R. A. and Ward, I. M. (1968) The yield behaviour of oriented polyethylene terephthalate. Phil. Mag., 18, 483.

[18] Duckett, R. A., Ward, I. M. and Zihlif, A. M. (1972) Direct measurements of the reverse stress asymmetry in the yielding of anisotropic polypropylene. J. Mater. Sci., 7 (Letters), 480 - 482.

[19] De Souza Neto, E. A., Peric, D. and Owen, D. R. J. (2008) Computational Methods for Plasticity, John Wiley & Sons, Chichester.

[20] Marshall, I. and Thompson, A. B. (1954) The cold drawing of high polymers. Proc. Roy. Soc., A221, 541.

[21] Müller, F. H. (1949) Zum Problem der Kaltverstreckung hochpolymerer Substanzen. Kolloidzeitschrift, 114, 59; 115, 118 (1949); 126, 65 (1952).

[22] Hookway, D. C. (1958) The cold-drawing of nylon 6.6. J. Text. Inst., 49, 292.

[23] Brauer, P. and Müller, F. H. (1954) Über die Temperatur über höhung in der Fließzone während der Kaltverstreckung Anwendung von Leuchtstoffen zur Temperaturmes-sung. Kolloidzeitschrift, 135, 65.

[24] Lazurkin, Y. S. (1958) Cold-drawing of glass-like and crystalline polymers. J. Polym. Sci., 30, 595.

[25] Allison, S. W. and Ward, I. M. (1967) The cold drawing of polyethylene terephthalate. Brit. J. Appl. Phys., 18, 1151.

[26] Whitney, W. and Andrews, R. D. (1967) Yielding of glassy polymers: volume effects. J. Polym. Sci. C, 16, 2981.

[27] Brown, N. and Ward, I. M. (1968) Load drop at upper yield point of a polymer. J. Polym. Sci. A2, 6, 607.

[28] Bowden, P. B. and Jukes, J. A. (1968) The plastic yield behaviour of polymethyl-methacrylate. J. Mater. Sci., 3, 183.

[29] Rabinowitz, S., Ward, I. M. and Parry, J. S. C. (1970) The effect of hydrostatic pressure on the shear yield behaviour of polymers. J. Mater. Sci., 5, 29.

[30] Ainbinder, S. B., Laka, M. G. and Maiors, I. Y. (1965) Effect of hydrostatic pressure on mechanical properties of plastics. Mech. Comp. Mater., 1, 50.

[31] Biglione, G., Baer, E. and Radcliffe, S. V. (1969) Fracture 1969 (ed. P. L. Pratt), Chapman and Hall, London, p. 520.

[32] Christiansen, A. W., Baer, E. and Radcliffe, S. V. (1971) The mechanical behaviour of

polymers under high pressure. Phil. Mag. , 24, 451.

[33] Matsushigi, K. , Radcliffe, S. V. and Baer, E. (1975) The mechanical behaviour of polystyrene under pressure. J. Mater. Sci, 10, 833.

[34] Pae, K. D. , Maers, D. R. and Sauer, J. A. (1968) Stress-strain behavior of polypropylene under high pressure. J. Polym. Sci. Part B: Polymer Letters, 6, 773.

[35] Maers, D. R. , Pae, K. D. and Sauer, J. A. (1969) Effects of hydrostatic pressure on the mechanical behavior of polyethylene and polypropylene. J. Appl. Phys. , 40, 4229.

[36] Harris, J. S. , Ward, I. M. and Parry, J. S. C. (1971) Shear strength of polymers under hydrostatic pressure: surface coatings prevent premature fracture. J. Mater. Sci. , 6, 110.

[37] Sweeney, J. , Duckett, R. A. and Ward, I. M. (1986) The fracture toughness of a tough polyethylene using tension testing in a high-pressure environment. J. Mater. Sci. Letters, 5, 1109.

[38] Briscoe, B. J. and Tabor, D. (1978) in Polymer Surfaces (eds D. T. Clark and W. J. Feast), John Wiley & Sons, New York, Chap. 1.

[39] Halsey, G. , White, H. J. and Eyring, H. (1945) Mechanical properties of textiles, I. Text. Res. J. , 15, 295.

[40] Truss, R. W. , Clarke, P. L. , Duckett, R. A. et al. (1984) The dependence of yield behaviour on temperature, pressure, and strain rate for linear polyethylenes of different molecular weight and morphology. Polym. Sci. B: Polym. Phys. , 22, 191.

[41] Brereton, M. S. , Croll, S. G. , Duckett, R. A. et al. (1974) Nonlinear viscoelastic behaviour of polymers- an implicit equation approach. J. Mech. Phys. Solids, 22, 97.

[42] Bowden, P. B. and Raha, S. (1974) A molecular model for yield and flow in amorphous glassy polymers making use of a dislocation analogue. Phil. Mag. , 29, 149.

[43] Argon, A. S. (1973) A theory for the low-temperature plastic deformation of glassy polymers. Phil. Mag. , 28, 839.

[44] Young, R. J. (1974) A dislocation model for yield in polyethylene. Phil. Mag. , 30, 85.

[45] Brooks, N. W. , Unwin, A. P. , Duckett, R. A. et al. (1997) Deformation, Yield and Fracture of Polymers. Conference Papers. Cambridge, UK, pp. 53 - 56.

[46] Crist, B. , Fisher, C. J. and Howard, P. R. (1989) Mechanical properties of model polyethylenes: tensile elastic modulus and yield stress. Macromolecules, 22, 1709.

[47] O'Kane, W. J. and Young, R. J. (1995) The role of dislocations in the yield of polypropylene. J. Mater. Sci. Letters, 14, 433.

[48] Darras, O. and Seguala, R. (1993) Tensile yield of polyethylene in relation to crystal thickness. J. Polym. Sci. Part B: Polym. Phys. , 31, 759.

[49] Lazurkin, Y. S. and Fogelson, R. L. (1951) Nature of the large deformations of high-molecular compounds in the vitreous state. Zhur. Tech. Fiz. , 21, 267.

[50] Robertson, R. E. (1963) On the cold-drawing of plastics. J. Appl. Polym. Sci. , 7, 443.

[51] Crowet, C. and Homès, G. A. (1964) Interpretation of the load-elongation curve of poly-

methyl methacrylate. Appl. Mater. Res. , 3, 1.

[52] Bauwens-Crowet, C. , Bauwens, J. A. and Homès, G. (1969) Tensile yield-stress be-havior of glassy polymers. J. Polym. Sci. A2, 7, 735.

[53] Bauwens-Crowet, C. , Bauwens, J. A. and Homès, G. (1969) Tensile yield-stress be-havior of poly (vinyl chloride) and polycarbonate in the glass transition region. J. Polym. Sci. A2, 7, 1745.

[54] Roetling, J. A. (1965) Yield stress behaviour of polymethylmethacrylate. Polymer, 6, 311.

[55] Haward, R. N. and Thackray, G. (1968) The use of a mathematical model to describe isothermal stress-strain curves in glassy thermoplastics. Proc. Roy. Soc. A, 302, 453.

[56] Holt, D. L. (1968) The modulus and yield stress of glassy poly (methyl methacrylate) at strain rates up to 103 inch/inch/second. J. Appl. Polym. Sci. , 12, 1653.

[57] Horsley, R. A. and Nancarrow, H. A. (1951) The stretching and relaxing of polyethy-lene. Brit. J. Appl. Phys. , 2, 345.

[58] Ward, I. M. (1971) The yield behaviour of polymers: review. J. Mater. Sci. , 6, 1397.

[59] Buckley, C. P. and Jones, D. C. (1995) Glass-rubber constitutive model for amorphous polymers near the glass transition. Polymer, 36, 3301.

[60] Bauwens, J. C. (1967) Dèformation plastique des hauts polymères vitreux soumis á un système de contraintes quelconque. J. Polym. Sci. A2, 5, 1145.

[61] Duckett, R. A. , Goswami, B. C. , Smith, L. S. A. et al. (1978) Yielding and crazing behavior of polycarbonate in torsion under superposed hydrostatic-pressure. Brit. Polym. J. , 10, 11.

[62] Eyring, H. and Ree, T. (1955) A generalized theory of plasticity involving the virial the-orem. Proc. Natl. Acad. Sci. U S A, 41 (3), 118.

[63] Bauwens, J. C. (1972) Relation between the compression yield stress and the mechanical loss peak of bisphenol-A-polycarbonate in the β transition range. J. Mater. Sci. , 7, 577.

[64] Brooks, N. W. , Duckett, R. A. and Ward, I. M. (1992) Investigation into double yield points in polyethylene. Polymer, 33, 1872.

[65] Seguela, R. and Darras, D. (1994) Phenomenological aspects of the double yield of poly-ethylene and related copolymers under tensile loading. J. Mater. Sci. , 29, 5342.

[66] Gupta, V. B. and Rana, S. K. (1998) Double yield in tensile deformation of high-density polyethylene fiber. J. Macromolecular Sci. Phys. , B37, 783.

[67] Takayanagi, M. (1974) Some morphological factors in thermomechanical analysis of crys-talline polymers. J. Macromolecular Sci. Phys. , B9, 391.

[68] Sherby, O. D. and Dorn, J. E. (1958) Anelastic creep of polymethyl methacrylate. J. Mech. Phys. Solids, 6, 145.

[69] Mindel, M. J. and Brown, N. (1973) Creep and recovery of polycarbonate. J. Mater. Sci. , 8, 863.

[70] Fotheringham, D. G. and Cherry, B. W. (1978) The role of recovery forces in the deform-

ation of linear polyethylene. J. Mater. Sci. , 13, 951.

[71] Robertson, R. E. (1966) Theory for the plasticity of glassy polymers. J. Chem. Phys. , 44, 3950.

[72] Duckett, R. A. , Rabinowitz, S. and Ward, I. M. (1970) The strain-rate, temperature and pressure dependence of yield of isotropic poly (methylmethacrylate) and poly (ethylene terephthalate) . J. Mater. Sci. , 5, 909.

[73] Cottrell, A. H. (1953) Dislocations and Plastic Flow in Crystals, Clarendon Press, Oxford.

[74] Taylor, G. I. (1934) The mechanism of plastic deformation of crystals. Part I. Theoretical. Proc. Roy. Soc. , A145, 362.

[75] Petermann, J. and Gleiter, H. (1972) Direct observation of dislocations in polyethylene crystals. Phil. Mag. , 25, 813.

[76] Kelly, A. and Macmillan, N. H. (1987) Strong Solids, 3rd edn, Clarendon Press, Oxford.

[77] Brown, N. (1971) The relationship between yield point and modulus for glassy polymers. Mater. Sci. Eng. , 8, 69.

[78] Allison, S. W. , Pinnock, P. R. and Ward, I. M. (1966) The cold drawing of polyethylene terephthalate. Polymer, 7, 66.

[79] Vincent, P. I. (1967) in Encyclopedia of Polymer Science & Technology, John Wiley& Sons, New York.

[80] Li, J. C. M. and Gilman, J. J. (1970) Disclination loops in polymers. J. Appl. Phys. , 41, 4248.

[81] Frank, F. C. (1950) Symposium on Plastic Deformation of Crystalline Solids. Carnegie Institute of Technology, Pittsburgh.

[82] Shadrake, L. G. and Guiu, F. (1976) Dislocations in polyethylene crystals: line energies and deformation modes. Phil. Mag. , 34, 565.

[83] Young, R. J. (1988) A dislocation model for yield in polyethylene. Materials Forum, 11, 210.

[84] Brooks, N. W. , Ghazali, M. , Duckett, R. A. et al. (1999) Effects of morphology on the yield stress of polyethylene. Polymer, 40, 821.

[85] Brooks, N. W. , Unwin, A. P. , Duckett, R. A. et al. (1997) Temperature and strain rate dependence of yield strain and deformation behavior in polyethylene. J. Polym. Sci. B: Phys. Edn. , 35, 545.

[86] Brooks, N. W. J. , Duckett, R. A. and Ward, I. M. (1999) Effects of crystallinity and stress state on the yield strain of polyethylene. Polymer, 40, 7367.

[87] Brooks, N. W. J. , Duckett, R. A. and Ward, I. M. (1998) Temperature and strain-rate dependence of yield stress of polyethylene. J. Polym. Sci. B, 36, 2177.

[88] Nikolov, S. and Raabe, D. (2006) Yielding of polyethylene through propagation of chain twist defects: Temperature, stem length and strain-rate dependence. Polymer, 47, 1696.

[89] Brooks, N. W. J. and Mukhtar, M. Temperature and stem length dependence of the yield stress of polyethylene. (2000) Polymer, 41, 1475.

[90] Brown, N. (1971) Fundamental tensile stress-strain relationship for yielding of linear polymers. Bull. Amer. Phys. Soc. , 16, 428.

[91] Pinnock, P. R. and Ward, I. M. (1966) Stress-optical properties of amorphous polyethylene terephthalate fibres. Trans. Faraday Soc. , 62, 1308.

[92] Long, S. D. and Ward, I. M. (1991) Shrinkage force studies of oriented polyethylene terephthalate. J. Appl. Polym. Sci. , 42, 1921.

[93] Brody, H. (1983) The extensibility of polyethylene terephthalate fibers spun at high wind-up speeds. J. Macromol. Sci. Phys. , B22, 19.

[94] Bessey, W. and Jaffe, M. (2000) in Solid Phase Processing of Polymers, (eds I. M. Ward, P. D. Coates and M. M. Dumoulin), Hanser, Munich, Chap. 4.

[95] Kuhn, W. and Grun, F. (1942) Relationships between elastic constants and stretching double refraction of highly elastic substances. Kolloid. Z, 101, 248.

[96] Cail, J. J. , Stepto, R. F. T. and Ward, I. M. (2007) Experimental studies and molecular modelling of the stress-optical and stress-strain behaviour of poly (ethylene terephthalate). Part Ⅲ: Measurement and quantitative modelling of birefringence-strain, stress-strain and stress-optical properties. Polymer, 48, 1379.

[97] Ube, T. , Aoki, H. , Ito, S. et al. (2007) Conformation of single PMMA chain in uni-axially stretched film studied by scanning near-field optical microscopy. Polymer, 48, 6221.

[98] Hine, P. J. , Duckett, R. A. and Read, D. J. (2007) Influence of molecular orientation and melt relaxation processes on glassy stress-strain behavior in polystyrene. Macromolecules, 40, 2782.

[99] Ward, I. M. and Coates, P. D. (2000) in Solid Phase Processing of Polymers, (eds I. M. Ward, P. D. Coates and M. M. Dumoulin), Hanser, Munich, Chap. 1.

[100] Coates, P. D. and Ward, I. M. (1980) Neck profiles in drawn linear polyethylene. J. Mater. Sci. , 15, 2597.

[101] Coates, P. D. , Gibson, A. G. and Ward, I. M. (1980) An analysis of the mechanics of solid phase extrusion of polymers. J. Mater. Sci. , 15, 359.

[102] Hope, P. S. and Ward, I. M. (1981) An activated rate theory approach to the hydrostatic extrusion of polymers. J. Mater. Sci. , 16, 1511.

[103] Mohanraj, J. , Bonner, M. J. , Barton, D. C. et al. (2007) Analysis and design of profiled dies for the polymer wire die-drawing process. Proc. I. Mech. E, Part E: J. Process Mechanical Engineering, 221, 47.

[104] Hay, I. L. and Keller, A. (1965) Polymer deformation in terms of spherulites. Kolloidzeitschrzft, 204, 43.

[105] Peterlin, A. (1965) Crystalline character in polymers. J. Polym. Sci. , C9, 61.

[106] Geil, P. H. (1964) Polymer deformation. Ⅲ. Annealing of drawn polyethylene single

crystals and fibers. J. Polym. Sci. A, 2, 3835.

[107] Capaccio, G. and Ward, I. M. (1973) Properties of ultra-high modulus linear polyethylenes. Nature Phys. Sci. , 243, 43.

[108] Capaccio, G. and Ward, I. M. (1974) Preparation of ultra-high modulus linear polyethylenes: effect of molecular weight and molecular weight distribution on drawing behaviour and mechanical properties. Polymer, 15, 233.

[109] Capaccio, G. , Crompton, T. A. and Ward, I. M. (1976) Drawing behavior of linear polyethylene. Part 1. Rate of drawing as a function of polymer molecular-weight and initial thermal-treatment. J. Polym. Sci. Polym. Phys. Edn. , 14, 1641.

[110] Bowden, P. B. (1973) in The Physics of Glassy Polymers (ed. R. N. Haward), Applied Science, London.

[111] Lu, J. and Ravi-Chandar, K. (1999) Inelastic deformation and localization in polycarbonate under tension. Int. J. Solids Struct. , 36, 391.

[112] Wu, P. D. and van der Giessen, E. (1994) Analysis of shear band propagation in amorphous glassy polymers. Int. J. Solids Struct. , 31, 1493.

[113] Wu, P. D. and van der Giessen, E. (1996) Computational aspects of localized deformations in amorphous glassy polymers. Eur. J. Mech. A/Solids, 15, 799.

[114] Sweeney, J. , Caton-Rose, P. , Spares, R. et al. (2007) A unified model of necking and shearbanding in amorphous and semicrystalline polymers. J. Appl. Polym. Sci. , 106, 1095.

[115] Boyce, M. C. , Parks, D. M. and Argon, A. S. (1988) Large inelastic deformation of glassy polymers. part I: rate dependent constitutive model. Mech. Mater. , 7, 15.

[116] Boyce, M. C. , Parks, D. M. and Argon, A. S. (1989) Plastic flow in oriented glassy polymers. Int. J. Plasticity, 5, 593.

[117] Arruda, E. M. and Boyce, M. C. (1993) Evolution of plastic anisotropy in amorphous polymers during finite straining. Int. J. Plasticity, 9, 697.

[118] Boyce, M. C. , Socrate, M. and Llana, P. G. (2000) Constitutive model for the finite deformation stress-strain behavior of poly (ethylene terephthalate) above the glass transition. Polymer, 41, 2183.

[119] Haward, R. N. (1993) Strain hardening of thermoplastics. Macromolecules, 26, 5860.

[120] van Melick, H. G. H. , Govaert, L. E. and Meijer, H. E. H. (2003) On the origin of strain hardening in glassy polymers. Polymer, 44, 2493.

[121] Senden, D. J. A. , van Dommelen, J. A. W. and Govaert, L. E. (2010) Strain hardening and its relation to Bauschinger effects in oriented polymers. J. Polym. Sci. Part B: Polym. Phys. , 48, 1483.

[122] Hoy, R. S. and Robbins, M. O. (2008) Strain hardening of polymer glasses: Entanglements, energetics, and plasticity. Physical Review E, 77, 031801.

[123] Sweeney, J. , Naz, S. and Coates, P. D. (2011) Modeling the tensile behavior of ultra-high-molecular-weight polyethylene with a novel flow rule. J. Appl. Polym. Sci. ,

121, 2936.

[124] Hope, P. S., Ward, I. M. and Gibson, A. G. (1980) The hydrostatic extrusion of poly-methylmethacrylate. J. Mater. Sci., 15, 2207.

[125] Ward, I. M. (1984) The role of molecular networks and thermally activated processes in the deformation-behavior of polymers. Polym. Eng. Sci., 24, 724.

[126] Van Erp, T. B., Reynolds, C. T., Peijs, T. et al. (2009) Prediction of yield and long-term failure of oriented polypropylene: kinetics and anisotropy. J. Polym. Sci. Part B: Polym. Phys., 47, 2026 - 2035.

[127] Mather, P. T., Luo, X. F. and Rousseau, I. A. (2009) Shape memory polymer re-search. Annu. Rev. Mater. Res., 39, 445 - 471.

[128] Behl, M., Zotzmann, J. and Lendlein, A. (2010) Shape-memory polymers and shape-changing polymers. Adv. Polym. Sci., 226, 1 - 40.

[129] Ratna, D. and Karger-Kocsis, J. (2008) Recent advances in shape memory polymers and composites: a review. J. Mater. Sci., 43, 254 - 269.

[130] Xie, T. (2011) Recent advances in polymer shape memory. Polymer, 52, 4985 - 5000.

[131] Nguyen, T. D., Qi, H. J., Castro, F. and Long, K. N. (2008) A thermoviscoelastic model for amorphous shape memory polymers: incorporating structural and stress relaxa-tion. J. Mech. Phys. Solids, 56, 2792 - 2814.

[132] Chen, Y. C. and Lagondas, D. C. (2008) A constitutive theory for shape memory poly-mers. Part II: A linearized model for small deformations. J. Mech. Phys. Solids, 56, 1766 - 1778.

[133] Lin, T. R. and Chen, L. W. (1999) Shape-memorized crosslinked ester-type polyure-thane and its mechanical viscoelastic model. J. Appl. Polymer Sci., 73, 1305 - 1319.

[134] Li, F. and Larock, R. C. (2002) New soybean oil-styrene-divinylbenzene thermosetting copolymers. V. shape memory effect. J. Appl. Polymer Sci., 84, 1533 - 1543.

[135] Bonner, M., Montes de Oca, H., Brown, M. et al. (2010) A novel approach to pre-dict the recovery time of shape memory polymers. Polymer, 51, 1432 - 1436.

[136] Heuchel, M., Cui, J., Kratzk, K. et al. (2010) Relaxation based modeling of tunable shape recovery kinetics observed under isothermal conditions for amorphous shape-memory polymers. Polymer, 51, 6216 - 6218.

其他参考资料

Halary, J. L., Lauprêtre, F. and Monnerie, L. (2011) Polymer Materials: Macroscopic Properties and Molecular Interpretations, John Wiley & Sons, Ltd, Hoboken, New Jersey.

Mc Crum, N. G., Read, B. E. and Williams, G. (1991) Anelastic and Dielectric Effects in Polymeric Solids, Dover Publications, New.

第 13 章　断 裂 现 象

13.1　聚合物韧性与脆性行为的定义

聚合物材料的力学行为受温度和应变速率的影响很大，在恒定应变速率下随着温度升高，载荷-伸长率曲线示意图如图 13.1 所示（这里先不必定量描述）。在较低温度下，载荷随着伸长率的变大呈近似线性增加直到断裂，这时聚合物表现为脆性断裂行为。在较高的温度下，会产生屈服点，载荷在断裂前就开始下降，有时候会产生颈缩现象，这属于韧性断裂，但断裂时的应变仍然比较低（典型的为 10%～20%）。温度继续升高，在特定条件下，会产生应变硬化，稳定颈缩后接着出现冷拉现象。在这种情况下，延伸量通常会高达 1000%。最后，在更高的温度下，会产生均匀变形，断裂时延伸量很大。在一无定形聚合物中，这种橡胶态行为在玻璃化转变温度以上产生，因此，这时应力水平很低。

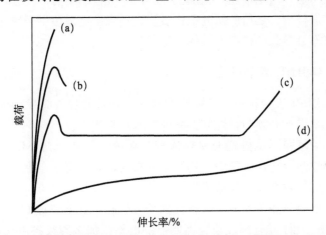

图 13.1　对于一典型的聚合物材料在四个不同的温度下测试得到的载荷-伸长率曲线，曲线表现出不同的力学行为特征。(a) 脆性断裂；(b) 韧性断裂；(c) 颈缩与冷拉；(d) 均匀变形（准橡胶态行为）

对于聚合物而言，情况明显比金属材料的脆性-韧性转变复杂得多，由于通常应该包含四种转变行为而不是两种。讨论脆性-韧性转变行为的影响因素，并进一步讨论颈缩与冷拉行为中的影响因素，具有重要意义。

定义韧性与脆性行为最简单的方法是通过应力-应变曲线。脆性行为是指试样在其最大载荷时断裂的行为，这时应变相对较低（<10%），而韧性行为首先出现峰值载荷，然后在相对较低的应力下断裂（图 13.1 (a) 与 (b)）。

脆性与韧性断裂的区别也可以用其他两种方法进行说明：①断裂过程中耗散的能量；②断口表面特征。能量耗散是实际应用中考虑的一个重要因素，也是形成简支梁（charpy）冲击与悬臂梁（izod）冲击试验的基础（将在 13.8 节中进行讨论）。在实际冲击试验的速度下，很难获取应力-应变曲线，因此，习惯上冲击强度用标准试样的冲击断裂能来表示。

尽管目前人们对于裂纹扩展的认识还不够深入，基本上还处于依赖经验的状态，但可以基于断口表面形貌来区分脆性断裂与韧性断裂。

13.2　聚合物的脆性断裂准则

现在人们对于脆性材料断裂行为的理解还起源于 Griffith[1] 最初对玻璃脆性断裂的经典理论。断裂行为的 Griffith 理论是对线弹性断裂力学的最早阐述，已经被广泛用于研究玻璃和金属材料的断裂行为，最近也用于聚合物断裂行为研究。虽然最初用这一理论描述理想弹性材料在小应变情况下（这时为线弹性行为）的裂纹扩展行为，之后的研究工作表明这一理论也适用于裂纹尖端的局部塑性变形，这时不会导致试样产生总体屈服行为。

13.2.1　Griffith 断裂理论

首先，Griffith 认为断裂会产生新的表面，并且假设要想发生断裂，产生新表面所需的能量增加必须与弹性储存能降低相互平衡。

其次，为了解释测试得到的材料强度与理论计算的材料强度之间的巨大差异，他提出弹性储存能在试样中不是均匀分布的，而是集中在小裂纹附近。断裂是材料原始缺陷导致裂纹扩展造成的。

通常裂纹扩展伴随着外力对系统做的功 dW 和弹性储存能 U 的变化 dU。这两个量之差 $dW - dU$ 就是形成新表面所需的能量。那么裂纹扩展长度 dc 所需的条件是

$$\frac{dW}{dc} - \frac{dU}{dc} \geq \gamma \frac{dA}{dc} \tag{13.1}$$

这里 γ 为单位表面积的表面自由能，dA 为相应的表面积增加值。如果裂纹扩展过程中总伸长量 Δ 没有发生改变，那么 $dW = 0$，可以得到

$$\left(\frac{dU}{dc}\right)_{\Delta} \geq \gamma \frac{dA}{dc} \tag{13.1a}$$

弹性储存能降低，因此 $-(\mathrm{d}U/\mathrm{d}c)_\Delta$ 实际上是一正值。

Griffith 用 Inglis[2] 的方法计算了弹性储存能的变化，Inglis[2] 计算方法针对的是平板，在平板上预制一个小的椭圆形通孔裂纹，在与裂纹主轴垂直的方向上施加应力。这样公式（13.1）可以用裂纹长度 $2c$ 对材料的断裂应力 σ_B 进行定义，可以表示为

$$\sigma_B = (2\gamma E^*/\pi c)^{1/2} \tag{13.2}$$

这里 E^* 为 "折算模量"，对于薄片材料，在平面应力情况下等于杨氏模量 E，而对于厚片材料，在平面应变情况下等于 $E/(1-\nu^2)$，ν 为泊松比。

13.2.2 Irwin 模型

Irwin[3] 提出的另一个表达式考虑了长度 $2c$ 的理想裂纹附近的应力场（如图 13.2）。在二维极坐标系中，以 x 轴作为裂纹轴，$r \ll c$，那么，

$$\sigma_{xx} = \frac{K_{\mathrm{I}}}{(2\pi r)^{1/2}} \cos(\theta/2)[1 - \sin(\theta/2)\sin(3\theta/2)]$$

$$\sigma_{yy} = \frac{K_{\mathrm{I}}}{(2\pi r)^{1/2}} \cos(\theta/2)[1 + \sin(\theta/2)\sin(3\theta/2)]$$

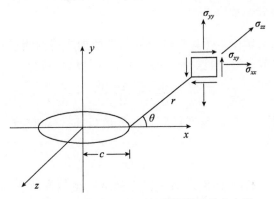

图 13.2 长度为 $2c$ 的理想裂纹附近的应力场

$$\sigma_{zz} = \nu(\sigma_{xx} + \sigma_{yy}), \quad \text{对于平面应变}$$

$$\sigma_{zz} = 0, \quad \text{对于平面应力}$$

$$\sigma_{xy} = \frac{K_{\mathrm{I}}}{(2\pi r)^{1/2}} \cos(\theta/2)\sin(\theta/2)\sin(3\theta/2) \tag{13.3}$$

$$\sigma_{yz} = \sigma_{zx} = 0$$

在这些公式中，θ 为裂纹轴线与半径矢量之间的夹角。

Irwin 模型的价值在于它假设对于垂直于裂纹方向的任何载荷，在裂纹周围产生的应力场是一样的，且应力大小（或强度）由 K_{I} 确定，在给定载荷和几何

外形的情况下，K_I 是恒定的；K_I 被称为应力强度因子，下角标 I 表示载荷垂直于裂纹。这样的裂纹张开模式 I 不同于滑开模式 II，这里不讨论滑开模式。在裂纹尖端，很明显 σ_{xx} 和 σ_{yy} 变得无限大，由于 r 接近 0，但是乘积 $\sigma_{xx}\sqrt{r}$ 与 $\sigma_{yy}\sqrt{r}$ 以及 K_I 值大小仍然是有限的。

对于含有长度为 $2c$ 的中心裂纹的无限大板，在均匀应力 σ 作用下，根据 Irwin 理论得到的 K_I 计算公式为

$$K_I = \sigma\,(\pi c)^{1/2} \tag{13.4}$$

他假设，当 σ 达到断裂应力 σ_B 时，K_I 达到临界值，计算公式如下：

$$K_{IC} = \sigma_B\,(\pi c)^{1/2} \tag{13.5}$$

那么材料的断裂韧性可以将 K_{IC} 定义为临界应力强度因子，这也定义了断裂时的应力场。

很明显，这与之前的 Griffith 表达式是有关联的，由于公式（13.5）可以写成

$$\sigma_B = (K_{IC}^2/\pi c)^{1/2} \tag{13.6}$$

这一公式与公式（13.2）的形式是完全相同的。

13.2.3　应变能释放率

在线弹性断裂力学中，考虑单位裂纹长度增加所需的能量 G 也是有意义的，G 称为"应变能释放率"。根据公式（13.1），G 计算公式为

$$G = \frac{dW}{dA} - \frac{dU}{dA} = \frac{1}{B}\left[\frac{dW}{dc} - \frac{dU}{dc}\right] \tag{13.7}$$

这里 B 为试样厚度。人们假设当 G 到达临界值 G_c 时，试样将产生断裂。与公式（13.1）等效的公式为

$$G \geqslant G_c \tag{13.8}$$

在 Griffith 公式中，G_c 等于 2γ，但是被推广至包含所有的断裂功，而不只是表面能。

比较公式（13.2）与（13.6）可以得到

$$G_{IC} = K_{IC}^2/E^* \tag{13.9}$$

虽然断裂问题的 Griffith 和 Irwin 表达式是相当的，但是最近对于聚合物的大部分研究都使用 Irwin 表达式。在讨论聚合物结果之前，说明 G_c 的计算方法是有必要的。

考虑一含有长度为 $2c$ 的裂纹的聚合物板（图 13.3）。现在定义一个量：含有裂纹的板柔度 C，C 为线性载荷-伸长量曲线从零载荷到裂纹开始扩展点之间斜率的倒数。在裂纹开始扩展点，如果假设载荷为 P，伸长量为 Δ，那么 $C = \Delta/P$。

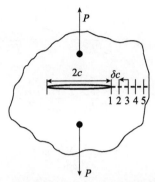

图 13.3　带有长度为 $2c$ 的中心裂纹试样示意图

不要将这个量 C 与 8.1 节中定义的弹性刚度常数混淆。裂纹扩展一个单位长度所需做的功如图 13.4。例如，当裂纹从位置 4 扩展到位置 5，新裂纹表面形成所需的能量等于所做的功（$45XY$ 面积）与弹性储存能增加量（三角形 $05Y$ 面积－三角形 $04X$ 面积）之差。这一能量对应图 13.4 中阴影三角形面积，裂纹增加长度 $\mathrm{d}c$ 通过 $\frac{1}{2}P^2\mathrm{d}C$ 计算，因此，

$$G_{\mathrm{c}} = \frac{P^2}{2B}\frac{\mathrm{d}C}{\mathrm{d}c} \tag{13.10}$$

这一公式通常被称为 Irwin-Kies 关系式[4]。

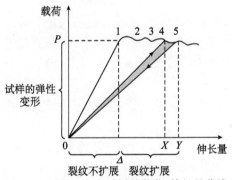

图 13.4　图 13.3 中试样的载荷-伸长量曲线

这里 G_{c} 可以通过拉伸试验机获得的载荷-伸长量曲线结合穿透试样的裂纹扩展确定，并使用给定裂纹长度下的载荷 P（如图 13.4 中的 1，2，3，4，5 点）。另外，也可以选用标准几何的试样测试，这些试样的柔度为裂纹长度的函数。例如，对于一个厚度为 B 的双悬臂梁试样（图 13.5），伸长量 Δ（通常定义为挠度）与载荷 P 之间的关系可以用下述公式进行计算：

$$\Delta = \frac{64c^3}{EBb^3}P$$

因此，

$$C = \frac{\Delta}{P} = \frac{64c^3}{EBb^3}, \quad \frac{\mathrm{d}C}{\mathrm{d}c} = \frac{192c^2}{EBb^3} \tag{13.11}$$

进一步得到

$$G_c = \frac{P^2}{2B}\frac{\mathrm{d}C}{\mathrm{d}c} = \frac{P^2}{2B}\frac{192c^2}{EBb^3} \tag{13.12a}$$

或者

$$G_c = \frac{3}{128}\frac{\Delta^2 b^3}{c^4}E \tag{13.12b}$$

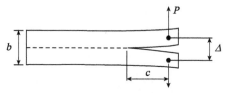

图 13.5　双悬臂梁试样

因此，临界应变能释放率（或在最初 Griffith 定义中，为断裂表面能 γ）可以通过测量一定裂纹长度 c 下的载荷 P 或挠度 Δ 得到。

根据公式（13.9），临界应力强度因子的等效方程可以写成

$$K_{IC} = 4\sqrt{6}\,\frac{P^2}{Bb^{3/2}} \tag{13.13}$$

本书只对简单几何形状的试样计算方法进行讨论，因此，相关理论不会因为复杂的应力分析变得难以理解。对于不同几何尺寸试样的断裂韧度参数 G_c 与 K_c 的计算方法，更全面的讨论可参阅标准文本 [5]～[7]。

13.3　脆性聚合物的受控断裂

Griffith 理论的最简单形式，以及由此衍生出来的线弹性断裂力学（LEFM），忽略了由裂纹扩展产生的动能对能量平衡的影响。因此，如果假设断裂过程发生得很慢，这样耗散的能量大小可以忽略，那么对聚合物脆性断裂行为的基本研究是有价值的。

基于这些理论，英国 ICI 的 Benbow 与 Roesler[8] 与美国 GE 公司的 Berry[9] 等对聚合物脆性断裂进行了很有价值的试验研究。Benbow 与 Roesler 发明了一种断裂行为研究方法，平面有机玻璃（PMMA）长条试样在中心位置由于裂纹扩展产生劈裂，像双悬臂梁试样一样。本质上，他们的试验基于确定一定裂纹长度 c 时的挠度 Δ（如图 13.5 中的标示）。结果用表面能 γ 的形式进行表示，参照公式（13.12b）写成

$$\frac{G_c}{E} = \frac{2\gamma}{E} = \frac{3\,\Delta^2 b^3}{128c^4} \qquad (13.14)$$

获得杨氏模量 E 值后，便可以得到表面能 γ。

Berry 采用了一个不同的方法计算 γ，并验证了公式（13.2）对于研究 PM-MA 与聚苯乙烯断裂行为的有效性，通过在小试样上预制已知尺寸的裂纹，测试试样的拉伸强度。

Berry 对其自己以及其他研究人员的研究成果进行了总结，结果如表 13.1。根据断裂表面能的这些研究结果，可以得到的重要结论是这些值远高于化学键断裂形成新表面所需的能量，这看上去是理论值上限。假设键断裂能为 400kJ，分子链密度为每 $0.2nm^2$ 内有一条分子链，于是每平方米面积内的分子链数量为 5×10^{18}。因此，形成 $1m^2$ 新表面需要大约 1.5J 能量，这一能量比根据解离断裂和拉伸测试得到的结果小两个数量级。

表 13.1　断裂表面能　　　　　（单位：$\times10^2 J \cdot m^2$）

方法	聚合物	
	聚甲基丙烯酸甲酯	聚苯乙烯
解离断裂（Benbow[10]）	4.9±0.5	25.5±0.3
解离断裂（Svensson[11]）	4.5	9.0
解离断裂（Berry[9]）	1.4±0.07	7.13±0.36
拉伸（Berry[12]）	2.1±0.5	17±6

13.4　玻璃态聚合物的银纹现象

聚合物的表面能试验结果与理论值之间存在巨大差异，类似于金属材料，对于金属材料，Orowan 与其他研究人员提出表面自由能很大一部分是裂纹扩展过程中在断裂表面附近金属变形产生的塑性功引起的。Andrews[13] 表明在聚合物断裂过程中测得的量应该被定义为 J，即为"表面能参数"，以便与真实表面能区分，他们也提出了一个广义的断裂理论，同时包含黏弹性和塑性变形，这两者在聚合物中都很重要。

基于表 13.1 中所示的结果，Berry 得到结论：对于玻璃态聚合物，表面能贡献最大的是黏性流动过程，在 PMMA 中[14]，表面能与断裂表面上的干涉带有关，如图 13.6 所示。他提出外界作用功耗散在裂纹前缘聚合物分子链的取向过程中，因此，随后的裂纹扩展会在断裂表面留下一薄的、高度取向的聚合物层。在这些研究结论之后，Kambour[15-17] 表明在玻璃态聚合物的裂纹尖端会形成一个由多孔材料形成的薄楔，被定义为银纹，如图 13.7 所示。银纹在平面应变情况下形成，聚合物在横向方向上是不能自由收缩的，所以会导致密度降低。也有研究者[18,19]尝试了在光学显微镜下观察 PMMA 的裂纹尖端区域来确定银纹形貌。在反射光作用下，会产生两条干涉条纹，分别对应裂纹与银纹。人们发现银纹图像与 Dugdale[20]提出的金属塑性区模型很类似，这里将进行详细描述。

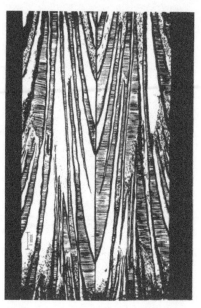

图 13.6　PMMA 劈裂试样的断裂表面干涉匹配结果，表现出颜色交替现象（绿光过滤作用）
(Reproduced from Berry, J. P. (1959) in Fracture (eds B. L. Auerbach et al.), John
Wiley & Sons, New York, p. 263. Copyright (1959) John Wiley & Sons, Inc)

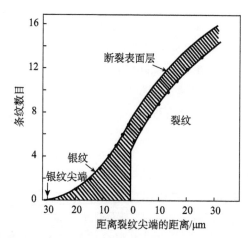

图 13.7　银纹现象示意图 (Reproduced from Brown, H. R. and Ward, I. M.
(1973) Craze shape and fracture in poly (methyl methacrylate). Polymer, 14, 469.
Copyright (1973) IPC Business Press)

公式（13.3）表明在裂纹尖端应力无限大。实际上这是不可能的，而是有两种可能性。第一，在一个区域会产生聚合物的剪切屈服。原则上，这种现象在聚合物薄板和厚板中都会发生，在薄板中属于平面应力，而在厚板中属于平面应变。第二，对于处于平面应变状态下的厚试样，裂纹尖端的应力奇异性会通过形成银纹得到释放，银纹是一个线状区，不同于近似椭圆（平面应力）或肾形（平面应变）的剪切屈服区。如前面提到的，其形状与理想 Dugdale 塑性区十分相似，在理想 Dugdale 塑性区域内，裂纹尖端的应力奇异性经过与第二应力场叠加被抵消了。第二个应力场在沿着裂纹长度方向是压缩应力（图 13.8）。于是人们假设了一恒定压缩应力，等同于银纹应力。银纹应力不是屈服应力，银纹与剪切屈服在本质上是不同的，而且在聚合物结构发生改变时的反应是截然不同的。

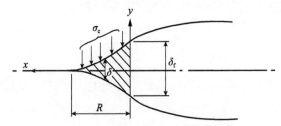

图 13.8 银纹的 Dugdale 塑性区模型

Rice[21] 表明受载裂纹在裂纹开始扩展时的银纹长度为

$$R = \frac{\pi}{8} \frac{K_{\mathrm{IC}}^2}{\sigma_{\mathrm{c}}^2} \tag{13.15}$$

相应的银纹上表面与下表面的张开距离 δ 为

$$\delta = \frac{8}{\pi E^*} \sigma_{\mathrm{c}} R \Big[\zeta - \frac{x}{2R} \log\Big(\frac{1+\zeta}{1-\zeta}\Big) \Big] \tag{13.16}$$

这里 $\zeta = (1-x/R)^{1/2}$，E^* 为折算模量，如 13.2.1 节中定义的。

裂纹张开位移（COD）δ_{t} 为裂纹尖端分开距离 δ，这里 $x=0$，因此得到

$$\delta_{\mathrm{t}} = \frac{8 \sigma_{\mathrm{c}} R}{\pi E^*} = \frac{K_{\mathrm{IC}}^2}{\sigma_{\mathrm{c}} E^*} \tag{13.17}$$

那么聚合物的断裂韧度与两个参数有关，δ_{t} 及 σ_{c}（银纹应力），得到的结果等于 G_{IC}，临界应变能释放率。对几种玻璃态聚合物，如聚乙烯、聚氯乙烯以及聚碳酸酯的银纹形状进行直接测量[19,22]，结果证实了其与 Dugdale 塑性区类似。一个重要的物理意义是：对于一种给定的聚合物材料，COD 通常对温度和应变速率不敏感，虽然结果表明其依赖于分子量。对于恒定 COD，G_{IC} 对应变速率和温度的真实依赖性只取决于银纹应力对这些参数的敏感性。由于 $G_{\mathrm{IC}} = K_{\mathrm{IC}}^2/E^*$，而断裂韧度 K_{IC} 受 E^* 影响，E^* 也依赖于应变速率和温度。

这种方法用银纹和屈服行为竞争的形式，对玻璃态聚合物的脆性-韧性转变

进行了更深入的理解。这两种行为都是活化过程，通常有不同的温度和应变速率敏感性，在某些情况下倾向于产生某种变化，相反，在其他情况下倾向于另一种。额外的复杂性在于应力场的特性，应力场的特性倾向于产生某种过程而不是另一种，但是我们对裂纹尖端银纹行为的讨论并不考虑应力场特性。裂纹扩展线是除最大三轴应力外的面内零剪切应力线。在后续的讨论中，将会发现这样的应力场倾向于产生银纹，而对于长裂纹，裂纹应力场是主要因素，银纹长度只取决于消除裂纹尖端的应力奇异场所需的银纹长度。

在几种玻璃态聚合物中[22,23]，如聚碳酸酯，如图 13.9，比较复杂的是，在材料断裂表面上形成了一条称为剪切唇的细线，这是聚合物屈服的位置。类似于金属材料的行为，有人提出总应变能释放率 G_C^0 是银纹和剪切唇的贡献之和。进行一级近似，认为剪切唇所需的能量与产生屈服的材料体积成正比。如果断裂表面剪切唇总厚度为 w，B 为试样厚度，而在截面方向剪切唇为三角形，那么

$$G_C^0 = G_{\text{IC}}\left(\frac{B-w}{B}\right) + \frac{\phi w^2}{2B} \tag{13.18}$$

这里，ϕ 为单位体积剪切唇断裂所需能量。有研究表明这一关系能够很好地表达聚碳酸酯和聚醚砜材料行为[22,23]，在简单拉伸试验中 ϕ 十分近似于断裂能。

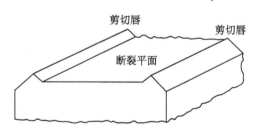

图 13.9　聚碳酸酯中的剪切唇（Reproduced with pemission from Fraser R. A. W and Ward I. M. (1978) Temperature-dependence of Craze Shape and Fracture in Polycarbonate. Polymer, 19, 220. Copyright (1978) Elsevier Ltd)

人们基于平面应变 K_{IC} 假设了另一条法则[24]，这种方法适用于试样中心部分断裂，指定为 K'_{IC}，另外，基于平面应力的 K_{IC}，对于深度为 $w/2$ 的两个表面是成立的，定义为 K''_{IC}。对于整个试样，人们假设

$$K_{\text{IC}} = \left(\frac{B-w}{B}\right)K'_{\text{IC}} + \left(\frac{w}{B}\right)K''_{\text{IC}} \tag{13.18a}$$

虽然公式（13.18a）相对于公式（13.18）更偏基于经验，在形式上也不相同，但是能够很好地模拟断裂结果。另外，在这个公式中，w 与所谓的 Irwin 塑性区 r_Y 尺寸有关，r_Y 可以在公式（13.3）的基础上进行简单求解，通过假设在点 r_Y 处，应力达到屈服应力 σ_Y。因此，对于平面应力，且在公式（13.18a）中 $w/2 = r_Y$，得到

$$r_y = \frac{1}{2\pi}\left(\frac{K_{IC}}{\sigma_Y}\right)^2$$

对于 PMMA，Berry 表明表面能严重依赖于聚合物的分子量[25]。他的研究结果（图 13.10）通过对断裂表面能与分子量倒数之间的关系进行拟合，得到了近似线性的依赖关系，因此，$\gamma = A' - B'/\overline{M}_v$，$\overline{M}_v$ 为黏均分子量。在很多年以前，Flory[26] 就提出脆性强度与数均分子量有关。

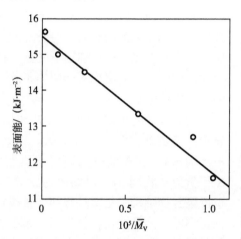

图 13.10 断裂表面能与分子量倒数之间的关系曲线（$\overline{M}_v$ 为黏均分子量）（Reproduced from Berry, J. P. (1964) Fracture Processes in polymeric materials. V. Dependence of ultimate properties of poly (methyl methacrylate) on molecular weight. J. Polym. Sci. A2, 2, 4069. Copyright (1964) John Wiley & Sons, Ltd)

最近，Weidmann 与 Döll[27] 的研究结果表明银纹尺寸在低分子量 PMMA 材料中明显变小。在对同一种聚合物材料断裂表面能的分子量依赖性研究中，Kusy 与 Turner[28] 发现对于黏均分子量小于 90000Da 的材料不会产生干涉色，结论表明银纹尺寸明显变小。基于对聚碳酸酯银纹形状的研究，Pitman 与 Ward[22] 报道了银纹应力与 COD 两者对分子量都有很强的依赖性，并发现当分子量 $\overline{M}_w < 10^4$ 时，二者都变得很小甚至可以忽略。Berry 推测对于表面能有贡献的最小分子的末端位置在银纹区域的边界上，在断裂平面的对面，在这些点之间的分子链是充分伸展的。Kusy 与 Turner[29] 提出了 PMMA 的一个断裂模型，在该模型中测量得到的表面能用大于临界长度的分子链数目计算。计算数据与预测结果有很好的一致性，在高分子量时表现为表面能上限，但是这一模型不适合用于拟合 Pitman 与 Ward 的聚碳酸酯结果。另外，拉伸分子链的长度，基于自由卷曲链伸长，会远远小于 COD 大小（如 Haward，Daniels 与 Treloar[30] 的研究结果），因此，这两者之间不存在直接的关系。银纹结构与纤丝伸长有关，关键的分子

因素包括自由缠结链的出现以及这些缠结点之间的距离，而不是单一分子链的伸长。

13.5　银纹的结构与形成

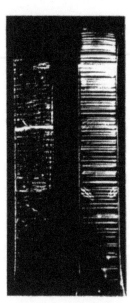

图 13.11　聚苯乙烯的
银纹形成过程

在本书中能够看出玻璃态聚合物中裂纹尖端的银纹是决定其断裂韧度的关键因素。聚合物中的银纹现象在另一方面也表现得很突出。对一些特定的聚合物，尤其是 PMMA 和聚苯乙烯，在玻璃态下受到一拉伸作用，当超过一定的拉伸应力，会出现不透明的条纹，条纹所在平面与拉伸应力方向垂直，如图 13.11 所示。

断裂表面的干涉条纹，最初由 Berry[31] 与 Higuchi[32] 发现，与裂纹尖端的银纹有关。Kambour 的研究结果进一步确认 PMMA 断裂表面层本质上与其内部银纹类似，由于折射率相同[15]。表面层与银纹本身看上去是低密度取向聚合物结构，是通过施加非常规外界条件使聚合物取向得到的。当聚合物材料进行局部拉伸至应变量接近于 1 的量级时，在横向方向不允许产生收缩，因此导致不均匀冷拉现象。

人们对银纹结构，银纹形成的应力、应变准则以及环境效应进行了研究，这些内容将在后面进行详细讨论。

13.5.1　银纹结构

Kambour[15] 对本体试样中的银纹结构进行了研究，他利用银纹/聚合物界面处产生全反射时的临界角来确定银纹的折射指数，结果表明银纹大概为 50% 聚合物，50% 空洞结构。另一项是对聚苯乙烯银纹的透射电子显微镜研究，银纹用碘-硫共溶物进行浸泡有利于拉伸状态下银纹的观察[33,34]。随着聚合物纤丝被空洞分离，银纹结构能够清楚显示出来，空洞是整体密度变低的主要原因。

对于玻璃态聚合物中银纹结构的理解有两个阶段，第一阶段源于不同测试技术的结合，从最初的折射指数测试和透射电镜，以及后面的小角 X 射线散射（SAXS）与小角电子散射（SAEX）。SAXS 测试技术最初由 Parades 与 Fischer[35] 提出，并经 Brown、Kramer 及其合作者[36] 进一步发展，结合 Berger，Brown 以及 Kramer[37,38] 提出的 SAEX 测试，证实了柱形纤丝簇的银纹结构垂直于银纹表面取向。如图 13.12 为 Berger[39] 做的亮场透射电镜和 SAEX 测试结果，这些测试结果最重要的作用是显示了主纤丝之间横向连接纤丝的存在，得到了图 13.13 所示的结构。

Porod 对 SAXS 与 SAEX 测试结果进行分析，定量估算了平均银纹纤丝间距值。随后 Brown[40] 得到了重要发现，横向连接纤丝的存在对银纹断裂机理具有重要影响，因为它们起到了在断裂纤丝与连续纤丝之间传递应力的作用。Brown[40] 和 Kramer[41] 基于这一理论，提出了在银纹中间位置分子链银纹失效的定量理论。Brown 理论是宏观与微观理论的精妙结合。从宏观开始，银纹可以被模拟成一个连续的各向异性弹性片材。那么裂纹前端银纹面上的应力大小为

$$\sigma = \frac{K_{\text{tip}}}{(2\pi r)^{1/2}}$$

这里 r 为表面离裂纹尖端的距离，K_{tip} 为裂纹尖端应力强度因子。这是基于 Irwin 提出的经典线弹性断裂力学 (LEFM) 理论（公式 (13.6)）。更加深入的分析[41] 将银纹模型假设成一种各向异性固体，其特征用刚度常数 c_{pq} 表示（见第 7 章）。引入了一个无量纲量 α，在一个二维坐标系中定义为 $\alpha^2 = c_{66}/c_{22}$，二维坐标系中有 1 轴方向平行于裂纹方向。通过在 2 轴方向上施加拉伸应力 σ_d，2 轴垂直于银纹任何一条刚性边界。对于半宽度为 h 的银纹，尖端的应力强度计算公式为

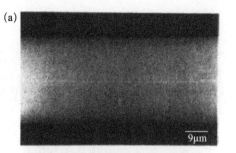

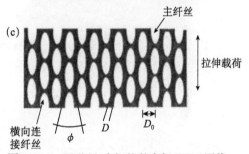

图 13.12　PMMA 中银纹的亮场 TEM 图像 (a) 以及小角电子衍射图像 (b)；银纹微结构的理想结构示意图 (c) (Reproduced from Berger, L. L. (1989) Relationship between craze microstructure and molecular entanglements in glassy-polymers. Macromolecules, 22, 3162. Copyright (1989) American Chemical Society)

$$K_{\text{tip}} = \sigma_d (2\alpha h)^{1/2} \tag{13.19}$$

假设银纹中最大应力出现在最接近裂纹尖端的纤丝中，可以假设 $r = d/2$ 估算，这里 d 为纤丝间距，计算得到

$$\sigma_{\text{tip}} = \frac{K_{\text{tip}}}{(\pi d)^{1/2}} \tag{13.20}$$

结合公式 (13.19) 与公式 (13.20) 得到应力集中大小

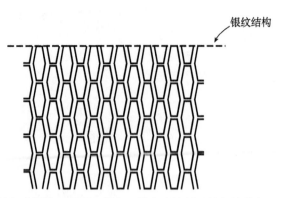

银纹结构

图 13.13   银纹的纤丝结构示意图，给出了横向连接纤丝的规整排布（Reproduced from Brown H. R. (1987) Polymer degradation by crazing and its study by small angle scattering techniques. Mater. Sci. Rep.，2，315. Copyright (1987) Elsevier Ltd）

$$\sigma_{\text{tip}} = \sigma_{\text{d}} \left(\frac{2\alpha h}{\pi d} \right)^{1/2} \tag{13.21}$$

另一个关键理论是由 Brown 与 Kramer 提出的，基于认识到银纹是不连续材料，且应力在纤丝处集中，纤丝横截面积小于连续模型的横截面积。这样可以用纤丝的拉伸比 λ 来计算应力，公式为

$$\sigma_{\text{f}} = \frac{\lambda K_{\text{tip}}}{(\pi d)^{1/2}}$$

Kramer 及其同事们[36,42]以及 Ward 及其课题组成员[18,22]都通过分析光学干涉图谱对拉伸比进行了估算，与根据小角中子散射[36]或应力-光学测试[43]结果估算得到的网络拉伸比具有很好的一致性。因此，人们提出，银纹断裂准则，以及银纹导致的裂纹扩展，可以假设为裂纹尖端穿过银纹截面的缠结分子束由裂纹尖端应力达到了极限应力 σ_{fail} 导致断裂。

定量来看，$\sigma_{\text{fail}} = \Sigma_{\text{eff}} f_{\text{b}}$，$f_{\text{b}}$ 是导致单根聚合物分子链断裂所需的力，Σ_{eff} 为裂纹尖端分子链的有效交叉密度。如果银纹产生时由于形成纤丝簇而没有造成分子链断裂，那么分子束交叉密度为

$$\Sigma_{\text{eff}} = v d_{\text{e}}/2$$

这里 v 为单位体积内分子链数目，d_{e} 为自由缠结分子链的均方根末端距。可以根据在一个横截面积为 v 厚度为 d_{e} 的长方形盒子里分子链缠结数目计算得到

$$v = k_{\text{B}} T/G_{\text{N}}^{0} = \rho N/M_{\text{e}}$$

这里 G_{N}^{0} 为橡胶态平台剪切模量，M_{e} 为缠结分子量，N 为 Avogadro 数目，ρ 为密度（见 4.3.4 节）。

假设经过纤丝震颤而不产生断裂的比例为 q，可以得到

$$\Sigma_{\text{eff}} = (q v d_{\text{e}}/2)[1 - (M_{\text{e}}/q M_{\text{n}})]$$

为了计算断裂能，人们采用了 Dugdale 模型。结合公式（13.17），利用公式 $G_c = K_{1C}^2 / E^*$，可以得到

$$G_c = \sigma_d \delta = 2h(1 - v_f) \sigma_d \qquad (13.22)$$

这里，$v_e = 1/\lambda$ 为银纹的体积分数。利用公式（13.21）假定 $\sigma_{tip} = \sigma_{fail} = \Sigma_{eff} f_b$，得到 h 的表达式为

$$h = \frac{\pi d}{2\alpha} \left(\frac{\Sigma_{eff} f_b}{\sigma d} \right)^2$$

将该公式代入公式（13.22）得到

$$G_c = \frac{\pi d (1 - v_f) f_b^2 \Sigma_{eff}^2}{\alpha \sigma_d} \qquad (13.23)$$

如上面所述，这一计算公式同时跨越了宏观与微观尺度。因此，后面进行数学估算评价这种假设的有效性是有意义的。

因此，一个例子是应力集中方程（公式（13.21））。PMMA 试验结果得到的典型值为 $h = 2\mu m$，$d = 20nm$。如果 α 值范围为 $0.01 \sim 0.05$，那么 σ_{tip} 值范围在 $0.96\sigma_d \sim 2.1\sigma_d$，进一步验证了这一理论，其明显与 Dugdale 区域测试得到的银纹应力值一致，并将对银纹中部断裂进行考虑。

第二，可以根据 Brown 理论[40]通过断裂韧度 G_c 基于公式（13.23）来估算 f_b 的值。Brown 假设 $\Sigma_{eff} = 2.8 \times 10^{17} m^{-2}$，且在垂直和平行于纤丝方向银纹的弹性拉伸模量之比为 0.025，得到 f_b 值为 $1.4 \times 10^{-9} N$。对于链断裂力，Kausch[44] 估算的值在 $3 \times 10^{-9} N$ 数量级范围内，Odell 与 Keller[45] 根据拉伸流动试验估算的值在 $(2.5 \sim 12) \times 10^{-9} N$ 数量级范围内。

13.5.2 银纹引发与增长

上述对银纹形成与结构的研究表明银纹与屈服之间存在明显不同。屈服实际上是剪切过程，变形在恒定体积下发生（忽略结构变化如结晶），而银纹发生在裂纹尖端或在实体截面，体积明显增加。因此，拉伸应力，尤其是静水拉伸应力对于银纹引发和增长是十分重要的。

有必要建立一个银纹引发准则，类似于第 12 章中描述的屈服行为。虽然至今各种研究提出的不同理论还没有得到普遍共识，但是对最重要的研究成果进行综述还是有意义的。Sternstein、Ongchin 与 Silverman[46] 研究了在 PMMA 长条（13.7mm×50.8mm×0.79mm）中心打孔（直径为 1.59mm），在拉伸应力作用下小孔周围银纹的形成过程。典型的图谱如图 13.14（a），当小孔周围的弹性应力场分布与银纹图谱近似时，人们发现银纹扩展方向平行于较小的主应力矢量方向。由于较小的主应力矢量轮廓与较大的主应力矢量成正交关系，这一结果表明较大的主应力与银纹平面垂直，因此平行于银纹材料的分子取向轴。

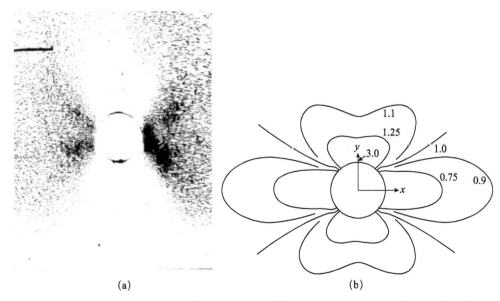

(a)   (b)

图 13.14　(a) 对带中心圆孔的长条形 PMMA 施加拉伸应力时，小孔周围的银纹形成情况。(Result obtained by L. S. A. Smith) (b) 带孔弹性固体的较大主应力 (σ_1) 轮廓曲线。试样在 x 轴方向上施加拉伸载荷。曲线数目是每施加单位拉伸应力产生的数量（Reproduced from Sternstein, S. S., Ongchin, L. and Silverman, A. (1968) Yield criteria for plastic deformation of glassy high polymers in general stress fields. Appl. Polym. Symp., 7, 175. Copyright (1968) John Wiley & Sons, Inc)

银纹区域边界与轮廓线有很好的重合关系，表现出恒定的较大主应力 σ_1 直线，如图 13.14 (b) 所示，轮廓线数目是每施加单位应力产生的数量。在较低应力时，很难区分恒定 σ_1 轮廓线与第一应力不变量轮廓线 $I_1 = \sigma_1 + \sigma_2$。但是，结果一致性与基于前者的银纹-应力准则相吻合，而与后者不相吻合，那么可以看到，银纹方向与前者是一致的。

　　Sternstein 与 Ongchin[47] 通过双轴应力条件下银纹形成过程将这一研究结果进行了扩展，发现银纹产生的应力条件同时涉及主应力 σ_1 与 σ_2。这些结果最有意义的物理解释是由 Bowden 与 Oxborough[48] 提出的，他们假设当任何一个方向上的拉伸应变到达临界值 e_1 时就会产生银纹，临界值依赖于应力的静水压力分量。

　　对于小应变，二维应力场下 e_1 可以通过下列公式给出：

$$e_1 = \frac{1}{E}(\sigma_1 - \nu\sigma_2)$$

这里 E 为杨氏模量，ν 为泊松比。

　　人们提出，银纹产生的准则为

$$Ee_1 = \sigma_1 - \nu\sigma_2 = A + B/I_1 \tag{13.24}$$

这里 $I_1 = \sigma_1 + \sigma_2$。根据公式（13.24），当 $I_1 = 0$ 时，引发银纹所需的应力变得无限大，也就是说银纹引发需要一个膨胀应力场。但是有试验报道的结论[49-51]与该假设是相反的，因此，至今还没有得到完全令人满意的银纹引发应力准则。

但是，有一个银纹增长理论与所有的试验结论是匹配的。Argon、Hannoosh 与 Salama[52] 提出银纹前端通过一个半月形不稳定机理扩展，在这一机理中，银纹簇是在裂纹尖端上凹形的空气/聚合物界面重复断裂形成的，如图 13.15 所示。对这一模型进行理论处理，得出稳态银纹扩展与最大主拉伸应力的 5/6 次幂关联，人们对于聚苯乙烯和 PMMA 的试验结果支持了这一结论[52]。

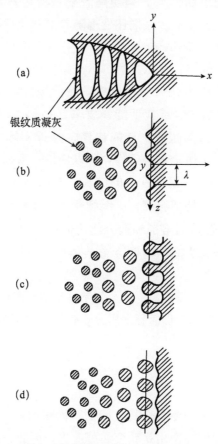

图 13.15 基于半月形不稳定机理的银纹质产生过程示意图。(a) 裂纹尖端轮廓图；(b) 在银纹平面内银纹簇的横截面示意图；(c)，(d) 在一个完整的界面卷积周期内银纹前端扩展过程示意图（Reproduced from Argon, A. S., Hannoosh, J. C. and Salama, M. M. (1977) in Fracture 1977, Vol. 1, Waterloo, Canada, p. 445. Copyright (1977) John Wiley & Sons, Ltd）

13.5.3　溶剂或气体存在情况下的银纹现象：环境银纹

由环境因素引发的聚合物银纹现象具有十分重要的实用价值，而且很多文献也进行了广泛的研究，如 Kambour[16,53−55]，Andrews 与 Bevan[56]，Williams 与他的同事们[57,58]以及 Brown[59−61]。Kambour[62]与 Brown[63]对这一领域的研究进展进行了综述。常见的环境因素，可能是液体或固体，会降低引发银纹所需的应力或应变。

Kambour 和他的同事们[16,53−55]表明随着聚合物在外界环境中的相容性增加，银纹产生的极限应变减小。人们还发现随着溶剂化聚合物玻璃化转变温度降低，临界应变也降低。Andrews 与 Bevan[56]采用了更正式的方法，并应用了断裂力学方法，对单边缺口拉伸试样进行了断裂试验。试验中，在聚合物平板上制备裂纹长度为 c 的单边缺口拉伸试样，然后施加拉伸载荷。断裂应力与 Andrews 表面功参数 $\mathscr{J}$ 有关（或应变能释放率 $G_c = 2\gamma$），相关函数在形式上与公式（13.2）相同。裂纹与银纹扩展的临界应力 σ_c 实际上与 $c^{-1/2}$ 成正比，这样可以确定 $\mathscr{J}$ 的值。对于恒定试验条件，可以获得一系列 $\mathscr{J}$ 值，可以确定最小值 $\mathscr{J}_0$。对于确定溶剂不同温度条件下的试验，发现 $\mathscr{J}_0$ 值随着温度升高而逐渐降低，直到温度升高到一特征温度，再继续升高 $\mathscr{J}_0$ 将保持恒定值 $\mathscr{J}_0^*$。研究表明不同溶剂情况下的 $\mathscr{J}_0^*$ 值与溶剂和聚合物之间溶解度参数之差呈一光滑的函数关系，当溶剂与聚合物之间的溶解度参数差值为 0 时，$\mathscr{J}_0^*$ 达到最小值（图 13.16）。

这些发现是基于以下假设而成立的：用于产生银纹所做的功可以被模拟成一个半径为 r 的球形空洞在一个负值静水压力 p 作用下扩展所需的能量，p 包含两项，因此，

$$p = \frac{2\gamma_\tau}{r} + \frac{2\sigma_Y}{3}\psi \qquad (13.25)$$

这里 γ_τ 为空洞中的溶剂与周围聚合物之间的表面张力，σ_Y 为屈服应力，ψ 为大小接近于 1 的因子。温度的作用是改变屈服应力，因此，随着温度增加，σ_Y 变小直到温度在 T_c 时减小到 0，T_c 为塑化聚合物的玻璃化转变温度。在温度高于 T_c 时，断裂表面能 $\mathscr{J}_0^*$ 只跟分子间作用力有关，分子间作用力用表面张力 γ_τ 表示。

Brown 指出气体在足够低的温度下可以使几乎所有的线型聚合物产生银纹现象[59−61,63]。如银纹密度与银纹扩展速率这些参数随着气体压力增大而增加，随

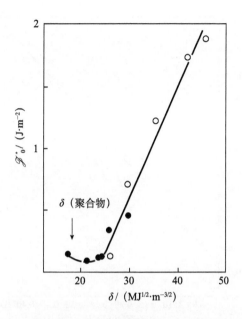

图 13.16 PMMA $\mathscr{J}_0^*$ 值随着溶剂的溶解度参数变化的曲线图。（●）纯溶剂；（○）水与异丙醇混合物（Reproduced from Andrews，E. H. and Bevan，L. (1972) Mechanics and mechanism of environmental crazing in a polymeric glass. Polymer，13，337. Copyright (1972) IPC Business Press Ltd）

着温度降低而减小。人们得出结论称表面吸收气体的浓度是影响银纹性能的关键因素。

在一项相关但是有些不同的研究中，Williams 与他的同事们[57,58]研究了 PMMA 在甲醇中的银纹扩展速率。在所有的试验中，银纹扩展依赖于初始应力强度因子 K_0，K_0 根据载荷和初始缺口长度计算。K_0 低于一特定值 K_0^* 时，银纹增长速率将降低并最终停止。当 $K_0 > K_0^*$ 时，银纹增长速度起初下降，最终以恒定速率扩展。

人们得出结论称控制银纹扩展的因素是甲醇在银纹中的扩散。当 $K_0 < K_0^*$ 时，甲醇是沿着银纹长度方向扩展的，并且表明银纹长度 x 可能与银纹扩展时间的平方根成正比（图 13.17）。对于第二种银纹增长，$K_0 > K_0^*$，人们认为甲醇穿过试样的表面扩展，这样保持了银纹中的压力梯度，使银纹以恒定速率增长。

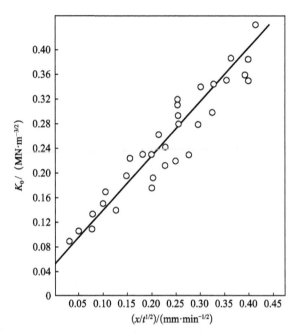

图 13.17　20℃情况下，甲醇中 PMMA 的银纹增长行为（Reproduced from Williams，J. G. and Marshall，G. P. (1975) Environmental crack and craze growth phenomena in polymers. Proc. Roy. Soc. A，342，55. Copyright (1975) Royal Society of Chemistry）

13.6　韧性聚合物的受控断裂

对于脆性断裂的研究，如前面 13.2.1～13.2.3 节中讨论的，可以直接用于很多玻璃态聚合物的断裂行为研究，包括 PMMA 和 PS，都用线弹性断裂力学（LEFM）进行了广泛研究。定量分析的关键标准是不发生大范围屈服行为，无论在裂纹尖端还是试样本身，对于这一点人们已经提出了明确方法。本质上，载荷-伸长量曲线在形式上应该与图 13.4 类似，例如，产生弹性变形直到裂纹扩展起点。实际上，这意味着对于厚度较大的试样，符合平面应变断裂条件，而对于厚度较薄的试样，符合产生平面应力条件，应力-应变曲线将表现出图 13.1 曲线（a）与曲线（c）的屈服点。

大部分半结晶聚合物的断裂行为，尤其是聚乙烯、聚丙烯和尼龙，不能用基于 Griffith 与 Irwin 理论的线弹性断裂力学方法进行描述，因为裂纹尖端在断裂前将发生大规模屈服行为。对于这些材料以及增韧聚合物和聚合物共混物，人们研究了其他方法，以下三种方法将进行详细讨论：

（1）J-积分；

（2）断裂基本功；

（3）裂纹张开位移（COD）。

13.6.1 J-积分

J-积分最初由 Rice[64] 提出并经 Begley 与 Landes[65] 进行发展。应用 Landes 与 Begley[66] 以及之后 Chan 与 Williams[67] 的阐述方法是很有意义的。

Rice 定义了一个量是 J-积分，J-积分描述流入裂纹尖端区域的能量。J-积分定义了直裂纹的二维问题（在 x 方向上）（图 13.18），Γ 是裂纹尖端的任何轮廓线。形式上表示为

$$J = \int W \mathrm{d}y - T_i \frac{\mathrm{d}u_i}{\mathrm{d}x} \mathrm{d}s$$

这里 $W = \int \sigma_{ij} \mathrm{d}\varepsilon_{ij}$ 为裂纹尖端区域与应力和应变分量 σ_{ij} 与 ε_{ij} 相关的应变能密度，$T_i \mathrm{d}u_i$ 为功相关项，是轮廓线上的表面引力分量 T_i 产生位移 $\mathrm{d}u_i$ 所做的功。Rice 表明 J 与总能量积分时所选的路径无关。在线弹性情况下，J 相当于应变能释放率 G。

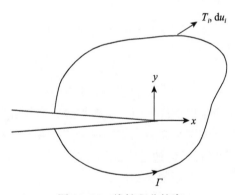

图 13.18　线性积分轮廓

当位移确定时，J-积分将被更简单地定义为势能 U 随着裂纹长度增加而减小的速率。如图 13.19 所示，J-积分由阴影面积给出，于是，

$$J = -\frac{1}{B} \frac{\mathrm{d}U}{\mathrm{d}a} \tag{13.26}$$

这里 B 为试样厚度，a 为裂纹长度。可以看出恒载荷与恒位移之间的区别是二阶的，可以忽略。

Sumpter 与 Turner[68] 将 J 表示成弹性 J_e 与塑性分量 J_p 之和，

$$J = J_e + J_p$$

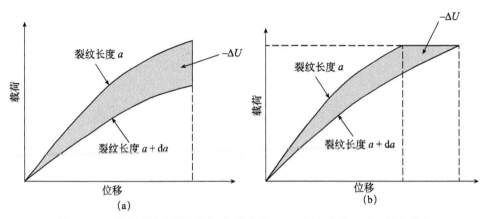

图 13.19　裂纹扩展过程的载荷-位移曲线。（a）恒定位移；（b）恒定载荷

这里

$$J_e = \frac{\eta_e U_e}{B(W-a)}, \quad J_p = \frac{\eta_p U_p}{B(W-a)}$$

η_e 与 η_p 为弹性与塑性功因子，依赖于试样几何。

对于单边缺口共混聚合物试样，当

$$0.4 < \frac{a}{w} < 0.6 \quad 且 \quad \eta_e = \eta_p = 2$$

时，有

$$J = \frac{2U}{B(W-a)} \tag{13.27}$$

现成的方法是在单边缺口试样上引入尖锐裂纹。通常先加工缺口试样，然后插入刀片预制裂纹，刀片测试加载后，将试样（拉伸或弯曲载荷下）折断，以测得裂纹扩展量 Δa。折断过程可以通过将试样冷却到很低的温度，然后将其脆断，观察裂纹起始扩展点在断口表面的差别。

J 值通过公式（13.27）计算，对 Δa 作图如图 13.20（b）。最初裂纹在最初尖锐裂纹钝化的基础上扩展。如果假设钝化后的裂纹是半圆形的（这对于聚合物并不准确），可以得到 $\Delta a = \delta/2$，δ 为裂纹张开位移（COD），裂纹钝化线通过下述公式给出：

$$J = \sigma_Y \delta = 2\sigma_Y \Delta a \tag{13.28}$$

这里 σ_Y 为屈服应力或银纹应力。

J 阻力曲线上存在一个拐点，真实裂纹扩展从该点开始。这样针对平面应变脆性断裂，定义了一个等同于 LEFM 中 G_{IC} 的量，用 J_{IC} 表示。为了得到有效的 J_{IC}，试样尺寸需要满足下列条件：

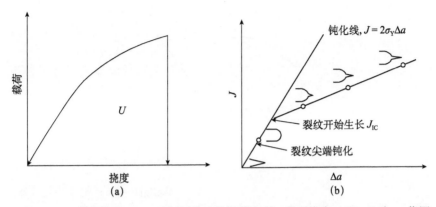

图 13.20　J_{IC}测量过程。(a) 对相同的试样加载产生一系列挠度；(b) J 对 Δa 作图，表现出裂纹尖端钝化与裂纹增长 (Reproduced from Chan, M. K. V. and Williams, J. G. (1983) J-integral studies of crack initiation of a tough high-density polyethylene. Int. J. Fracture, 23, 145. Copyright (1983) Springer Science and Business Media)

$$a, W - c, B \geqslant 25\left(\frac{J_{IC}}{\sigma_Y}\right)$$

对于韧性很强的聚合物材料，无法得到如图 13.20 一样的理想曲线，于是人们提出了主观的方法[69]。J 阻力曲线用一个幂律公式表示为

$$J = C_1 \Delta a^{C_2} \tag{13.29}$$

这里 C_1 与 C_2 为拟合参数，并定义了一个裂纹起裂值 $J_{0.2}$。它是通过裂纹扩展量为 0.2mm 时的 J 值来确定的。

13.6.2　断裂基本功

研究韧性聚合物断裂行为的另一个方法起源于人们认识到对于这样的材料，裂纹尖端变形区域分为两部分，如图 13.21。其中一部分是产生断裂过程的内部区域，这一区域同时涉及剪切屈服与银纹，另一个外部区域将产生大范围的屈服与塑性变形。这种方法最初由 Broberg[70] 提出，并经 Mai 与 Cottrell[71]，Hashemi 与 Williams[72]，Mai[73] 以及其他学者做了进一步推广。

测试在深缺口试样上进行，用单边缺口拉伸（SENT）或双边缺口拉伸试样（DENT）（图 13.22）。总断裂功 W_f 包含两个分量。第一，耗散在内部区域的功 W_e，被称为断裂基本功，这与试样断裂所需的能量直接相关，因此，与韧带长度 l 成正比。第二，耗散在外部塑性区域的能量，被定义为非断裂基本功 W_p，在这一区域内将发生剪切屈服与其他形式的塑性变形。这一分量与韧带长度的平方成正比。

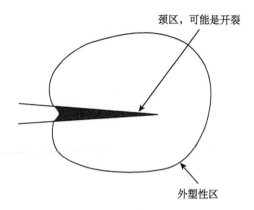

图 13.21　韧性断裂试样的裂纹扩展过程区域示意图（Reproduced with permission
from Wu, J. and Mai, Y.-W. (1996) The essential fracture work concept for toughness
measurement of ductile polymers. Polym. Eng. Sci., 36, 2275. Copyright
(1996) John Wiley & Sons, Ltd)

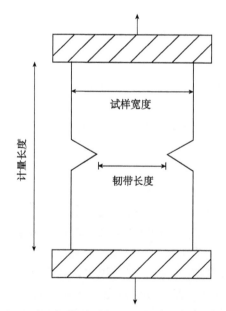

图 13.22　断裂试验基本功测试用试样示意图

可以得到

$$W_e + W_p \tag{13.30}$$

该公式可以写成

$$W_f = w_e B l + \beta w_p B l^2 \tag{13.31}$$

这里 w_e 为断裂的特征基本功，w_p 为断裂的特征非基本功，B 为试样厚度，β 为塑性区的形状因子。更方便起见，断裂特征总功 W_f 可以写成

$$W_f = \frac{W_f}{lB} = w_e + \beta w_p l \tag{13.32}$$

有必要考虑断裂是在平面应力还是平面应变条件下产生。图 13.23 给出了断裂特征总功随着韧带长度变化的示意图。在较大的韧带长度下，平面应力状态成立，利用公式（13.32）可以得到 W_e 的外推值，W_e 为平面应力断裂情况下的断裂基本功；βw_p 为外部塑性区的耗散功。在较短的韧带长度下，存在从平面应力往平面应变的转变过程，外推至零韧带长度可以得到 W_{le}，对应断裂的平面应变基本功。

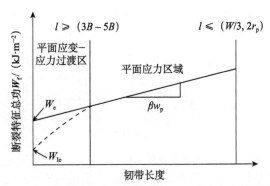

图 13.23 断裂特征总功与韧带长度之间的关系示意图

Wu 与 Mai[73] 研究了断裂基本功法与 J-积分法的关系。对于厚度为 0.285mm 的 DENT 试样，图 13.24 给出了 w_f 与韧带长度的函数关系。对于较大的韧带长度，断裂符合平面应力条件；对于较小的韧带长度，断裂符合平面应变条件。对应的 w_e 值分别为 46.93kJ·m^{-2} 与 16.70kJ·m^{-2}。Wu 与 Mai 得出结论称通过线性外推得到的平面应力 w_e 等于平面应变时的 J_{IC} 值，与 Mai 与 Cotterell[71] 之前得到的结论一致。

用这一方法得到的结果有效性取决于给定范围内的试样尺寸。更重要的是，试样尺寸决定了适用平面应变还是平面应力条件。Williams 与 Rink[74] 收集了大量的试验数据，已经得到了测试的标准化指南和相关结果的解释方法。

利用公式（13.32）进行很简单的分析需要假设试样的形状因子 β 是个常数。等同于假设裂纹尖端塑性区的形状在所有裂纹长度下保持不变。Naz 等[75] 对超高分子量聚乙烯进行了研究，用有限元模拟方法对双边缺口试样的塑性区形状进行预测，并得出结论：塑性区形状严重依赖于缺口深度。然而，用模拟塑性区形状的方法对断裂结果重新分析不会导致 w_e 结果的明显改变。这表明这种方法是可行的。

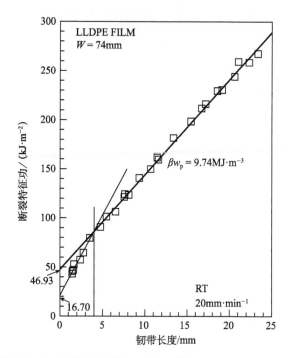

图 13.24　线性低密度聚乙烯薄膜断裂特征功与韧带长度之间的函数关系图 (Reproduced
from Wu, J. and Mai, Y.-W. (1996) The essential fracture work concept for toughness
measurement of ductile polymers. Polym. Eng. Sci., 36, 2275. Copyright (1996)
John Wiley & Sons, Ltd)

13.6.3　裂纹张开位移

对于 LEFM, K_{IC} 与 COD 之间存在明确关系, 典型例子是 Dugdale 塑性区模型 (公式 (13.17))。对于韧性聚合物, 就不能假设这种理论依然成立。然而, COD 测试仍然是一种有效的方法, 并已经广泛用于估算聚乙烯气管的韧度, 尤其是 Brown 与他的合作者们[76,77]。COD 是在平面应变或接近平面应变情况下测试的 (对于韧性很好的材料这种假设不总是成立的), 这时在缺口根部形成一个损伤区域, 类似于玻璃态聚合物的银纹现象 (见 13.4 节)。这些测试在很慢的裂纹扩展速率下开展, 且通常在恒定应力高温条件下进行, 以加快裂纹扩展速率。图 13.25 为典型的试验试样图。

对于韧性聚乙烯, 随着损伤区域变大, 银纹角度基本保持不变, 因此在裂纹方向上银纹的增长与 COD 呈线性关系。图 13.26 为聚乙烯共聚物 COD 与时间的函数关系。曲线最初阶段呈线性增长, 随后速度加快。试验结果发现 COD 速率开始变大的时间点 T_p 与由银纹引发断裂的第一个点是一致的, 银纹引发断裂会

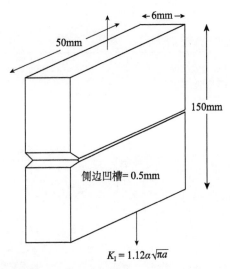

图 13.25　单边缺口断裂试样（Reproduced from O'Connell，P. A. ，Bonner，M. J. ，Duckett，R. A. et al.（1995）The relationship between slow crack-propagation and tensile creep-behavior in polyethylene. Polymer，36，2355. Copyright（1995）Elsevier Ltd）

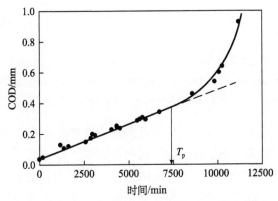

图 13.26　聚乙烯共聚物在体积应力为 3MPa 时的 COD（Reproduced from O'Connell，P. A. ，Bonner，M. J. ，Duckett，R. A. et al.（1995）The relationship between slow crack-propagation and tensile creep-behavior in polyethylene. Polymer，36，2355. Copyright（1995）Elsevier Ltd）

发生在银纹纤丝的中间位置，这样为慢裂纹扩展过程提供了时间。这种假设在图 13.27 中进行了示意。

　　Ward 与合作者们[78]的研究表明，测试 COD 得到的慢速裂纹增长数据与银纹中纤丝的蠕变过程有关。裂纹张开位移速率以及断裂时间取决于纤丝由蠕变到断裂的过程。这一结果支持了之前 Capaccio 与其同事们[79]的研究，他们表明取

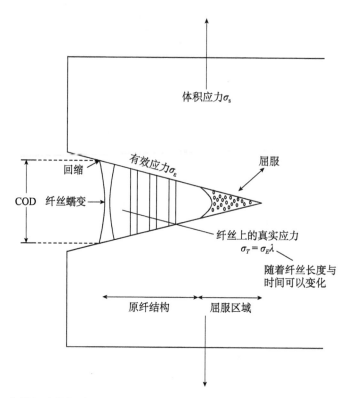

图 13.27　银纹增长及其相关过程模型示意图 (Reproduced from O'Connell, P. A., Bonner, M. J., Duckett, R. A. et al. (1995) The relationship between slow crack-propagation and tensile creep- behavior in polyethylene. Polymer, 36, 2355. Copyright (1995) Elsevier Ltd)

向聚乙烯试样的蠕变速率与瓶子抗应力开裂能力有密切关系。由于慢裂纹扩展是一个很慢的过程，通常采用加速试验，试验中将带缺口的模压试样在高温下（典型的是 75℃）浸泡在非离子表面活性剂中。Capaccio 与其同事们设计了一种经典试验，从模压板材上裁切哑铃形试样，拉伸到自然拉伸比确定其蠕变行为。按照 11.3.2 节中讨论的，人们绘制了应变速率与总应变（或拉伸比）之间的 Sherby-Dorn 关系曲线。典型地，蠕变速率对数值与拉伸比之间的关系呈线性，如图 13.28，曲线斜率被称为蠕变速率降低因子（CRDF）。CRDF 值与缺口管道失效时间 T_p 存在密切关系[98]，如图 13.29。CRDF 值越大，应变速率随着应变变小的幅度越大，聚合物的抗应力开裂能力和抗慢速裂纹增长能力越强。共聚（如在聚乙烯链上引入侧基）和分子量增加会导致聚乙烯蠕变速率降低，如前面 Wilding 与 Ward[81] 的研究结果。当短支链被放在高分子量主链上时是最有效的。这些结果与 Brown 及其合作者[82] 对一系列聚乙烯进行慢速裂纹扩展过程 COD 的大量研究结果是一致的。

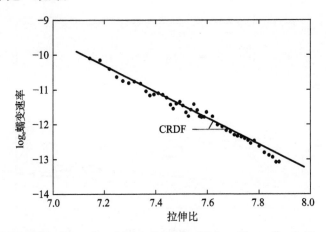

图 13.28 CRDF 曲线（Reproduced from Cawood，M. J.，Channell，A. D. and Capaccio，
G.（1993）Crack initiation and fiber creep in polyethylene. Polymer，34，423.
Copyright（1993）Elsevier Ltd）

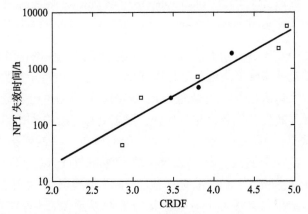

图 13.29 CRDF 与缺口管道测试（NPT）失效时间的曲线关系（Reproduced from Clutton，
E. Q.，Rose，L. J. and Capaccio，G.（1998）Slow crack growth and impact mechanisms in
polyethylene. Plast. Rubber Comp. Proc. Appl.，27，478. Copyright（1998）Maney Publishing）

　　Ward 及其同事们提出[78]对 CRDF 试验方法的应用，可以根据真实应力-真
实应变-应变速率表面理论（见 12.6 节），用蠕变行为与塑性应变关系的形式进
行理解。Ward 及其同事们用广义蠕变数据建立了恒定塑性应变下（恒定拉伸比
例）应变速率对数与真实应力之间的关系曲线。聚乙烯共聚物的典型曲线如
图 13.30。计算结果表明这种材料的低速裂纹扩展数据与理论是一致的，理论认
为低速裂纹扩展与银纹中取向纤丝的蠕变导致断裂过程有关。这些纤丝服从

图 13.30计算得到的失效曲线。

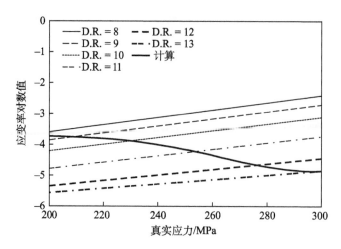

图 13.30　对于聚乙烯共聚物在恒定拉伸比下应变率对数值与真实应力之间的关系曲线。不同的拉伸比如图中所示（D. R. ）(Reproduced from O'Connell，P. A.，Bonner，M. J.，Duckett，R. A. et al. (1995) The relationship between slow crack-propagation and tensile creep-behavior in polyethylene. Polymer，36，2355. Copyright (1995) Elsevier Ltd)

　　在很多研究中，Brown 及其合作者们[82]建立了以下理论：引入支化链引起的聚乙烯裂纹扩展速率降低与最初结构中连接分子之间的差异有关。Capaccio 与其同事们进行了大量研究[80]，并通过 Ward 等的计算模型进行了证实，表明临界因子是银纹中纤丝蠕变失效点，与最初分子形态没有直接关系[83]。

　　另一个方法是由 Kurelec 等[84]提出的，他们确定了一系列聚乙烯在 80℃下的真实应力-真实应变曲线。结果表明，在自然拉伸比以上的拉伸曲线斜率（被称为应变硬化模量）与得到的抗应力开裂性能具有很好的相关性，如图 13.31。这些结果与上述 Capaccio 及其同事们以及 Ward 等获得的结果是完全一致的。Kurelec 等发现短支链结构对抗环境应力开裂能力（ESCR）具有类似的影响，并根据支链确切性质进行了详细说明，尤其考虑了双峰分子量分布的聚合物材料。

　　最近，Cazenave 等[85]对这些研究成果进行了综述，并加入了另一部分，指出 ESCR 可能与自然拉伸比有关，如图 13.32。虽然决定自然拉伸比的分子参数可能类似于那些决定 CRDF 或应变硬化模量的分子参数，但是假设慢速裂纹扩展与真实应力-真实应变-应变速率表面有关更加可靠，同时寻找符合要求的捷径定义这种情况。

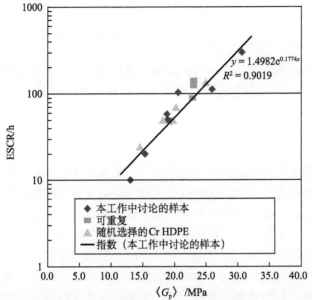

图 13.31 对于一系列 HDPE，ESCR 能力与应变硬化模量 $\langle G_p \rangle$ 之间的关系曲线图，图中包含了催化制备的宽分子量分布材料和双峰分子量分布材料。标示为"可重复"的点是在同一个试样上进行的重复试验 (Reproduced from Kurelec, L., Teeuwen, M., Schoffeleers, H. et al. (2005) Strain hardening modulus as a measure of environmental stress crack resistance of high density polyethylene. Polymer, 46, 6369. Copyright (2005) Elsevier Ltd)

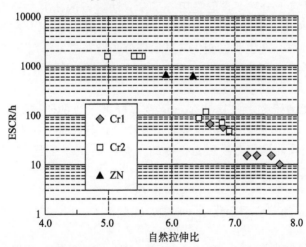

图 13.32 ESCR 与自然拉伸比之间的关系。Cr1 和 Cr2 是用不同催化体系得到的高密度聚乙烯，ZN 是乙烯-己烯共聚物 (Reproduced from Cazenave, J., Seguela, R., Sixou, B. et al. (2006) Short-term mechanical and structural approaches for the evaluation of polyethylene stress crack resistance. Polymer, 47, 3904. Copyright (2006) Elsevier Ltd)

13.7   分子学方法

人们早已认识到取向聚合物（如纤维）的强度远远小于理论预期，理论预期基于基本假设：断裂涉及垂直于施加应力方向横截面分子链上所有键的同时断裂。最初 Mark[86] 对这一特性进行了计算，最近由 Vincent[87] 对聚乙烯进行了相关研究。结果发现在两种研究结果中，测得的拉伸强度至少比计算结果小一个数量级。

人们得到了可以解释这种差别的理论——断裂的 Griffith 缺陷理论。同时也有研究人员认为取向聚合物强度测试和计算结果的差异和刚度测试和计算结果之间的差异基本相似。关于这两种差异的基本观点是只有一小部分分子链承受了施加的外界载荷。第 9 章讨论了连接邻近结晶嵌段聚合物的连接分子或结晶桥键分子对取向半结晶聚合物轴向刚度的决定性作用。因此，人们在取向聚合物链断裂方面进行了大量的研究工作，并用电子顺磁共振技术获得产生的自由基，或者用红外光谱来检测含有醛基端基的分子链，醛基端基分子链的出现暗示了分子链的断裂。Kausch[88] 对这方面的研究成果进行了十分详细的综述。Kausch 与 Becht[89] 强调了断裂键的总数相对于他们的承载载荷能力很小，不足以解释宏观应力的减小。因此可以得出结论：最后断裂的连接分子不是决定高取向度聚合物强度的关键要素，纤维强度与断裂时自由基浓度之间不存在正相关关系可以验证这一结论。

虽然这些观点十分重要，但是用分子学方法进行的研究与聚合物变形有关。对取向聚合物在应力作用下的红外与拉曼光谱研究表明，相对于无应力状态[90,91]，光谱频率会产生明显变化，显示了分子键在应力作用下产生了变形。另外，光谱谱线形状也产生了变化，可以解释为某些分子键承担的应力高于平均应力。

最近拉曼光谱研究，尤其是 Young 及其同事[92,93] 的研究结果表明：对于一系列取向纤维，单位应变引起的拉曼光谱频率变化与纤维的拉伸模量成正比。这与纤维结构的一系列聚集态模型是一致的（见 8.6 节）。对于这一模型，应变和应力 σ 的关系为

$$\varepsilon = \sigma/E_3$$

拉曼位移 $\Delta\nu$ 随着应力变化是一常数，因此，

$$\frac{\mathrm{d}\Delta\nu}{\mathrm{d}\sigma} = \alpha$$

拉曼位移 $\Delta\nu$ 随着应变变化的关系为

$$\frac{\mathrm{d}\Delta\nu}{\mathrm{d}\varepsilon} = \frac{\mathrm{d}\Delta\nu}{\mathrm{d}\sigma} \cdot \frac{\mathrm{d}\sigma}{\mathrm{d}\varepsilon} = \alpha E_3$$

人们做了很多尝试，将断裂行为的分子学解释作为研究断裂过程时间和温度依赖性的起点。这种方法可以追溯至 Bueche[94] 及 Zhurkov 与他的同事们[95] 的早期研究工作。他们假设断裂过程与高应力下键的断裂速度 ν_B 有关，二者关系符合 Eyring 型热活化过程，因此，可以得到

$$\nu_B = \nu_{B0} \exp[-(U_0 - \nu \sigma_B)/kT]$$

这里 U_0 是活化能，ν 为活化体积。在应力 σ_B 作用下，断裂所需时间 τ 的表达式为

$$\tau = \tau_0 \exp[-(U_0 - \nu \sigma_B)/kT]$$

研究表明，这一公式适用于很多聚合物材料，另外，根据这一公式得到的 U_0 值与热分解过程的活化能值有很好的相关性。

人们已经提到聚合物中的亚微观裂纹的存在与银纹引发的 Argon 理论有关。Zhurkov，Kuksenko 与 Slutsker[96] 利用小角 X 射线散射证实了这种亚微观裂纹的存在。虽然 Zakrevskii[97] 已经提出这些亚微观裂纹的形成与自由基簇以及相应的分子链末端紧密相关，Peterlin[98] 已经证实裂纹出现在微纤末端，Kausch[88] 得出结论称微裂纹的形成实际上与链断裂无关。

13.8　脆性-韧性行为的影响因素：脆性-韧性转变

13.8.1　Ludwig-Davidenkov-Orowan 假设

金属在很多方面表现出来的脆性-韧性转变过程，包括缺口效应，人们都用 Ludwig-Davidenkov-Orowan 假设进行了讨论，本节将分别进行讨论，Ludwig-Davidenkov-Orowan 假设是指当屈服应力超过临界值时将会产生脆性断裂[99]，如图 13.33（a）所示。并假设脆性断裂与塑性流动是相互独立的过程，在恒定应变速率下，分别得到脆性断裂应力 σ_B 及屈服应力 σ_Y 与温度之间的函数关系曲线，如图 13.33（b）所示。改变应变速率将引起这些曲线发生转变。因此有人证实不管哪个过程，在较低的应力下产生断裂还是屈服是有选择的。因此，将 σ_B/σ_Y 曲线的交点定义为脆性-韧性转变点，在该温度点以上材料均表现出韧性行为。

化学和物理结构对于脆性-韧性转变的影响可以通过分别研究这些参数对脆性应力曲线和屈服应力曲线的影响进行分析。后续将会意识到，这种方法避开了断裂力学与脆性失效之间的关系。但是，如果认为断裂引发（不同于裂纹增长）过程是由断裂应力 σ_B 控制的，那么认为屈服与断裂是竞争过程的观念会提供有意义的起点。

Vincent 及其他一些学者表明[100-102] 脆性应力受应变和温度的影响不大（例

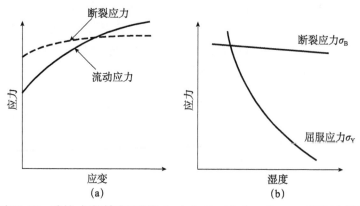

图 13.33　脆性-韧性转变过程的 Ludwig-Davidenkov-Orowan 理论示意图

如在温度−180℃到+20℃范围内,影响因子为 2)。另一方面,屈服应力受应变速率和温度的影响很大,随着应变速率的增大而增大,而随着温度的升高而减小(在温度范围为−180℃到+20℃时,典型曲线图的影响因子为 10)。这些观点可以从图 13.34(a)中 PMMA 的研究结果中明确看出。因此,脆性-韧性转变点随着应变速率的增加往高温方向移动(图 13.34(b))。这种作用可以通过室温下尼龙试样不同应变速率的拉伸试验进行说明:在较低的应变速率下,试样表现出韧性和冷拉过程,而在较高的应变速率下,将产生脆性断裂。

不同应变速率的复杂性在于低速,低速情况下,在一定的温度范围内,将产生冷拉现象。在较高应变速率下热量很可能无法快速释放,因此应变硬化被阻止,试样产生韧性断裂行为。这样的恒温-绝热转变不影响屈服应力,因此也不会影响脆性-韧性转变;但确实会造成断裂能量大幅降低,这样对冲击试验有很大影响,虽然脆性断裂不受影响。因此人们提出随着应变速率增加,有两个临界速度会导致断裂能迅速下降:恒温-绝热转变以及高应变速率下的脆性-韧性转变。室温下的变化对于恒温-绝热转变位置的影响很小,但是对脆性-韧性转变位置的影响很大。

起初人们认为脆性-韧性转变行为与力学松弛行为有关,尤其与玻璃化转变有关,这对于天然橡胶、聚异丁烯以及聚苯乙烯是成立的,但是对于大部分热塑性塑料是不适用的。后来人们提出[103]如果体系中不只存在一种力学松弛行为,脆性-韧性转变可能对应低温松弛行为。虽然,这种理论看上去在很多情况下是成立的,但是很快被证实这一假设不具备普适性。由于脆性-韧性转变在很大的应变下才会发生,而动态力学行为一般是在线性低应变区域内测得的,因此,希望将这二者建立直接联系是不合理的。例如,可以肯定断裂依赖于几个其他参数(如缺陷)的出现,但是缺陷不会影响低应变动态力学行为。Boyer[104]以及 Heij-boer[105]对这个问题进行了广泛讨论。

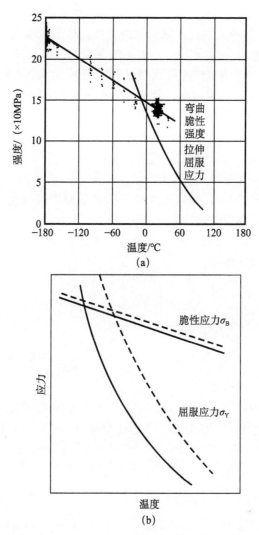

图 13.34 （a）温度对 PMMA 脆性强度与拉伸屈服应力的影响曲线（Reproduced from Vincent P. I. (1961) The effect of temperature. Plastics，26，141. Copyright (1961) John Wiley & Sons，Ltd）（b）应变速率对脆性-韧性转变的影响曲线图：（——）低应变速率；（-------）高应变速率

13.8.2　缺口敏感性与 Vincent σ_B-σ_Y 图

就像金属，尖锐缺口的出现会使聚合物的断裂行为从韧性变为脆性。由于这一原因，聚合物的标准冲击测试方法包括 Charpy 摆锤简支梁或 Izod 悬臂梁冲击试验，试验过程中用摆锤对一个带缺口的聚合物棒进行撞击，计算断裂过程中耗

散的能量。

Orowan[99]对缺口效应给出了很简单的解释。对于深度大、对称的拉伸缺口，应力分布类似于平面应变情况下一个扁平的无摩擦压头压入一块平板产生的应力[106]，如图 13.35。产生塑性变形所需的压头压应力为 $(2+\pi)K$，K 为剪切屈服应力。对于 Tresca 屈服准则，K 值为 $2.57\sigma_Y$，对于 von Mises 屈服准则，K 值为 $2.82\sigma_Y$，σ_Y 为拉伸屈服应力。因此，对于一无限大固体中一个理想深度和尖锐的缺口，塑性约束导致屈服应力增大到约 $3\sigma_Y$，因此，最初由 Orowan[99]提出的脆性-韧性行为可以划分为以下三类：

（1）如果 $\sigma_B<\sigma_Y$，材料是脆性行为；

（2）如果 $\sigma_Y<\sigma_B<3\sigma_Y$，材料在无缺口拉伸试验中表现出韧性行为，但是如果有尖锐缺口，则表现为脆性行为；

（3）如果 $\sigma_B>3\sigma_Y$，材料是纯韧性行为，也就是说在所有试验中均表现出韧性行为，包括含缺口的试样。

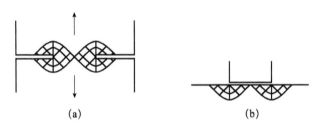

图 13.35　深度较大的对称缺口的滑移线应力场分布（a）和类似于平面应变情况下一个扁平的无摩擦压头压入一块平板产生的应力场分布（b）(Reproduced from Cottrell, A. H. (1964) The Mechanical Properties of Matter, John Wiley & Sons, New York, p. 327. Copyright (1964) John Wiley & Sons, Ltd)

13.8.2.1　Vincent σ_B-σ_Y 图

人们可能会问上述理论与已知的聚合物力学行为之间的关系。Vincent[107]建立了 σ_B-σ_Y 图，对于解释上述疑问具有重要意义，如图 13.36。

在任何可能的情况下，σ_Y 被定义为在应变速率约为每分钟 50% 时拉伸试验下的屈服应力；对于拉伸模式下表现为脆性的聚合物，σ_Y 为单轴压缩时的屈服应力，σ_B 为 -180℃情况下应变速率为 $18\,\mathrm{min}^{-1}$ 时弯曲模式下的断裂强度。

屈服应力是在 $+20$℃和 -20℃下测得的，理论认为 -20℃下的屈服应力能够大致表明 $+20$℃情况的冲击行为，也就是假设温度降低 40℃等同于应变速率增加约 10^5 倍。

在图中，圆圈代表 $+20$℃情况下的 σ_B 与 σ_Y 值；三角形代表 -20℃情况下的 σ_B 与 σ_Y 值。σ_B 与 σ_Y 值都受到附加因子的影响，如分子量与结晶度，因此，每个

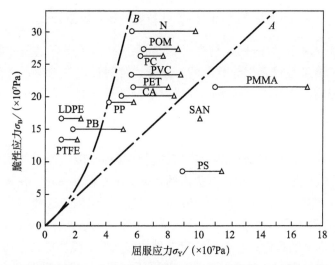

图 13.36　不同聚合物在约－180℃条件下脆性应力与－20℃条件下屈服应力（○）直线
连接图。直线 A 区分了无缺口情况下表现出脆性行为的聚合物与另外一些无缺口情况下
为韧性行为但是有缺口为脆性行为的聚合物；曲线 B 区分了有缺口为脆性行为但是无缺口为
韧性行为的聚合物与那些即使有缺口也表现为韧性行为的聚合物。PMMA：聚甲基丙烯
酸甲酯；PVC：聚氯乙烯；PS：聚苯乙烯；PET：聚对苯二甲酸乙二醇酯；SAN：苯乙烯与
丙烯腈共聚物；CA：醋酸乙烯酯；PP：聚丙烯；N：尼龙-66；LDPE：低密度聚乙烯；
POM：聚甲醛；PB：聚丁烯；PC：聚碳酸酯；PTFE：聚四氟乙烯（Reproduced from
Vincent P. E. (1961) The effect of temperature. Plastics, 26, 141.
Copyright (1961) John Wiley & Sons, Ltd）

点都被认为只是一阶重要性。

从图中 13 种聚合物的力学行为可以得到两条特性曲线。曲线 A 将缺口情况
下为脆性行为的材料分隔在右面，与左边即使是缺口情况的试样也是韧性行为的
材料进行区分。这两条曲线均为近似估算，但是总结了已有的理论。

对于曲线 A，$\sigma_B/\sigma_Y \sim 2$ 而不是 1，但是这种区别通过在很低的温度下测量 σ_B
或者测量弯曲模式下（而非拉伸模式下）的 σ_B 值进行解释（后者会降低表面严
重缺陷位置断裂的可能性）。但令人振奋的是即使是这样的近似关系也遵循 Lud-
wig-Davidenkov-Orowan 假设曲线。更加令人振奋的是曲线 B 的斜率为 $\sigma_B/$
$\sigma_Y \sim 6$，为曲线 A 的三倍，与根据塑性约束理论得到的结果是一致的。

σ_B-σ_Y 曲线图的主要作用是它可能引导改性聚合物和新型聚合物的发展。结
合前面章节关于材料变化参数对脆性强度和屈服应力影响的理论研究，可以引导
提高韧性的系统性研究。

13.8.3　与断裂力学一致的脆性-韧性转变理论：断裂转变

前面章节中对于脆性-韧性转变的讨论假设脆性断裂可以用一临界拉伸应力定义。虽然结果是很有指导意义的，但是这种假设没有考虑尺寸效应对材料脆性行为的影响。实际上，这意味着每一个断裂试验都存在一个特征长度，这一特征长度决定着试验结果的严重程度，较高的严重程度意味着发生脆性断裂的倾向更高。

人们关于尺寸效应对脆性断裂影响的研究起源于能量标定与相似性基本理论。这些理论最初是由 Roesler[108] 提出的，Benbow 与 Roesler[8] 在其开创性的研究工作中进行了应用，如 13.2 节。Puttick[109−111] 认识到了这些理论对于研究脆性-韧性转变的重要性，他建立了接受断裂力学概念的断裂转变理论。

为了建立本书的理论，考虑在恒定夹具位移条件下脆性材料中的裂纹扩展行为，比如含有中心裂纹（裂纹长度 $2c$）的平板（图 12.3）。根据 Griffith 断裂理论，裂纹的表面能由材料中储存的体积应变能密度提供。因此，应变能释放率 G 与一个长度和单位体积的应变能密度 U 的乘积成正比。对于这种均匀应力场情况，特征长度为裂纹长度，可以得到

$$G = \beta c U \tag{13.33}$$

这里 β 为无量纲常数，$U = \sigma^2/2E$。

如前面讨论的，断裂应力 σ_B 通过以下公式给出：

$$\sigma_B = \left(\frac{G_c E}{\pi c}\right)^{1/2} \tag{13.34}$$

断裂应力取决于材料参数 G_c、E 以及特征长度，即裂纹长度。

在大部分实际情况下，应力场是不均匀的（如相对于裂纹长度是有限的），于是特征长度等于一个与应力场有关的特征长度 x_0，例如，塑性区尺寸或者银纹长度。于是得到

$$G = \beta'\left(\frac{x_0}{c}\right)x_0 U \tag{13.35}$$

根据几何相似性的概念得出结论：函数 β' 只依赖于 (x_0/c)。

在这种情况下，断裂应力 σ_B 可以通过以下公式计算：

$$\sigma_B = \left(\frac{G_c E}{x_0\,\beta'(x_0/c)}\right) \tag{13.36}$$

因此，断裂应力是应力场大小的函数，可以直接用 x_0 表示。无量纲函数 β' 用断裂力学理论进行计算。

现在考虑这些理论在脆性-韧性转变中的含义。这种转变的特点是产生脆性

到韧性断裂的变化，因为在试样某一部分应力达到了屈服应力。

公式（13.36）可以等效写成定义应力场的临界尺寸，以特征长度 x_0 的形式表示。因此，得到

$$x_0 = \frac{G_c E}{\sigma_B^2 \, \beta'(x_0/c)} \qquad (13.37)$$

现在考虑减小特征长度（通过改变测试方法并改变应力场），因此，σ_B 增大直到最后达到屈服应力 σ_Y。这导致发生脆性-韧性转变，可以用临界长度 x_0^Y 定义，这里，

$$x_0^Y = \frac{G_c E}{\sigma_Y^2 \, \beta'(x_0/c)} \qquad (13.38)$$

于是断裂在弹-塑性应变场而不是纯弹性应变场下发生。例如，在双悬臂梁试验中（图 12.5），最大弯曲应力为 $\sigma = (3G_c E/b)^{1/2}$，这里 b 为悬臂梁宽度。因此，屈服向脆性断裂转变的临界宽度为

$$b_c = 3G_c E/\sigma_Y^2 \qquad (13.39)$$

Puttick 将这些转变定义为下转变，由于它们只标志着塑性流动开始的点。

第二种转变，被定义为上转变，对应塑性区尺寸到达测试的最大特征尺寸。这里一个典型例子是平面应变中裂纹尖端处塑性区的临界尺寸，得出

$$x_{0c} = G_c E/\sigma_Y^2 \qquad (13.40)$$

另一个例子是缺口棒试验，其中 $\sigma_{max} \sim 2.5\sigma_Y$，可以得到临界区域尺寸为

$$x_{0c} = G_c E/25\sigma_Y^2 \qquad (13.41)$$

因此，得到对脆性-韧性转变或平面应变-平面应力转变行为研究的最可靠方法，例如所有类型的断裂转变，是认为任何一项测试都与该测试下的特征长度有关。于是转变用一临界长度 x_{0c} 表征，这里 $x_{0c} = \alpha G_c E/\sigma_Y^2$，这里 α 为一个数值常数，其大小取决于测试中的应力场。

就材料行为而言，物理量 $G_c E/\sigma_Y^2$ 决定着脆性-韧性行为。表 13.2 总结了部分典型试验方法，对每种试验方法的含义进行了说明。

表 13.2 断裂转变

测试方法	α	转变类型	
缺口棒（Charpy 弯曲）	~0.04	上转变（低至高于整体屈服）	Griffith 和 Oates[112] Puttick[111]
平面应变断裂	~0.5	上转变（平面应变向平面应力转变）	Irwin[113]
双悬臂梁	3	下转变（弹性向弹-塑性转变）	Gurney 和 Hunt[114]
球形金属球压入	~25	上转变（辐射断裂至不断裂转变）	Puttick[111]

总结一下，断裂试验方法决定了 α 值，并定义了一个临界长度，例如，双悬臂梁试验试样宽度或者屈服试验中缺口棒的塑性区尺寸。断裂转变发生时的温度是 $\alpha G_c E/\sigma_Y$ 值等于特定试验条件下临界长度时的温度。对于给定试验，σ_Y 随着温度升高而降低，直到满足这一等式，这时将会发生脆性-韧性转变。现在可以看到这种严谨的处理方法与 Vincent 简化方法（如 13.8.2 节）之间的关系，Vincent 简化方法具有很好的实用价值。如 Puttick 所指出的，用图 13.37 代替过分简化的图 13.33 与图 13.34 会更加准确，图 13.37 将临界特征长度作为因变量建立了与温度的关系曲线。如果固定试样尺寸值画一条水平虚线，如 5mm，那么可以得到转变温度 T_1，T_2，T_3，T_4。

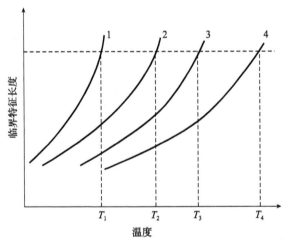

图 13.37　四种不同测试方法的脆性-韧性转变温度对比图。1. Hertzian 压入（下转变）；2. 塑性-弹性压入（上转变）；3. 双悬臂梁试验（下转变）；4. 缺口棒（上转变）

(Reproduced from Puttick，K. E. (1980) The correlation of fracture transitions.

J. Phys. D, 13, 2249. Copyright (1980) Institute of Physics)

13.9　聚合物的冲击强度

结构件能够保持结构完整性以及吸收冲击能量的能力往往是选择合适材料的重要依据。因此聚合物的冲击试验是一个重要话题，也引起了广泛关注，虽然得到的很多结果都是经验的，只是性能对比。

两种主要的冲击试验分别为摆动梁冲击和落重冲击。

13.9.1　摆动梁冲击

摆动梁冲击的典型例子是悬臂梁和简支梁冲击试验，试验中用一个重的摆锤撞击一个小聚合物棒。在悬臂梁冲击试验中，试样棒的一端用夹具竖直夹持，另一个自由端用摆锤冲击。在简支梁冲击试验中，试样棒两端固定在一个水平面内，然后用一个分叉或两个分叉的锤子进行冲击来模拟快速三点或四点弯曲试验，如图 13.38（a）。通常情况下会在试样的中心位置制备缺口，以增加试验的苛刻程度，如 13.5.1 节中讨论的。标准的简支梁冲击试验试样含有一个 $90°$ V 形缺口，缺口尖端曲率半径为 0.25mm。对于聚合物材料，通常会在机械加工所得到的缺口尖端用刀片预制更加尖锐的裂纹，这对于解释后面的冲击试验过程具有重要意义。

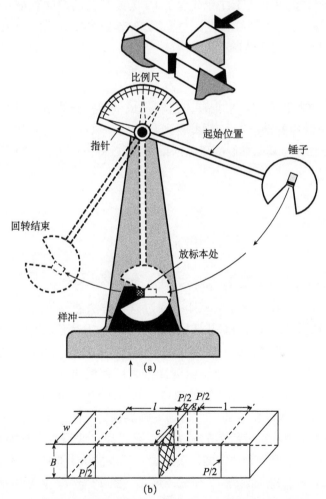

图 13.38 （a）简支梁冲击试验装置示意图和（b）缺口简支梁冲击试样示意图

(Reproduced with permission from Fasce, L., Bernal, C., Frontini, P. et al. (2001)
On the impact essential work of fracture of ductile polymers. Polym. Eng. Sci.,
41, 1. Copyright (2001) John Wiley & Sons, Ltd)

对冲击试验的解释并不简单，需要考虑以下几种方法，如下：

(1) Brown[115]，Marshall，Williams 与 Turner[116] 分别指出，尖锐缺口试样的简支梁冲击试验可以用线弹性断裂力学理论进行定量分析。并假设聚合物会产生线弹性变形直至失效，当裂纹扩展引起的储存弹性能变化满足 Irwin-Kies 关系时产生断裂（如上述公式（13.10））。因此，

$$G_c = \frac{K_c^2}{E^*} = \frac{P_0^2}{2B}\frac{\mathrm{d}C}{\mathrm{d}c}$$

E^* 为折算模量，如 13.2.1 节中已定义，P_0 为断裂前的瞬时载荷，C 与 B 分别为试样柔度与厚度，c 为裂纹长度，与 13.2.3 节公式（13.12a）中的含义一致。由于试样断裂前的瞬时弹性储存能量为 $U_0 = P_0^2 C/2$，则

$$G_c = \frac{U_0}{B}\frac{1}{C}\frac{\mathrm{d}C}{\mathrm{d}c} \tag{13.42}$$

U_0 用商用冲击试验机测定，根据冲击过程造成的势能损失进行计算。总冲击能量 U_1 必须减去试样的动能 U_k，因此得到 $U_0 = U_0 - U_k$。

根据 Williams 与其同事们的研究结果[117]可以将公式（13.42）写成

$$G_c = \frac{U_0}{BW}\frac{1}{C}\frac{\mathrm{d}C}{\mathrm{d}(c/W)} \tag{13.43}$$

于是得到

$$U_1 = BW\phi\left(\frac{c}{W}\right)G_c + U_k \tag{13.44}$$

这里可以得到 $\phi\left(\dfrac{c}{W}\right) = \dfrac{c}{\mathrm{d}C/\mathrm{d}\ (c/w)}$（见第 4 章文献 [7]），于是 U_1 与 $BW\phi$ 呈直线关系，且以 G_0 为斜率而 U_k 为截距。通过这种方法能够得到 G_c，对于多种玻璃态聚合物（包括 PMMA，PC[118] 以及醚砜[119]）用刀片预制的缺口试样，G_c 与试样几何无关。对于聚乙烯刀片预制的缺口试样，也得到了类似的结果[120]。

(2) Vincent[121]与其他学者认识到冲击强度依赖于缺口几何，因此，据此 Fraser 与 Ward[122] 提出对于比较钝的缺口（例如，那些没有用刀片或者尖锐切割工具获得的缺口），当缺口根部应力达到一临界值时将发生断裂。在玻璃态聚合物中这个应力表示银纹引发所需的应力值，可以通过假设变形是弹性变形计算。基于这一假设，用于简支梁冲击的试验装置，可以被认为是四点弯曲试验，弯曲力矩 $M = Pl/2$，P 为施加载荷，l 为试样尺寸（图 13.38）。在断裂前瞬间，$M = M_0$，$P = P_0$，且弹性储存能为 $U_0 = \dfrac{1}{2}(2M_0/l)^2 C$，这里 C 为试样柔度。因此，

$$M_0 = \frac{l}{2}\sqrt{\frac{2U_0}{C}}$$

C 根据试样的几何计算。

对于纯弯曲试验，缺口根部的名义应力 σ_n 计算公式为 $\sigma_n = (M/I)\,y$，I 为截面的惯性矩（对于矩形梁，$I = Bt^3/12$），y 为到中性轴的距离。

利用线性应力假设，缺口根部的最大应力为名义应力与应力集中系数 α_k 的乘积。常规形状缺口的 α_k 计算可以从文献中查到，但是当裂纹长度 c 远大于缺口尖端曲率半径 ρ 时，α_k 可以简化成一简单的表达式 $\alpha_k = 2\sqrt{c/\rho}$。

研究表明，钝缺口 PMMA 试样的冲击行为与缺口根部的临界应力吻合[122]，对于聚碳酸酯[118]与聚醚砜[119]在不存在剪切唇的情况下也存在类似的结果。因此，在这些情况下，最大局部应力为断裂准则，与试样的几何结构无关。

（3）对摆动弯曲冲击试验最简单的解释是，这是衡量贯穿试样的裂纹扩展所需能量的度量，不管试样是否带缺口。如果不考虑缺口敏感性，只考虑裂纹扩展所需能量，则有

$$G_c = \frac{U_0}{A} = \frac{U_0}{BW(1-c/W)} \qquad (13.45)$$

这里，未开裂的横截面积为 $A = B\,(W-c)$。

Plati 与 Williams[110]对这种方法做出了评价，这里，

$$J_c = \sigma_Y u \qquad (13.46)$$

如果假设弯曲冲击试验发生完全屈服，

$$U_0 = \frac{u}{2}\sigma_Y B(W-c) = \frac{J_c B(W-c)}{2}$$

由于韧带区的面积为 $A = B\,(W-c)$，则

$$J_c = \frac{2U_0}{A}$$

该公式与公式（13.45）只差一个参数 2，这是由于弯曲产生的平均位移为 $u/2$，而在拉伸试验中位移为 u。Plati 与 Williams 根据高抗冲击聚苯乙烯（HIPS）与丙烯腈-丁二烯-苯乙烯共聚物（ABS）的研究结果，与冲击试验得到的 J_c 结果一致。

最近很多研究工作已经将 13.6 节中描述的 J -积分与基本功断裂方法扩展用于冲击试验。

Bramuzzo[123]用高速摄像技术监控了三点弯曲中的裂纹扩展过程，并同时获取了应力-时间曲线。用这种方法绘制了 J -积分与裂纹长度之间的关系曲线，得到了聚丙烯共聚物的阻力曲线。Martinatti 与 Ricco[124]用多试样技术使用简支梁冲击试验装置确定了橡胶增强聚丙烯材料的 J_R 曲线，在此试验装置中摆锤可以在试样不同位移处停下来。Crouch 与 Huang[125]用落重冲击塔冲击增强尼龙 SENT 三

点弯曲试样至不同的裂纹扩展长度，得到了多试样阻力曲线。通过载荷-时间曲线获得了直至最大挠度的总能量。

在最近的研究中，Ramsteiner[126] 得到了 $J_{0.2}$ 的值，通过对不同分子量 HDPE 试样从同一高度的冲击试验（恒定的冲击速度为 $2m \cdot s^{-1}$）构建 J 值与裂纹长度之间的函数关系。最后，Fasce 与其同事们[127] 试图将断裂的基本功方法用于两种 PP 共聚物和 ABS 的冲击试验，并用了两种不同缺口深度的预制裂纹试样，分别为双边缺口拉伸试样（DENT）和单边缺口弯曲试样（SENB）。在这两种情况下，断裂特性总功与韧带长度的关系曲线如图 13.39。

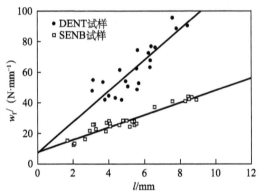

图 13.39　对于 3mm 厚的聚丙烯无规共聚物，深度较大的 DENT（●）以及 SENB（□）断裂特性总功 w_f 与韧带长度 l 的关系曲线图（Reproduced from Fasce, L., Bernal, C., Frontini, P. et al. (2001) On the impact essential work of fracture of ductile polymers. Polym. Eng. Sci., 41, 1. Copyright (2001) John Wiley & Sons, Ltd)

13.9.2　落重冲击

在落重冲击试验中，圆盘形材料试样（通常直径为 6cm，厚度为 2mm，自由放置在 4mm 直径的环形夹具上）用半球形金属冲头（通常半径为 1cm）进行冲击。试验在冲击能量远远超过试样破坏所需能量的条件下进行，或者在较低的能量水平下进行，较低的能量水平可以观察到试样的损伤容限或引发裂纹所需的能量。

Moore 与他的同事们描述了这些试验在聚合物和聚合物复合材料中的应用[128-130]。并强调为了获得合理的解释，必须进行以下几种试验：

（1）测试载荷-时间曲线以得到最大载荷时的输入能量和总冲击能量。

（2）获得冲击过程中拉伸表面的图像。

对于纤维增强复合材料，Moore 与他的同事们发现载荷-时间曲线的峰值与引发裂纹所需的能量有很好的对应关系。同时也表明无论是复合材料还是聚合物材料，总断裂能与缺口简支梁冲击试验所获得的总断裂能也有很好的对应关系。

只有对于简支梁冲击试验和小范围的悬臂梁冲击试验，可以得到令人满意的理论分析结果。但是，即使对于这些试验，工程分析与物理意义上的合理解释之间仍然存在较大的差距。例如，虽然看上去通过刀片预制裂纹的冲击试样的脆性断裂一般都与裂纹尖端的银纹相关，但是银纹参数与断裂韧度 K_{IC} 之间仍然找不到有说服力的数学关系，而与紧凑拉伸试样的解离断裂存在固定关系（见 13.2 节）。此外，虽然对于某些钝缺口试样力学机理采用临界应力准则，而且与用其他方法得到的银纹应力之间存在着经验关系，但是临界应力很大，并且可能需要更加严谨的解释方法。对于脆性环氧树脂，在裂纹尖端不存在银纹，Kinloch 与 Williams[131] 表明无论是尖锐缺口试样还是钝缺口试样，其断裂行为都可以用缺口根部以下临界距离（$\sim 10\mu m$）处的临界应力来表示。

随着聚合物中的温度和应变速率改变，应力-应变曲线的特征会发生明显改变。因此，需要探索应力-应变曲线下方面积与冲击强度之间的关系，以及动态力学行为与冲击强度之间的关系。人们在这方面的尝试成果也是喜忧参半[132]，因此，上述对于冲击强度定量解释的复杂性也是很容易理解的。

Vincent[133] 验证了冲击强度与动态模量之间可能存在逆相关关系的统计学重要性，并得出结论：这种逆相关关系最多只考虑了冲击强度中 2/3 的差异。诸如分子量以及分子结构细节（如大的侧基的存在）等参数的影响并未考虑。他也报道了对多种聚合物材料在很宽温度范围内的冲击试验，特别是聚四氟乙烯和聚砜，结果表明脆性冲击强度峰值与动态损耗峰出现在相近的温度，这表明在某些情况下，可能有必要探索一个更普适的断裂力学表达式[134]，在这一表达方式中，在施加载荷和卸载过程中产生的黏弹性损耗必须考虑在内。

13.9.3 增韧聚合物：高冲击强度聚合物共混物

一些常见的聚合物冲击强度一般较低，如 PMMA，PS 与 PVC，因此人们开始探索制备高冲击强度橡胶改性热塑性塑料。最著名的例子是高冲击性能聚苯乙烯（HIPS）与 ABS 共聚物，这些聚合物中橡胶相以很小的聚集体或圆球的形式分散在聚合物相中。用这种方法增韧的其他聚合物包括 PMMA，PVC，PP，PC，尼龙与热固性树脂，如环氧树脂、聚酯纤维以及聚酰亚胺。

在一篇优秀的综述中，Bucknall[135] 解释称橡胶增韧涉及三个主要变形机理：剪切屈服、银纹与橡胶颗粒空洞化。橡胶颗粒的刚度比本体聚合物低很多，在剪切屈服与银纹引发时会产生应力集中。

Nielson[136]列出了得到有效聚合物共混物的三个条件：

（1）橡胶的玻璃化转变温度必须远低于测试温度；

（2）橡胶必须形成第二相，与刚性聚合物相不相容；

（3）两种聚合物的溶解度参数应足够类似，以实现两相间良好的界面接合。

在橡胶增韧 ABS 中，剪切屈服占主导。Newman 与 Strella[137]的光学显微镜测试结果表明在橡胶颗粒周围聚合物本体相产生了塑性变形。后来的研究，尤其是 Kramer 及其同事的研究，表明橡胶颗粒引起微剪切带。Donald 与 Kramer[138]的研究表明，橡胶颗粒的空洞化会引发聚合物本体的剪切屈服，而且当颗粒很小时会产生剪切变形，颗粒较大时产生银纹。

在橡胶增韧 HIPS 中，Bucknall 与 Smith[139]表明韧性增强与银纹和应力致白有关。银纹在最大三轴应力集中点引发，应力集中是由橡胶颗粒引起的。橡胶颗粒同时作为银纹终止点，因此会产生大量的小银纹，以提供高能量吸收和大范围应力致白。Yang 与 Bucknall[140]的研究表明橡胶颗粒的空洞化促进了银纹的出现。

Bucknall[141]以及 Bucknall 与 Smith 对比了一系列温度下冲击试样的载荷-时间曲线，分别对缺口悬臂梁冲击强度和落重冲击强度以及断裂表面特性进行研究。载荷-时间曲线，如图 13.40（a）所示，表现出与前面综述中均聚物类似的曲线分区。两种冲击强度测试结果均分为三个区域（图 13.40（b）与（c））。最低温度下的断裂表面十分清晰，但是在较高温度下将产生应力致白和银纹现象。三个温度区域被划分为：

（1）低温情况。在断裂的任何阶段橡胶都无法松弛。没有银纹形成，试样产生脆性断裂。

（2）中间温度。在缺口底部应力增长较慢的时候，橡胶可以产生松弛，但在快速裂纹扩展阶段无法产生松弛。应力致白只发生在断裂的第一阶段（预制裂纹阶段），因此被限制在缺口附近区域。

（3）高温情况。即使在不断扩展的裂纹尖端应力场迅速形成的区域，橡胶也可以产生松弛。在整个断裂表面都产生应力致白现象。Bucknall 与 Smith[139]对其他橡胶改性高冲击强度聚合物也得到了类似的结果。

13.9.4　银纹与应力致白

Bucknall 与 Smith[139]评价了银纹与应力致白之间的关系。他们观察到添加了橡胶颗粒的高冲击强度聚苯乙烯的断裂行为，通常在应力集中区域会首先产生雾化致白。图 13.11 为一条高冲击强度聚苯乙烯应力致白棒，在伸长率为 35％时

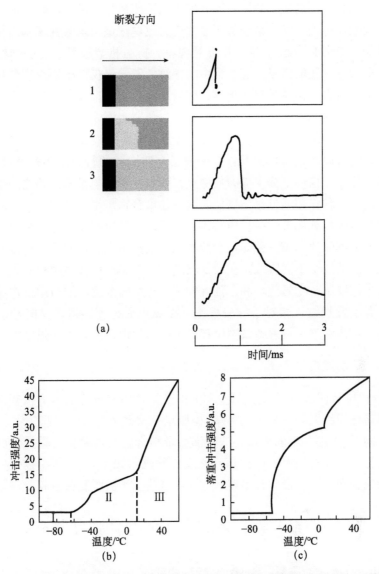

(a)

图 13.40   （a）改性聚苯乙烯-缺口悬臂梁冲击试样的断裂表面：最上面断裂温度为
−70℃，Ⅰ型断裂；中间断裂温度 40℃，Ⅱ型断裂；下面断裂温度 150℃，Ⅲ型断裂。
（b）改性聚苯乙烯的缺口悬臂梁冲击强度与温度的函数关系曲线，分别给出了三种不同
断裂行为的温度限。（c）2.03mm 厚高冲击强度聚苯乙烯板落重冲击强度与温度的关系曲线
（Reproduced from Bucknall, C. B. (1967) Relationship between structure and mechanical
properties of rubber-modified thermoplastics. Br. Plast., 40, 84.
Copyright (1967) Crain Communications Ltd）

发生断裂。结合不同的光学测试方法（偏光用于测量分子取向，相差显微镜用于测定折射指数）得到的测试结果表明这些应力致白区域与未改性聚苯乙烯中形成的银纹类似。应力致白区域存在双折射现象，折射指数较低，能够继续承受载荷，经过退火处理还能恢复。应力致白与银纹的不同仅仅在于银纹带的尺寸和密度，对于应力致白，银纹带尺寸更小，数量更大。因此，较高比例的聚合物转化成银纹导致增韧聚苯乙烯较高的断裂伸长率。研究表明橡胶颗粒的作用是降低银纹引发应力（与断裂应力有关），因此，延长了变形的银纹化阶段时间。银纹阶段看上去存在橡胶相松弛，因此，其表现出类似橡胶的行为而不是玻璃。但是，橡胶颗粒的作用不仅仅是提供应力集中点，而是在橡胶与聚苯乙烯之间形成良好的键合作用，这种作用通过化学接枝实现。在聚合物产生银纹但是还未断裂的阶段，橡胶相必须承载部分载荷。Bucknall 与 Smith 的研究表明橡胶颗粒可能受到周围聚苯乙烯本体的约束，因此，它们的刚度依然很大。这些观点可以直接用于解释冲击试验的三个不同区域。在较低温度下，没有产生应力致白现象，因为在断裂过程中橡胶不产生松弛，冲击强度较低。在中间温度，缺口附近产生应力致白现象，并引发裂纹，相对于橡胶松弛，裂纹扩展速度很慢，这时冲击强度增加。最后，在高温下，沿着整条裂纹都产生应力致白现象，冲击强度很大。

13.9.5　膨胀带

Lazzeri 与 Bucknall[142] 提出微空洞的出现导致屈服行为的压力依赖性，可以用于解释诸如橡胶增韧环氧树脂[143]，橡胶增韧聚碳酸酯[144] 与苯乙烯-丁二烯两嵌段共聚物[145] 中膨胀带的出现。这些膨胀带结合了面内剪切与垂直于剪切平面的膨胀行为。但是真实银纹包含相互交叉的纤丝，如 13.5.1 节中描述的，对于橡胶增韧聚合物，膨胀带包含不连续空洞，这些空洞被限制在橡胶相内。

13.10　聚合物在橡胶态下的拉伸强度与撕裂

13.10.1　橡胶的撕裂：Griffith 理论的延伸

Griffith 断裂理论表明裂纹的准静态扩展是一个可逆过程。但是，Rivlin 与 Thomas[146,147] 证实这是可能的不必要的限制，因裂纹扩展引起的弹性储存模量降低可能会被能量变化平衡而不是由于表面能的增加。他们定义了一个名为"撕裂能"的量，断裂能是单位厚度试样裂纹增加单位长度所消耗的能量。撕裂能包括表面能、塑性流动过程耗散能量以及黏弹性过程耗散的不可逆能量。除非所有能量变化都与裂纹长度增加成正比，而且主要由裂纹尖端周围的变形状态决定，那么总能量仍然与测试试样形状以及施加的变形载荷方式无关。

在正式的数学表达式中，如果裂纹长度增加量为 dc，那么必须做的功大小为 $TBdc$，这里 T 为单位面积的撕裂能，B 为试样厚度。假设没有施加外部功，那么这一能量等于弹性储存能的变化，可以得到

$$-\left[\frac{\partial U}{\partial c}\right]_l = TB \tag{13.47}$$

下标 l 表示区分是在施加载荷的边缘部分产生恒定位移的条件下产生的。公式 (13.47) 形式上与公式 (13.1) 类似，但是 T 定义的是试样单位厚度，因此等同于公式 (13.1) 中的 2γ。在玻璃态聚合物中，T 不再被解释为表面自由能，但涉及裂纹尖端区域的总变形随着裂纹的扩展。

图 13.41 示意图被称为裤形撕裂试验，是一个典型的简单案例，可以很快计算出公式。在一橡胶片材上切一个均匀缺口后，试样在应力 P 下产生撕裂。在撕裂尖端，应力分布复杂，但是只要试样"裤腿"长度足够长，应力分布与切口深度无关。

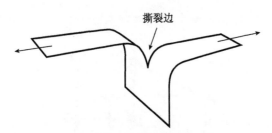
撕裂边

图 13.41 标准裤形撕裂试验示意图

如果试样在载荷 F 作用下撕裂距离为 Δc，并且忽略撕裂尖端与"裤腿"之间材料的伸长量变化，那么所做的功大小为 $\Delta W = 2F\Delta c$。

由于撕裂能 $T = \Delta W/B\Delta c$，容易得到 $T = 2F/B$。

Rivlin 与 Thomas[135]发现可以定义两个特征撕裂能，一个针对很慢的撕裂速率（$T = 37kJ \cdot m^{-2}$），另一个针对快速撕裂（$T = 130kJ \cdot m^{-2}$），这两个量都与被测试样的形状无关。

撕裂能是将橡胶拉伸至其最大伸长量时所需的能量，与拉伸强度没有直接关系，但是依赖于应力-应变曲线的形状以及橡胶的黏弹性特征。例如，对比两种不同的橡胶，第一种具有较高的拉伸强度，但是断裂伸长率低，黏弹性损耗也较低；第二种具有较低的拉伸强度但是断裂伸长率较高，黏弹性损耗较大。虽然第二种橡胶的拉伸强度较低，但是撕裂能仍然可能较高。

13.10.2　橡胶拉伸强度的分子学理论

大部分橡胶强度的分子学理论都将断裂处理成临界应力现象。人们普遍认为，由于缺陷的存在，橡胶的强度低于完美试样的理论强度。另外，人们假设对于基本化学组分相同的不同橡胶，其强度相对于无缺陷试样的强度，以大致相同的因子降低。那么可以认为对于强度有影响的因素主要有交联度和基本分子量。

Bueche[148] 提出了一个包含多个交联链的三维网络模型的拉伸强度。图 13.42 给出了一个单位立方体，其边缘平行于理想网络中的三条链方向。假设在这个单元立方体中含有 N 条链，且网络中每束分子包含的分子链数目为 n。那么穿过立方体每个面的分子束数目为 n^2。为了将数目 n 与网络中单位体积内分子链数目相关联（并因此与橡胶弹性理论建立联系），人们注意到穿过每个立方体面的分子束数目与每条分子束中分子链数目的乘积等于 $\frac{1}{3}N$，这是由于分子束有三个方向。那么，

$$n^3 = \frac{1}{3}N, \quad n = (N/3)^{1/3} \tag{13.48}$$

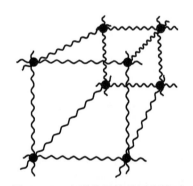

图 13.42　交联分子链的网络模型

在平行于三条分子束中任意一条的方向上施加应力 σ，并假设所有分子束都在各自的断裂应力 σ_c 下同时断裂，那么，

$$\sigma_B = n^2 \sigma_c$$

根据公式（13.48），该公式可以被写成

$$\sigma_B = (N/3)^{2/3} \sigma_c$$

对于一个真实网络，N 是单位体积内有效分子链数目，用单位体积内实际分子链数目 N_a 表示，根据 Flory 关系式表示为

$$N = N_a[1 - 2\overline{M}_c / \overline{M}_n]$$

这里，$\overline{M}_c$ 与 $\overline{M}_n$ 分别为交联点之间的平均分子量和聚合物的数均分子量（注意到对于一个聚合物网络，每根链上至少有两个交联点，也就是 $\overline{M}_n > 3\overline{M}_c$）。

这样代入公式得到

$$\sigma_B \alpha [1 - 2\overline{M}_c/\overline{M}_n]^{2/3} \sigma_c$$

Flory[149] 发现丁基橡胶拉伸强度随着聚合物分子量 M_n 的变化服从预测的 $[1-2\overline{M}_c/\overline{M}_n]^{2/3}$ 关系，但是对于天然橡胶[150]，起初拉伸强度会随着交联度的增加而增大，随后交联度变得很大时，拉伸强度反而降低。Flory 将这种降低归因于交联作用对橡胶结晶性能的影响。但是，Taylor 及 Darin[151] 发现非结晶聚苯乙烯-丁二烯橡胶也存在类似的现象，据此，Bueche[152] 提出上述提出的简单模型是不适用的，由于上述模型假设在断裂时每条分子链都承担载荷，而实际上在较低交联度情况下这可能是基本正确的，而在较高交联度情况下这种可能性明显降低。

通过掺杂增强填料，如炭黑或有机硅树脂，能够大大提高橡胶的拉伸强度，这一方法具有重要的技术意义，这种方法将施加应力分布在很多分子链上，降低了断裂扩展的可能性，因此提高了拉伸强度[153]。

13.11　应变速率与温度的影响

人们对应变速率与温度对于弹性体及无定形聚合物拉伸性能的影响进行了大量研究，尤其是 Smith 及其同事们[154-156]，他们测试了一系列弹性体拉伸强度与极限应变随着应变速率与温度变化的情况。不同温度的测试结果可以通过沿着应变速率轴平移曲线进行重叠，这样可以得到拉伸强度和极限应变与应变速率关系的主曲线。图 13.43 表示了获得这一主曲线的方法，该图总结了 Smith 对未填充聚苯乙烯-丁二烯橡胶的研究数据。可以明显看出，通过叠加拉伸强度与极限应变曲线得到的转换因子在形式上与用 WLF 方程对无定形聚合物低应变线性黏弹性行为叠加过程的转换因子是一致的（见 6.3.2 节），如图 13.44。T_g 的真实值与膨胀法测得的结果具有很好的吻合性。

这一结果表明，除了在很低的应变速率和很高的温度下分子链完全可以自由运动外，断裂过程是由黏弹性作用控制的。Bueche[157] 对这一问题进行了理论处理，并得到了拉伸强度对应变速率及温度依赖性的表达式。随后的理论尝试获得拉伸强度与极限应变的时间依赖性，或者在恒定应变速率下的断裂时间[158,159]。

Smith 根据上述数据及类似数据在所有应变速率和测试温度下绘制了 $\log \sigma_B/T$ 与 $\log e$ 的关系曲线，对于弹性体将其定义为"破坏包络线"。人们也发现[156] 破坏包络线还可以用于表示更复杂条件下的失效行为，如蠕变和应力松弛。在图 13.45 中，失效从最初阶段 G 开始，并平行于横坐标扩展（恒定应力，如蠕变），或平行于纵坐标（恒定应变，如应力松弛），直到到达破坏包络线 ABC 上的一点，如图中沿着虚线的过程。

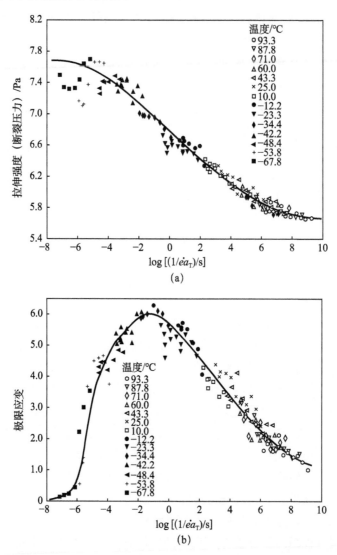

图 13.43　橡胶的拉伸强度（a）与极限应变（b）随着表观应变速率 $\dot{e}a_\mathrm{T}$ 的变化曲线。
试验结果在不同温度和应变速率下测定，然后降温至 263K（Reproduced from
Smith, T. L. (1958) Dependence of the ultimate properties of a GR-S rubber
on strain rate and temperature. J. Polym. Sci., 32, 99. Copyright (1958)
John Wiley & Sons, Inc)

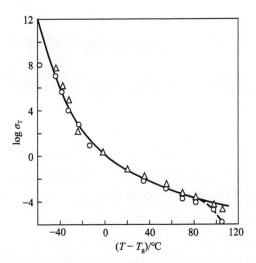

图 13.44　通过测量试样极限特性得到的 $\log \sigma_T$ 转换因子的试验结果与 WLF 方程预测结果对比图。（△）根据拉伸强度；（○）根据极限应变；（…）根据 WLF 方程，$T_g = 263K$ （Reproduced from Smith，T. L.（1958）Dependence of the ultimate properties of a GR-S rubber on strain rate and temperature. J. Polym. Sci.，32，99. Copyright（1958）John Wiley & Sons，Inc）

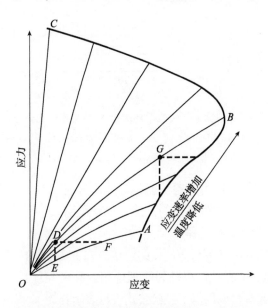

图 13.45　应力-应变曲线随着应变速率与温度变化示意图。连接断裂点与虚线的包络线表示不同条件下的应力松弛与蠕变过程（Reproduced from Smith，T. L. and Stedry，P. J.（1960）Time and temperature dependence of the ultimate properties of an SBR rubber at constant elongations. J. Appl. Phys.，31，1892. Copyright（1960）American Institute of Physics）

13.12　聚合物的疲劳行为

　　材料失效通常是由疲劳或断裂引起的，疲劳是由循环施加低于屈服应力的应力作用引起的，断裂是施加持续增大的应力引起的。这种循环应力的作用是在材料内部或表面应力集中区域中心引发微裂纹，并随后产生裂纹扩展，最终导致断裂。

　　对于聚合物疲劳行为的研究最初集中在不带缺口试样的循环应力载荷，获得与金属类似的 S-N 曲线（已经证明对于表征金属疲劳性能是十分有效的）（S 为最大加载应力，N 为试样疲劳时的循环次数）。PVC 试样的 S-N 曲线如图 13.46[160]。测试过程的一个重要问题是绝热加热，绝热加热会导致热熔融失效。很明显存在一临界频率，高于该临界频率时，热效应会变得很明显。

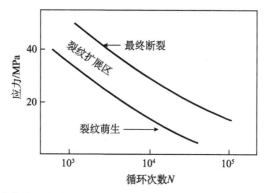

图 13.46　PVC 的疲劳曲线：应力 σ 与失效循环次数 N 的关系曲线，分别针对疲劳裂纹萌生与最终断裂 (Reproduced from Manson, J. A. and Hertzberg, R. W. (1973) Fatigue Failure in Polymers. CRC Crit. Rev. Macromol. Sci., 1, 433. Copyright (1973) Taylor and Francis)

　　对无缺口试样的循环应力试验不能很好地区分裂纹引发与裂纹扩展过程。进一步研究需要采取与断裂试验类似的方法，也就是引入一个很尖锐的初始裂纹用断裂力学理论研究裂纹扩展过程。

　　第一个对聚合物材料疲劳行为进行的定量研究主要集中在橡胶材料[161-163]，将 Rivlin 与 Thomas 提出的断裂过程撕裂能理论用于疲劳裂纹扩展过程。Thomas[161] 表明疲劳裂纹扩展速率可以用以下经验公式进行表示：

$$\frac{\mathrm{d}c}{\mathrm{d}N} = A\mathscr{J}^n \tag{13.49}$$

这里 c 为裂纹长度，N 为应力循环次数，$\mathscr{J}$ 为表面功参数，类似于线弹性断裂力学中的应变能释放率 G。对于 SENT 试样：

$$\mathscr{J} = 2k_1cU \tag{13.50}$$

这里 $U = \sigma^2/2E$ 为线弹性材料的储存能密度，k_1 为一常数，较小的延伸量时大小约为 π（线弹性值），较大的延伸量时约为 1[164]。这里 A 与 n 为依赖于材料的常数，通常随着测试条件（如温度）改变。指数 n 通常在 1 到 6 之间，对于橡胶材料，n 约为 2，除非 dc/dN 很小。

如公式（13.49）中表示的，$\mathscr{J}$ 本质上是个正值，并认为随着循环次数从 0 （$\mathscr{J} = \mathscr{J}_{min} = 0$）增加到一有限值（$\mathscr{J} = \mathscr{J}_{max}$）会发生变化。人们发现当 $\mathscr{J}_{min}$ 增大时，A 会相应减小，这是由于应变诱导结晶区域裂纹扩展速率减小。另外，研究还表明存在一疲劳限 $\mathscr{J} = \mathscr{J}_0$，当低于这一疲劳限时，疲劳裂纹将停止扩展。Lake 与 Thomas 表明 $\mathscr{J}_0$ 是使橡胶从其裂纹尖端扩展至断裂点距离内单位面积所需的最小能量。Andrews[165] 指出裂纹萌生需要有大小为 c_0 的固有缺陷或在试验过程中产生该尺寸大小的缺陷，这里 c_0 为公式（13.50）中定义的量，这里 $\mathscr{J}_0 = k_1 c_0 U$。Andrews 与 Walker[166] 将这种方法又推进了一步，结合了断裂力学的广义形式，分析低密度聚乙烯的疲劳行为，低密度聚乙烯在研究范围内为黏弹性材料，因此需要更加通用的断裂力学理论来处理裂纹扩展行为中的卸载与加载过程。疲劳特性根据裂纹扩展数据用单个拟合常数（固有缺陷尺寸 c_0）预测，固有缺陷尺寸 c_0 对应球粒尺寸，因此，球粒间边界裂纹构成了固有缺陷。

对于玻璃态聚合物，断裂力学通常作为起点[167-170]，裂纹扩展速率通常用下列经验公式进行表示：

$$\frac{dc}{dN} = A'(\Delta K)^m \tag{13.51}$$

这里 c 为裂纹长度，N 为循环次数，ΔK 为应力强度因子范围（如 $K_{max} - K_{min}$，这里 K_{min} 通常为 0），A' 与 m 为与材料和测试条件有关的常数。

当 $K_{min} = 0$ 时，公式（13.51）在形式上与公式（13.49）类似，通常适用于橡胶。回忆 13.2.3 节，对于平面应力状态，应变能释放率 $G = K^2/E$。那么，

$$G = 2L = K_{max}^2/2E = (\Delta K)^2/2E$$

并且如果 $m = 2n$，公式（13.49）与公式（13.51）在形式上是相同的。

公式（13.51）也是 Paris 定律用于预测金属裂纹扩展速率的最通用形式[171,172]。通常情况下，对于玻璃态聚合物如图 13.47（a），一些典型的结果如图 13.47（b）。这些数据与 Paris 公式存在两方面差异：第一，类似于橡胶，ΔK 存在明显的门槛值，定义为 ΔK_{th}，低于这一门槛值时不产生裂纹扩展；第二，当 ΔK 接近临界应力强度因子 K_c 时，裂纹扩展加速。对公式（13.51）的进一步争论是它考虑了应力强度因子的影响却没有考虑平均应力的影响，平均应力通常对裂纹

扩展速率有重要影响。基于后者，Arad，Radon 以及 Culver[173] 提出了以下公式：

$$\frac{\mathrm{d}c}{\mathrm{d}N} = \beta\lambda^n \tag{13.52}$$

这里，$\lambda = K_{max}^2 - K_{min}^2$。这一关系式等同于公式（13.51），循环应变能释放率 ΔG 的计算公式是

$$\Delta G = \frac{1}{E}(K_{max}^2 - K_{min}^2)$$

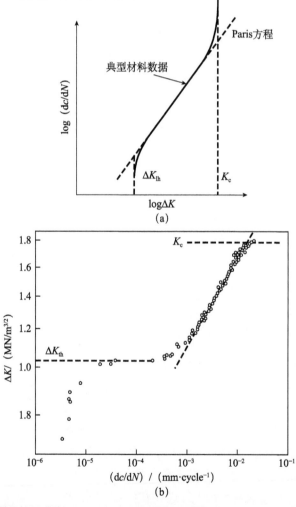

图 13.47   （a）裂纹扩展速率 $\mathrm{d}c/\mathrm{d}N$ 与应力强度因子范围 ΔK 之间的关系曲线图；（b）乙烯基聚氨酯的疲劳裂纹扩展特征曲线（Reproduced from Harris，J. S. and Ward，I. M. (1973) Fatigue‐crack propagation in vinyl urethane polymers. J. Mater. Sci.，8，1655. Copyright (1973)）

Manson 与 Hertzberg[160]对 Paris 公式及其修正形式（公式（13.52））在聚合物疲劳行为研究中的应用进行了深入的综述，他们考虑了物理变量的影响，如结晶度与分子量。他们提出疲劳裂纹扩展对分子量有很强的敏感性：在聚苯乙烯中，分子量增加五倍将导致疲劳寿命增加十倍以上。人们还发现断裂韧度 K_c 与疲劳行为之间存在普遍关系，表示成应力强度因子范围 ΔK 对应 dc/dN 的任意值（这里选为 7.6×10^{-7} m·cycle^{-1}），如图 13.48。Pitman 与 Ward[174]针对聚碳酸酯的疲劳行为研究也发现了疲劳与断裂之间的相似性，因此，疲劳行为可以用复合断裂的方法进行分析。与 13.2 节中描述的断裂行为类似，改变分子量也会改变银纹扩展耗散能与剪切唇扩展耗散能之间的平衡。Williams[175,176]试图用裂纹尖端 Dugdale 塑性区分析法的形式模拟疲劳裂纹扩展行为。每个循环周期都被认为是在银纹的某一部分降低银纹应力，因此人们建立了两步塑性区，得到了以下形式的裂纹扩展速率公式：

$$\frac{dc}{dN} = \beta'(K^2 - \alpha K_c^2) \tag{13.53}$$

这一公式对于聚苯乙烯的试验数据在很宽的温度范围内都具有很好的拟合效果。

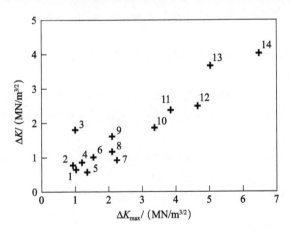

图 13.48　一系列聚合物应力强度因子范围 ΔK（对应 dc/dN 任意值 7.6×10^{-7} m·cycle^{-1}）与失效时最大应力强度因子范围 ΔK_{max} 之间的关系曲线。这些聚合物包括：1. 交联聚苯乙烯；2. PMMA；3. PVC；4. LDPE；5. 聚苯乙烯；6. 聚砜；7. 高冲击性能聚苯乙烯；8. ABS 树脂；9. 氯化聚醚；10. 聚苯醚；11. 尼龙 6；12. 聚碳酸酯；13. 尼龙 6，6；14. 聚偏二氟乙烯
(Reproduced from Manson, J. A. and Hertzberg, R. W. (1973) Fatigue Failure in Polymers.
CRC Crit. Rev. Macromol. Sci., 1, 433. Copyright (1973) Taylor and Francis)

Williams 与 Pitman 以及 Ward 都得出结论称很难确定 Paris 方程中各个参数的物理意义。这一领域的进一步研究还需要更加明确的物理方法。

参 考 文 献

[1] Griffith, A. A. (1921) The phenomena of rupture and flow in solids. Philos. Trans. R. Soc. , 221, 163.

[2] Inglis, G. E. (1913) Stresses in a plate due to the presence of cracks and sharp corners. Trans. Inst. Nav. Architec. , 55, 219.

[3] Irwin, G. R. (1957) Analysis of stresses and strains near the end of a crack traversing a plate. J. Appl. Meek, 24, 361.

[4] Irwin, G. R. and Kies, J. A. (1954) Critical energy analysis of fracture strength. Welding J. Res. Suppl. , 33, 1935.

[5] Brown, W. F. and Srawley, J. F. (1966) Plane strain crack toughness testing of high strength metallic materials. ASTM STP 410.

[6] Srawley, J. E. and Gross, B. (1967) Stress Intensity Factors for Crackline-Loaded Edge-Crack Specimens, NASA Technical Note NASA-TN-D-3820, Washington D. C. , NASA.

[7] Williams, J. G. (1980) Stress Analysis of Polymers 2nd edn Ellis Horwood, Chichester.

[8] Benbow, J. J. and Roesler, F. C. (1957) Experiments on controlled fractures. Proc. Phys. Soc. , B70, 201.

[9] Berry, J. P. (1963) Determination of fracture surface energies by cleavage technique. J. Appl. Phys. , 34, 62.

[10] Benbow, J. J. (1961) Stable crack propagation in plastics. Proc. Phys. Soc. , 78, 970.

[11] Svensson, N. L. (1961) Variation of fracture energy of brittle plastics with temperature. Proc. Phys. Soc. , 77, 876.

[12] Berry, J. P. (1961) Fracture processes in polymeric materials. II. Tensile strength of polystyrene. J. Polym. Sci. , 50, 313.

[13] Andrews, E. H. (September 1966) Fracture mechanics approach to corrosion stress cracking in plastics in Proceedings of the Conference on the Physical Basis of Yield and Fracture, Oxford, (ed. A. C. Strickland), Institute of Physics & The Physical Society London, p. 127.

[14] Berry, J. P. (1959) in Fracture (eds B. L. Auerbach et al.), John Wiley & Sons, Ltd, New York, p. 263.

[15] Kambour, R. P. (1964) Structure and properties of crazes in polycarbonate and other glassy polymers. Polymer, 5, 143.

[16] Kambour, R. P. (1966) Mechanism of fracture in glassy polymers. 3. Direct observation of craze ahead of propagating crack in poly (methyl methacrylate) and polystyrene. J. Polym. Sci. A2, 4, 349.

[17] Kambour, R. P. (1973) A review of crazing and fracture in thermoplastics. J. Pol. Sci. ; Macromol. Rev. , 7, 1.

[18] Brown, H. R. and Ward, I. M. (1973) Craze shape and fracture in poly (methyl methacry-late) . Polymer, 14, 469.

[19] Doll, W. and Weidmann, G. W. (1976) Interferential optical measurement of craze zone before fracture process in PMMA with different molecular weights. Colloid. Polym. Sci. , 254, 205.

[20] Dugdale, D. S. (1960) Yielding of steel sheets containing slits. J. Mech. Phys. Solids, 8, 100.

[21] Rice, J. R. (1968) in Fracture-An Advanced Treatise (ed. H. Liebowitz), Academic Press, New York, Chap. 3.

[22] Pitman, G. L. and Ward, I. M. (1979) Effect of molecular weight on craze shape and fracture toughness in polycarbonate. Polymer, 20, 895.

[23] Hine, P. J. , Duckett, R. A. and Ward, I. M. (1981) A study of the fracture behaviour of polyethersulphone. Polymer, 22, 1745.

[24] Williams, J. G. and Parvin, M. (1975) Effect of temperature on fracture of polycarbonate. J. Mater. Sci. , 10, 1883.

[25] Berry, J. P. (1964) Fracture Processes in polymeric materials. V. Dependence of ultimate properties of poly (methyl methacrylate) on molecular weight. J. Polym. Sci. A2, 2, 4069.

[26] Flory, P. J. (1945) Tensile strength in relation to molecular weight of high polymers. J. Am. Chem. Soc. , 67, 2048.

[27] Döll, W. and Weidmann, G. W. (1979) Deformationsverhalten von PMMA-Crazes an Rißspitzen. Prog. Colloid. Polym. Sci. , 66, 291.

[28] Kusy, R. P. and Turner, D. T. (1977) Influence of molecular-weight of poly (methyl methacrylate) on fracture morphology in notched tension. Polymer, 18, 391.

[29] Kusy, R. P. and Turner, D. T. (1976) Influence of molecular-weight of poly (methyl methacrylate) on fracture surface-energy in notched tension. Polymer, 17, 161.

[30] Haward, R. N. , Daniels, H. E. and Treloar, L. R. G. (1978) Molecular conformation and craze fracture. J. Polym. Sci. Polym. Phys. Ed. , 16, 1169.

[31] Berry, J. P. (1959) in Fracture (eds B. L. Averback et al.), John Wiley & Sons, Ltd, New York, p. 263.

[32] Higuchi, M. (1959) On the Color of the Fracture Surface of Polymethyl Methacrylate Plate, Colorless and Transparent in Itself. Rep. Res. Inst. Appl. Mech. Jpn. , 6, 173.

[33] Kambour, R. P. and Holik, A. S. (1969) Electron microscopy of crazes in glassy polymers-use of reinforcing impregnants during microtomy. J. Polym. Sci. A2, 7, 1393.

[34] Kambour, R. P. and Russell, R. R. (1971) Electron microscopy of crazes in polystyrene and rubber modified polystyrene-use of iodine-sulphur eutectic as a craze reinforcing impregnant. Polymer, 12, 237.

[35] Parades, E. and Fischer, E. W. (1979) Small-angle X-ray investigations on the structure of crazes in polycarbonate and poly (methyl methacrylate). Makromol. Chem., 180, 2707.

[36] Brown, H. R. and Kramer, E. J. (1981) Craze microstructure from small-angle X-ray-scattering (SAXS). J. Macromol. Sci. Phys., B19, 487.

[37] Yang, A. C. -M. and Kramer, E. J. (1986) Craze microstructure characterization by low-angle electron-diffraction and Fourier-transforms of craze images. J. Mater. Sci., 21, 3601.

[38] Berger, L. L., Buckley, D. J., Kramer, E. J. et al. (1987) Low-angle electron-diffraction from high-temperature polystyrene crazes. J. Polym. Sci. Polym. Phys. Ed., 25, 1679.

[39] Berger, L. L. (1989) Relationship between craze microstructure and molecular entan-glements in glassy-polymers. Macromolecules, 22, 3162.

[40] Brown, H. R. (1991) A molecular interpretation of the toughness of glassy-polymers. Macromolecules, 24, 2752.

[41] Sha, Y., Hui, C. Y., Ruina, A. et al. (1995) Continuum and discrete modeling of craze failure at a crack-tip in a glassy polymer. Macromolecules, 28, 2450.

[42] Donald, A. M. and Kramer, E. J. (1982) Effect of strain history on craze microstructure. Polymer, 23, 457.

[43] Rietsch, F., Duckett, R. A. and Ward, I. M. (1979) Tensile drawing behaviour of poly (ethylene terephthalate). Polymer, 20, 1133.

[44] Kausch, H. H. (1987) Polymer Fracture, 2nd edn, Springer Verlag, Berlin.

[45] Odell, J. A. and Keller, A. (1986) Flow-induced chain fracture of isolated linear macromolecules in solution. J. Polym. Sci. Polym. Phys. Ed., 24, 1889.

[46] Sternstein, S. S., Ongchin, L. and Silverman, A. (1968) Yield criteria for plastic deformation of glassy high polymers in general stress fields. Appl. Polym. Symp., 7, 175.

[47] Sternstein, S. S. and Ongchin, L. (1969) Inhomogeneous deformation and yielding of glasslike high polymers. Am. Chem. Soc. Polym. Prepr., 10, 1117.

[48] Bowden, P. B. and Oxborough, R. J. (1973) General critical strain criterion for crazing in amorphous glassy polymers. Philos. Mag., 28, 547.

[49] Matsushige, K., Radcliffe, S. V. and Baer, E. (1975) The mechanical behaviour of polystyrene under pressure. J. Mater. Sci., 10, 833.

[50] Duckett, R. A., Goswami, B. C., Smith, L. S. A. et al. (1978) The yielding and cra-

zing behaviour of polycarbonate in torsion under superposed hydrostatic pressure. Br. Polym. J., 10, 11.

[51] Kitagawa, M. (1976) Craze initiation of glassy polymers under action of crazing agent. J. Polym. Sci. Polym. Phys. Ed., 14, 2095.

[52] Argon, A. S., Hannoosh, J. C. and Salama, M. M. (1977) in Fracture 1977, Vol. 1, Waterloo, Canada, p. 445.

[53] Bernier, G. A. and Kambour, R. P. (1968) The role of organic agents in the stress crazing and cracking of poly (2, 6-dimethyl-1, 4-phenylene oxide) . Macromolecules, 1, 393.

[54] Kambour, R. P., Gruner, C. L. and Romagosa, E. E. (1973) Solvent crazing of dry polystyrene and dry crazing of plasticized polystyrene. J. Polym. Sci., 11, 1879.

[55] Kambour, R. P., Gruner, C. L. and Romagosa, E. E. (1974) Bisphenol-A polycarbonate immersed in organic media-swelling and response to stress. Macromolecules, 7, 248.

[56] Andrews, E. H. and Bevan, L. (1972) Mechanics and mechanism of environmental crazing in a polymeric glass. Polymer, 13, 337.

[57] Marshall, G. P., Culver, L. E. and Williams, J. G. (1970) Craze growth in polymethylmethacrylate-a fracture mechanics approach. Proc. Roy. Soc., A319, 165.

[58] Williams, J. G. and Marshall, G. P. (1975) Environmental crack and craze growth phenomena in polymers. Proc. Roy. Soc. A, 342, 55.

[59] Brown, N. and Imai, Y. (1975) Craze yielding of polycarbonate in N2, AR, and 02 at low pressures and temperatures. J. Appl. Phys., 46, 4130.

[60] Imai, Y. and Brown, N. (1976) Environmental crazing and intrinsic tensile deformation in polymethylmethacrylate. 1. Mechanical behavior. J. Mater. Sci., 11, 417.

[61] Brown, N., Metzger, B. D. and Imai, Y. (1978) Equation for creep in terms of craze parameters. J. Polym. Sci. Polym. Phys. Ed., 16, 1085.

[62] Kambour, R. P. (April 1977) Mechanisms of environment sensitive cracking of glasslike high polymers in Proceedings of the International Conference on the Me-chanics of Environment Sensitive Cracking Materials, University of Surrey, Guildford, UK, p. 213.

[63] Brown, N. (1980) in Methods of Experimental Physics, Vol. 16, Part C (ed. R. A. Fava), Academic Press, New York, p. 233.

[64] Rice, J. R. (1968) A path independent integral and approximate analysis of strain concentration by notches and cracks. J. Appl. Mechan., 35, 379.

[65] Begley, J. A. and Landes, J. D. (1972) The J integral as a fracture criterion. ASTM STP 514.

[66] Landes, J. D. and Begley, J. A. (1979) Post Yield Fracture Mechanics (ed. D. G. A. Latzko), Applied Science, London.

[67] Chan, M. K. V. and Williams, J. G. (1983) J-integral studies of crack initiation of a tough

high-density polyethylene. Int. J. Fracture, 23, 145.

[68] Sumpter, J. D. and Turner, C. E. (1973) Applicability of J to elastic-plastic materials. Int. J. Fracture, 9, 320.

[69] ESIS Technical Committee on Polymers and Composites, A Testing Protocol for Conducting J Crack Growth Resistance Curve Tests on Plastics, May 1995.

[70] Broberg, K. B. (1968) Critical review of some theories in fracture mechanics. Int. J. Fracture, 4, 11.

[71] Mai, Y. W. and Cotterell, B. (1986) On the essential work of ductile fracture in polymers. Int. J. Fracture, 32, 105.

[72] Hashemi, S. and Williams, J. G. (2000) Temperature dependence of essential and non-essential work of fracture parameters for polycarbonate film. Plast, Rubber Comp., 29, 294.

[73] Wu, J. and Mai, Y.-W. (1996) The essential fracture work concept for toughness measurement of ductile polymers. Polym. Eng. Sci., 36, 2275.

[74] Williams, J. G. and Rink, M. (2007) The standardisation of the EWF test. Engineering Fracture Mechanics, 74, 1009 – 1017.

[75] Naz, S., Sweeney, J. and Coates, P. D. (2010) Analysis of the essential work of fracture method as applied to UHMWPE. J. Mater. Sci., 45, 448 – 459.

[76] Lu, X. and Brown, N. (1986) The relationship of the initiation stage to the rate of slow crack growth in linear polyethylene. J. Mater. Sci., 21, 2423.

[77] Huang, Y.-L. and Brown, N. (1990) The dependence of butyl branch density on slow crack-growth in polyethylene-kinetics. J. Polym. Sci. Polym. Phys. Ed., 28, 2007.

[78] O'Connell, P. A., Bonner, M. J., Duckett, R. A. et al. (1995) The relationship between slow crack-propagation and tensile creep-behavior in polyethylene. Polymer, 36, 2355.

[79] Cawood, M. J., Channell, A. D. and Capaccio, G. (1993) Crack initiation and fiber creep in polyethylene. Polymer, 34, 423.

[80] Clutton, E. Q., Rose, L. J. and Capaccio, G. (1998) Slow crack growth and impact mechanisms in polyethylene. Plast. Rubber Comp. Proc. Appl., 27, 478.

[81] Wilding, M. A. and Ward, I. M. (1978) Tensile creep and recovery in ultra-high modulus linear polyethylenes. Polymer, 19, 969.

[82] Huang, Y.-L. and Brown, N. (1991) Dependence of slow crack growth in polyethylene on butyl branch density - morphology and theory. J. Polym. Sci. Polym. Phys. Ed., 29, 129.

[83] O'Connell, P. A., Bonner, M., Duckett, R. A. et al. (2003) Effect of molecular weight and branch content on the creep behaviour of oriented polyethylene. J. Appl.

Polym. Sci. , 89, 1663.

[84] Kurelec, L. , Teeuwen, M. , Schoffeleers, H. et al. (2005) Strain hardening modulus as a measure of environmental stress crack resistance of high density polyethylene. Polymer, 46, 6369.

[85] Cazenave, J. , Seguela, R. , Sixou, B. et al. (2006) Short-term mechanical and structural approaches for the evaluation of polyethylene stress crack resistance. Polymer, 47, 3904.

[86] Mark, H. (1943) Cellulose and its Derivatives, Interscience, New York.

[87] Vincent, P. I. (1964) True breaking stress of thermoplastics. Proc. Roy. Soc. A, 282, 113.

[88] Kausch, H. H. (1978) Polymer Fracture, Springer-Verlag, Berlin.

[89] Kausch, H. H. and Becht, J. (1970) Uber Spannungsrelaxation und Zeitabhangige Elastische Bruchvorgange in Orientierten Fasern. Rheol. Acta, 9, 137.

[90] Zhurkov, S. N. , Novak, I. I. , Slutsker, A. I. et al. (March/April 1970) Connection between destruction of chain molecules and formation of sub micro cracks in stressed polymers in Proceedings of the Conference on the Yield, Deformation and Fracture of Polymers, Cambridge, Session 3, Talk 3, pp. 1 - 6.

[91] Wool, R. P. (1975) Mechanisms of frequency shifting in infrared-spectrum of stressed polymer. J. Polym. Sci. , 13, 1795.

[92] Yeh, W.-Y. and Young, R. J. (1999) Molecular deformation processes in aromatic high modulus polymer fibres. Polymer, 40, 857.

[93] Ward, Y. and Young, R. J. (2001) Deformation studies of thermotropic aromatic copolyesters using NIR Raman spectroscopy. Polymer, 42, 7857.

[94] Bueche, F. (1955) Tensile strength of plastics above the glass temperature. J. Appl. Phys. , 26, 1133.

[95] Zhurkov, S. N. and Tomashevsky, E. E. (September 1966) An investigation of fracture process of polymers by the electron spin resonance method in Proceedings of the Conference on the Physical Basis of Yield and Fracture, Oxford, p. 200.

[96] Zhurkov, S. N. , Kuksenko, V. S. and Slutsker, A. I. (April 1969) Submicrocrack forma-tion under stress in Proceedings of the Second International Conference on Fracture, Brighton, p. 531.

[97] Zakrevskii, V. A. and Korsukov, V. Ye. (1972) Study of the chain mechanism of mechanical degradation of polyethylene. Polym. Sci. USSR, 14, 1064.

[98] Peterlin, A. (1975) Structural model of mechanical properties and failure of crystalline polymer solids with fibrous structure. Int. J. Fracture, 11, 761.

[99] Orowan, E. (1949) Fracture and strength of solids. Rep. Prog. Phys. , 12, 185.

[100] Vincent, P. I. (1960) The tough brittle transition in thermoplastics. Polymer, 1, 425.

[101] Stearne, J. M. and Ward, I. M. (1969) The tensile behaviour of polyethylene tereph-thalate. J. Mater. Sci. , 4, 1088.

[102] Clarke, P. L. (1982) Tensile yield and fracture of linear polyethylene. Ph. D. Thesis, Leeds University.

[103] Hoff, E. A. W. and Turner, S. (1957) A Study of the Low-Temperature Brittleness Testing of Polyethylene. Bull. Am. Soc. Test. Mater. , 225, TP208.

[104] Boyer, R. F. (1968) Dependence of mechanical properties on molecular motion in poly-mers. Polym. Eng. Sci. , 8, 161.

[105] Heijboer, J. (1968) Dynamic mechanical properties and impact strength. J. Polym. Sci. C, 16, 3755.

[106] Cottrell, A. H. (1964) The Mechanical Properties of Matter, John Wiley & Sons, Ltd, New York, p. 327.

[107] Vincent, P. I. (1964) Strength of Plastics-16. Conclusion-Yield stress and brittle strength. Plastics, 29, 79.

[108] Roesler, F. C. (1956) Brittle fractures near equilibrium. Proc. Phys. Soc. B, 69, 981.

[109] Puttick, K. E. (1978) Mechanics of indentation fracture in polymethylmethacrylate. J. Phys. D, 11, 595.

[110] Puttick, K. E. (August 1979) Size effects in brittle fracture in Proceedings of the 3rd International Conference on Mechanical Behaviour of Materials, Vol. 3, Pergamon Press, Oxford, p. 11.

[111] Puttick, K. E. (1980) The correlation of fracture transitions. J. Phys. D, 13, 2249.

[112] Griffiths, J. R. and Oates, G. (April 1969) An experimental study of the critical tensile stress criterion for cleavage fracture in 3% silicon-iron in Proceedings of the 2nd International Conference on Fracture, Brighton, Paper 19.

[113] Irwin, G. R. (1958) Fracture. Handbuch Phys. , 6, 551.

[114] Gurney, C. and Hunt, J. (1967) Quasi-static crack propagation. Proc. Roy. Soc. A, 229, 508.

[115] Brown, H. R. (1973) Critical examination of impact test for glassy polymers. J. Mater. Sci. , 8, 941.

[116] Marshall, G. P. , Williams, J. G. and Turner, C. E. (1973) Fracture toughness and ab-sorbed energy measurements in impact tests on brittle materials. J. Mater. Sci. , 8, 949.

[117] Plati, E. and Williams, J. G. (1975) Determination of fracture parameters for polymers in impact. Polym. Eng. Sci. , 15, 470.

[118] Fraser, R. A. W. and Ward, I. M. (1977) The impact fracture behaviour of notched specimens of polycarbonate. J. Mater. Sci. , 12, 459.

[119] Hine, P. J. (1981) The fracture behaviour of polyether-sulphone. Ph. D. Thesis, Leeds University.

[120] Truss, R. W. , Duckett, R. A. and Ward, I. M. (1983) A novel technique for measuring the impact properties of a tough polyethylene. Polym. Eng. Sci. , 23, 708.

[121] Vincent, P. I. (1971) Impact Tests and Service Performance of Thermoplastics, Plastics and Rubber Institute, London.

[122] Fraser, R. A. W. and Ward, I. M. (1974) The fracture behaviour of notched specimens of polymethyl methacrylate. J. Mater. Sci. , 9, 1624.

[123] Bramuzzo, M. (1989) High speed fracture mechanics by photography of polypropylene copolymers. Polym. Eng. Sci. , 29, 1077.

[124] Martinatti, F. and Ricco, T. (1994) High rate testing of toughened polypropylene. Polym. Testing, 13, 405.

[125] Crouch, B. A. and Huang, D. P. (1994) The J-integral technique applied to toughened nylons under impact loading. J. Mater. Sci. , 29, 861.

[126] Ramsteiner, F. (1999) J (0. 2) -values by impact testing. Polym. Testing, 18, 641.

[127] Fasce, L. , Bernal, C. , Frontini, P. et al. (2001) On the impact essential work of fracture of ductile polymers. Polym. Eng. Sci. , 41, 1.

[128] Johnson, A. E. , Moore, D. R, Prediger, R. S. et al. (1986) The falling weight impact test applied to some glass-fiber reinforced nylons. 1. Appraisal of the method. J. Mater. Sci. , 21, 3153; The falling weight impact test applied to some glass-fiber reinforced nylons. 2. Some results and interpretations. J. Mater. Sci. , 22, 1724 (1987) .

[129] Moore, D. R. and Prediger, R. S. (1988) A study of low energy impact of continuous carbon-fiber- reinforced composites. Polym. Compos. , 9, 330.

[130] Jones, D. P. , Leach, D. C. and Moore, D. R. (1986) The application of instrumented falling weight impact techniques to the study of toughness in thermoplastics. Plast. Rubber, Proc. Appl. , 6, 67.

[131] Kinlock, A. J. and Williams, J. G. (1980) Crack blunting mechanisms in polymers. J. Mater. Sci. , 15, 987.

[132] Evans, R. M. , Nara, H. R. and Bobalek, R. G. (1960) Prediction of impact resistance from tensile data. Soc. Plast. Eng. J. , 16, 76.

[133] Vincent, P. I. (1974) Impact strength and mechanical losses in thermoplastics. Polymer, 15, 111.

[134] Andrews, E. H. (1974) Generalised theory of fracture mechanics. J. Mater. Sci. , 9, 887.

[135] Bucknall, C. B. (1977) in Physics of Glassy Polymers, 2nd edn (eds R. N. Haward and R. J. Young), Chapman & Hall, London, Chap. 8.

[136] Nielsen, L. E. (1962) Mechanical Properties of Polymers, Reinhold, New York.

[137] Newman, S. and Strella, S. (1965) Stress-strain behavior of rubber-reinforced glassy polymers. J. Appl. Polym. Sci. , 9, 2297.

[138] Donald, A. M. and Kramer, E. J. (1982) Plastic-deformation mechanisms in poly (acrylonitrile-butadiene styrene) [ABS] . J. Mater. Sci. , 17, 1765.

[139] Bucknall, C. B. and Smith, R. R. (1965) Stress-whitening in high-impact polystyrenes. Polymer, 6, 437.

[140] Yang, H. H. and Bucknall, C. B. (April 1997) Evidence for particle cavitation as the precursor to crazing in high impact polystyrene, 10th International Conference on Deformation, Yield & Fracture of Polymers, Churchill College, Cambridge, Institute of Materials, London, p. 458.

[141] Bucknall, C. B. (1967) Relationship between structure and mechanical properties of rubber-modified thermoplastics. Br. Plast. , 40, 84.

[142] Lazzeri, A. and Bucknall, C. B. (1995) Applications of a dilatational yielding model to rubber-toughened polymers. Polymer, 36, 2895.

[143] Yee, A. F. and Pearson, R. A. (1989) in Fractography and Failure Mechanisms of Polymers and Composites (ed. A. C. Roulin-Moloney), Elsevier, London, Chap. 8, pp. 291 - 350.

[144] Cheng, J. , Hiltner, A. , Baer, E. et al. (1995) Deformation of rubber-toughened poly-carbonate - microscale and nanoscale analysis of the damage zone. J. Appl. Sci. , 55, 1691.

[145] Argon, A. S. and Cohen, R. E. (1990) Crazing and toughness of block copolymers and blends. Adv. Polym. Sci. , 91/92, 301.

[146] Rivlin, R. S. and Thomas, A. G. (1953) Rupture of rubber. 1. Characteristic energy for tearing. J. Polym. Sci. , 10, 291.

[147] Thomas, A. G. (1955) Rupture of rubber. 2. The strain concentration at an incision. J. Polym. Sci. , 18, 177.

[148] Bueche, F. (1962) Physical Properties of Polymers, Interscience, New York, p. 237.

[149] Flory, P. J. (1946) Effects of molecular structure on physical properties of butyl rubber. Ind. Eng. Chem. , 38, 417.

[150] Flory, P. J. , Rabjohn, N. and Shaffer, M. C. (1949) Dependence of tensile strength of vulcanized rubber on degree of cross-linking. J. Polym. Sci. , 4, 435.

[151] Taylor, G. R. and Darin, S. (1955) The tensile strength of elastomers. J. Polym. Sci. , 17, 511.

[152] Bueche, F. (1957) Tensile strength of rubbers. J. Polym. Sci. , 24, 189.

[153] Bueche, F. (1958) Tensile strength of filled GR-S vulcanizates. J. Polym. Sci. ,

33, 259.

[154] Smith, T. L. (1958) Dependence of the ultimate properties of a GR-S rubber on strain rate and temperature. J. Polym. Sci. , 32, 99.

[155] Smith, T. L. (1960) Ultimate Tensile Properties of Amorphous Polymers. Soc. Plast. Eng. J. , 16, 1211.

[156] Smith, T. L. and Stedry, P. J. (1960) Time and temperature dependence of the ultimate properties of an SBR rubber at constant elongations. J. Appl. Phys. , 31, 1892.

[157] Bueche, F. (1955) Tensile strength of plastics above the glass temperature. J. Appl. Sci. , 26, 1133.

[158] Bueche, F. and Halpin, J. C. (1964) Molecular theory for tensile strength of gum elastomers. J. Appl. Phys. , 35, 36.

[159] Halpin, J. C. (1964) Fracture of amorphous polymeric solids-time to break. J. Appl. Phys. , 35, 3133.

[160] Manson, J. A. and Hertzberg, R. W. (1973) Fatigue Failure in Polymers. CRC Crit. Rev. Macromol. Sci, 1, 433.

[161] Thomas, A. G. (1958) Rupture of rubber. 5. Cut growth in natural rubber vulcanizates. J. Polym. Sci. , 31, 467.

[162] Lake, G. J. and Thomas, A. G. (1967) Strength of highly elastic materials. Proc. Roy. Soc. A, 300, 108.

[163] Lake, G. J. and Lindley, P. B. (September 1966) Fatigue of Rubber, in Proceedings of the Conference on the Physical Basis of Yield and Fracture, Oxford, p. 176.

[164] Greensmith, H. W. (1963) The change in stored energy on making a small cut in a test piece held in simple extension. J. Appl. Polym. Sci. , 7, 993.

[165] Andrews, E. H. (1968) in Testing of Polymers, Vol. 4 (ed. W. E. Brown), John Wiley & Sons, Ltd, New York, p. 237.

[166] Andrews, E. H. and Walker, B. J. (1971) Fatigue fracture in polyethylene. Proc. Roy. Soc. , A, 325, 57.

[167] Borduas, H. F, Culver, L. E. and Burns, D. J. (1968) Fracture-mechanics analysis of fatigue-crack propagation in polymethylmethacrylate. J. Strain Anal. , 3, 193.

[168] Hertzberg, R. W. , Nordberg, H. and Manson, J. A. (1970) Fatigue crack propagation in polymeric materials. J. Mater. Sci. , 5, 521.

[169] Arad, S. , Radon, J. C. and Culver, L. E. (1971) Fatigue crack propagation in polymethylmethacrylate-effect of mean value of stress intensity factor. J. Mech. Eng. Sci. , 13, 75.

[170] Harris, J. S. and Ward, I. M. (1973) Fatigue-crack propagation in vinyl urethane polymers. J. Mater. Sci. , 8, 1655.

[171] Paris, P. C. (1964) in Fatigue, An Interdisciplinary Approach, Syracuse University Press, New York, p. 107.

[172] Paris, P. C. and Erdogan, F. (1963) A critical analysis of crack propagation laws. J. Basic Eng. Trans. ASME, 85, 528.

[173] Arad, S. , Radon, J. C. and Culver, L. E. (1972) Growth of fatigue cracks in polycarbonate. Polym. Eng. Sci. , 12, 193.

[174] Pitman, G. L. and Ward, I. M. (1980) The molecular weight dependence of fatigue crack propagation in polycarbonate. J. Mater. Sci. , 15, 635.

[175] Williams, J. G. (1977) A model of fatigue crack growth in polymers. J. Mater. Sci. , 12, 2525.

[176] Mai, Y. W. and Williams, J. G. (1979) Temperature and environmental effects on the fatigue fracture in polystyrene. J. Mater. Sci. , 14, 1933.

其他参考资料

Kinloch, A. J. and Young, R. J. (1983) Fracture Behaviour of Polymers, Applied Science Publishers, London.

索　引